带电作业操作方法

第2分册

配电线路

国家电网公司 组编

中国电力出版社
CHINA ELECTRIC POWER PRESS

内 容 提 要

为了总结、交流我国电力系统带电作业工作经验，推广带电作业技术，规范带电作业操作方法，提升带电作业整体水平，国家电网公司生产技术部组织编写了《带电作业操作方法》。本套丛书分为3个分册，针对我国带电作业特点，详细介绍了输电线路、配电线路和变电站带电作业的各种典型操作方法，对促进带电作业技术交流、推进现场标准化作业、规范作业行为、保障作业安全、提高工作效率具有重要意义。

本书为《带电作业操作方法　第2分册　配电线路》，共三章，每一个电压等级为一章，具体介绍了10、20、35kV各电压等级配电线路带电作业操作方法，主要包括更换设备，断、接引线，修理设备，加装设备，大型作业项目，旁路作业，其他项目等内容。

本书可供从事配电线路带电作业人员、技术人员和管理人员在实际工作中学习、使用，也可作为对其他相关人员进行技术培训的教材，还可作为大专院校相关专业的参考教材。

图书在版编目（CIP）数据

带电作业操作方法．第2分册，配电线路/国家电网公司组编．—北京：中国电力出版社，2011.6（2024.11重印）
ISBN 978-7-5123-1477-1

Ⅰ.①带…　Ⅱ.①国…　Ⅲ.①带电作业-基本知识②配电线路-基本知识　Ⅳ.①TM72

中国版本图书馆CIP数据核字（2011）第038133号

中国电力出版社出版、发行
（北京市东城区北京站西街19号　100005　http：//www.cepp.sgcc.com.cn）
固安县铭成印刷有限公司印刷
各地新华书店经售

*

2011年6月第一版　2024年11月北京第七次印刷
787毫米×1092毫米　16开本　22.75印张　547千字
印数9501—10000册　定价**92.00**元

版 权 专 有　侵 权 必 究
本书如有印装质量问题，我社营销中心负责退换

《带电作业操作方法》
编　委　会

主　任　张启平
副主任　叶廷路　葛兆军　胡　毅
委　员　毛光辉　李　龙　张爱军　吕　军　易　辉
张勇平　乐正春　王家礼　王伟斌　张祥全
牛进仓　李春和　陈永辉　汤　军　鲁庭瑞
董国伦　陈明珠　赵仲民

《带电作业操作方法　第 2 分册　配电线路》
编　写　组

组　长　李　龙
副组长　吕　军　易　辉
成　员　张锦秀　高天宝　应伟国　刘亚新　翁　旭
李　华　刘　凯

序

带电作业是一门工作人员接触带电的电气设备或用操作工具、设备、装置对带电的电气设备进行作业的工程技术，涉及高电压技术和人体生理学等诸多学科，是保证电网持续供电和安全运行的重要手段。

带电作业技术在中国的发展已有五十多年的历史。20世纪50年代初就开始了探索和研究，1954年，33、66kV的带电作业方法和专用工具试验成功，并很快在全国推广应用。随着带电作业技术不断发展，技术管理工作也相应得到完善和加强。1960年5月，由辽吉电业管理局编著的《高压架空线路不停电检修安全工作规程》出版发行。根据我国带电作业技术的发展需要，1984年开始，原电力部着手对带电作业安全工作规程进行修订和补充。历经七年，1991年9月，由能源部（原电力部）颁发行业标准DL 409—1991《电业安全工作规程(电力线路部分)》正式在全国实施。与此同时，能源部制订的《带电作业技术管理制度》和全国带电作业标准化技术委员会组织制订的第一个带电作业国家标准GB 6568—2000《带电作业屏蔽服及试验方法》也正式颁布。

广大带电作业人员自力更生、锐意创新，走出了一条从生产实际出发、经过不断研究、试验、改进、提高而又应用于生产实际的中国特色的带电作业发展之路。很多人孜孜以求，探索新的操作方法，研制新的作业工具，并为此奉献了毕生精力。

这一切，对确保带电作业安全、促进带电作业发展，起到了积极的推动作用。我国带电作业技术从无到有，作业水平不断提高，操作方法和作业工具日臻完善，其发展速度之快、作业项目之多、应用范围之广、操作方法之灵活、作业工具之多样、技术水平之高，跃居世界领先行列。

国家电网公司代表着中国带电作业技术发展的最高水平，目前已经能够在10～750kV电压等级的输、变、配电设备上开展带电作业，在提高供电可靠性、提升优质服务水平、服务经济社会发展方面发挥着重要作用。国家电网公司可靠性指标水平逐年提高，由2005年的99.755%提高到2007年的99.88%。带电作业作为提高供电可靠性水平的重要技术手段，必将发挥更加突出的作用。

当前，特高压试验示范工程投产在即，一个以特高压电网为骨干网架、各级电网协调发展的坚强国家电网正在形成，中国电力工业也将步入一个新的发展阶段。提高电力系统可靠性水平是落实科学发展观，实现国家电网又好又快发展的客观需要，也是电网企业履行社会责任的必然要求。

回顾带电作业发展历程，虽然国家相关规程规定和技术导则颁布近二十余种，但纵观带电作业安全事故，都源于作业方法和操作程序的不当，而统一作业方法、规范操作行为正是几代带电作业人的夙愿。这次由国家电网公司组织编写的《带电作业操作方法》一书，正是圆梦之举。

本书由国家电网公司系统数十名专家，历时一年多，艰苦努力编写而成，以满足带电作业实际需求为主要目标，内容涵盖了目前已经开展带电作业的各个电压等级，作业项目全面、操作方法科学、作业流程标准，堪称我国第一部带电作业现场操作方法集锦，凝聚了广大工人、干部和科技工作者的辛勤汗水，也充分展现了他们的聪明智慧。

本书既可用于技能培训，也可用于现场实际操作。可以预见，本书的出版将大大促进带电作业技术交流，推进现场标准化作业，对规范作业行为、保障作业安全、提高工作效率大有裨益。

2008年12月

前 言

带电作业技术包含基础理论和实际操作两大部分，基础理论的研究成果可指导和推动实际操作方法的进步，而操作方法的实施反过来可验证理论研究的正确性，从而进一步促进带电作业的发展。

为了总结、交流和推广我国带电作业工作，促进带电作业工作推陈出新，提高我国带电作业的整体水平，国家电网公司生产技术部组织编写了《带电作业操作方法》。

本套书包括输电线路、配电线路和变电站3个分册，每一分册又都包括各个电压等级和各种操作方法。国家电网公司组织所属区域网、省公司和供电公司从事带电作业管理的人员，对本书的框架、各章节的内容进行了由上而下、自下而上几次反复的讨论，历经一年多时间，才得以完稿。

本书为《带电作业操作方法　第2分册　配电线路》。本书共三章，按每章一个电压等级进行编排，包括交流10、20、35kV三个电压等级。每章各节分别按更换设备，断、接引线，修理设备，加装设备，大型作业项目，旁路作业，其他项目等类别分述。每一项带电作业操作方法分别由作业项目名称、作业方式（绝缘操作杆作业法或绝缘手套作业法等）、适用范围、人员组合、工具配备、作业步骤和安全措施及注意事项等内容组成，涵盖了带电作业全过程。

本书第一章由张锦秀编写、高天宝校核，第二章由翁旭编写、刘亚新校核，第三章由李华编写、应伟国校核，全书由易辉统稿，刘凯对全书进行了编排整理。

本书在编撰过程中得到了各网省公司的大力支持和协助，尤其是华北电网有限公司，江苏省电力公司、浙江省电力公司，黑龙江省电力有限公司，北京市电力公司、上海市电力公司等单位组织带电作业专业人员进行了深入的讨论和发掘，总结出了十分宝贵的素材。在这里，向为本书付出了辛勤劳动和心血的所有同志表示真诚的感谢。

由于本书编写工作量大，时间仓促，难免存在一些欠缺和不足，希望广大专家和读者批评指正。

编　者

2011年3月

目 录

第一章

10kV 配电线路带电作业操作方法

第一节 更 换 设 备

一、更换避雷器

1. 作业方式

绝缘斗臂车、绝缘操作杆作业法。

2. 适用范围

10kV 线路直线杆、终端杆更换避雷器。

3. 人员组合

本项目需要 3 人，具体人员分工见表 1－1－1。

表 1－1－1　　人员分工表

人员分工	人数	人员分工	人数
工作负责人（兼工作监护人）	1	地面电工（2 号电工）	1
斗内电工（1 号电工）	1		

注　绝缘斗臂车操作工由 1 号电工兼任。

4. 工具配备

一览表（包括个人防护用具）见表 1－1－2。

表 1－1－2　　工具配备一览表

序号	工器具名称		规格、型号	数量	备注
1	特种车辆	绝缘斗臂车	10kV	1 辆	
2	个人绝缘防护用具	斗内安全带		1 副	
3	绝缘工器具	绝缘操作杆	10kV	1 根	
4		绝缘绳	ϕ12mm	1 根	15m
5	其他主要工器具	绝缘检测仪	2500V 及以上	1 套	

5. 作业步骤

（1）工具储运和检测。

1）领用绝缘工具、安全用具及辅助器具，应核对工器具的使用电压等级和试验周期。

2）领用绝缘工器具，应检查外观是否完好无损。

3）工器具运输前，各种工器具应存放在工具袋或工具箱内。金属工具和绝缘工器具应分开装运，以防止相互碰擦造成外表损坏，降低工器具的绝缘水平。

（2）现场操作前的准备。

1）工作负责人应按带电作业工作票内容与当值调度员联系。

2）工作负责人核对线路名称、杆号。

3）绝缘斗臂车进入合适位置，并可靠接地，根据道路情况设置安全围栏、警告标志或路障。

4）工作负责人召集工作人员交代工作任务，对工作班成员进行危险点告知、交代安全措施和技术措施，确认每一个工作班成员都已知晓，检查工作班成员精神状态是否良好，人员是否合适。

5）根据分工情况整理材料，对安全用具、绝缘工具进行检查，绝缘工具应使用绝缘检测仪进行分段绝缘检测，绝缘电阻值应不小于700MΩ（在出库前如已测试过的可省去现场测试步骤）。

6）查看确认绝缘臂、绝缘斗良好，调试斗臂车（在出车前如已调试过的可省去此步骤）。

7）1号电工佩戴好手套，进入绝缘斗内，挂好保险钩。

（3）操作步骤。

1）1号电工将绝缘斗调整至避雷器横担下适当位置，得到工作监护人的许可后，使用绝缘操作杆将内侧避雷器接线器停役。避雷器退出运行。

2）其余两相避雷器退出运行按方法1）进行。

3）三相接线器的停役，可按由简单到复杂、先易后难的原则进行，先近（内侧）后远（外侧），或根据现场情况先两侧、后中间。

4）1号电工更换三相避雷器。新装避雷器需查验试验合格报告并使用绝缘检测仪确认其绝缘性能完好。

5）1号电工将绝缘斗调整至避雷器横担下适当位置，得到工作监护人的许可后，使用绝缘操作杆将中相避雷器接线器复役。避雷器投入运行。

6）其余两相避雷器投入运行按方法5）进行。

7）三相接线器的复役，可按由复杂到简单、先难后易的原则进行，先远（外侧）后近（内侧），或根据现场情况先中间、后两侧。

8）工作结束后绝缘斗退出有电工作区域，作业人员返回地面。

（4）工作终结。

1）工作负责人对完成的工作作一个全面的检查，确认符合验收规范要求后，记录在册并召开收工会进行工作点评后，宣布工作结束。

2）工作完毕后，汇报当值调度工作已经结束，工作班撤离现场。

6. 安全措施及注意事项

（1）气象条件。

1）带电作业应在良好天气下进行。如遇雷电（听见雷声、看见闪电）、雪、雹、雨、雾等，不准进行带电作业。风力大于5级时，一般不宜进行带电作业。在特殊情况下，必须

在恶劣天气进行带电抢修时，应组织有关人员充分讨论并编制必要的安全措施，经本单位分管生产领导（总工程师）批准后方可进行。

2）当相对湿度大于80%时，应采取防潮措施。

（2）作业环境。

1）作业现场和绝缘斗臂车两侧，应根据道路情况设置安全围栏、警告标志或路障，防止外人进入工作区域；如在车辆繁忙地段还应与交通管理部门取得联系，以取得配合。

2）夜间作业进行本项目应有足够的照明。

（3）安全距离及有效绝缘长度。

1）作业用绝缘工具都应经过检测，绝缘电阻应不小于700MΩ（电极间距2cm、极间距2cm）。

2）工作时绝缘斗臂车的绝缘有效长度应不小于1m。

3）在带电作业时，应保持对地不小于0.4m，对邻相导线不小于0.6m的安全距离；如不能确保该安全距离时，应采用绝缘挡板、管、毯及其他绝缘遮蔽措施。

4）绝缘操作杆作主绝缘使用，其有效绝缘距离不应小于0.7m。

（4）遮蔽措施。作业线路下层有低压线路合杆时，如妨碍作业，应对相关低压线路采取绝缘遮蔽措施。

（5）重合闸。本项目一般不需停用线路重合闸。

（6）关键点。

1）作业人员在接触带电导线前应得到工作监护人的认可。

2）在作业时，要确保避雷器接线器引线与横担及邻相引线的安全距离。

3）在作业时，严禁人体同时接触2个不同的电位。

4）带电停复役避雷器接线器时，必须使用绝缘操作杆，严禁用手直接作业。

（7）其他安全注意事项。

1）开工前由工作负责人持带电作业工作票与当值调度取得联系，工作负责人应核对工作票中工作任务与现场工作线路名称及杆号是否一致。

2）绝缘斗臂车应可靠接地，在作业前应进行操作检查。

3）当斗臂车绝缘斗距有电线路1~2m或工作转移时，应缓慢移动，动作要平稳，严禁使用快速挡；绝缘斗臂车在作业时，发动机不能熄火（电能驱动型除外），以保证液压系统处于工作状态。

4）在操作绝缘斗移动时，应防止与电杆、导线、周围障碍物、邻近绝缘斗臂车碰擦。

5）在同杆架设线路上工作与上层线路小于安全距离规定，且无法采取安全措施时，不得进行该项工作。

6）上、下传递工具、材料均应使用绝缘绳，严禁抛、扔。

7）本项目工作不得少于3人。

8）使用只能下部操作的绝缘斗臂车应增加1名专门操作人员。

二、更换跌落式熔断器

（一）更换跌落式熔断器（绝缘操作杆作业法）

1. 作业方式

绝缘操作杆作业法。

2. 适用范围

10kV 线路直线杆、耐张杆、终端杆更换跌落式熔断器。

3. 人员组合

本项目需要 5 人，具体人员分工见表 1-1-3。

表 1-1-3 人员分工表

人员分工	人数	人员分工	人数
工作负责人（兼工作监护人）	1	地面电工（4 号电工）	1
杆上电工（1、2、3 号电工）	3		

4. 工具配备

一览表（包括个人防护用具）见表 1-1-4。

表 1-1-4 工具配备一览表

序号	工器具名称		规格、型号	数量	备注
1	绝缘工器具	绝缘绳	ϕ 12mm	1 根	15m
2		绝缘操作杆操作钳		1 把	
3		绝缘操作杆套筒扳手		1 套	
4		绝缘操作杆	10kV	1 根	
5		鹰嘴线夹绝缘操作杆		1 根	
6	其他主要工器具	鹰嘴线夹		3 个	
7		绝缘检测仪	2500V 及以上	1 套	

5. 作业步骤

（1）工具储运和检测。

1）领用绝缘工具、安全用具及辅助器具，应核对工器具的使用电压等级和试验周期。

2）领用绝缘工器具，应检查外观是否完好无损。

3）工器具运输前，各种工器具应存放在工具袋或工具箱内。金属工具和绝缘工器具应分开装运，以防止相互碰擦造成外表损坏，降低工器具的绝缘水平。

（2）现场操作前的准备。

1）工作负责人应按带电作业工作票内容与当值调度员联系。

2）工作负责人核对线路名称、杆号。

3）工作前工作负责人检查确认需要更换的跌落式熔断器处于断开位置。

4）根据道路情况设置安全围栏、警告标志或路障。

5）工作负责人召集工作人员交代工作任务，对工作班成员进行危险点告知、交代安全措施和技术措施，确认每一个工作班成员都已知晓，检查工作班成员精神状态是否良好，人员是否合适。

6）根据分工情况整理材料，对安全用具、绝缘工具进行检查，绝缘工具应使用绝缘检测仪进行分段绝缘检测，绝缘电阻值应不小于 700MΩ（在出库前如已测试过的可省去现场测试步骤）。

7）杆上电工登杆前，应先检查确认电杆基础及电杆表面质量符合要求，并进行试登试拉，检查登杆工具。

（3）操作步骤。

1）1号电工登杆至与跌落式熔断器平行的反面侧适当位置，并与有电线路保持0.4m以上安全距离。

2）2、3号电工分别登杆至跌落式熔断器的下方适当位置，并在地面电工配合下将绝缘操作杆吊上。

3）1号电工使用绝缘操作杆操作钳将需断开的边相跌落式熔断器上引线夹紧。

4）2号电工使用绝缘操作杆套筒扳手拧松边相跌落式熔断器引线螺栓。

5）1号电工使用绝缘操作杆操作钳将已拧松的边相跌落式熔断器上引线从螺栓连接片内缓缓取出。

6）3号电工使用鹰嘴线夹绝缘操作杆将1号电工传递过来的引线夹紧，缓缓提升至同相导线的临时固定处适当位置。

7）2号电工使用绝缘操作杆将上引线与导线用鹰嘴线夹固定。

8）其余两相引线断开按方法3）~方法7）进行。

9）1号电工更换三相跌落式熔断器，先连接下引线，并对三相跌落式熔断器进行试操作，检查分合情况，最后将三相跌落式熔断器置于断开位置，准备连接外侧边相跌落式熔断器上引线。

10）3号电工使用鹰嘴线夹绝缘操作杆将引线夹紧，2号电工使用绝缘操作杆将鹰嘴线夹拧松并取下。

11）3号电工将上引线缓缓传递至跌落式熔断器引线螺栓连接片适当位置，1号电工使用绝缘操作杆操作钳夹紧，3号电工撤除鹰嘴线夹绝缘操作杆。

12）1号电工将上引线缓缓放到螺丝连接片内，由2号电工使用绝缘操作杆套筒扳手固定边相跌落式熔断器引线螺栓。

13）三相上引线的断开与连接工作，可按由复杂到简单、先难后易的原则进行，先远（左侧）后近（右侧），或根据现场情况先中间、后两侧。

14）工作结束后，1、2号电工配合着将绝缘工器具吊至地面，作业人员返回地面。

（4）工作终结。

1）工作负责人对完成的工作作一个全面的检查，确认符合验收规范要求后，记录在册并召开收工会进行工作点评后，宣布工作结束。

2）工作完毕后，汇报当值调度工作已经结束，工作班撤离现场。

6. 安全措施及注意事项

（1）气象条件。

1）带电作业应在良好天气下进行。如遇雷电（听见雷声、看见闪电）、雪、雹、雨、雾等，不准进行带电作业。风力大于5级时，一般不宜进行带电作业。在特殊情况下，必须在恶劣天气进行带电抢修时，应组织有关人员充分讨论并编制必要的安全措施，经本单位分管生产领导（总工程师）批准后方可进行。

2）当相对湿度大于80%时，应采取防潮措施。

（2）作业环境。

1）作业现场应根据道路情况设置安全围栏、警告标志或路障，防止外人进入工作区域；如在车辆繁忙地段还应与交通管理部门取得联系，以取得配合。

2）夜间作业进行本项目应有足够的照明。

（3）安全距离及有效绝缘长度。

1）作业用绝缘工具都应经过检测，绝缘电阻应不小于700MΩ（电极间距2cm、极间距2cm）。

2）在带电作业时，应保持对地不小于0.4m，对邻相导线不小于0.6m的安全距离；如不能确保该安全距离时，应采用绝缘挡板、管、毯及其他绝缘遮蔽措施。

（4）遮蔽措施。作业线路下层有低压线路合杆时，如妨碍作业，应对相关低压线路采取绝缘遮蔽措施。

（5）重合闸。本项目一般不需停用线路重合闸。

（6）关键点。

1）作业人员在接触带电导线前应得到工作监护人的认可。

2）在作业时，要确保带电导线与横担及邻相导线的安全距离。

3）在作业时，严禁人体同时接触2个不同的电位。

4）杆上电工配合要默契，动作要平稳协调。

（7）其他安全注意事项。

1）开工前由工作负责人持带电作业工作票与当值调度取得联系，工作负责人应核对工作票中工作任务与现场工作线路名称及杆号是否一致。

2）在使用绑线操作杆时，动作要平稳，防止导线跳动。

3）在同杆架设线路上工作与上层线路小于安全距离规定，且无法采取安全措施时，不得进行该项工作。

4）上、下传递工具、材料均应使用绝缘绳，严禁抛、扔。

5）本项目工作不少于5人。

（二）更换跌落式熔断器（绝缘工作平台、绝缘手套作业法——导线侧）

1. 作业方式

绝缘工作平台、绝缘手套作业法。

2. 适用范围

10kV线路直线杆、耐张杆、终端杆更换跌落式熔断器。

3. 人员组合

本项目需要5人，具体人员分工见表1－1－5。

表1－1－5　　人员分工表

人员分工	人数	人员分工	人数
工作负责人（兼工作监护人）	1	地面电工（3、4号电工）	2
杆上电工（1、2号电工）	2		

4. 工具配备

一览表（包括个人防护用具）见表1－1－6。

表1－1－6　**工具配备一览表**

序号	工器具名称		规格、型号	数量	备注
1	个人绝缘防护用具	绝缘手套	10kV	1副	
2		防护手套		1副	
3		绝缘肩套	10kV	1件	
4	绝缘遮蔽用具	导线遮蔽罩	10kV	1根	
5	绝缘工器具	绝缘绳	ϕ12mm	1根	15m
6		绝缘工作平台		1台	
7		绝缘操作杆	10kV	1根	
8		绝缘单滑车		1组	
9	其他主要工器具	导线清扫刷		1把	
10		专用线夹安装工具	楔形	1套	
11		绝缘检测仪	2500V及以上	1套	

5. 作业步骤

（1）工具储运和检测。

1）领用绝缘工具、安全用具及辅助器具，应核对工器具的使用电压等级和试验周期。

2）领用绝缘工器具，应检查外观是否完好无损。

3）工器具运输前，各种工器具应存放在工具袋或工具箱内。金属工具和绝缘工器具应分开装运，以防止相互碰擦造成外表损坏，降低工器具的绝缘水平。

（2）现场操作前的准备。

1）工作负责人应按带电作业工作票内容与当值调度员联系。

2）工作负责人核对线路名称、杆号。

3）工作前工作负责人检查确认需要更换的跌落式熔断器处于断开位置。

4）根据道路情况设置安全围栏、警告标志或路障。

5）工作负责人召集工作人员交代工作任务，对工作班成员进行危险点告知、交代安全措施和技术措施，确认每一个工作班成员都已知晓，检查工作班成员精神状态是否良好，人员是否合适。

6）根据分工情况整理材料，对安全用具、绝缘工具进行检查，绝缘工具应使用绝缘检测仪进行分段绝缘检测，绝缘电阻值应不小于700MΩ（在出库前如已测试过的可省去现场测试步骤）。

7）杆上电工登杆前，应先检查确认电杆基础及电杆表面质量符合要求，并进行试登试拉，检查登杆工具。

（3）操作步骤。

1）1号电工和2号电工先、后登杆，在跌落式熔断器横担向下2.7m左右处，安装绝缘工作平台附件。

2）1号电工在横担螺栓处挂绝缘单滑车，并放下绝缘绳。

3）地面电工组装绝缘工作平台，使用绝缘绳配合1、2号电工起吊安装绝缘工作平台（安装在需要断开跌落式熔断器引线的左侧导线下，即单相跌落式熔断器侧）。

4）1号电工身穿绝缘肩套、佩戴绝缘手套登至绝缘工作平台下方待命。

5）2号电工将位置调整至左侧导线下适当位置，1号电工登上绝缘工作平台，得到工作监护人许可后，安装专用线夹安装工具拆除楔形线夹，并将已断开的跌落式熔断器上引线卷拢固定。

6）1号电工得到工作监护人许可后，对内侧导线进行绝缘遮蔽。

7）按方法5）断开其余两相引线。

8）三相引线断开，可按由简单到复杂、先易后难的原则进行。

9）1号电工更换三相跌落式熔断器，先连接下引线，并对三相跌落式熔断器进行试操作，检查分合情况，最后将三相跌落式熔断器置于断开位置。

10）1号电工在2号电工配合下将绝缘工作平台调整到导线右侧下，展开外侧跌落式熔断器上引线，分别对导线、引线连接处涂上电力脂，使用刷子清除连接处导线上的氧化层，直至符合接续要求。

11）1号电工使用装有双钩线夹的绝缘操作杆先将上引线固定，然后将双钩线夹钩挂至带电导线并拧紧（也可先将电力楔形线夹C型板放置于导线上，然后将上引线钩挂住C型板下侧，使用楔形线夹楔块嵌入C型板槽内楔紧），安装楔形线夹，使用专用线夹安装工具进行安装，并检查确认线夹安装符合要求后，撤除绝缘操作杆（如是绝缘导线应进行防水处理）。

12）其余两相上引线连接按方法10）、方法11）进行。

13）三相上引线连接，可按由复杂到简单、先难后易的原则进行，先远（右侧）后近（左侧）。

14）1、2号电工在地面电工配合下撤除绝缘工作平台，吊放至地面，1号电工取下绝缘单滑车后，作业人员返回地面。

（4）工作终结。

1）工作负责人对完成的工作作一个全面的检查，确认符合验收规范要求后，记录在册并召开收工会进行工作点评后，宣布工作结束。

2）工作完毕后，汇报当值调度工作已经结束，工作班撤离现场。

6. 安全措施及注意事项

（1）气象条件。

1）带电作业应在良好天气下进行。如遇雷电（听见雷声、看见闪电）、雪、雹、雨、雾等，不准进行带电作业。风力大于5级时，一般不宜进行带电作业。在特殊情况下，必须在恶劣天气进行带电抢修时，应组织有关人员充分讨论并编制必要的安全措施，经本单位分管生产领导（总工程师）批准后方可进行。

2）当相对湿度大于80%时，应采取防潮措施。

（2）作业环境。

1）作业现场应根据道路情况设置安全围栏、警告标志或路障，防止外人进入工作区域；如在车辆繁忙地段还应与交通管理部门取得联系，以取得配合。

2）夜间作业进行本项目应有足够的照明。

（3）安全距离及有效绝缘长度。

1）作业用绝缘工具都应进行检测，绝缘电阻应不小于700MΩ（电极间距2cm、极间距2cm）。

2）在带电作业时，应保持对地不小于0.4m，对邻相导线不小于0.6m的安全距离；如不能确保该安全距离时，应采用绝缘挡板、管、毯及其他绝缘遮蔽措施。

3）绝缘手套仅作为辅助绝缘，不能作主绝缘使用。

（4）遮蔽措施。

1）本项目在断、接中相上引线时，如与边相导线安全距离不够，应对边相导线进行绝缘遮蔽。

2）作业线路下层有低压线路合杆时，如妨碍作业，应对相关低压线路采取绝缘遮蔽措施。

（5）重合闸。本项目一般不需停用线路重合闸。

（6）关键点。

1）作业人员身高按1.7m考虑。

2）作业人员在接触带电导线前应得到工作监护人的认可。

3）在作业时，要确保带电导线与横担及邻相导线的安全距离。

4）在断、接中相引线时，作业人员应位于中相与遮蔽相导线之间。

5）在作业时，严禁人体同时接触2个不同的电位。

6）在三相引线未全部断开前，已断开引线的设备应视为有电；第一相引线与带电导线连接后，其余引线（包括导线），应视为有电。

（7）其他安全注意事项。

1）开工前由工作负责人持带电作业工作票与当值调度取得联系，工作负责人应核对工作票中工作任务与现场工作线路名称及杆号是否一致。

2）绝缘台架旋转时，应缓慢移动，动作要平稳，防止与电杆、导线、周围障碍物碰擦。

3）作业人员在绝缘工作平台上工作时，注意动作幅度，保持重心平稳。

4）在同杆架设线路上工作与上层线路小于安全距离规定，且无法采取安全措施时，不得进行该项工作。

5）上、下传递工具、材料均应使用绝缘绳，严禁抛、扔。

6）本项目工作不少于5人。

（三）更换跌落式熔断器（绝缘工作平台、绝缘手套作业法——熔断器侧）

1. 作业方式

绝缘工作平台、绝缘手套作业法。

2. 适用范围

10kV线路直线杆、耐张杆、终端杆更换跌落式熔断器。

3. 人员组合

本项目需要5人，具体人员分工见表1-1-7。

表1-1-7 人员分工表

人员分工	人数	人员分工	人数
工作负责人（兼工作监护人）	1	地面电工（3、4号电工）	2
杆上电工（1、2号电工）	2		

4. 工具配备

一览表（包括个人防护用具）见表1-1-8。

表1-1-8 工具配备一览表

序号	工器具名称		规格、型号	数量	备注
1	个人绝缘防护用具	绝缘手套	10kV	1副	
2		防护手套		1副	
3		绝缘肩套	10kV	1件	
4	绝缘遮蔽用具	导线遮蔽罩	10kV	1根	
5		跌落式熔断器隔离罩		1只	
6	绝缘工器具	绝缘绳	ϕ12mm	1根	15m
7		绝缘工作平台		1台	
8		绝缘单滑车		1组	
9		绝缘操作杆	10kV	1根	
10	其他主要工器具	绝缘检测仪	2500V及以上	1套	

5. 作业步骤

（1）工具储运和检测。

1）领用绝缘工具、安全用具及辅助器具，应核对工器具的使用电压等级和试验周期。

2）领用绝缘工器具，应检查外观是否完好无损。

3）工器具运输前，各种工器具应存放在工具袋或工具箱内。金属工具和绝缘工器具应分开装运，以防止相互碰擦造成外表损坏，降低工器具的绝缘水平。

（2）现场操作前的准备。

1）工作负责人应按带电作业工作票内容与当值调度员联系。

2）工作负责人核对线路名称、杆号。

3）工作前工作负责人检查确认需要更换的跌落式熔断器处于断开位置。

4）根据道路情况设置安全围栏、警告标志或路障。

5）工作负责人召集工作人员交代工作任务，对工作班成员进行危险点告知、交代安全措施和技术措施，确认每一个工作班成员都已知晓，检查工作班成员精神状态是否良好，人员是否合适。

6）根据分工情况整理材料，对安全用具、绝缘工具进行检查，绝缘工具应使用绝缘检测仪进行分段绝缘检测，绝缘电阻值应不小于700MΩ（在出库前如已测试过的可省去现场

测试步骤）。

7）杆上电工登杆前，应先检查确认电杆基础及电杆表面质量符合要求，并进行试登试拉，检查登杆工具。

（3）操作步骤。

1）1号电工和2号电工先、后登杆，在跌落式熔断器横担向下2.7m左右处，安装工作圆箍1副。

2）1号电工在横担螺栓处挂绝缘单滑车1只，并放下起吊绝缘竖梯的绝缘绳。

3）地面电工组装绝缘工作平台，使用绝缘绳配合1、2号电工起吊安装绝缘工作平台（左侧安装单相跌落式熔断器时，应装在左侧导线下方）。

4）1号电工身穿绝缘肩套、佩戴绝缘手套登上绝缘工作平台，系好保险钩。

5）1号电工将位置调整至内侧跌落式熔断器外适当位置，得到工作监护人许可后，对左侧跌落式熔断器进行绝缘遮蔽；断开内侧跌落式熔断器螺栓连接片处上引线，将已断开的上引线圈拢并可靠固定在本相导线上。

6）1号电工得到工作监护人许可后，对内侧导线进行绝缘遮蔽。

7）按方法5）断开其余两相引线。

8）三相引线断开，可按由简单到复杂、先易后难的原则进行。

9）1号电工更换三相跌落式熔断器，先连接下引线，并对三相跌落式熔断器进行试操作，检查分合情况，最后将三相跌落式熔断器置于断开位置，并安装跌落式熔断器遮蔽罩。

10）1号电工在2号电工配合下将位置调整到右侧导线下，将上引线展开，连接到跌落式熔断器螺栓连接片处，然后撤除跌落式熔断器遮蔽罩。

11）其余两相引线连接按方法10）进行。

12）三相引线连接，可按由复杂到简单、先难后易的原则进行，先远（右侧）后近（左侧）。

13）1、2号电工在地面电工配合下撤除绝缘工作平台，吊放至地面，1号电工取下绝缘单滑车后，作业人员返回地面。

（4）工作终结。

1）工作负责人对完成的工作作一个全面的检查，确认符合验收规范要求后，记录在册并召开收工会进行工作点评后，宣布工作结束。

2）工作完毕后，汇报当值调度工作已经结束，工作班撤离现场。

6. 安全措施及注意事项

（1）气象条件。

1）带电作业应在良好天气下进行。如遇雷电（听见雷声、看见闪电）、雪、雹、雨、雾等，不准进行带电作业。风力大于5级时，一般不宜进行带电作业。在特殊情况下，必须在恶劣天气进行带电抢修时，应组织有关人员充分讨论并编制必要的安全措施，经本单位分管生产领导（总工程师）批准后方可进行。

2）当相对湿度大于80%时，应采取防潮措施。

（2）作业环境。

1）作业现场应根据道路情况设置安全围栏、警告标志或路障，防止外人进入工作区域；如在车辆繁忙地段还应与交通管理部门取得联系，以取得配合。

2）夜间作业进行本项目应有足够的照明。

（3）安全距离及有效绝缘长度。

1）作业用绝缘工具都应进行检测，绝缘电阻应不小于700MΩ（电极间距2cm、极间距2cm）。

2）在带电作业时，应保持对地不小于0.4m，对邻相导线不小于0.6m的安全距离；如不能确保该安全距离时，应采用绝缘挡板、管、毯及其他绝缘遮蔽措施。

3）绝缘手套仅作为辅助绝缘，不能作主绝缘使用。

（4）遮蔽措施。

1）本项目在断、接跌落式熔断器引线时，应对跌落式熔断器加装绝缘隔离罩，做好绝缘遮蔽措施。

2）作业线路下层有低压线路合杆时，如妨碍作业，应对相关低压线路采取绝缘遮蔽措施。

（5）重合闸。本项目一般不需停用线路重合闸。

（6）关键点。

1）作业人员身高按1.7m考虑。

2）作业人员在接触带电导线前应得到工作监护人的认可。

3）在作业时，要确保带电导线与横担及邻相导线的安全距离。

4）在断、接中相上引线时，作业人员应位于中相与遮蔽相导线之间。

5）在作业时，严禁人体同时接触2个不同的电位。

6）在三相引线未全部断开前，已断开引线的设备应视为有电；第一相引线与带电导线连接后，其余引线（包括导线），应视为有电。

（7）其他安全注意事项。

1）开工前由工作负责人持带电作业工作票与当值调度取得联系，工作负责人应核对工作票中工作任务与现场工作线路名称及杆号是否一致。

2）绝缘台架旋转时，应缓慢移动，动作要平稳，防止与电杆、导线、周围障碍物碰擦。

3）作业人员在绝缘平台上工作时，注意动作幅度，保持重心平稳。

4）在同杆架设线路上工作与上层线路小于安全距离规定，且无法采取安全措施时，不得进行该项工作。

5）上、下传递工具、材料均应使用绝缘绳，严禁抛、扔。

6）本项目工作不少于5人。

（四）更换跌落式熔断器（绝缘斗臂车、绝缘手套作业法——导线侧）

1. 作业方式

绝缘斗臂车、绝缘手套作业法。

2. 适用范围

10kV线路直线杆、耐张杆、终端杆更换跌落式熔断器。

3. 人员组合

本项目需要3人，具体人员分工见表1-1-9。

表1-1-9 人员分工表

人员分工	人数	人员分工	人数
工作负责人（兼工作监护人）	1	地面电工（1号电工）	1
斗内电工（1号电工）	1		

注 绝缘斗臂车操作工由1号电工兼任。

4. 工具配备

一览表（包括个人防护用具）见表1-1-10。

表1-1-10 工具配备一览表

序号	工器具名称		规格、型号	数量	备注
1	特种车辆	绝缘斗臂车	10kV	1辆	
2	个人绝缘防护用具	绝缘手套	10kV	1副	
3		防护手套		1副	
4		斗内安全带		1副	
5	绝缘遮蔽用具	导线遮蔽罩	10kV	1根	
6	绝缘工器具	绝缘绳	ϕ12mm	1根	15m
7		绝缘操作杆	10kV	1根	
8	其他主要工器具	导线清扫刷		1把	
9		断线剪（钳）		1把	
10		专用线夹安装工具	楔形	1把	
11		绝缘检测仪	2500V及以上	1套	

5. 作业步骤

（1）工具储运和检测。

1）领用绝缘工具、安全用具及辅助器具，应核对工器具的使用电压等级和试验周期。

2）领用绝缘工器具，应检查外观是否完好无损。

3）工器具运输前，各种工器具应存放在工具袋或工具箱内。金属工具和绝缘工器具应分开装运，以防止相互碰擦造成外表损坏，降低工器具的绝缘水平。

（2）现场操作前的准备。

1）工作负责人应按带电作业工作票内容与当值调度员联系。

2）工作负责人核对线路名称、杆号。

3）工作前工作负责人检查确认需要更换的跌落式熔断器处于断开位置。

4）绝缘斗臂车进入合适位置，并可靠接地，根据道路情况设置安全围栏、警告标志或路障。

5）工作负责人召集工作人员交代工作任务，对工作班成员进行危险点告知、交代安全措施和技术措施，确认每一个工作班成员都已知晓，检查工作班成员精神状态是否良好，人

员是否合适。

6）根据分工情况整理材料，对安全用具、绝缘工具进行检查，绝缘工具应使用绝缘检测仪进行分段绝缘检测，绝缘电阻值应不小于700MΩ（在出库前如已测试过的可省去现场测试步骤）。

7）查看确认绝缘臂、绝缘斗良好，调试斗臂车（在出车前如已调试过的可省去此步骤）。

8）1号电工戴好绝缘手套和防护手套，进入绝缘斗内，挂好保险钩。

（3）操作步骤。

1）1号电工将绝缘斗调整至内侧导线外适当位置，得到工作监护人许可后，使用专用线夹安装工具拆除楔形线夹，将已断开的跌落式熔断器上引线圈拢固定。

2）1号电工得到工作监护人许可后，对内侧导线进行绝缘遮蔽。

3）按方法1）断开其余两相引线。

4）三相引线断开，可按由简单到复杂、先易后难的原则进行，根据现场情况先两侧、后中间。

5）1号电工更换三相跌落式熔断器，先连接下引线，并对三相跌落式熔断器进行试操作，检查分合情况，最后将三相跌落式熔断器置于断开位置。

6）1号电工将绝缘斗调整到导线外侧下，展开外侧跌落式熔断器上引线，分别对导线、引线连接处涂上电力脂，用刷子清除连接处导线上的氧化层，直至符合接续要求。

7）1号电工使用双钩线夹绝缘操作杆固定引线，然后将绝缘操作杆钩挂在带电导线上并拧紧（也可先将电力楔形线夹C型板放置于导线上，然后将上引线钩挂住C型板下侧，使用楔形线夹楔块嵌入C型板槽内楔紧），安装楔形线夹，使用专用线夹安装工具进行安装，并检查确认线夹安装符合要求后，撤除绝缘操作杆（如是绝缘导线应进行防水处理）。

8）其余两相引线连接按方法6）、方法7）进行。

9）三相引线连接，可按由复杂到简单、先难后易的原则进行，先远（外侧）后近（内侧），或根据现场情况先中间、后两侧。

10）工作结束后，撤除遮蔽罩，绝缘斗退出有电工作区域，工作人员返回地面。

（4）工作终结。

1）工作负责人对完成的工作作一个全面的检查，确认符合验收规范要求后，记录在册并召开收工会进行工作点评后，宣布工作结束。

2）工作完毕后，汇报当值调度工作已经结束，工作班撤离现场。

6. 安全措施及注意事项

（1）气象条件。

1）带电作业应在良好天气下进行。如遇雷电（听见雷声、看见闪电）、雪、雹、雨、雾等，不准进行带电作业。风力大于5级时，一般不宜进行带电作业。在特殊情况下，必须在恶劣天气进行带电抢修时，应组织有关人员充分讨论并编制必要的安全措施，经本单位分管生产领导（总工程师）批准后方可进行。

2）当相对湿度大于80%时，应采取防潮措施。

（2）作业环境。

1）作业现场和绝缘斗臂车两侧，应根据道路情况设置安全围栏、警告标志或路障，防止外人进入工作区域；如在车辆繁忙地段还应与交通管理部门取得联系，以取得配合。

2）夜间作业进行本项目应有足够的照明。

（3）安全距离及有效绝缘长度。

1）作业用绝缘工具都应进行检测，绝缘电阻应不小于700MΩ（电极间距2cm、极间距2cm）。

2）工作时绝缘斗臂车的绝缘有效长度应不小于1m。

3）在带电作业时，应保持对地不小于0.4m，对邻相导线不小于0.6m的安全距离；如不能确保该安全距离时，应采用绝缘挡板、管、毯及其他绝缘遮蔽措施。

4）绝缘手套仅作为辅助绝缘，不能作主绝缘使用。

（4）遮蔽措施。

1）本项目在断、接中相上引线时，如与边相导线安全距离不够，应对边相导线进行绝缘遮蔽。

2）作业线路下层有低压线路合杆时，如妨碍作业，应对相关低压线路采取绝缘遮蔽措施。

（5）重合闸。本项目一般不需停用线路重合闸。

（6）关键点。

1）作业人员在接触带电导线前应得到工作监护人的认可。

2）在作业时，要确保带电导线与横担及邻相导线的安全距离。

3）在断、接中相上引线时，作业人员应位于中相与遮蔽相导线之间。

4）在作业时，严禁人体同时接触2个不同的电位。

5）在三相引线未全部断开前，已断开引线的设备应视为有电；第一相引线与带电导线连接后，其余引线（包括导线），应视为有电。

（7）其他安全注意事项。

1）开工前由工作负责人持带电作业工作票与当值调度取得联系，工作负责人应核对工作票中工作任务与现场工作线路名称及杆号是否一致。

2）绝缘斗臂车应可靠接地，在作业前应进行操作检查。

3）当斗臂车绝缘斗距有电线路1～2m或工作转移时，应缓慢移动，动作要平稳，严禁使用快速挡；绝缘斗臂车在作业时，发动机不能熄火（电能驱动型除外），以保证液压系统处于工作状态。

4）在操作绝缘斗移动时，应防止与电杆、导线、周围障碍物、邻近绝缘斗臂车碰擦。

5）在同杆架设线路上工作与上层线路小于安全距离规定，且无法采取安全措施时，不得进行该项工作。

6）上、下传递工具、材料均应使用绝缘绳，严禁抛、扔。

7）本项目工作不少于3人。

8）使用只能下部操作的绝缘斗臂车应增加1名专门操作人员。

（五）更换跌落式熔断器（绝缘斗臂车、绝缘手套作业法——熔断器侧）

1. 作业方式

绝缘斗臂车、绝缘手套作业法。

2. 适用范围

10kV 线路直线杆、耐张杆、终端杆更换跌落式熔断器。

3. 人员组合

本项目需要 3 人，具体人员分工见表 1－1－11。

表 1－1－11 人员分工表

人员分工	人数	人员分工	人数
工作负责人（兼工作监护人）	1	地面电工（2 号电工）	1
斗内电工（1 号电工）	1		

注 绝缘斗臂车操作工由 1 号电工兼任。

4. 工具配备

一览表（包括个人防护用具）见表 1－1－12。

表 1－1－12 工具配备一览表

序号	工器具名称		规格、型号	数量	备注
1	特种车辆	绝缘斗臂车	10kV	1 辆	
2	个人绝缘防护用具	绝缘手套	10kV	1 副	
3		防护手套		1 副	
4		斗内安全带		1 副	
5	绝缘遮蔽用具	导线遮蔽罩	10kV	1 根	
6		跌落式熔断器遮蔽罩		3 只	
7	绝缘工器具	绝缘绳	ϕ12mm	1 根	15m
8		绝缘操作杆	10kV	1 根	
9	其他主要工器具	绝缘检测仪	2500V 及以上	1 套	

5. 作业步骤

（1）工具储运和检测。

1）领用绝缘工具、安全用具及辅助器具，应核对工器具的使用电压等级和试验周期。

2）领用绝缘工器具，应检查外观是否完好无损。

3）工器具运输前，各种工器具应存放在工具袋或工具箱内。金属工具和绝缘工器具应分开装运，以防止相互碰擦造成外表损坏，降低工器具的绝缘水平。

（2）现场操作前的准备。

1）工作负责人应按带电作业工作票内容与当值调度员联系。

2）工作负责人核对线路名称、杆号。

3）工作前工作负责人检查确认需要更换的跌落式熔断器处于断开位置。

4）绝缘斗臂车进入合适位置，并可靠接地，根据道路情况设置安全围栏、警告标志或路障。

5）工作负责人召集工作人员交代工作任务，对工作班成员进行危险点告知、交代安全措施和技术措施，确认每一个工作班成员都已知晓，检查工作班成员精神状态是否良好，人员是否合适。

6）根据分工情况整理材料，对安全用具、绝缘工具进行检查，绝缘工具应使用绝缘检测仪进行分段绝缘检测，绝缘电阻值应不小于700MΩ（在出库前如已测试过的可省去现场测试步骤）。

7）查看确认绝缘臂、绝缘斗良好，调试斗臂车（在出车前如已调试过的可省去此步骤）。

8）1号电工戴好绝缘手套和防护手套，进入绝缘斗内，挂好保险钩。

（3）操作步骤。

1）1号电工将绝缘斗调整至内侧跌落式熔断器外适当位置，得到工作监护人许可后，安装内侧跌落式熔断器遮蔽罩，断开内侧跌落式熔断器螺栓连接片处上引线，将已断开的上引线圈拢并固定在本相导线上。

2）1号电工对内侧导线进行绝缘遮蔽。

3）按方法1）断开其余两相引线。

4）三相引线断开，可按由简单到复杂、先易后难的原则进行，根据现场情况先两侧、后中间。

5）1号电工更换三相跌落式熔断器，先连接下引线，并对三相跌落式熔断器进行试操作，检查分合情况，最后将三相跌落式熔断器置于断开位置，并安装跌落式熔断器遮蔽罩。

6）1号电工将绝缘斗调整到导线外侧下，将上引线展开，连接至跌落式熔断器螺栓连接片，然后撤除跌落式熔断器遮蔽罩。

7）其余两相引线连接按方法6）进行。

8）三相引线连接，可按由复杂到简单、先难后易的原则进行，先远（外侧）后近（内侧），或根据现场情况先中间、后两侧。

9）工作结束后，撤除导线遮蔽罩，绝缘斗退出有电工作区域，工作人员返回地面。

（4）工作终结。

1）工作负责人对完成的工作作一个全面的检查，确认符合验收规范要求后，记录在册并召开收工会进行工作点评后，宣布工作结束。

2）工作完毕后，汇报当值调度工作已经结束，工作班撤离现场。

6. 安全措施及注意事项

（1）气象条件。

1）带电作业应在良好天气下进行。如遇雷电（听见雷声、看见闪电）、雪、雹、雨、雾等，不准进行带电作业。风力大于5级时，一般不宜进行带电作业。在特殊情况下，必须在恶劣天气进行带电抢修时，应组织有关人员充分讨论并编制必要的安全措施，经本单位分管生产领导（总工程师）批准后方可进行。

2）当相对湿度大于80%时，应采取防潮措施。

（2）作业环境。

1）作业现场和绝缘斗臂车两侧，应根据道路情况设置安全围栏、警告标志或路障，防止外人进入工作区域；如在车辆繁忙地段还应与交通管理部门取得联系，以取得配合。

2）夜间作业进行本项目应有足够的照明。

（3）安全距离及有效绝缘长度。

1）作业用绝缘工具都应进行检测，绝缘电阻应不小于700MΩ（电极间距2cm、极间距2cm）。

2）工作时绝缘斗臂车的绝缘有效长度应不小于1m。

3）在带电作业时，应保持对地不小于0.4m，对邻相导线不小于0.6m的安全距离；如不能确保该安全距离时，应采用绝缘挡板、管、毯及其他绝缘遮蔽措施。

4）绝缘手套仅作为辅助绝缘，不能作主绝缘使用。

（4）遮蔽措施。

1）本项目在断、接中相上引线时，如与边相导线安全距离不够，应对边相导线进行绝缘遮蔽。

2）作业线路下层有低压线路合杆时，如妨碍作业，应对相关低压线路采取绝缘遮蔽措施。

（5）重合闸。本项目一般不需停用线路重合闸。

（6）关键点。

1）作业人员在接触带电导线前应得到工作监护人的认可。

2）在作业时，要确保带电导线与横担及邻相导线的安全距离。

3）在断、接中相上引线时，作业人员应位于中相与遮蔽相导线之间。

4）在作业时，严禁人体同时接触2个不同的电位。

5）在三相引线未全部断开前，已拆除引线的设备应视为有电；第一相引线与带电导线连接后，其余引线（包括导线），应视为有电。

（7）其他安全注意事项。

1）开工前由工作负责人持带电作业工作票与当值调度取得联系，工作负责人应核对工作票中工作任务与现场工作线路名称及杆号是否一致。

2）绝缘斗臂车应可靠接地，在作业前应进行操作检查。

3）当斗臂车绝缘斗距有电线路1～2m或工作转移时，应缓慢移动，动作要平稳，严禁使用快速挡；绝缘斗臂车在作业时，发动机不能熄火（电能驱动型除外），以保证液压系统处于工作状态。

4）在操作绝缘斗移动时，应防止与电杆、导线、周围障碍物、邻近绝缘斗臂车碰擦。

5）在同杆架设线路上工作与上层线路小于安全距离规定，且无法采取安全措施时，不得进行该项工作。

6）上、下传递工具、材料均应使用绝缘绳，严禁抛、扔。

7）本项目工作不少于3人。

8）使用只能下部操作的绝缘斗臂车应增加1名专门操作人员。

三、更换分段跌落式熔断器

（一）带负荷更换分段跌落式熔断器（绝缘斗臂车、绝缘手套作业法——导线侧）

1. 作业方式

绝缘斗臂车、绝缘手套作业法。

2. 适用范围

10kV线路耐张杆带负荷更换分段跌落式熔断器。

3. 人员组合

本项目需要4人，具体人员分工见表1－1－13。

表1－1－13　　人员分工表

人员分工	人数	人员分工	人数
工作负责人（兼工作监护人）	1	地面电工（3号电工）	1
斗内电工（1、2号电工）	2		

注　绝缘斗臂车操作工分别由1、2号电工兼任。

4. 工具配备

一览表（包括个人防护用具）见表1－1－14。

表1－1－14　　工具配备一览表

序号	工器具名称		规格、型号	数量	备注
1	特种车辆	绝缘斗臂车	10kV	2辆	
2	个人绝缘防护用具	绝缘手套	10kV	2副	
3		防护手套		2副	
4		斗内安全带		2副	
5		绝缘披套	10kV	2件	
6	绝缘遮蔽用具	导线遮蔽罩	10kV	6根	
7	绝缘工器具	绝缘绳	ϕ12mm	1根	15m
8		绝缘引流线	10kV	3根	300A
9		绝缘引流线支架		1套	
10		绝缘操作杆	10kV	1根	
11	其他主要工器具	绝缘检测仪	2500V及以上	1套	

5. 作业步骤

（1）工具储运和检测。

1）领用绝缘工具、安全用具及辅助器具，应核对工器具的使用电压等级和试验周期。

2）领用绝缘工器具，应检查外观是否完好无损。

3）工器具运输前，各种工器具应存放在工具袋或工具箱内。金属工具和绝缘工器具应分开装运，以防止相互碰擦造成外表损坏，降低工器具的绝缘水平。

（2）现场操作前的准备。

1）工作负责人应按带电作业工作票内容与当值调度员联系。

2）工作负责人核对线路名称、杆号。

3）工作前工作负责人检查确认需要更换的跌落式熔断器处于闭合位置。

4）绝缘斗臂车进入合适位置，并可靠接地，根据道路情况设置安全围栏、警告标志或路障。

5）工作负责人召集工作人员交代工作任务，对工作班成员进行危险点告知、交代安全措施和技术措施，确认每一个工作班成员都已知晓，检查工作班成员精神状态是否良好，人员是否合适。

6）根据分工情况整理材料，对安全用具、绝缘工具进行检查，绝缘工具应使用绝缘检测仪进行分段绝缘检测，绝缘电阻值应不小于700MΩ（在出库前如已测试过的可省去现场测试步骤）。

7）查看确认绝缘臂、绝缘斗良好，调试斗臂车（在出车前如已调试过的可省去此步骤）。

8）1、2号电工戴好绝缘手套和防护手套，进入绝缘斗内，挂好保险钩。

（3）操作步骤。

1）1号电工将绝缘斗调整至跌落式熔断器横担附近，检查确认跌落式熔断器无异常情况，同时2号电工将绝缘斗调整至电杆另一侧导线下侧的合适位置，在工作负责人（监护人）的同意下，用钳形电流表逐相测量三相导线电流，每相电流应不超过200A。

2）1、2号电工配合着在跌落式熔断器横担下0.6m处安装绝缘引流线支架，在电杆两侧的同相导线上逐相安装绝缘引流线，确认三相绝缘引流线连接牢固后，1号电工得到工作监护人的许可后，使用绝缘操作杆拉开熔断器并取下载熔管。

3）1、2号电工将绝缘斗调整至内侧导线外适当位置准备断开内侧跌落式熔断器下引线。

4）2号电工得到工作监护人许可后，安装专用线夹安装工具拆除楔形线夹，由1号电工将已断开的跌落式熔断器下引线圈拢并固定于熔断器下部。

5）1、2号电工分别对内侧导线及引线进行绝缘遮蔽。

6）按方法3）~方法7）断开其余两相下引线。

7）三相下引线断开，可按由先两侧、后中间，复杂到简单、先难后易的原则进行。

8）1号电工将绝缘斗调整至内侧导线得到工作监护人许可后，安装专用线夹安装工具拆除楔形线夹，将已断开的跌落式熔断器上引线圈拢并固定于熔断器上部。

9）按方法7）断开其余两相上引线。

10）1、2号电工更换三相跌落式熔断器，并对三相跌落式熔断器进行试操作，检查分合情况，最后将三相载熔管取下。

11）1号电工将绝缘斗调整到跌落式熔断器上引线侧的导线外侧下，展开外侧跌落式熔断器上引线，分别对导线、引线连接处涂上电力脂，用刷子清除连接处导线上的氧化层，直至符合接续要求。

12）1号电工使用双钩线夹绝缘操作棒固定上引线，然后将绝缘操作棒钩挂在带电导线上并拧紧（也可先将电力楔形线夹C型板放置于导线上，然后将上引线钩挂住C型板下侧，使用楔形线夹楔块嵌入C型板槽内楔紧），安装楔形线夹，使用专用线夹安装工具进行安装，并检查确认线夹安装符合要求后，撤除绝缘操作杆（如是绝缘导线应进行防水处理）。

13）其余两相跌落式熔断器上引线连接按方法11）~方法12）进行。

14）三相引线连接，可按由复杂到简单、先难后易的原则进行，先远（外侧）后近

(内侧)，或根据现场情况先中间、后两侧。

15）1 号电工跌落式熔断器上引线接头工作结束后，撤除导线遮蔽罩。

16）三相跌落式熔断器下引线连接由 2 号电工按方法 10）~方法 12）连接。

17）工作结束后，1 号电工挂上载熔管，得到工作监护人许可后，使用绝缘操作杆分别合上三相载熔管。

18）1、2 号电工配合着逐相撤除绝缘引流线，撤除的程序可从近到远或先易后难的方法，然后撤除绝缘引流线支架，绝缘斗退出有电工作区域，作业人员返回地面。

（4）工作终结。

1）工作负责人对完成的工作作一个全面的检查，确认符合验收规范要求后，记录在册并召开收工会进行工作点评后，宣布工作结束。

2）工作完毕后，汇报当值调度工作已经结束，工作班撤离现场。

6. 安全措施及注意事项

（1）气象条件。

1）带电作业应在良好天气下进行。如遇雷电（听见雷声、看见闪电）、雪、雹、雨、雾等，不准进行带电作业。风力大于 5 级时，一般不宜进行带电作业。在特殊情况下，必须在恶劣天气进行带电抢修时，应组织有关人员充分讨论并编制必要的安全措施，经本单位分管生产领导（总工程师）批准后方可进行。

2）当相对湿度大于 80% 时，应采取防潮措施。

（2）作业环境。

1）作业现场和绝缘斗臂车两侧，应根据道路情况设置安全围栏、警告标志或路障，防止外人进入工作区域；如在车辆繁忙地段还应与交通管理部门取得联系，以取得配合。

2）夜间作业进行本项目应有足够的照明。

（3）安全距离及有效绝缘长度。

1）作业用绝缘工具都应进行检测，绝缘电阻应不小于 700MΩ（电极间距 2cm、极间距 2cm）。

2）工作时绝缘斗臂车的绝缘有效长度应不小于 1m。

3）在带电作业时，应保持对地不小于 0.4m，对邻相导线不小于 0.6m 的安全距离；如不能确保该安全距离时，应采用绝缘挡板、管、毯及其他绝缘遮蔽措施。

4）绝缘手套仅作为辅助绝缘，不能作主绝缘使用。

（4）遮蔽措施。

1）本项目在断、接引线时，如与边相导线及引线安全距离不够，应对边相导线进行绝缘遮蔽。

2）作业线路下层有低压线路合杆时，如妨碍作业，应对相关低压线路采取绝缘遮蔽措施。

（5）重合闸。本项目需停用线路重合闸。

（6）关键点。

1）作业人员在接触带电导线前应得到工作监护人的认可。

2）在作业时，要确保带电导线与横担及邻相导线的安全距离。

3）在断、接中相引线时，作业人员应位于中相与遮蔽相导线之间。

4）在作业时，严禁人体同时接触2个不同的电位。

5）边相下引线进行断接工作时，应注意对中相引线及电杆做好绝缘遮蔽隔离措施。

6）绝缘引流线连接时应注意相位，连接点接触可靠。

7）三相绝缘引流线连接未完成前严禁拉开载熔管，三相载熔管未合上前严禁撤除绝缘引流线。

（7）其他安全注意事项。

1）开工前由工作负责人持带电作业工作票与当值调度取得联系，工作负责人应核对工作票中工作任务与现场工作线路名称及杆号是否一致。

2）绝缘斗臂车应可靠接地，在作业前应进行操作检查。

3）当斗臂车绝缘斗距有电线路1～2m或工作转移时，应缓慢移动，动作要平稳，严禁使用快速挡；绝缘斗臂车在作业时，发动机不能熄火（电能驱动型除外），以保证液压系统处于工作状态。

4）在操作绝缘斗移动时，应防止与电杆、导线、周围障碍物、邻近绝缘斗臂车碰擦。

5）在同杆架设线路上工作与上层线路小于安全距离规定，且无法采取安全措施时，不得进行该项工作。

6）上、下传递工具、材料均应使用绝缘绳，严禁抛、扔。

7）本项目工作不少于4人。

8）使用只能下部操作的绝缘斗臂车应增加1名专门操作人员。

（二）带负荷更换分段跌落式熔断器（绝缘斗臂车、绝缘手套作业法——熔断器侧）

1. 作业方式

绝缘斗臂车、绝缘手套作业法。

2. 适用范围

10kV线路耐张杆更换跌落式熔断器。

3. 人员组合

本项目需要4人，具体人员分工见表1－1－15。

表1－1－15 人员分工表

人员分工	人数	人员分工	人数
工作负责人（兼工作监护人）	1	地面电工（3号电工）	1
斗内电工（1、2号电工）	2		

注 绝缘斗臂车操作工分别由1、2号电工兼任。

4. 工具配备

一览表（包括个人防护用具）见表1－1－16。

表1－1－16 工具配备一览表

序号	工器具名称		规格、型号	数量	备注
1	特种车辆	绝缘斗臂车	10kV	2辆	

续表

序号	工器具名称		规格、型号	数量	备注
2	个人绝缘防护用具	绝缘手套	10kV	2副	
3		防护手套		2副	
4		斗内安全带		2副	
5		绝缘袖套	10kV	2件	
6	绝缘遮蔽用具	跌落式熔断器遮蔽罩		3只	
7		导线遮蔽罩	10kV	18根	
8	绝缘工器具	绝缘绳	ϕ12mm	1根	15m
9		绝缘引流线	10kV	3根	300A
10		绝缘引流线支架		1套	
11		绝缘操作杆	10kV	1根	
12	其他主要工器具	绝缘检测仪	2500V及以上	1套	

5. 作业步骤

（1）工具储运和检测。

1）领用绝缘工具、安全用具及辅助器具，应核对工器具的使用电压等级和试验周期。

2）领用绝缘工器具，应检查外观是否完好无损。

3）工器具运输前，各种工器具应存放在工具袋或工具箱内。金属工具和绝缘工器具应分开装运，以防止相互碰擦造成外表损坏，降低工器具的绝缘水平。

（2）现场操作前的准备。

1）工作负责人应按带电作业工作票内容与当值调度员联系。

2）工作负责人核对线路名称、杆号。

3）工作前工作负责人检查确认需要更换的跌落式熔断器处于闭合位置。

4）绝缘斗臂车进入合适位置，并可靠接地，根据道路情况设置安全围栏、警告标志或路障。

5）工作负责人召集工作人员交代工作任务，对工作班成员进行危险点告知、交代安全措施和技术措施，确认每一个工作班成员都已知晓，检查工作班成员精神状态是否良好，人员是否合适。

6）根据分工情况整理材料，对安全用具、绝缘工具进行检查，绝缘工具应使用绝缘检测仪进行分段绝缘检测，绝缘电阻值应不小于700MΩ（在出库前如已测试过的可省去现场测试步骤）。

7）查看确认绝缘臂、绝缘斗良好，调试斗臂车（在出车前如已调试过的可省去此步骤）。

8）1、2号电工戴好绝缘手套和防护手套，进入绝缘斗内，挂好保险钩。

（3）操作步骤。

1）1号电工将绝缘斗调整至跌落式熔断器横担附近，检查确认跌落式熔断器无异常情况；同时2号电工将绝缘斗调整至电杆另一侧导线下侧的合适位置，在工作负责人（监护人）的同意下，用钳形电流表逐相测量三相导线电流，每相电流不应超过200A。

2）1、2号电工配合着在跌落式熔断器横担下0.6m处安装绝缘引流线支架，在电杆两侧的同相导线上逐相安装绝缘引流线，确认三相绝缘引流线连接牢固后，1号电工得到工作监护人许可后，使用绝缘操作杆拉开载熔管并取下。

3）1号电工将绝缘斗调整至内侧跌落式熔断器外适当位置，得到工作监护人许可后，对三相跌落式熔断器安装跌落式熔断器遮蔽罩，并对中相引线及电杆进行绝缘隔离；断开跌落式熔断器螺栓连接片处上引线，将已断开的上引线圈扰并固定在本相导线上；然后1号电工断开跌落式熔断器下部螺栓连接片处下引线，由2号电工将已断开的下引线圈扰并固定在本相导线上。

4）1、2号电工分别对内侧导线及引线进行绝缘遮蔽。

5）按方法3）断开其余两相上下引线。

6）三相引线断开，可按由复杂到简单、先难后易的原则进行，根据现场情况先两侧、后中间。

7）1号电工更换三相跌落式熔断器，并对三相跌落式熔断器进行试操作，检查分合情况，最后将三相载熔管取下，并恢复跌落式熔断器遮蔽罩及其他绝缘遮蔽措施。

8）1、2号电工分别将绝缘斗调整到中相导线附近，撤除中相导线遮蔽罩；2号电工展开下引线由1号电工连接到中相跌落式熔断器下部螺栓连接片处。

9）其余两相下引线连接按方法8）进行。

10）三相引线连接，可按由复杂到简单、先难后易的原则进行，先远（外侧）后近（内侧），或根据现场情况先中间、后两侧。

11）1号电工展开上引线分别连接到跌落式熔断器螺栓连接片处。

12）1号电工撤除跌落式熔断器遮蔽罩并挂上载熔管，得到工作监护人许可后，使用绝缘操作分别合上三相跌落式载熔管。

13）1、2号电工配合着逐相撤除绝缘引流线，撤除的程序可从近到远或先易后难的方法，然后撤除绝缘引流线支架，绝缘斗退出有电工作区域，作业人员返回地面。

（4）工作终结。

1）工作负责人对完成的工作作一个全面的检查，确认符合验收规范要求后，记录在册并召开收工会进行工作点评后，宣布工作结束。

2）工作完毕后，汇报当值调度工作已经结束，工作班撤离现场。

6. 安全措施及注意事项

(1) 气象条件。

1）带电作业应在良好天气下进行。如遇雷电（听见雷声、看见闪电）、雪、雹、雨、雾等，不准进行带电作业。风力大于5级时，一般不宜进行带电作业。在特殊情况下，必须在恶劣天气进行带电抢修时，应组织有关人员充分讨论并编制必要的安全措施，经本单位分管生产领导（总工程师）批准后方可进行。

2）当相对湿度大于80%时，应采取防潮措施。

(2) 作业环境。

1）作业现场和绝缘斗臂车两侧，应根据道路情况设置安全围栏、警告标志或路障，防止外人进入工作区域；如在车辆繁忙地段还应与交通管理部门取得联系，以取得配合。

2）夜间作业进行本项目应有足够的照明。

（3）安全距离及有效绝缘长度。

1）作业用绝缘工具都应进行检测，绝缘电阻应不小于700MΩ（电极间距2cm、极间距2cm）。

2）工作时绝缘斗臂车的绝缘有效长度应不小于1m。

3）在带电作业时，应保持对地不小于0.4m，对邻相导线不小于0.6m的安全距离；如不能确保该安全距离时，应采用绝缘挡板、管、毯及其他绝缘遮蔽措施。

4）绝缘手套仅作为辅助绝缘，不能作主绝缘使用。

（4）遮蔽措施。

1）本项目在断、接引线时，如与边相导线及引线安全距离不够，应对边相导线及引线进行绝缘遮蔽。

2）断接跌落式熔断器引线时应加装跌落式熔断器遮蔽罩。

3）作业线路下层有低压线路合杆时，如妨碍作业，应对相关低压线路采取绝缘遮蔽措施。

（5）重合闸。本项目需停用线路重合闸。

（6）关键点。

1）作业人员在接触带电导线前应得到工作监护人的认可。

2）在作业时，要确保带电导线与横担及邻相导线的安全距离。

3）在断、接中相引线时，作业人员应位于中相与遮蔽相导线之间。

4）在作业时，严禁人体同时接触2个不同的电位。

5）三相绝缘引流线连接时应注意相位，连接点接触可靠。

6）边相下引线进行断接工作时，应注意对中相引线及电杆做好绝缘遮蔽隔离措施。

7）三相绝缘引流线连接未完成前严禁拉开载熔管，三相载熔管未合上前严禁拆除绝缘引流线。

（7）其他安全注意事项。

1）开工前由工作负责人持带电作业工作票与当值调度取得联系，工作负责人应核对工作票中工作任务与现场工作线路名称及杆号是否一致。

2）绝缘斗臂车应可靠接地，在作业前应进行操作检查。

3）当斗臂车绝缘斗距有电线路1～2m或工作转移时，应缓慢移动，动作要平稳，严禁使用快速挡；绝缘斗臂车在作业时，发动机不能熄火（电能驱动型除外），以保证液压系统处于工作状态。

4）在操作绝缘斗移动时，应防止与电杆、导线、周围障碍物、邻近绝缘斗臂车碰擦。

5）在同杆架设线路上工作与上层线路小于安全距离规定，且无法采取安全措施时，不得进行该项工作。

6）上、下传递工具、材料均应使用绝缘绳，严禁抛、扔。

7）本项目工作不少于4人。

8）使用只能下部操作的绝缘斗臂车应增加1名专门操作人员。

四、更换直线绝缘子

1. 作业方式

绝缘斗臂车、绝缘手套作业法。

2. 适用范围

10kV 线路直线杆更换直线绝缘子。

3. 人员组合

本项目需要 4 人，具体人员分工见表 1-1-17。

表 1-1-17 人员分工表

人员分工	人数	人员分工	人数
工作负责人（兼工作监护人）	1	杆上电工（2 号电工）	1
斗内电工（1 号电工）	1	地面电工（3 号电工）	1

注 绝缘斗臂车操作工由 1 号电工兼任。

4. 工具配备

一览表（包括个人防护用具）见表 1-1-18。

表 1-1-18 工具配备一览表

序号	工器具名称		规格、型号	数量	备注
1	特种车辆	绝缘斗臂车	10kV	1 辆	含绝缘横担及撑杆
2	个人绝缘防护用具	绝缘手套	10kV	1 副	
3		防护手套		1 副	
4		斗内安全带		1 副	
5		绝缘肩套	10kV	1 件	
6	绝缘遮蔽用具	导线遮蔽罩	10kV	6 根	
7		导线遮蔽罩	10kV	3 根	1m
8		绝缘毯	10kV	3 块	
9		边相绝缘子绝缘遮蔽罩	10kV	2 只	
10		中相绝缘子绝缘遮蔽罩	10kV	1 只	
11	绝缘工器具	绝缘吊绳	ϕ12mm	1 根	15m

5. 作业步骤

（1）工具储运和检测。

1）领用绝缘工具、安全用具及辅助器具，应核对工器具的使用电压等级和试验周期。

2）领用绝缘工器具，应检查外观是否完好无损。

3）工器具运输前，各种工器具应存放在工具袋或工具箱内。金属工具和绝缘工器具应分开装运，以防止相互碰擦造成外表损坏，降低工器具的绝缘水平。

（2）现场操作前的准备。

1）工作负责人应按带电作业工作票内容与当值调度员联系。

2）工作负责人核对线路名称、杆号。

3）绝缘斗臂车进入合适位置，并可靠接地；根据道路情况设置安全围栏、警告标志或路障。

4）工作负责人召集工作人员交代工作任务，对工作班成员进行危险点告知、交代安全措施和技术措施，确认每一个工作班成员都已知晓，检查工作班成员精神状态是否良好，人员是否合适。

5）根据分工情况整理材料，对安全用具、绝缘工具进行检查，绝缘工具应使用绝缘检测仪进行分段绝缘检测，绝缘电阻值应不小于700MΩ（在出库前如已测试过的可省去现场测试步骤）。

6）查看确认绝缘臂、绝缘斗良好，调试斗臂车（在出车前如已调试过的可省去此步骤）。

7）1号电工戴好绝缘手套和防护手套，进入绝缘斗内，挂好保险钩。

（3）操作步骤。

1）1号电工将绝缘斗调整到内侧导线下，得到工作监护人许可后，对内侧导线进行绝缘遮蔽。

2）其余两相按方法1）由内到外逐相进行。

3）将绝缘斗返回地面，在地面电工协助下在吊臂上组装撑杆及绝缘横担后返回导线下准备支撑导线。

4）1号电工调整吊臂使三相导线分别置于绝缘横担上的滑轮内，然后加上保险。

5）1号电工操作将绝缘撑杆缓缓上升，使绝缘撑杆受力；1号电工对绝缘子进行绝缘遮蔽，拆除导线扎线，缓缓支撑起三相导线至超出杆顶1m以上的位置。

6）工作负责人指挥2号电工登杆更换绝缘子，并安装绝缘子遮蔽罩。

7）工作结束后2号电工返回地面。

8）1号电工得到监护人的许可后，操作绝缘撑杆缓缓下降，使中相导线下降落到中相绝缘子后停止，由1号电工将中相导线使用扎线固定在绝缘子上，打开中相滑轮保险后，继续下降绝缘撑杆，并按相同方法分别固定导线。

9）三相导线的固定，可按由按先中间、后两边的程序用扎线分别固定在绝缘子上。

10）1号电工将绝缘横担上的其余滑轮保险打开，操作吊臂使绝缘横担缓缓脱离导线。

11）三相导线的安装工作结束后，按先中间、后两边的顺序撤除导线绝缘遮蔽，最后1号电工将绝缘斗退出有电工作区域，作业人员返回地面。

（4）工作终结。

1）工作负责人对完成的工作作一个全面的检查，确认符合验收规范要求后，记录在册并召开收工会进行工作点评后，宣布工作结束。

2）工作完毕后，汇报当值调度工作已经结束，工作班撤离现场。

6. 安全措施及注意事项

（1）气象条件。

1）带电作业应在良好天气下进行。如遇雷电（听见雷声、看见闪电）、雪、雹、雨、雾等，不准进行带电作业。风力大于5级时，一般不宜进行带电作业。在特殊情况下，必须

在恶劣天气进行带电抢修时，应组织有关人员充分讨论并编制必要的安全措施，经本单位分管生产领导（总工程师）批准后方可进行。

2）当相对湿度大于80%时，应采取防潮措施。

（2）作业环境。

1）作业现场和绝缘斗臂车两侧，应根据道路情况设置安全围栏、警告标志或路障，防止外人进入工作区域；如在车辆繁忙地段还应与交通管理部门取得联系，以取得配合。

2）夜间作业进行带电作业应有足够的照明。

（3）安全距离及有效绝缘长度。

1）作业用绝缘工具都应进行检测，绝缘电阻应不小于700MΩ（电极间距2cm、极间距2cm）。

2）工作时绝缘斗臂车的绝缘有效长度应不小于1m。

3）在带电作业时，应保持对地不小于0.4m，对邻相导线不小于0.6m的安全距离；如不能确保该安全距离时，应采用绝缘挡板、管、毯及其他绝缘遮蔽措施。

4）绝缘手套仅作为辅助绝缘，不能作主绝缘使用。

（4）遮蔽措施。

1）三相导线进行绝缘遮蔽。

2）直线横担绝缘子上加装绝缘子绝缘遮蔽罩或绝缘毯遮蔽。

3）作业线路下层有低压线路合杆时，如妨碍作业，应对相关低压线路采取绝缘遮蔽措施。

（5）重合闸。本项目需停用线路重合闸。

（6）关键点。

1）作业人员在接触带电导线前应得到工作监护人的认可。

2）2号电工在登杆作业时，应对有电线路保持不小于0.4m的安全距离。

3）提升导线前及提升过程中，应检查两侧电杆上的导线扎线是否牢靠，如有松动、脱线现象，必须重新绑扎加固后方可进行作业。

4）提升和下降导线时，要缓缓进行，以防止导线晃动，以免造成相间短路。

5）在作业时，严禁人体同时接触2个不同的电位。

（7）其他安全注意事项。

1）开工前由工作负责人持带电作业工作票与当值调度取得联系，工作负责人应核对工作票中工作任务与现场工作线路名称及杆号是否一致。

2）绝缘斗臂车应可靠接地，在作业前应进行操作检查。

3）当斗臂车绝缘斗距有电线路1～2m或工作转移时，应缓慢移动，动作要平稳，严禁使用快速挡；绝缘斗臂车在作业时，发动机不能熄火（电能驱动型除外），以保证液压系统处于工作状态。

4）在操作绝缘斗移动时，应防止与电杆、导线、周围障碍物、邻近绝缘斗臂车碰擦。

5）在同杆架设线路上工作与上层线路小于安全距离规定，且无法采取安全措施时，不得进行该项工作。

6）上、下传递工具、材料均应使用绝缘绳，严禁抛、扔。

7）本项目工作不少于4人。

五、更换耐张绝缘子

1. 作业方式

绝缘斗臂车、绝缘手套作业法。

2. 适用范围

10kV 线路耐张杆、终端杆、转角杆更换耐张绝缘子。

3. 人员组合

本项目需要 3 人，具体人员分工见表 1－1－19。

表 1－1－19 人员分工表

人员分工	人数	人员分工	人数
工作负责人（兼工作监护人）	1	地面电工（2 号电工）	1
斗内电工（1 号电工）	1		

注 绝缘斗臂车操作工由 1 号电工兼任。

4. 工具配备

一览表（包括个人防护用具）见表 1－1－20。

表 1－1－20 工具配备一览表

序号	工器具名称		规格、型号	数量	备注
1	特种车辆	绝缘斗臂车	10kV	1 辆	
2	个人绝缘防护用具	绝缘手套	10kV	1 副	
3		防护手套		1 副	
4		斗内安全带		1 副	
5		绝缘肩套	10kV	1 件	
6	绝缘遮蔽用具	导线遮蔽罩	10kV	6 根	
7		导线遮蔽罩	10kV	3 根	1m
8		绝缘毯	10kV	3 块	
9		耐张绝缘子遮蔽罩	10kV	2 只	
10	绝缘工器具	绝缘托平架	10kV	1 只	
11		绝缘拉线绳	10kV	1 根	
12		绝缘联板	10kV	1 块	
13		绝缘吊绳	ϕ12mm	1 根	15m

5. 作业步骤

（1）工具储运和检测。

1）领用绝缘工具、安全用具及辅助器具，应核对工器具的使用电压等级和试验周期。

2）领用绝缘工器具，应检查外观是否完好无损。

3）工器具运输前，各种工器具应存放在工具袋或工具箱内。金属工具和绝缘工器具应分开装运，以防止相互碰擦造成外表损坏，降低工器具的绝缘水平。

（2）现场操作前的准备。

1）工作负责人应按带电作业工作票内容与当值调度员联系。

2）工作负责人核对线路名称、杆号。

3）绝缘斗臂车进入合适位置，并可靠接地；根据道路情况设置安全围栏、警告标志或路障。

4）工作负责人召集工作人员交代工作任务，对工作班成员进行危险点告知、交代安全措施和技术措施，确认每一个工作班成员都已知晓，检查工作班成员精神状态是否良好，人员是否合适。

5）根据分工情况整理材料，对安全用具、绝缘工具进行检查，绝缘工具应使用绝缘检测仪进行分段绝缘检测，绝缘电阻值应不小于700MΩ（在出库前如已测试过的可省去现场测试步骤）。

6）查看确认绝缘臂、绝缘斗良好，调试斗臂车（在出车前如已调试过的可省去此步骤）。

7）1号电工戴好绝缘手套和防护手套，进入绝缘斗内，挂好保险钩。

（3）操作步骤。

1）1号电工将绝缘斗调整到中相导线下，得到工作监护人许可后，对中相导线进行绝缘遮蔽。

2）1号电工将绝缘斗调整到内侧导线外侧适当位置，对内侧耐张绝缘子加装耐张绝缘子罩。

3）1号电工将绝缘联板安装在耐张横担上，挂上紧线器，收紧导线至耐张绝缘子松弛。

4）1号电工在紧线器外侧加装作为后备保护用的绝缘拉线绳并拉紧固定，在耐张绝缘子上加装绝缘托平架。

5）1号电工手扶绝缘托平架，将耐张线夹与耐张绝缘子连接螺栓拔除，使两者脱离。

6）1号电工更换耐张绝缘子，并在新换耐张绝缘子上安装绝缘托平架。

7）1号电工手扶绝缘托平架，安装耐张线夹与耐张绝缘子连接螺栓。

8）1号电工撤除绝缘拉线绳并放松紧线器，使绝缘子受力后，撤除紧线器及绝缘联板。

9）其余两相耐张绝缘子的更换按方法2）~方法8）进行。

10）三相耐张绝缘子的更换，可按由简单到复杂、先易后难的原则进行，或先两侧、后中间。

11）1号电工撤除所有绝缘措施将绝缘斗退出有电工作区域，作业人员返回地面。

（4）工作终结。

1）工作负责人对完成的工作作一个全面的检查，确认符合验收规范要求后，记录在册并召开收工会进行工作点评后，宣布工作结束。

2）工作完毕后，汇报当值调度工作已经结束，工作班撤离现场。

6. 安全措施及注意事项

（1）气象条件。

1）带电作业应在良好天气下进行。如遇雷电（听见雷声、看见闪电）、雪、雹、雨、雾等，不准进行带电作业。风力大于5级时，一般不宜进行带电作业。在特殊情况下，必须在恶劣天气进行带电抢修时，应组织有关人员充分讨论并编制必要的安全措施，经本单位分

管生产领导（总工程师）批准后方可进行。

2）当相对湿度大于80%时，应采取防潮措施。

（2）作业环境。

1）作业现场和绝缘斗臂车两侧，应根据道路情况设置安全围栏、警告标志或路障，防止外人进入工作区域；如在车辆繁忙地段还应与交通管理部门取得联系，以取得配合。

2）夜间作业进行带电作业应有足够的照明。

（3）安全距离及有效绝缘长度。

1）作业用绝缘工具都应进行检测，绝缘电阻应不小于700MΩ（电极间距2cm、极间距2cm）。

2）工作时绝缘斗臂车的绝缘有效长度应不小于1m。

3）在带电作业时，应保持对地不小于0.4m，对邻相导线不小于0.6m的安全距离；如不能确保该安全距离时，应采用绝缘挡板、管、毯及其他绝缘遮蔽措施。

4）绝缘手套仅作为辅助绝缘，不能作主绝缘使用。

（4）遮蔽措施。

1）耐张绝缘子上加装绝缘子遮蔽罩或绝缘毯遮蔽。

2）作业线路下层有低压线路合杆时，如妨碍作业，应对相关低压线路采取绝缘遮蔽措施。

（5）重合闸。本项目需停用线路重合闸。

（6）关键点。

1）作业人员在接触带电导线前应得到工作监护人的认可。

2）收紧导线后应用绝缘拉线绳拉紧并固定。

3）在作业时，严禁人体同时接触2个不同的电位。

（7）其他安全注意事项。

1）开工前由工作负责人持带电作业工作票与当值调度取得联系，工作负责人应核对工作票中工作任务与现场工作线路名称及杆号是否一致。

2）绝缘斗臂车应可靠接地，在作业前应进行操作检查。

3）当斗臂车绝缘斗距有电线路1～2m或工作转移时，应缓慢移动，动作要平稳，严禁使用快速挡；绝缘斗臂车在作业时，发动机不能熄火（电能驱动型除外），以保证液压系统处于工作状态。

4）在操作绝缘斗移动时，应防止与电杆、导线、周围障碍物、邻近绝缘斗臂车碰擦。

5）在同杆架设线路上工作与上层线路小于安全距离规定，且无法采取安全措施时，不得进行该项工作。

6）上、下传递工具、材料均应使用绝缘绳，严禁抛、扔。

7）本项目工作不少于3人。

六、更换直线横担

1. 作业方式

绝缘斗臂车、绝缘手套作业法。

2. 适用范围

10kV 线路直线杆更换直线横担。

3. 人员组合

本项目需要4人，具体人员分工见表1-1-21。

表1-1-21 人员分工表

人员分工	人数	人员分工	人数
工作负责人（兼工作监护人）	1	杆上电工（2号电工）	1
斗内电工（1号电工）	1	地面电工（3号电工）	1

注 绝缘斗臂车操作工由1号电工兼任。

4. 工具配备

一览表（包括个人防护用具）见表1-1-22。

表1-1-22 工具配备一览表

序号	工器具名称		规格、型号	数量	备注
1	特种车辆	绝缘斗臂车	10kV	1辆	含绝缘横担及撑杆
2	个人绝缘防护用具	绝缘手套	10kV	1副	
3		防护手套		1副	
4		斗内安全带		1副	
5		绝缘肩套	10kV	1件	
6	绝缘遮蔽用具	导线遮蔽罩	10kV	1根	
7		绝缘毯	10kV	3块	
8		边相绝缘子绝缘遮蔽罩	10kV	2只	
9		中相绝缘子绝缘遮蔽罩	10kV	1只	
10	绝缘工器具	绝缘吊绳	ϕ12mm	1根	15m

5. 作业步骤

（1）工具储运和检测。

1）领用绝缘工具、安全用具及辅助器具，应核对工器具的使用电压等级和试验周期。

2）领用绝缘工器具，应检查外观是否完好无损。

3）工器具运输前，各种工器具应存放在工具袋或工具箱内。金属工具和绝缘工器具应分开装运，以防止相互碰擦造成外表损坏，降低工器具的绝缘水平。

（2）现场操作前的准备。

1）工作负责人应按带电作业工作票内容与当值调度员联系。

2）工作负责人核对线路名称、杆号。

3）绝缘斗臂车进入合适位置，并可靠接地；根据道路情况设置安全围栏、警告标志或路障。

4）工作负责人召集工作人员交代工作任务，对工作班成员进行危险点告知、交代安全措施和技术措施，确认每一个工作班成员都已知晓，检查工作班成员精神状态是否良好，人

员是否合适。

5）根据分工情况整理材料，对安全用具、绝缘工具进行检查，绝缘工具应使用绝缘检测仪进行分段绝缘检测，绝缘电阻值应不小于700MΩ（在出库前如已测试过的可省去现场测试步骤）。

6）查看确认绝缘臂、绝缘斗良好，调试斗臂车（在出车前如已调试过的可省去此步骤）。

7）1号电工戴好绝缘手套和防护手套，进入绝缘斗内，挂好保险钩。

（3）操作步骤。

1）1号电工将绝缘斗调整到内侧导线下，得到工作监护人许可后，对内侧导线进行绝缘遮蔽。

2）其余两相按方法1）、方法2）进行，由内到外，先两侧后中相。

3）将绝缘斗返回地面，在地面电工协助下在吊臂上组装撑杆及绝缘横担后返回导线下准备支撑导线。

4）1号电工调整吊臂使三相导线分别置于绝缘横担上的滑轮内，然后加上保险。

5）1号电工操作将绝缘撑杆缓缓上升，使绝缘撑杆受力；1号电工加装绝缘子绝缘遮蔽罩，拆除导线扎线，缓缓支撑起三相导线至超出杆顶1m以上的位置。

6）工作负责人指挥2号电工登杆更换直线横担，并安装绝缘子和绝缘子绝缘遮蔽罩。

7）工作结束后2号电工返回地面。

8）1号电工得到监护人的许可后，操作将绝缘撑杆缓缓下降，使中相导线下降落到中相绝缘子后停止，由1号电工将中相导线用扎线固定在绝缘子上，打开中相滑轮保险后，继续下降绝缘撑杆，并按相同方法分别固定导线。

9）三相导线的固定，可按由按先中间、后两边的程序用扎线分别固定在绝缘子上。

10）1号电工将绝缘横担上的其余滑轮保险打开，操作吊臂使绝缘横担缓缓脱离导线。

11）三相导线的安装工作结束后，按先中间、后两边的顺序撤除导线绝缘遮蔽，最后1号电工将绝缘斗退出有电工作区域，作业人员返回地面。

（4）工作终结。

1）工作负责人对完成的工作作一个全面的检查，确认符合验收规范要求后，记录在册并召开收工会进行工作点评后，宣布工作结束。

2）工作完毕后，汇报当值调度工作已经结束，工作班撤离现场。

6. 安全措施及注意事项

（1）气象条件。

1）带电作业应在良好天气下进行。如遇雷电（听见雷声、看见闪电）、雪、雹、雨、雾等，不准进行带电作业。风力大于5级时，一般不宜进行带电作业。在特殊情况下，必须在恶劣天气进行带电抢修时，应组织有关人员充分讨论并编制必要的安全措施，经本单位分管生产领导（总工程师）批准后方可进行。

2）当相对湿度大于80%时，应采取防潮措施。

（2）作业环境。

1）作业现场和绝缘斗臂车两侧，应根据道路情况设置安全围栏、警告标志或路障，防止外人进入工作区域；如在车辆繁忙地段还应与交通管理部门取得联系，以取得配合。

2）夜间作业进行带电作业应有足够的照明。

（3）安全距离及有效绝缘长度。

1）作业用绝缘工具都应进行检测，绝缘电阻应不小于700MΩ（电极间距2cm、极间距2cm）。

2）工作时绝缘斗臂车的绝缘有效长度应不小于1m。

3）在带电作业时，应保持对地不小于0.4m，对邻相导线不小于0.6m的安全距离；如不能确保该安全距离时，应采用绝缘挡板、管、毯及其他绝缘遮蔽措施。

4）绝缘手套仅作为辅助绝缘，不能作主绝缘使用。

（4）遮蔽措施。

1）三相导线加导线遮蔽罩或遮蔽罩、绝缘毯。

2）直线横担绝缘子上加装绝缘子绝缘遮蔽罩或绝缘毯遮蔽。

3）作业线路下层有低压线路合杆时，如妨碍作业，应对相关低压线路加导线遮蔽罩或绝缘毯遮蔽。

（5）重合闸。本项目需停用线路重合闸。

（6）关键点。

1）作业人员在接触带电导线前应得到工作监护人的认可。

2）2号电工在登杆作业时，应对有电线路保持不小于0.4m的安全距离。

3）提升导线前及提升过程中，应检查两侧电杆上的导线扎线是否牢靠，如有松动、脱线现象，必须重新绑扎加固后方可进行作业。

4）提升和下降导线时，要缓缓进行，以防止导线晃动造成相间短路；地面的绝缘绳固定应可靠牢固，不可松动。

5）在作业时，严禁人体同时接触2个不同的电位。

（7）其他安全注意事项。

1）开工前由工作负责人持带电作业工作票与当值调度取得联系，工作负责人应核对工作票中工作任务与现场工作线路名称及杆号是否一致。

2）绝缘斗臂车、吊车应可靠接地，在作业前应进行操作检查。

3）当斗臂车绝缘斗距有电线路1～2m或工作转移时，应缓慢移动，动作要平稳，严禁使用快速挡；绝缘斗臂车在作业时，发动机不能熄火（电能驱动型除外），以保证液压系统处于工作状态。

4）在操作绝缘斗移动时，应防止与电杆、导线、周围障碍物、邻近绝缘斗臂车碰擦。

5）在同杆架设线路上工作与上层线路小于安全距离规定，且无法采取安全措施时，不得进行该项工作。

6）上、下传递工具、材料均应使用绝缘绳，严禁抛、扔。

7）本项目工作不少于4人。

七、更换柱上开关

（一）更换柱上隔离开关

1. 作业方式

绝缘斗臂车、绝缘操作杆配合绝缘手套作业法。

2. 适用范围

10kV 线路耐张杆更换柱上隔离开关。

3. 人员组合

本项目需要 5 人，具体人员分工见表 1-1-23。

表 1-1-23　　人员分工表

人员分工	人数	人员分工	人数
工作负责人（兼工作监护人）	1	地面电工（3、4 号电工）	2
斗内电工（1、2 号电工）	2		

注　绝缘斗臂车操作工分别由 1、2 号电工兼任。

4. 工具配备

一览表（包括个人防护用具）见表 1-1-24。

表 1-1-24　　工具配备一览表

序号	工器具名称		规格、型号	数量	备注
1	特种车辆	绝缘斗臂车	10kV	2 辆	一辆高度不低于 17m
2	个人绝缘防护用具	绝缘手套	10kV	2 副	
3		防护手套		2 副	
4		斗内安全带		2 副	
5		绝缘披肩	10kV	2 副	
6	绝缘遮蔽用具	导线遮蔽罩	10kV	1 根	
7		导线遮蔽罩		6 根	
8		绝缘挡板		2 块	
9		绝缘隔离挡板		1 块	开关专用
10		耐张绝缘子遮蔽罩		6 只	
11		绝缘毯	10kV	6 块	
12	绝缘工器具	操作杆		2 根	
13		绝缘绳	ϕ12mm	2 根	15m
14		开关专用吊绳	ϕ14mm	1 套	1000mm ×4
15		绝缘操作杆	10kV	1 根	
16	其他主要工器具	绝缘检测仪	2500V 及以上	1 套	

5. 作业步骤

（1）工具储运和检测。

1）领用绝缘工具、安全用具及辅助器具，应核对工器具的使用电压等级和试验周期。

2）领用绝缘工器具，应检查外观是否完好无损。

3）工器具运输前，各种工器具应存放在工具袋或工具箱内。金属工具和绝缘工器具应分开装运，以防止相互碰擦造成外表损坏，降低工器具的绝缘水平。

（2）现场操作前的准备。

1）工作负责人应按带电作业工作票内容与当值调度员联系。

2）工作负责人核对线路名称、杆号。

3）工作前工作负责人检查确认需隔离开关处于断开位置。

4）绝缘斗臂车进入合适位置，并可靠接地，根据道路情况设置安全围栏、警告标志或路障。

5）工作负责人召集工作人员交代工作任务，对工作班成员进行危险点告知、交代安全措施和技术措施，确认每一个工作班成员都已知晓，检查工作班成员精神状态是否良好，人员是否合适。

6）根据分工情况整理材料，对安全用具、绝缘工具进行检查，绝缘工具应使用绝缘检测仪进行分段绝缘检测，绝缘电阻值应不小于700MΩ（在出库前如已检测过的可省去现场检测步骤）。

7）查看确认绝缘臂、绝缘斗良好，调试斗臂车（在出车前如已调试过的可省去此步骤）。

8）1、2号电工分别戴好绝缘手套和防护手套，进入绝缘斗内，挂好保险钩。

（3）操作步骤。

1）1、2号电工分别将绝缘斗调整（或由绝缘斗臂车操作手操作）至开关两端避雷器横担下适当位置，得到工作监护人许可后，分别使用绝缘操作杆将避雷器退出运行。

2）1号电工将绝缘斗调整至有电线路外侧的合适位置，检查确认杆上开关无异常情况；得到工作监护人许可后，做好防止开关误合的安全措施。

3）1、2号电工分别将绝缘斗调整到开关两端外侧，断开开关两端引线固定于同相导线上，并进行绝缘遮蔽；1、2号电工相互配合断开中相及内侧开关引线。

4）其余引线断开工作及绝缘遮蔽工作按方法3）进行（使用非26m绝缘斗臂车在中相及内侧开关引线固定时，1、2号电工应相互上、下配合）。

5）隔离开关两端引线全部断开后，1号电工返回地面加装绝缘吊臂，将绝缘吊臂调整至开关上方合适位置。

6）2号电工撤除防止隔离开关误合的安全措施，配合1号电工使用开关专用吊绳与连接开关，1号电工操作绝缘吊臂平稳提升吊绳使之微微受力，2号电工拆除开关固定支架处螺栓。

7）1号电工操作绝缘吊臂再次平稳提升将开关吊起，平移至导线外侧，然后降至地面。

8）地面电工在地面完成更换开关及安装吊绳，1号电工起吊新开关并平移至杆顶上方。

9）1号电工将新开关缓慢移至开关固定支架上，由2号电工安装新开关固定螺栓。

10）螺栓紧固完毕后2号电工对新开关拉、合调试三次，检查确认开关接触符合要求，然后将开关置于断开位置。

11）1、2号电工调整绝缘斗在开关两端接线端子处加装绝缘挡板，并做好防止开关误合的安全措施。

12）1、2号电工撤除中相导线遮蔽罩和耐张遮蔽罩，并相互配合恢复中相开关引线，连接工作结束后撤除绝缘挡板。

13）1、2号电工按由外侧到内侧的顺序逐相恢复开关引线。

14）1号电工撤除防止开关误合的安全措施。

15）1、2号电工将两端避雷器恢复运行，绝缘斗退出有电工作区域，作业人员返回地面。

（4）工作终结。

1）工作负责人对完成的工作作一个全面的检查，确认符合验收规范要求后，记录在册并召开收工会进行工作点评后，宣布工作结束。

2）工作完毕后，汇报当值调度工作已经结束，工作班撤离现场。

6. 安全措施及注意事项

（1）气象条件。

1）带电作业应在良好天气下进行。如遇雷电（听见雷声、看见闪电）、雪、雹、雨、雾等，不准进行带电作业。风力大于5级时，一般不宜进行带电作业。在特殊情况下，必须在恶劣天气进行带电抢修时，应组织有关人员充分讨论并编制必要的安全措施，经本单位分管生产领导（总工程师）批准后方可进行。

2）当相对湿度大于80%时，应采取防潮措施。

（2）作业环境。

1）作业现场和绝缘斗臂车两侧，应根据道路情况设置安全围栏、警告标志或路障，防止外人进入工作区域；如在车辆繁忙地段还应与交通管理部门取得联系，以取得配合。

2）夜间作业进行带电搭接应有足够的照明。

（3）安全距离及有效绝缘长度。

1）作业用绝缘工具都应经过检测，绝缘电阻应不小于700MΩ（电极间距2cm、极间距2cm）。

2）工作时绝缘斗臂车的绝缘有效长度应不小于1m。

3）在带电作业时，应保持对地不小于0.4m，对邻相导线不小于0.6m的安全距离，如不能确保该安全距离时，应采用绝缘挡板、管、毯及其他绝缘遮蔽措施。

4）绝缘手套仅作为辅助绝缘，不能作主绝缘使用。

（4）遮蔽措施。

1）本项目开关接线端子对地距离小于0.4m，需加装绝缘隔离挡板。

2）本项目在搭接中相引线时，如与边相设备安全距离不够，应对边相设备加绝缘遮蔽措施。

3）作业线路下层有低压线路合杆时，如妨碍作业，应对相关低压线路采取绝缘遮蔽措施。

（5）重合闸。本项目需停用线路重合闸。

（6）关键点。

1）作业人员在接触带电导线前应得到工作监护人的认可。

2）在作业时，要确保有电引线与横担及邻相引线的安全距离。

3）在作业时，严禁人体同时接触2个不同的电位。

4）1号电工操作的绝缘斗臂车不小于17m，在起吊开关时应将其保持水平状态。

5）断开、连接引线过程中开关必须处于断开位置，并做好防止开关误合的安全措施。

6）断开、连接中相引线过程中，1、2 号电工需相互配合。

（7）其他安全注意事项。

1）开工前由工作负责人持带电作业工作票与当值调度取得联系，工作负责人应核对工作票中工作任务与现场工作线路名称及杆号是否一致。

2）绝缘斗臂车应可靠接地，在作业前应进行操作检查。

3）当斗臂车绝缘斗距有电线路 1～2m 或工作转移时，应缓慢移动，动作要平稳，严禁使用快速挡；绝缘斗臂车在作业时，发动机不能熄火（电能驱动型除外），以保证液压系统处于工作状态。

4）在操作绝缘斗移动时，应防止与电杆、导线、周围障碍物、邻近绝缘斗臂车碰擦。

5）在同杆架设线路上工作与上层线路小于安全距离规定，且无法采取安全措施时，不得进行该项工作。

6）上、下传递工具、材料均应使用绝缘绳，严禁抛、扔。

7）本项目工作不少于 5 人。

8）使用只能下部操作的绝缘斗臂车应增加 1 名专门操作人员。

9）在更换带有操作装置的开关时，需将操作装置临时固定，待开关更换后方可拆除临时固定，并做好防止误碰邻近有电设备的安全措施。

（二）带负荷更换柱上负荷开关（绝缘斗臂车、绝缘手套作业法）

1. 作业方式

绝缘斗臂车、绝缘手套作业法。

2. 适用范围

10kV 线路耐张杆带负荷更换柱上负荷开关。

3. 人员组合

本项目需要 6 人，具体人员分工见表 1－1－25。

表 1－1－25　　人员分工表

人员分工	人数	人员分工	人数
工作负责人（兼工作监护人）	1	地面电工（5 号电工）	1
斗内电工（1、2、3、4 号电工）	4		

注　绝缘斗臂车操作工分别由斗内电工兼任。

4. 工具配备

一览表（包括个人防护用具）见表 1－1－26。

表 1－1－26　　工具配备一览表

序号	工器具名称		规格、型号	数量	备注
1	特种车辆	绝缘斗臂车	10kV	2 辆	
2	个人绝缘防护用具	绝缘手套	10kV	4 副	
3		防护手套		4 副	
4		斗内安全带		4 副	
5		绝缘袖套	10kV	4 件	

续表

序号	工器具名称		规格、型号	数量	备注
6	绝缘遮蔽用具	导线遮蔽罩	10kV	12 根	
7		绝缘毯	10kV	若干	
8	绝缘工器具	绝缘断线剪（钳）	10kV	1 把	
9		橡胶绝缘子遮蔽罩		若干	
10		专用线夹安装工具	楔形	1 把	
11		拉（合）闸操作杆		1 根	
12		绝缘导线剥线工具		1 把	
13		绝缘绳	ϕ 12mm	1 根	15m
14		绝缘操作杆	10kV	1 根	
15		开关专用吊绳		1 条	
16		高压核相器		1 副	
17	其他主要工器具	绝缘检测仪	2500V 及以上	1 套	
18		钳形电流表		1 只	

5. 作业步骤

（1）工具储运和检测。

1）领用绝缘工具、安全用具及辅助器具，应核对工器具的使用电压等级和试验周期。

2）领用绝缘工器具，应检查外观是否完好无损。

3）工器具运输前，各种工器具应存放在工具袋或工具箱内。金属工具和绝缘工器具应分开装运，以防止相互碰擦造成外表损坏，降低工器具的绝缘水平。

（2）现场操作前的准备。

1）工作负责人应按带电作业工作票内容与当值调度员联系。

2）工作负责人核对线路名称、杆号。

3）作业人员检查电杆、拉线及周围环境。

4）绝缘斗臂车进入工作现场，定位于最佳工作位置并装好接地线。在作业现场设置安全围栏和警示标志。

5）工作负责人召集工作人员交代工作任务，对工作班成员进行危险点告知、交代安全措施和技术措施，确认每一个工作班成员都已知晓，检查工作班成员精神状态是否良好，人员是否合适。

6）根据分工情况整理材料，对安全用具、绝缘工具进行检查，绝缘工具应使用绝缘检测仪进行分段绝缘检测，绝缘电阻值应不小于 700MΩ（在出库前如已检测过的可省去现场测试步骤）。

7）查看确认绝缘臂、绝缘斗良好，调试斗臂车（在出车前如已调试过的可省去此步骤）。

8）斗内电工穿戴全套安全防护用具，挂好保险钩，携带遮蔽用具和作业工具进入工作斗，并应分类放在工作斗中和工具袋中。

（3）操作步骤。

1）2 辆斗臂车斗内电工分别起升工作斗，定位到便于作业的位置，相互配合按照由近至远、从大到小、从下到上的原则，对作业范围内的所有带电体和接地体进行绝缘遮蔽。使用绝缘毯时应用绝缘夹夹紧，防止脱落。

2）2 辆斗臂车斗内电工相互配合，以最小范围移开一相导线遮蔽罩，采用绝缘引流线短接横担两侧的导线，组装绝缘引流线的导线处应清除氧化层，且线夹接触应牢固可靠。

3）绝缘引流线应与其他相带电体和接地体保持安全距离。绝缘引流线应避开负荷开关拆卸位置。

4）绝缘引流线两端连接完毕且遮蔽完好后，应采用电流检测仪检测引流线电流，确认连接良好。

5）采用同样方法短接其他两相引流线。

6）斗内电工拉开柱上负荷开关并确认开关处于断开位置。

7）移动工作斗至一边相，打开该边相负荷开关引线连接点的绝缘遮蔽，断开负荷开关引线的连接并可靠固定，迅速恢复绝缘遮蔽。

8）采用上述方法，分别拆除其他两相引线的连接，并恢复绝缘遮蔽。

9）斗内电工操作斗臂车小吊，互相配合拆除负荷开关传至地面，并恢复绝缘遮蔽。

10）斗内电工操作斗臂车小吊使用绝缘吊绳将新负荷开关提升至开关横担处，进行新负荷开关与横担的连接组装并确认开关处于断开位置，安装完成后进行绝缘遮蔽。

11）斗内电工按原相位分别进行横担两侧引线的连接作业。

12）引线连接完毕确认无误后，合上负荷开关并确认开关处于闭合位置，采用电流检测仪分别检测三相引线电流，确认连接良好。

13）2 辆斗臂车斗内电工相互配合，分别撤除三相绝缘引流线。撤除时，应确保绝缘引流线两端与其他带电体和接地体保持足够的安全距离。

14）确认设备正常后，依次撤除绝缘遮蔽，撤除时注意身体与带电体保持安全距离。

15）斗内电工全面检查作业质量及确认构架上状况无误后，操作绝缘斗臂车返回地面。

（4）工作终结。

1）工作负责人全面检查工作完成情况，组织清理现场及工具，确认符合验收规范要求后，记录在册并召开收工会进行工作点评，宣布工作结束。

2）工作负责人向当值调度员汇报工作已经结束，停用重合闸的履行恢复程序。工作班撤离现场。

6. 安全措施及注意事项

（1）气象条件。

1）本项目应在良好的天气下进行；如遇雷、雨、雪、雾不得进行该项工作，风力大于5 级时，不宜进行该项工作。

2）带电作业过程中若遇天气突然变化，有可能危及人身或设备安全时，应立即停止工作，尽快恢复设备正常状况，或增设临时安全措施。

3）当相对湿度大于80%时，应采取防潮措施。

（2）作业环境。

1）作业现场和绝缘斗臂车两侧，应根据道路情况设置安全围栏、警告标志或路障，防止外人进入工作区域；如在车辆繁忙地段还应与交通管理部门取得联系，以取得配合。

2）夜间作业时作业现场应有足够的照明。

（3）安全距离及有效绝缘长度。

1）作业用绝缘工具都应进行检测，绝缘电阻应不小于700MΩ（电极间距2cm、极间距2cm）。

2）工作时绝缘斗臂车的绝缘有效长度应不小于1m。

3）在带电作业时，应保持对地不小于0.4m，对邻相导线不小于0.6m的安全距离；如不能确保该安全距离时，应采用绝缘挡板、管、毯及其他绝缘遮蔽措施。

4）绝缘手套仅作为辅助绝缘，不能作主绝缘使用。

（4）遮蔽措施。

1）对不规则带电部件和接地部件应采用绝缘毯进行绝缘遮蔽，并可靠固定。连接的遮蔽用具其重叠部分不小于150mm。

2）作业线路下层有低压线路合杆时，如妨碍作业，应对相关低压线路采取绝缘遮蔽措施。

（5）重合闸。本项目需停用线路重合闸。

（6）关键点。

1）在接触带电导线前应得到工作监护人的认可。

2）安装和拆除绝缘遮蔽用具时，人体的未防护部位应与带电体保持足够的安全距离。在作业时，应确保带电引线对地及邻相引线的安全距离。

3）作业人员在绝缘斗内传递工具时应确认2人同时脱离带电设备，绝缘斗内双人工作时禁止2人同时接触不同电位体。作业时严禁人体同时接触2个不同的电位。

4）断接引流线时要保持带电体与人体、相间及对地的安全距离。应注意相位，连接点应接触可靠。

（7）其他安全注意事项。

1）开工前由工作负责人持带电作业工作票与当值调度取得联系，工作负责人应核对工作票中工作任务与现场工作线路名称及杆号是否一致。

2）绝缘斗臂车应可靠接地，在作业前应进行操作检查。绝缘斗臂车在使用前应空斗试操作一次，确认各系统工作正常，制动装置可靠。工作臂下有人时，不得操作斗臂车。

3）当斗臂车绝缘斗距有电线路1～2m或工作转移时，应缓慢移动，动作要平稳，严禁使用快速挡；绝缘斗臂车在作业时，发动机不能熄火（电能驱动型除外），以保证液压系统处于工作状态。

4）在操作绝缘斗移动时，应防止与电杆、导线、周围障碍物、邻近绝缘斗臂车碰擦。

5）使用只能下部操作的绝缘斗臂车应增加1名专门操作人员。

6）上、下传递工具、材料均应使用绝缘绳，严禁抛、扔。

第二节 断、接引线

一、断跌落式熔断器上引线

（一）断跌落式熔断器上引线（绝缘操作杆作业法）

1. 作业方式

绝缘操作杆作业法。

2. 适用范围

10kV 线路直线杆断跌落式熔断器上引线。

3. 人员组合

本项目需要4人，具体人员分工见表1－2－1。

表1－2－1　　人员分工表

人员分工	人数	人员分工	人数
工作负责人（兼工作监护人）	1	地面电工（3号电工）	1
杆上电工（1、2号电工）	2		

4. 工具配备

一览表（包括个人防护用具）见表1－2－2。

表1－2－2　　工具配备一览表

序号	工器具名称		规格、型号	数量	备注
1	绝缘工器具	绝缘绳	ϕ12mm	1根	15m
2		绝缘操作钳		1把	
3		绝缘套筒扳手		1套	
4		绝缘操作杆		1根	
5		鹰嘴线夹绝缘操作杆		1只	
6	其他主要工器具	鹰嘴线夹		3只	
7		绝缘检测仪	2500V及以上	1套	

5. 作业步骤

（1）工具储运和检测。

1）领用绝缘工具、安全用具及辅助器具，应核对工器具的使用电压等级和试验周期。

2）领用绝缘工器具，应检查外观是否完好无损。

3）工器具运输前，各种工器具应存放在工具袋或工具箱内。金属工具和绝缘工器具应分开装运，以防止相互碰擦造成外表损坏，降低工器具的绝缘水平。

（2）现场操作前的准备。

1）工作负责人应按带电作业工作票内容与当值调度员联系。

2）工作负责人核对线路名称、杆号。

3）工作前工作负责人检查确认需断引线跌落式熔断器处于断开位置。

4）根据道路情况设置安全围栏、警告标志或路障。

5）工作负责人召集工作人员交代工作任务，对工作班成员进行危险点告知、交代安全措施和技术措施，确认每一个工作班成员都已知晓，检查工作班成员精神状态是否良好，人员是否合适。

6）根据分工情况整理材料，对安全用具、绝缘工具进行检查，绝缘工具应使用绝缘检测仪进行分段绝缘检测，绝缘电阻值应不小于700MΩ（在出库前如已测试过的可省去现场测试步骤）。

7）杆上电工登杆前，应先检查确认电杆基础及电杆表面质量符合要求，并进行试登试拉，检查登杆工具。

（3）操作步骤。

1）2号电工登杆至与跌落式熔断器平行的反面侧适当位置，与有电线路保持0.4m以上安全距离，并在地面电工配合下将绝缘操作杆吊上。

2）1号电工登杆至跌落式熔断器的下方适当位置。

3）2号电工使用绝缘操作钳固定需断开的边相跌落式熔断器上引线。

4）1号电工使用绝缘套筒扳手拧松内侧跌落式熔断器上引线螺栓。

5）2号电工使用绝缘操作钳将上引线从边相跌落式熔断器螺栓连接片内缓缓拔出。

6）1号电工使用鹰嘴线夹绝缘操作杆将2号电工传递过来的引线固定，缓缓提升至同相导线的适当位置处待命。

7）2号电工将位置调整至跌落式熔断器的下方适当位置，用绝缘操作杆将引线与导线用鹰嘴线夹固定。

8）其余两相引线断开按方法3）~方法7）进行。

9）如断开的跌落式熔断器上引线不需恢复，可剪断跌落式熔断器上引线，并在剪断跌落式熔断器上引线时，做好防止其弹跳的措施。

10）工作结束后，1、2号电工配合将绝缘工器具吊至地面，作业人员返回地面。

（4）工作终结。

1）工作负责人对完成的工作作一个全面的检查，确认符合验收规范要求后，记录在册并召开收工会进行工作点评后，宣布工作结束。

2）工作完毕后，汇报当值调度工作已经结束，工作班撤离现场。

6. 安全措施及注意事项

（1）气象条件。

1）带电作业应在良好天气下进行。如遇雷电（听见雷声、看见闪电）、雪、雹、雨、雾等，不准进行带电作业。风力大于5级时，一般不宜进行带电作业。在特殊情况下，必须在恶劣天气进行带电抢修时，应组织有关人员充分讨论并编制必要的安全措施，经本单位分管生产领导（总工程师）批准后方可进行。

2）当相对湿度大于80%时，应采取防潮措施。

（2）作业环境。

1）作业现场应根据道路情况设置安全围栏、警告标志或路障，防止外人进入工作区域；如在车辆繁忙地段还应与交通管理部门取得联系，以取得配合。

2）夜间作业进行本项目应有足够的照明。

（3）安全距离及有效绝缘长度。

1）作业用绝缘工具都应经过检测，绝缘电阻应不小于700MΩ（电极间距2cm、极间距2cm）。

2）在带电作业时，应保持对地不小于0.4m，对邻相导线不小于0.6m的安全距离；如不能确保该安全距离时，应采用绝缘挡板、管、毯及其他绝缘遮蔽措施。

（4）遮蔽措施。作业线路下层有低压线路合杆时，如妨碍作业，应对相关低压线路采取绝缘遮蔽措施。

（5）重合闸。本项目一般不需停用线路重合闸。

（6）关键点。

1）在接触带电导线前应得到工作监护人的认可。

2）在作业时，要确保带电导线与横担及邻相导线的安全距离。

3）在作业时，严禁人体同时接触2个不同的电位。

4）在三相引线未全部断开前，已断开引线的设备应视为有电。

5）杆上电工配合要默契，动作要平稳协调。

（7）其他安全注意事项。

1）开工前由工作负责人持带电作业工作票与当值调度取得联系，工作负责人应核对工作票中工作任务与现场工作线路名称及杆号是否一致。

2）在使用绝缘断线剪开断引线时，应防止被开断的引线碰及有电设备。

3）在同杆架设线路上工作与上层线路小于安全距离规定，且无法采取安全措施时，不得进行该项工作。

4）上、下传递工具、材料均应使用绝缘绳，严禁抛、扔。

5）本项目工作不少于4人。

（二）断跌落式熔断器上引线（绝缘工作平台、绝缘手套作业法——导线侧）

1. 作业方式

绝缘工作平台、绝缘手套作业法。

2. 适用范围

10kV线路直线杆断跌落式熔断器上引线。

3. 人员组合

本项目需要5人，具体人员分工见表1-2-3。

表1-2-3　　人员分工表

人员分工	人数	人员分工	人数
工作负责人（兼工作监护人）	1	地面电工（3、4号电工）	2
杆上电工（1、2号电工）	2		

4. 工具配备

一览表（包括个人防护用具）见表1-2-4。

表 1-2-4　　工具配备一览表

序号	工器具名称		规格、型号	数量	备注
1	个人绝缘防护用具	绝缘手套	10kV	1 副	
2		防护手套		1 副	
3		绝缘肩套	10kV	1 件	
4	绝缘遮蔽用具	导线遮蔽罩	10kV	1 根	
5	绝缘工器具	绝缘绳	ϕ12mm	1 根	15m
6		绝缘工作平台		1 套	
7		绝缘单滑车		1 只	
8		绝缘操作杆	10kV	1 根	
9	其他主要工器具	断线剪（钳）		1 把	
10		线夹安装工具	楔形	1 把	
11		绝缘检测仪	2500V 及以上	1 套	

5. 作业步骤

（1）工具储运和检测。

1）领用绝缘工具、安全用具及辅助器具，应核对工器具的使用电压等级和试验周期。

2）领用绝缘工器具，应检查外观是否完好无损。

3）工器具运输前，各种工器具应存放在工具袋或工具箱内。金属工具和绝缘工器具应分开装运，以防止相互碰擦造成外表损坏，降低工器具的绝缘水平。

（2）现场操作前的准备。

1）工作负责人应按带电作业工作票内容与当值调度员联系。

2）工作负责人核对线路名称、杆号。

3）工作前工作负责人检查确认需断引线跌落式熔断器处于断开位置。

4）根据道路情况设置安全围栏、警告标志或路障。

5）工作负责人召集工作人员交代工作任务，对工作班成员进行危险点告知、交代安全措施和技术措施，确认每一个工作班成员都已知晓，检查工作班成员精神状态是否良好，人员是否合适。

6）根据分工情况整理材料，对安全用具、绝缘工具进行检查，绝缘工具应使用绝缘检测仪进行分段绝缘检测，绝缘电阻值应不小于 700MΩ（在出库前如已测试过的可省去现场测试步骤）。

7）杆上电工登杆前，应先检查确认电杆基础及电杆表面质量符合要求，并进行试登试拉，检查登杆工具。

（3）操作步骤。

1）1 号电工和 2 号电工先、后登杆，在跌落式熔断器横担向下 2.7m 左右处，安装绝缘工作平台附件。

2）1号电工在跌落式熔断器横担螺栓处挂绝缘单滑车，并放下绝缘吊绳。

3）地面电工组装绝缘工作平台，配合1、2号电工起吊安装绝缘工作平台（安装在需要拆除跌落式熔断器的左侧导线下方适当位置，即单相跌落式熔断器侧）。

4）1号电工穿好绝缘披肩、戴好绝缘手套登上绝缘工作平台，挂好保险钩。

5）1号电工得到工作监护人许可后，对中相导线进行绝缘遮蔽。

6）1号电工得到工作监护人许可后，安装专用线夹安装工具拆除楔形线夹，将已断开的外相跌落式熔断器上引线圈拢固定在跌落式熔断器上（如线路为绝缘导线时，应对导线进行防水处理）。

7）1号电工在2号电工配合下调整绝缘工作平台。

8）1号电工按方法6）进行中相与右侧断引线工作。

9）三相引线断开，可按由简单到复杂、先易后难的原则进行、先左侧（单相跌落式熔断器侧）、后中相，最后右侧。

10）如跌落式熔断器上引线不需恢复，可先剪断跌落式熔断器上引线，再拆除楔形线夹，并在剪断跌落式熔断器上引线时，做好防止其弹跳的措施。

11）1、2号电工在地面电工配合下撤除绝缘工作平台，吊放至地面，1号电工取下绝缘单滑车后，作业人员返回地面。

（4）工作终结。

1）工作负责人对完成的工作作一个全面的检查，确认符合验收规范要求后，记录在册并召开收工会进行工作点评后，宣布工作结束。

2）工作完毕后，汇报当值调度员工作已经结束，工作班撤离现场。

6. 安全措施及注意事项

（1）气象条件。

1）带电作业应在良好天气下进行。如遇雷电（听见雷声、看见闪电）、雪、雹、雨、雾等，不准进行带电作业。风力大于5级时，一般不宜进行带电作业。在特殊情况下，必须在恶劣天气进行带电抢修时，应组织有关人员充分讨论并编制必要的安全措施，经本单位分管生产领导（总工程师）批准后方可进行。

2）当相对湿度大于80%时，应采取防潮措施。

（2）作业环境。

1）作业现场两侧，应根据道路情况设置安全围栏、警告标志或路障，防止外人进入工作区域；如在车辆繁忙地段还应与交通管理部门取得联系，以取得配合。

2）夜间作业进行本项目应有足够的照明。

（3）安全距离及有效绝缘长度。

1）作业用绝缘工具都应进行检测，绝缘电阻应不小于700MΩ（电极间距2cm、极间距2cm）。

2）在带电作业时，应保持对地不小于0.4m，对邻相导线不小于0.6m的安全距离；如不能确保该安全距离时，应采用绝缘挡板、管、毯及其他绝缘遮蔽措施。

3）绝缘手套仅作为辅助绝缘，不能作主绝缘使用。

（4）遮蔽措施。

1）本项目在断中相上引线时，如与边相导线安全距离不够，应对边相导线进行绝缘遮蔽。

2）作业线路下层有低压线路合杆时，如妨碍作业，应对相关低压线路采取绝缘遮蔽措施。

（5）重合闸。本项目一般不需停用线路重合闸。

（6）关键点。

1）作业人员身高按 1.7m 考虑。

2）作业人员在接触带电导线前应得到工作监护人的认可。

3）在作业时，要确保带电导线与横担及邻相导线的安全距离。

4）在拆除中相上引线时，作业人员应位于中相与遮蔽相导线之间。

5）在作业时，严禁人体同时接触 2 个不同的电位。

6）在三相引线未全部拆除前，已拆除引线的设备应视为有电。

（7）其他安全注意事项。

1）开工前由工作负责人持带电作业工作票与当值调度取得联系，工作负责人应核对工作票中工作任务与现场工作线路名称及杆号是否一致。

2）绝缘工作平台旋转时，应缓慢移动，动作要平稳，防止与电杆、导线、周围障碍物碰擦。

3）作业人员在绝缘平台上工作时，注意动作幅度，保持重心平稳。

4）在同杆架设线路上工作与上层线路小于安全距离规定，且无法采取安全措施时，不得进行该项工作。

5）上、下传递工具、材料均应使用绝缘绳，严禁抛、扔。

6）本项目工作不少于 5 人。

（三）断跌落式熔断器上引线（绝缘工作平台、绝缘手套作业法——熔断器侧）

1. 作业方式

绝缘工作平台、绝缘手套作业法。

2. 适用范围

10kV 线路直线杆断跌落式熔断器上引线。

3. 人员组合

本项目需要 5 人，具体人员分工见表 1 –2 –5。

表 1 –2 –5　　人员分工表

人员分工	人数	人员分工	人数
工作负责人（兼工作监护人）	1	地面电工（3、4 号电工）	2
杆上电工（1、2 号电工）	2		

4. 工具配备

一览表（包括个人防护用具）见表 1 –2 –6。

表1－2－6　　工具配备一览表

序号	工器具名称		规格、型号	数量	备注
1	个人绝缘防护用具	绝缘手套	10kV	1副	
2		防护手套		1副	
3		绝缘肩套	10kV	1件	
4	绝缘遮蔽用具	导线遮蔽罩	10kV	1根	
5		跌落式熔断器隔离罩		1只	
6	绝缘工器具	绝缘绳	ϕ12mm	1根	15m
7		绝缘工作平台		1套	
8		绝缘单滑车		1只	
9		绝缘操作杆	10kV	1根	
10	其他特殊工器具	绝缘检测仪	2500V及以上	1套	

5. 作业步骤

（1）工具储运和检测。

1）领用绝缘工具、安全用具及辅助器具，应核对工器具的使用电压等级和试验周期。

2）领用绝缘工器具，应检查外观是否完好无损。

3）工器具运输前，各种工器具应存放在工具袋或工具箱内。金属工具和绝缘工器具应分开装运，以防止相互碰擦造成外表损坏，降低工器具的绝缘水平。

（2）现场操作前的准备。

1）工作负责人应按带电作业工作票内容与当值调度员联系。

2）工作负责人核对线路名称、杆号。

3）工作前工作负责人检查确认需断引线跌落式熔断器处于断开位置。

4）根据道路情况设置安全围栏、警告标志或路障。

5）工作负责人召集工作人员交代工作任务，对工作班成员进行危险点告知、交代安全措施和技术措施，确认每一个工作班成员都已知晓，检查工作班成员精神状态是否良好，人员是否合适。

6）根据分工情况整理材料，对安全用具、绝缘工具进行检查，绝缘工具应使用绝缘检测仪进行分段绝缘检测，绝缘电阻值应不小于700MΩ（在出库前如已测试过的可省去现场测试步骤）。

7）杆上电工登杆前，应先检查确认电杆基础及电杆表面质量符合要求，并进行试登试拉，检查登杆工具。

（3）操作步骤。

1）1号电工和2号电工先、后登杆，在跌落式熔断器横担向下2.7m左右处，安装绝缘工作平台附件。

2）1号电工在跌落式熔断器横担螺栓处挂绝缘单滑车，并放下绝缘吊绳。

3）地面电工组装绝缘工作平台，配合1、2号电工起吊安装绝缘工作平台（安装在需要拆除跌落式熔断器的左侧导线下方适当位置，即单相跌落式熔断器侧）。

4）1 号电工穿好绝缘披肩、戴好绝缘手套登上绝缘工作平台，挂好保险钩。

5）1 号电工得到工作监护人许可后，对中相导线进行绝缘遮蔽。

6）1 号电工得到工作监护人许可后，对外相跌落式熔断器安装跌落式熔断器隔离罩，断开外相跌落式熔断器上引线，将断开的外相跌落式熔断器上引线圈拢并固定在外相导线上。

7）1 号电工在 2 号电工的配合下调整绝缘工作平台。

8）1 号电工在得到工作监护人许可后，对右侧导线进行绝缘遮蔽后撤除中相导线导线遮蔽罩。

9）按方法 6）进行中相断引线工作。

10）1 号电工在 2 号电工的配合下调整绝缘工作平台。

11）1 号电工在得到工作监护人许可后，对中相导线进行绝缘遮蔽后撤除右侧导线导线遮蔽罩。

12）按方法 6）进行右侧引线拆除工作。

13）三相引线断开，可按由简单到复杂、先易后难的原则进行，右侧装两相跌落式熔断器的先左侧（即单相跌落式熔断器侧），后中相，最后右侧。

14）如跌落式熔断器上引线不需恢复，可先剪断跌落式熔断器上引线，再拆除楔形线夹，并在剪断跌落式熔断器上引线时，做好防止其弹跳的措施。

15）1、2 号电工在地面电工配合下撤除绝缘工作平台，吊放至地面，1 号电工取下绝缘单滑车后，作业人员返回地面。

（4）工作终结。

1）工作负责人对完成的工作作一个全面的检查，确认符合验收规范要求后，记录在册并召开收工会进行工作点评后，宣布工作结束。

2）工作完毕后，汇报当值调度员工作已经结束，工作班撤离现场。

6. 安全措施及注意事项

（1）气象条件。

1）带电作业应在良好天气下进行。如遇雷电（听见雷声、看见闪电）、雪、雹、雨、雾等，不准进行带电作业。风力大于 5 级时，一般不宜进行带电作业。在特殊情况下，必须在恶劣天气进行带电抢修时，应组织有关人员充分讨论并编制必要的安全措施，经本单位分管生产领导（总工程师）批准后方可进行。

2）当相对湿度大于 80% 时，应采取防潮措施。

（2）作业环境。

1）作业现场两侧，应根据道路情况设置安全围栏、警告标志或路障，防止外人进入工作区域；如在车辆繁忙地段还应与交通管理部门取得联系，以取得配合。

2）夜间作业进行本项目应有足够的照明。

（3）安全距离及有效绝缘长度。

1）作业用绝缘工具都应进行检测，绝缘电阻应不小于 700MΩ（电极间距 2cm、极间距 2cm）。

2）在带电作业时，应保持对地不小于 0.4m，对邻相导线不小于 0.6m 的安全距离；如不能确保该安全距离时，应采用绝缘挡板、管、毯及其他绝缘遮蔽措施。

3）绝缘手套仅作为辅助绝缘，不能作主绝缘使用。

（4）遮蔽措施。

1）本项目在断开跌落式熔断器上引线时，应对跌落式熔断器加装跌落式熔断器隔离罩，做好绝缘遮蔽措施。

2）本项目在拆除中相上引线时，如与边相导线安全距离不够，应对边相导线进行绝缘遮蔽。

3）作业线路下层有低压线路合杆时，如妨碍作业，应对相关低压线路采取绝缘遮蔽措施。

（5）重合闸。本项目一般不需停用线路重合闸。

（6）关键点。

1）作业人员身高按1.7m考虑。

2）作业人员在接触带电导线前应得到工作监护人的认可。

3）在作业时，要确保带电导线与横担及邻相导线的安全距离。

4）在断开中相上引线时，作业人员应位于中相与遮蔽相导线之间。

5）在作业时，严禁人体同时接触2个不同的电位。

6）在三相引线未全部断开前，已断开引线的设备应视为有电。

（7）其他安全注意事项。

1）开工前由工作负责人持带电作业工作票与当值调度取得联系，工作负责人应核对工作票中工作任务与现场工作线路名称及杆号是否一致。

2）绝缘工作平台旋转时，应缓慢移动，动作要平稳，防止与电杆、导线、周围障碍物碰擦。

3）作业人员在绝缘工作平台上工作时，注意动作幅度，保持重心平稳。

4）在同杆架设线路上工作与上层线路小于安全距离规定，且无法采取安全措施时，不得进行该项工作。

5）上、下传递工具、材料均应使用绝缘绳，严禁抛、扔。

6）本项目工作不少于5人。

（四）断跌落式熔断器上引线（绝缘斗臂车、绝缘操作杆作业法）

1. 作业方式

绝缘斗臂车、绝缘操作杆作业法。

2. 适用范围

10kV线路直线杆断跌落式熔断器上引线。

3. 人员组合

本项目需要4人，具体人员分工见表1－2－7。

表1－2－7　人员分工表

人员分工	人数	人员分工	人数
工作负责人（兼工作监护人）	1	杆上电工（2号电工）	1
斗内电工（1号电工）	1	地面电工（3号电工）	1

注　绝缘斗臂车操作工由1号电工兼任。

4. 工具配备

一览表（包括个人防护用具）见表1－2－8。

表1－2－8　　工具配备一览表

序号	工器具名称		规格、型号	数量	备注
1	特种车辆	绝缘斗臂车	10kV	1辆	
2	个人绝缘防护用具	斗内安全带		1副	
3	绝缘工器具	绝缘绳	ϕ12mm	1根	15m
4		绝缘操作钳		1把	
5		绝缘套筒扳手		1套	
6		绝缘操作杆	10kV	1根	
7		鹰嘴线夹绝缘操作杆		1只	
8	其他主要工器具	鹰嘴线夹		3只	
9		绝缘检测仪	2500V及以上	1套	

5. 作业步骤

（1）工具储运和检测。

1）领用绝缘工具、安全用具及辅助器具，应核对工器具的使用电压等级和试验周期。

2）领用绝缘工器具，应检查外观是否完好无损。

3）工器具运输前，各种工器具应存放在工具袋或工具箱内。金属工具和绝缘工器具应分开装运，以防止相互碰擦造成外表损坏，降低工器具的绝缘水平。

（2）现场操作前的准备。

1）工作负责人应按带电作业工作票内容与当值调度员联系。

2）工作负责人核对线路名称、杆号。

3）工作前工作负责人检查确认需断引线跌落式熔断器处于断开位置。

4）绝缘斗臂车进入合适位置，并可靠接地；根据道路情况设置安全围栏、警告标志或路障。

5）工作负责人召集工作人员交代工作任务，对工作班成员进行危险点告知、交代安全措施和技术措施，确认每一个工作班成员都已知晓，检查工作班成员精神状态是否良好，人员是否合适。

6）根据分工情况整理材料，对安全用具、绝缘工具进行检查，绝缘工具应使用绝缘检测仪进行分段绝缘检测，绝缘电阻值应不小于700MΩ（在出库前如已测试过的可省去现场测试步骤）。

7）查看确认绝缘臂、绝缘斗良好，调试斗臂车（在出车前如已调试过的可省去此步骤）。

8）1号电工戴好手套，进入绝缘斗内，挂好保险钩。

（3）操作步骤。

1）2号电工登杆至与跌落式熔断器平行的反面侧适当位置，与有电线路保持0.4m以上安全距离，并在地面电工配合下将绝缘操作杆吊上。

2）1号电工将绝缘斗调整至跌落式熔断器的下方适当位置。

3）2号电工使用绝缘操作钳固定需断开的边相跌落式熔断器上引线。

4）1号电工使用绝缘套筒扳手拧松内侧跌落式熔断器上引线螺栓。

5）2号电工使用绝缘操作钳将上引线从边相跌落式熔断器螺栓连接片内缓缓拔出。

6）1号电工使用鹰嘴线夹绝缘操作杆将2号电工传递过来的引线固定，缓缓提升至同相导线的适当位置处待命。

7）2号电工将位置调整至跌落式熔断器的下方适当位置，用绝缘操作杆将引线与导线用鹰嘴线夹固定。

8）其余两相引线断开按方法3）~方法7）进行。

9）如断开的跌落式熔断器上引线不需恢复，可剪断跌落式熔断器上引线，并在剪断跌落式熔断器上引线时，做好防止其弹跳的措施。

10）工作结束后，1、2号电工配合着将绝缘工器具吊至地面，作业人员返回地面。

（4）工作终结。

1）工作负责人对完成的工作作一个全面的检查，确认符合验收规范要求后，记录在册并召开收工会进行工作点评后，宣布工作结束。

2）工作完毕后，汇报当值调度工作已经结束，工作班撤离现场。

6. 安全措施及注意事项

（1）气象条件。

1）带电作业应在良好天气下进行。如遇雷电（听见雷声、看见闪电）、雪、雹、雨、雾等，不准进行带电作业。风力大于5级时，一般不宜进行带电作业。在特殊情况下，必须在恶劣天气进行带电抢修时，应组织有关人员充分讨论并编制必要的安全措施，经本单位分管生产领导（总工程师）批准后方可进行。

2）当相对湿度大于80%时，应采取防潮措施。

（2）作业环境。

1）作业现场和绝缘斗臂车两侧，应根据道路情况设置安全围栏、警告标志或路障，防止外人进入工作区域；如在车辆繁忙地段还应与交通管理部门取得联系，以取得配合。

2）夜间作业进行带电连接应有足够的照明。

（3）安全距离及有效绝缘长度。

1）作业用绝缘工具都应经过检测，绝缘电阻应不小于700MΩ（电极间距2cm、极间距2cm）。

2）工作时绝缘斗臂车的绝缘有效长度应不小于1m。

3）在带电作业时，应保持对地不小于0.4m，对邻相导线不小于0.6m的安全距离；如不能确保该安全距离时，应采用绝缘挡板、管、毯及其他绝缘遮蔽措施。

4）绝缘操作杆作主绝缘使用，其有效绝缘距离不应小于0.7m。

（4）遮蔽措施。作业线路下层有低压线路合杆时，如妨碍作业，应对相关低压线路采取绝缘遮蔽措施。

（5）重合闸。本项目一般不需要停用线路重合闸。

（6）关键点。

1）工作人员在接触带电导线前应得到工作监护人的认可。

2）在作业时，要注意带电导线与横担及邻相导线的安全距离。

3）在作业时，严禁人体同时接触2个不同的电位。

4）在三相引线未全部断开前，已断开引线的设备应视为有电。

5）杆上电工配合要默契，动作要平稳协调。

（7）其他安全注意事项。

1）开工前由工作负责人持带电作业工作票与当值调度取得联系，工作负责人应核对工作票中工作任务与现场工作线路名称及杆号是否一致。

2）绝缘斗臂车应可靠接地，在作业前应进行操作检查。

3）当斗臂车绝缘斗距有电线路1～2m或工作转移时，应缓慢移动，动作要平稳，严禁使用快速挡；绝缘斗臂车在作业时，发动机不能熄火（电能驱动型除外），以保证液压系统处于工作状态。

4）在操作绝缘斗移动时，应防止与电杆、导线、周围障碍物、邻近绝缘斗臂车碰擦。

5）在同杆架设线路上工作与上层线路小于安全距离规定，且无法采取安全措施时，不得进行该项工作。

6）上、下传递工具、材料均应使用绝缘绳，严禁抛、扔。

7）本项目工作不少于4人。

8）使用只能下部操作的绝缘斗臂车应增加1名专门操作人员。

（五）断跌落式熔断器上引线（绝缘斗臂车、绝缘手套作业法——导线侧）

1. 作业方式

绝缘斗臂车、绝缘手套作业法。

2. 适用范围

10kV线路直线杆断跌落式熔断器上引线。

3. 人员组合

本项目需要3人，具体人员分工见表1－2－9。

表1－2－9　　人员分工表

人员分工	人数	人员分工	人数
工作负责人（兼工作监护人）	1	地面电工（2号电工）	1
斗内电工（1号电工）	1		

注　绝缘斗臂车操作工由1号电工兼任。

4. 工具配备

一览表（包括个人防护用具）见表1－2－10。

表1－2－10　　工具配备一览表

序号	工器具名称		规格、型号	数量	备注
1	特种车辆	绝缘斗臂车	10kV	1辆	

续表

序号	工器具名称		规格、型号	数量	备注
2	个人绝缘防护用具	绝缘手套	10kV	1副	
3		防护手套		1副	
4		斗内安全带		1副	
5	绝缘遮蔽用具	导线遮蔽罩	10kV	1根	
6	绝缘工器具	绝缘绳	ϕ12mm	1根	15m
7		绝缘操作杆	10kV	1根	
8	其他主要工器具	断线剪（钳）		1把	
9		线夹安装工具	楔形	1把	
10		绝缘检测仪	2500V及以上	1套	

5. 作业步骤

（1）工具储运和检测。

1）领用绝缘工具、安全用具及辅助器具，应核对工器具的使用电压等级和试验周期。

2）领用绝缘工器具，应检查外观是否完好无损。

3）工器具运输前，各种工器具应存放在工具袋或工具箱内。金属工具和绝缘工器具应分开装运，以防止相互碰擦造成外表损坏，降低工器具的绝缘水平。

（2）现场操作前的准备。

1）工作负责人应按带电作业工作票内容与当值调度员联系。

2）工作负责人核对线路名称、杆号。

3）工作前工作负责人检查确认需断引线跌落式熔断器处于断开位置。

4）绝缘斗臂车进入合适位置，并可靠接地；根据道路情况设置安全围栏、警告标志或路障。

5）工作负责人召集工作人员交代工作任务，对工作班成员进行危险点告知、交代安全措施和技术措施，确认每一个工作班成员都已知晓，检查工作班成员精神状态是否良好，人员是否合适。

6）根据分工情况整理材料，对安全用具、绝缘工具进行检查，绝缘工具应使用绝缘检测仪进行分段绝缘检测，绝缘电阻值应不小于700MΩ（在出库前如已测试过的可省去现场测试步骤）。

7）查看确认绝缘臂、绝缘斗良好，调试斗臂车（在出车前如已调试过的可省去此步骤）。

8）1号电工戴好绝缘手套和防护手套，进入绝缘斗内，挂好保险钩。

（3）操作步骤。

1）1号电工将绝缘斗调整至内侧导线外适当位置，得到工作监护人许可后，安装专用线夹安装工具拆除楔形线夹，将已断开的跌落式熔断器上引线圈拢固定。

2）1号电工得到工作监护人许可后，对内侧导线进行绝缘遮蔽。

3）按方法1）断开其余两相引线。

4）三相引线断开，可按由简单到复杂、先易后难的原则进行，根据现场情况先两侧、后中间。

5）如跌落式熔断器上引线不需恢复，可先剪断跌落式熔断器上引线，再拆除楔形线夹，并在剪断跌落式熔断器上引线时，做好防止其弹跳的措施。

6）拆除工作结束后，撤除导线遮蔽罩，绝缘斗退出有电工作区域，作业人员返回地面。

（4）工作终结。

1）工作负责人对完成的工作作一个全面的检查，确认符合验收规范要求后，记录在册并召开收工会进行工作点评后，宣布工作结束。

2）工作完毕后，汇报当值调度员工作已经结束，工作班撤离现场。

6. 安全措施及注意事项

（1）气象条件。

1）带电作业应在良好天气下进行。如遇雷电（听见雷声、看见闪电）、雪、雹、雨、雾等，不准进行带电作业。风力大于5级时，一般不宜进行带电作业。在特殊情况下，必须在恶劣天气进行带电抢修时，应组织有关人员充分讨论并编制必要的安全措施，经本单位分管生产领导（总工程师）批准后方可进行。

2）当相对湿度大于80%时，应采取防潮措施。

（2）作业环境。

1）作业现场和绝缘斗臂车两侧，应根据道路情况设置安全围栏、警告标志或路障，防止外人进入工作区域；如在车辆繁忙地段还应与交通管理部门取得联系，以取得配合。

2）夜间进行作业本项目应有足够的照明。

（3）安全距离及有效绝缘长度。

1）作业用绝缘工具都应进行检测，绝缘电阻应不小于700MΩ（电极间距2cm、极间距2cm）。

2）工作时绝缘斗臂车的绝缘有效长度应不小于1m。

3）在带电作业时，应保持对地不小于0.4m，对邻相导线不小于0.6m的安全距离；如不能确保该安全距离时，应采用绝缘挡板、管、毯及其他绝缘遮蔽措施。

4）绝缘手套仅作为辅助绝缘，不能作主绝缘使用。

（4）遮蔽措施。

1）本项目在断、接中相上引线时，如与边相导线安全距离不够，应对边相导线进行绝缘遮蔽。

2）作业线路下层有低压线路合杆时，如妨碍作业，应对相关低压线路采取绝缘遮蔽措施。

（5）重合闸。本项目一般不需停用线路重合闸。

（6）关键点。

1）作业人员在接触带电导线前应得到工作监护人的认可。

2）在作业时，要确保带电导线与横担及邻相导线的安全距离。

3）在断、接中相上引线时，作业人员应位于中相与遮蔽相导线之间。

4）在作业时，严禁人体同时接触2个不同的电位。

5）在三相引线未全部断开前，已断开引线的设备应视为有电；第一相引线与带电导线连接后，其余引线（包括导线），应视为有电。

（7）其他安全注意事项。

1）开工前由工作负责人持带电作业工作票与当值调度取得联系，工作负责人应核对工作票中工作任务与现场工作线路名称及杆号是否一致。

2）绝缘斗臂车应可靠接地，在作业前应进行操作检查。

3）当斗臂车绝缘斗距有电线路1～2m或工作转移时，应缓慢移动，动作要平稳，严禁使用快速挡；绝缘斗臂车在作业时，发动机不能熄火（电能驱动型除外），以保证液压系统处于工作状态。

4）在操作绝缘斗移动时，应防止与电杆、导线、周围障碍物、邻近绝缘斗臂车碰擦。

5）在同杆架设线路上工作与上层线路小于安全距离规定，且无法采取安全措施时，不得进行该项工作。

6）上、下传递工具、材料均应使用绝缘绳，严禁抛、扔。

7）本项目工作不少于3人。

8）使用只能下部操作的绝缘斗臂车应增加1名专门操作人员。

（六）断跌落式熔断器上引线（绝缘斗臂车、绝缘手套作业法——熔断器侧）

1. 作业方式

绝缘斗臂车、绝缘手套作业法。

2. 适用范围

10kV线路直线杆跌落式熔断器上引线。

3. 人员组合

本项目需要3人，具体人员分工见表1－2－11。

表1－2－11　　人员分工表

人员分工	人数	人员分工	人数
工作负责人（兼工作监护人）	1	地面电工（2号电工）	1
斗内电工（1号电工）	1		

注　绝缘斗臂车操作工由1号电工兼任。

4. 工具配备

一览表（包括个人防护用具）见表1－2－12。

表1－2－12　　工具配备一览表

序号	工器具名称		规格、型号	数量	备注
1	特种车辆	绝缘斗臂车	10kV	1辆	
2	个人绝缘防护用具	绝缘手套	10kV	1副	
3		防护手套		1副	
4		斗内安全带		1副	

续表

序号	工器具名称		规格、型号	数量	备注
5	绝缘遮蔽用具	导线遮蔽罩	10kV	1根	
6		跌落式熔断器遮蔽罩		3只	
7	绝缘工器具	绝缘绳	ϕ12mm	1根	15m
8		绝缘操作杆	10kV	1根	
9	其他主要工器具	绝缘检测仪	2500V及以上	1套	

5. 作业步骤

（1）工具储运和检测。

1）领用绝缘工具、安全用具及辅助器具，应核对工器具的使用电压等级和试验周期。

2）领用绝缘工器具，应检查外观是否完好无损。

3）工器具运输前，各种工器具应存放在工具袋或工具箱内。金属工具和绝缘工器具应分开装运，以防止相互碰擦造成外表损坏，降低工器具的绝缘水平。

（2）现场操作前的准备。

1）工作负责人应按带电作业工作票内容与当值调度员联系。

2）工作负责人核对线路名称、杆号。

3）工作前工作负责人检查确认需要更换的跌落式熔断器处于断开位置。

4）绝缘斗臂车进入合适位置，并可靠接地，根据道路情况设置安全围栏、警告标志或路障。

5）工作负责人召集工作人员交代工作任务，对工作班成员进行危险点告知、交代安全措施和技术措施，确认每一个工作班成员都已知晓，检查工作班成员精神状态是否良好，人员是否合适。

6）根据分工情况整理材料，对安全用具、绝缘工具进行检查，绝缘工具应使用绝缘检测仪进行分段绝缘检测，绝缘电阻值应不小于700MΩ（在出库前如已测试过的可省去现场测试步骤）。

7）查看确认绝缘臂、绝缘斗良好，调试斗臂车（在出车前如已调试过的可省去此步骤）。

8）1号电工戴好绝缘手套和防护手套，进入绝缘斗内，挂好保险钩。

（3）操作步骤。

1）1号电工将绝缘斗调整至内侧跌落式熔断器外适当位置，得到工作监护人许可后，安装内侧跌落式熔断器遮蔽罩，断开内侧跌落式熔断器螺栓连接片处上引线，将已断开的上引线圈拢并固定在本相导线上。

2）1号电工对内侧导线进行绝缘遮蔽。

3）按方法1）断开其余两相引线。

4）三相引线断开，可按由简单到复杂、先易后难的原则进行，根据现场情况先两侧、后中间。

5）如跌落式熔断器上引线不需恢复，可先剪断跌落式熔断器上引线，再拆除楔形线夹，并在剪断跌落式熔断器上引线时，做好防止其弹跳的措施。

6）工作结束后，撤除绝缘遮蔽措施，绝缘斗退出有电工作区域，作业人员返回地面。

（4）工作终结。

1）工作负责人对完成的工作作一个全面的检查，确认符合验收规范要求后，记录在册并召开收工会进行工作点评后，宣布工作结束。

2）工作完毕后，汇报当值调度工作已经结束，工作班撤离现场。

6. 安全措施及注意事项

（1）气象条件。

1）带电作业应在良好天气下进行。如遇雷电（听见雷声、看见闪电）、雪、雹、雨、雾等，不准进行带电作业。风力大于5级时，一般不宜进行带电作业。在特殊情况下，必须在恶劣天气进行带电抢修时，应组织有关人员充分讨论并编制必要的安全措施，经本单位分管生产领导（总工程师）批准后方可进行。

2）当相对湿度大于80%时，应采取防潮措施。

（2）作业环境。

1）作业现场和绝缘斗臂车两侧，应根据道路情况设置安全围栏、警告标志或路障，防止外人进入工作区域；如在车辆繁忙地段还应与交通管理部门取得联系，以取得配合。

2）夜间作业进行本项目应有足够的照明。

（3）安全距离及有效绝缘长度。

1）作业用绝缘工具都应进行检测，绝缘电阻应不小于700MΩ（电极间距2cm、极间距2cm）。

2）工作时绝缘斗臂车的绝缘有效长度应不小于1m。

3）在带电作业时，应保持对地不小于0.4m，对邻相导线不小于0.6m的安全距离；如不能确保该安全距离时，应采用绝缘挡板、管、毯及其他绝缘遮蔽措施。

4）绝缘手套仅作为辅助绝缘，不能作主绝缘使用。

（4）遮蔽措施。

1）本项目在断、接中相上引线时，如与边相导线安全距离不够，应对边相导线进行绝缘遮蔽。

2）作业线路下层有低压线路合杆时，如妨碍作业，应对相关低压线路采取绝缘遮蔽措施。

（5）重合闸。本项目一般不需停用线路重合闸。

（6）关键点。

1）作业人员在接触带电导线前应得到工作监护人的认可。

2）在作业时，要确保带电导线与横担及邻相导线的安全距离。

3）在断、接中相上引线时，作业人员应位于中相与遮蔽相导线之间。

4）在作业时，严禁人体同时接触2个不同的电位。

5）在三相引线未全部断开前，已拆除引线的设备应视为有电；第一相引线与带电导线连接后，其余引线（包括导线），应视为有电。

（7）其他安全注意事项。

1）开工前由工作负责人持带电作业工作票与当值调度取得联系，工作负责人应核对工作票中工作任务与现场工作线路名称及杆号是否一致。

2）绝缘斗臂车应可靠接地，在作业前应进行操作检查。

3）当斗臂车绝缘斗距有电线路1~2m或工作转移时，应缓慢移动，动作要平稳，严禁使用快速挡；绝缘斗臂车在作业时，发动机不能熄火（电能驱动型除外），以保证液压系统处于工作状态。

4）在操作绝缘斗移动时，应防止与电杆、导线、周围障碍物、邻近绝缘斗臂车碰擦。

5）在同杆架设线路上工作与上层线路小于安全距离规定，且无法采取安全措施时，不得进行该项工作。

6）上、下传递工具、材料均应使用绝缘绳，严禁抛、扔。

7）本项目工作不少于3人。

8）使用只能下部操作的绝缘斗臂车应增加1名专门操作人员。

二、接跌落式熔断器上引线

（一）接跌落式熔断器上引线（绝缘操作杆作业法）

1. 作业方式

绝缘操作杆作业法。

2. 适用范围

10kV线路直线杆接跌落式熔断器上引线。

3. 人员组合

本项目需要4人，具体人员分工见表1-2-13。

表1-2-13 人员分工表

人员分工	人数	人员分工	人数
工作负责人（兼工作监护人）	1	地面电工（3号电工）	1
杆上电工（1、2号电工）	2		

4. 工具配备

一览表（包括个人防护用具）见表1-2-14。

表1-2-14 工具配备一览表

序号	工器具名称		规格、型号	数量	备注
1	绝缘工器具	绝缘操作杆	10kV	3根	
2		绝缘绳	ϕ12mm	1根	15m
3	其他主要工器具	单卡头线夹		1套	
4		绝缘导线剥皮工具		1把	
5		导线清扫刷		1把	
6		断线剪（钳）		1把	
7		绝缘检测仪	2500V及以上	1套	
8		飞轮绑线器		1套	

5. 作业步骤

（1）工具储运和检测。

1）领用绝缘工具、安全用具及辅助器具，应核对工器具的使用电压等级和试验周期。

2）领用绝缘工器具，应检查外观是否完好无损。

3）工器具运输前，各种工器具应存放在工具袋或工具箱内。金属工具和绝缘工器具应分开装运，以防止相互碰擦造成外表损坏，降低工器具的绝缘水平。

（2）现场操作前的准备。

1）工作负责人应按带电作业工作票内容与当值调度员联系。

2）工作负责人核对线路名称、杆号。

3）工作前工作负责人检查确认需要连接的跌落式熔断器处于断开位置。

4）根据道路情况设置安全围栏、警告标志或路障。

5）工作负责人召集工作人员交代工作任务，对工作班成员进行危险点告知、交代安全措施和技术措施，确认每一个工作班成员都已知晓，检查工作班成员精神状态是否良好，人员是否合适。

6）根据分工情况整理材料，对安全用具、绝缘工具进行检查，绝缘工具应使用2500V兆欧表或绝缘测试仪进行分段绝缘检测，绝缘电阻值应不小于700MΩ（在出库前如已测试过的可省去现场测试步骤）。

7）杆上电工登杆前，应先检查确认电杆基础及电杆表面质量符合要求，并进行试登试拉，检查登杆工具。

（3）操作步骤。

1）1、2号电工登杆至线路下方与跌落式熔断器平行处，并与带电导线保持0.4m以上安全距离，检查三相跌落式熔断器安装是否符合验收规范要求，使用操作杆测量三相上引线长度，根据长度做好连接的准备工作（绝缘导线引线需进行绝缘层去除工作），然后1号电工下降到跌落式熔断器下适当位置。

2）2号电工在地面电工配合下将绝缘操作杆等工具吊上，并挂钩在工作适当位置。

3）2号电工使用单口线夹（或鹰嘴线夹）绝缘操作杆先将跌落式熔断器上引线固定，并提升至带电导线下方位置（连接上引线位置距离横担0.6~0.7m处）。

4）1号电工使用单口线夹（或鹰嘴线夹）绝缘操作杆先将上引线与导线固定，再将绝缘操作杆飞轮绑线器放至导线与上引线连接处。

5）2号电工撤除临时固定引线单口线夹（或鹰嘴线夹）绝缘操作杆，将绑线器绑线、熔断器上引线、导线三线拧紧固定。

6）1号电工缓慢平稳地旋转飞轮绑线器操作杆下端手柄，（也可使用绝缘操作杆飞轮绑线器上下均匀拉动），绑扎时注意绑线重叠，1、2号电工同时用绝缘操作杆控制导线跳动，直至绑线盘内的绑线用尽。

7）1、2号电工配合着将绝缘操作杆、飞轮绑线器撤除，并检查确认安装质量符合要求。

8）其余两相跌落式熔断器上引线连接按方法3）~方法7）进行。

9）三相跌落式熔断器引线连接，可按先远后近的方法进行，或根据现场情况先中间、后两侧。

10）接头工作结束后，1、2 号电工配合着将绝缘工器具吊至地面，作业人员返回地面。

（4）工作终结。

1）工作负责人对完成的工作作一个全面的检查，确认符合验收规范要求后，记录在册并召开收工会进行工作点评后，宣布工作结束。

2）工作完毕后，汇报当值调度工作已经结束，工作班撤离现场。

6. 安全措施及注意事项

（1）气象条件。

1）带电作业应在良好天气下进行。如遇雷电（听见雷声、看见闪电）、雪、雹、雨、雾等，不准进行带电作业。风力大于 5 级时，一般不宜进行带电作业。在特殊情况下，必须在恶劣天气进行带电抢修时，应组织有关人员充分讨论并编制必要的安全措施，经本单位分管生产领导（总工程师）批准后方可进行。

2）当相对湿度大于 80% 时，应采取防潮措施。

（2）作业环境。

1）作业现场应根据道路情况设置安全围栏、警告标志或路障，防止外人进入工作区域；如在车辆繁忙地段还应与交通管理部门取得联系，以取得配合。

2）夜间作业进行本项目应有足够的照明。

（3）安全距离及有效绝缘长度。

1）作业用绝缘工具都应经过检测，绝缘电阻应不小于 700MΩ（电极间距 2cm、极间距 2cm）。

2）在带电作业时，应保持对地不小于 0.4m，对邻相导线不小于 0.6m 的安全距离；如不能确保该安全距离时，应采用绝缘挡板、管、毯及其他绝缘遮蔽措施。

（4）遮蔽措施。作业线路下层有低压线路合杆时，如妨碍作业，应对相关低压线路采取绝缘遮蔽措施。

（5）重合闸。本项目一般不需停用线路重合闸。

（6）关键点。

1）作业人员在接触带电导线前应得到工作监护人的认可。

2）在作业时，要确保带电导线与横担及邻相导线的安全距离。

3）在作业时，严禁人体同时接触 2 个不同的电位。

4）杆上电工配合要默契，动作要平稳协调。

（7）其他安全注意事项。

1）开工前由工作负责人持带电作业工作票与当值调度取得联系，工作负责人应核对工作票中工作任务与现场工作线路名称及杆号是否一致。

2）在使用绑线绝缘操作杆时，动作要平稳，防止导线跳动。

3）在同杆架设线路上工作与上层线路小于安全距离规定，且无法采取安全措施时，不得进行该项工作。

4）上、下传递工具、材料均应使用绝缘绳，严禁抛、扔。

5）本项目工作不少于 4 人。

（二）接跌落式熔断器上引线（绝缘工作平台、绝缘操作杆作业法）

1. 作业方式

绝缘工作平台、绝缘操作杆作业法。

2. 适用范围

10kV 线路直线杆接跌落式熔断器上引线。

3. 人员组合

本项目需要4人，具体人员分工见表1-2-15。

表1-2-15 人员分工表

人员分工	人数	人员分工	人数
工作负责人（兼工作监护人）	1	地面电工（3号电工）	1
杆上电工（1、2号电工）	2		

4. 工具配备

一览表（包括个人防护用具）见表1-2-16。

表1-2-16 工具配备一览表

序号	工器具名称		规格、型号	数量	备注
1	绝缘工器具	绝缘操作杆	10kV	7根	
2		绝缘工作平台		1台	
3		绝缘绳	ϕ12mm	1根	15m
4	其他主要工器具	双卡头线夹		1套	
5		绝缘导线剥皮工具		1把	
6		导线清扫刷		1把	
7		断线剪（钳）		1把	
8		线夹安装工具	楔形	1把	
9		绝缘检测仪	2500V及以上	1套	

5. 作业步骤

（1）工具储运和检测。

1）领用绝缘工具、安全用具及辅助器具，应核对工器具的使用电压等级和试验周期。

2）领用绝缘工器具，应检查外观是否完好无损。

3）工器具运输前，各种工器具应存放在工具袋或工具箱内。金属工具和绝缘工器具应分开装运，以防止相互碰擦造成外表损坏，降低工器具的绝缘水平。

（2）现场操作前的准备。

1）工作负责人应按带电作业工作票内容与当值调度员联系。

2）工作负责人核对线路名称、杆号。

3）工作前工作负责人检查确认需连接引线跌落式熔断器处于断开位置。

4）根据道路情况设置安全围栏、警告标志或路障。

5）工作负责人召集工作人员交代工作任务，对工作班成员进行危险点告知、交代安全措施和技术措施，确认每一个工作班成员都已知晓，检查工作班成员精神状态是否良好，人员是否合适。

6）根据分工情况整理材料，对安全用具、绝缘工具进行检查，绝缘工具应使用绝缘检测仪进行分段绝缘检测，绝缘电阻值应不小于700MΩ（在出库前如已测试过的可省去现场测试步骤）。

7）杆上电工登杆前，应先检查确认电杆基础及电杆表面质量符合要求，并进行试登试拉，检查登杆工具。

（3）操作步骤。

1）1、2号电工分别登杆，配合在跌落式熔断器横担下方2.7m左右处安装绝缘工作平台。

2）1号电工将位置调整至线路下方与跌落式熔断器平行处，并与有电线路保持0.4m以上安全距离，检查三相跌落式熔断器安装是否符合验收规范要求，用操作杆测量三相引线长度，根据长度做好连接的准备工作（绝缘导线引线需剥皮）然后下降到绝缘工作平台上。

3）2号电工将绝缘操作杆吊上，传递给1号电工系挂在操作台架上，1号电工站在绝缘工作平台上准备配合着连接跌落式熔断器上引线。

4）1号电工先用绝缘操作杆配上导线清扫刷对三相导线的连接处进行清除氧化层工作，并涂好电力脂，直至符合接续要求。

5）1号电工将跌落式熔断器上引线固定在双卡头线夹中（引线头应超出双卡头线夹端部30cm左右），然后用操作杆缓缓将双卡头线夹的另一端固定在导线的连接处上。

6）1、2号电工相互配合，1号电工用安装楔形线夹的操作杆将电力楔形线夹C型板挂在导线上，然后将引线钩住C型板下侧后将绝缘操作杆交给2号电工，1号电工用接头操作杆配专用工具将线夹楔形舌头送到电力楔形线夹C型板中，2号电工用通用接头操作杆专用榔头轻轻将线夹舌头敲紧。

7）1号电工用通用操作杆将装好弹射芯的专用楔形安装工具送到线夹处并拧紧，然后由2号电工用操作杆专用小榔头敲击撞针。

8）1、2号电工配合着用操作杆将专用楔形安装工具拆除，并检查确认线夹安装符合。

9）其余两相引线连接按方法4）~方法8）进行。

10）三相引线连接，可按由复杂到简单、先难后易的原则进行，先远（外侧）后近（内侧），或根据现场情况先中间、后两侧。

11）接头工作结束后，1、2号电工配合将绝缘工器具吊至地面、撤除绝缘工作平台，作业人员返回地面。

（4）工作终结。

1）工作负责人对完成的工作作一个全面的检查，确认符合验收规范要求后，记录在册并召开收工会进行工作点评后，宣布工作结束。

2）工作完毕后，汇报当值调度工作已经结束，工作班撤离现场。

6. 安全措施及注意事项

（1）气象条件。

1）带电作业应在良好天气下进行。如遇雷电（听见雷声、看见闪电）、雪、雹、雨、雾等，不准进行带电作业。风力大于5级时，一般不宜进行带电作业。在特殊情况下，必须在恶劣天气进行带电抢修时，应组织有关人员充分讨论并编制必要的安全措施，经本单位分管生产领导（总工程师）批准后方可进行。

2）当相对湿度大于80%时，应采取防潮措施。

（2）作业环境。

1）作业现场应根据道路情况设置安全围栏、警告标志或路障，防止外人进入工作区域；如在车辆繁忙地段还应与交通管理部门取得联系，以取得配合。

2）夜间作业进行本项目应有足够的照明。

（3）安全距离及有效绝缘长度。

1）作业用绝缘工具都应经过检测，绝缘电阻应不小于700MΩ（电极间距2cm、极间距2cm）。

2）工作时绝缘斗臂车的绝缘有效长度应不小于1m。

3）在带电作业时，应保持对地不小于0.4m，对邻相导线不小于0.6m的安全距离；如不能确保该安全距离时，应采用绝缘挡板、管、毯及其他绝缘遮蔽措施。

（4）遮蔽措施。作业线路下层有低压线路合杆时，如妨碍作业，应对相关低压线路采取绝缘遮蔽措施。

（5）重合闸。本项目一般不需停用线路重合闸。

（6）关键点。

1）作业人员在接触带电导线前应得到工作监护人的认可。

2）在作业时，要确保带电导线与横担及邻相导线的安全距离。

3）在作业时，严禁人体同时接触2个不同的电位。

4）杆上电工配合要默契，动作要平稳协调。

（7）其他安全注意事项。

1）开工前由工作负责人持带电作业工作票与当值调度取得联系，工作负责人应核对工作票中工作任务与现场工作线路名称及杆号是否一致。

2）绝缘工作平台移动时，应缓慢移动，动作要平稳，防止与电杆、导线、周围障碍物碰擦。

3）作业人员在绝缘工作平台上工作时，注意动作幅度，保持重心平稳。

4）在同杆架设线路上工作与上层线路小于安全距离规定，且无法采取安全措施时，不得进行该项工作。

5）上、下传递工具、材料均应使用绝缘绳，严禁抛、扔。

6）本项目工作不少于4人。

（三）接跌落式熔断器上引线（绝缘斗臂车、绝缘操作杆作业法）

1. 作业方式

绝缘斗臂车、绝缘操作杆作业法。

2. 适用范围

10kV线路直线杆接跌落式熔断器上引线。

3. 人员组合

本项目需要 3 人，具体人员分工见表 1-2-17。

表 1-2-17 人员分工表

人员分工	人数	人员分工	人数
工作负责人（兼工作监护人）	1	地面电工（2 号电工）	1
斗内电工（1 号电工）	1		

注 绝缘斗臂车操作工由 1 号电工兼任。

4. 工具配备

一览表（包括个人防护用具）见表 1-2-18。

表 1-2-18 工具配备一览表

序号	工器具名称		规格、型号	数量	备注
1	特种车辆	绝缘斗臂车	10kV	1 辆	
2	个人绝缘防护用具	斗内安全带		1 副	
3	绝缘工器具	绝缘绳	ϕ12mm	1 根	15m
4		绝缘操作杆	10kV	1 根	
5	其他特殊工器具	绝缘双线卡线钩		1 套	
6		绝缘导线剥皮工具		1 把	
7		导线清扫刷		1 把	带绝缘操作杆
8		断线剪（钳）		1 把	
9		线夹安装工具	楔形	1 把	
10		绝缘检测仪	2500V 及以上	1 套	

5. 作业步骤

（1）工具储运和检测。

1）领用绝缘工具、安全用具及辅助器具，应核对工器具的使用电压等级和试验周期。

2）领用绝缘工器具，应检查外观是否完好无损。

3）工器具运输前，各种工器具应存放在工具袋或工具箱内。金属工具和绝缘工器具应分开装运，以防止相互碰擦造成外表损坏，降低工器具的绝缘水平。

（2）现场操作前的准备。

1）工作负责人应按带电作业工作票内容与当值调度员联系。

2）工作负责人核对线路名称、杆号。

3）工作前工作负责人检查确认需要连接的跌落式熔断器处于断开位置。

4）绝缘斗臂车进入合适位置，并可靠接地；根据道路情况设置安全围栏、警告标志或路障。

5）工作负责人召集工作人员交代工作任务，对工作班成员进行危险点告知、交代安全措施和技术措施，确认每一个工作班成员都已知晓，检查工作班成员精神状态是否良好，人员是否合适。

6）根据分工情况整理材料，对安全用具、绝缘工具进行检查，绝缘工具应使用绝缘检测仪进行分段绝缘检测，绝缘电阻值应不小于700MΩ（在出库前如已测试过的可省去现场测试步骤）。

7）查看确认绝缘臂、绝缘斗良好，调试斗臂车（在出车前如已调试过的可省去此步骤）。

8）1号电工戴好手套，进入绝缘斗内，挂好保险钩。

（3）操作步骤。

1）1号电工将绝缘斗调整至跌落式熔断器横担下方，并与有电线路保持0.4m以上安全距离，用操作杆测量三相引线长度，根据长度做好连接的准备工作（绝缘导线引线需剥皮）。

2）1号电工将绝缘斗调整到带电导线下，展开外侧跌落式熔断器上引线，对引线连接处涂上电力脂，用导线清扫刷清除连接处导线上的氧化层并涂上电力脂，直至符合接续要求。

3）1号电工用装有绝缘双线卡线钩的短绝缘操作杆先将跌落式熔断器上引线线头夹紧，然后手握绝缘操作杆将另一头固定在带电导线上（也可先将电力楔形线夹C型板挂在导线上，然后将支接引线钩住C型板下侧，用楔形线夹楔块嵌入C型板槽内楔紧），装好楔形线夹，用专用楔形线夹枪进行安装，并检查确认线夹安装符合要求后，再拆除绝缘操作杆。

4）其余两相引线连接按方法2）、方法3）进行。

5）三相引线连接，可按由复杂到简单、先难后易的原则进行，先远（外侧）后近（内侧），或根据现场情况先中间、后两侧。

6）工作结束后，绝缘斗退出有电工作区域，作业人员返回地面。

（4）工作终结。

1）工作负责人对完成的工作作一个全面的检查，确认符合验收规范要求后，记录在册并召开收工会进行工作点评后，宣布工作结束。

2）工作完毕后，汇报当值调度工作已经结束，工作班撤离现场。

6. 安全措施及注意事项

（1）气象条件。

1）带电作业应在良好天气下进行。如遇雷电（听见雷声、看见闪电）、雪、雹、雨、雾等，不准进行带电作业。风力大于5级时，一般不宜进行带电作业。在特殊情况下，必须在恶劣天气进行带电抢修时，应组织有关人员充分讨论并编制必要的安全措施，经本单位分管生产领导（总工程师）批准后方可进行。

2）当相对湿度大于80%时，应采取防潮措施。

（2）作业环境。

1）作业现场和绝缘斗臂车两侧，应根据道路情况设置安全围栏、警告标志或路障，防止外人进入工作区域；如在车辆繁忙地段还应与交通管理部门取得联系，以取得配合。

2）夜间作业进行带电连接应有足够的照明。

（3）安全距离及有效绝缘长度。

1）作业用绝缘工具都应经过检测，绝缘电阻应不小于700MΩ（电极间距2cm、极间距2cm）。

2）工作时绝缘斗臂车的绝缘有效长度应不小于1m。

3）在带电作业时，应保持对地不小于0.4m，对邻相导线不小于0.6m的安全距离；如不能确保该安全距离时，应采用绝缘挡板、管、毯及其他绝缘遮蔽措施。

4）绝缘操作杆作主绝缘使用，其有效绝缘距离不应小于0.7m。

（4）遮蔽措施。作业线路下层有低压线路合杆时，如妨碍作业，应对相关低压线路采取绝缘遮蔽措施。

（5）重合闸。本项目一般不需要停用线路重合闸。

（6）关键点。

1）工作前应检查确认需连接的跌落式熔断器放在断开位置，并符合送电条件。

2）工作人员在接触带电导线前应得到工作监护人的认可。

3）在作业时，要确保带电导线与横担及邻相导线的安全距离。

4）在作业时，严禁人体同时接触2个不同的电位。

5）第一相引线与带电导线连接后，其余引线（包括导线），应视为有电。

（7）其他安全注意事项。

1）开工前由工作负责人持带电作业工作票与当值调度取得联系，工作负责人应核对工作票中工作任务与现场工作线路名称及杆号是否一致。

2）绝缘斗臂车应可靠接地，在作业前应进行操作检查。

3）当斗臂车绝缘斗距有电线路1～2m或工作转移时，应缓慢移动，动作要平稳，严禁使用快速挡；绝缘斗臂车在作业时，发动机不能熄火（电能驱动型除外），以保证液压系统处于工作状态。

4）在操作绝缘斗移动时，应防止与电杆、导线、周围障碍物、邻近绝缘斗臂车碰擦。

5）在同杆架设线路上工作与上层线路小于安全距离规定，且无法采取安全措施时，不得进行该项工作。

6）上、下传递工具、材料均应使用绝缘绳，严禁抛、扔。

7）本项目工作不少于3人。

8）使用只能下部操作的绝缘斗臂车应增加1名专门操作人员。

（四）接跌落式熔断器上引线（绝缘工作平台、绝缘手套作业法）

1. 作业方式

绝缘工作平台、绝缘手套作业法。

2. 适用范围

10kV线路直线杆接跌落式熔断器上引线。

3. 人员组合

本项目需要5人，具体人员分工见表1－2－19。

表1－2－19　人员分工表

人员分工	人数	人员分工	人数
工作负责人（兼工作监护人）	1	地面电工（3、4号电工）	2
杆上电工（1、2号电工）	2		

4. 工具配备

一览表（包括个人防护用具）见表1-2-20。

表1-2-20 工具配备一览表

序号	工器具名称		规格、型号	数量	备注
1	个人绝缘防护用具	绝缘手套	10kV	1副	
2		防护手套		1副	
3		绝缘肩套	10kV	1件	
4	绝缘遮蔽用具	导线遮蔽罩	10kV	1根	1.2m
5	绝缘工器具	绝缘绳	ϕ12mm	1根	15m
6		绝缘工作平台		1台	
7		绝缘单滑车		1只	
8		绝缘操作杆	10kV	1根	
9	其他主要工器具	绝缘双线卡线钩		1套	
10		绝缘导线剥皮工具		1把	
11		导线清扫刷		1把	
12		断线剪（钳）		1把	
13		线夹安装工具	楔形	1把	
14		绝缘检测仪	2500V及以上	1套	

5. 作业步骤

（1）工具储运和检测。

1）领用绝缘工具、安全用具及辅助器具，应核对工器具的使用电压等级和试验周期。

2）领用绝缘工器具，应检查外观是否完好无损。

3）工器具运输前，各种工器具应存放在工具袋或工具箱内。金属工具和绝缘工器具应分开装运，以防止相互碰擦造成外表损坏，降低工器具的绝缘水平。

（2）现场操作前的准备。

1）工作负责人应按带电作业工作票内容与当值调度员联系。

2）工作负责人核对线路名称、杆号。

3）工作前工作负责人检查确认需连接引线的跌落式熔断器处于断开位置。

4）根据道路情况设置安全围栏、警告标志或路障。

5）工作负责人召集工作人员交代工作任务，对工作班成员进行危险点告知、交代安全措施和技术措施，确认每一个工作班成员都已知晓，检查工作班成员精神状态是否良好，人员是否合适。

6）根据分工情况整理材料，对安全用具、绝缘工具进行检查，绝缘工具应使用绝缘检测仪进行分段绝缘检测，绝缘电阻值应不小于700MΩ（在出库前如已测试过的可省去现场测试步骤）。

7）杆上电工登杆前，应先检查确认电杆基础及电杆表面质量符合要求，并进行试登试拉，检查登杆工具。

（3）操作步骤。

1）1 号电工和 2 号电工先、后登杆，在跌落式熔断器横担向下 2.7m 左右处，安装绝缘工作平台附件。

2）1 号电工将位置调整至线路下方与跌落式熔断器平行处，并与有电线路保持 0.4m 以上安全距离，检查三相跌落式熔断器安装是否符合验收规范要求，用绝缘操作杆测量三相引线长度，根据长度做好连接的准备工作（绝缘导线引线需剥皮工作）。

3）1 号电工在跌落式熔断器横担螺栓处挂绝缘单滑车，并放下绝缘吊绳。

4）地面电工组装绝缘工作平台，配合 1、2 号电工起吊安装绝缘工作平台（安装在两相跌落式熔断器侧的边相导线下方）。

5）1 号电工穿好绝缘披肩、戴好绝缘手套登上绝缘工作平台，挂好保险钩。

6）1 号电工展开外侧跌落式熔断器上引线，测量引线的长度，剥除引线处绝缘层；并分别对导线、引线连接处涂上电力脂，用刷子清除连接处导线上的氧化层，直至符合接续要求。

7）1 号电工使用双钩线夹绝缘操作杆固定引线，然后将绝缘操作杆钩挂在带电导线上并拧紧（也可先将电力楔形线夹 C 型板放置于导线上，然后将上引线钩挂住 C 型板下侧，使用楔形线夹楔块嵌入 C 型板槽内楔紧），安装楔形线夹，使用专用线夹安装工具进行安装，并检查确认线夹安装符合要求后，撤除绝缘操作杆（如是绝缘导线应进行防水处理）。

8）1、2 号电工配合将绝缘平台调整到中相与内侧导线之间，在得到工作监护人许可后，对边相导线进行绝缘遮蔽。

9）按方法 6）、方法 7）进行中相引线连接。

10）1、2 号电工配合着将绝缘平台调整到内侧导线外侧，撤除导线遮蔽罩。

11）按方法 6）、方法 7）进行内侧引线连接。

12）三相引线连接，可按由复杂到简单、先难后易的原则进行，先远（外侧）后近（内侧），或根据现场情况先中间、后两侧。

13）1、2 号电工在地面电工配合下撤除绝缘工作平台，吊放至地面，1 号电工取下绝缘单滑车后，作业人员返回地面。

（4）工作终结。

1）工作负责人对完成的工作作一个全面的检查，检查杆上是否有遗留物及连接引线距离，接头是否可靠等，确认符合验收规范要求后，记录在册，并召开收工会进行工作点评后，宣布工作结束。

2）工作完毕后，汇报当值调度员工作已经结束，工作班撤离现场。

6. 安全措施及注意事项

（1）气象条件。

1）带电作业应在良好天气下进行。如遇雷电（听见雷声、看见闪电）、雪、雹、雨、雾等，不准进行带电作业。风力大于 5 级时，一般不宜进行带电作业。在特殊情况下，必须在恶劣天气进行带电抢修时，应组织有关人员充分讨论并编制必要的安全措施，经本单位分管生产领导（总工程师）批准后方可进行。

2）当相对湿度大于 80% 时，应采取防潮措施。

（2）作业环境。

1）作业现场两侧，应根据道路情况设置安全围栏、警告标志或路障，防止外人进入工作区域；如在车辆繁忙地段还应与交通管理部门取得联系，以取得配合。

2）夜间作业进行本项目应有足够的照明。

（3）安全距离及有效绝缘长度。

1）作业用绝缘工具都应进行检测，绝缘电阻应不小于700MΩ（电极间距2cm、极间距2cm）。

2）在带电作业时，应保持对地不小于0.4m，对邻相导线不小于0.6m的安全距离；如不能确保该安全距离时，应采用绝缘挡板、管、毯及其他绝缘遮蔽措施。

3）绝缘手套仅作为辅助绝缘，不能作主绝缘使用。

（4）遮蔽措施。

1）本项目在连接中相上引线时，如与边相导线安全距离不够，应对边相导线加导线进行绝缘遮蔽。

2）作业线路下层有低压线路合杆时，如妨碍作业，应对相关低压线路采取绝缘遮蔽措施。

（5）重合闸。本项目需停用线路重合闸。

（6）关键点。

1）作业人员身高按1.7m考虑。

2）作业人员在接触带电导线前应得到工作监护人的认可。

3）在作业时，要确保带电导线与横担及邻相导线的安全距离。

4）在连接中相引线时，作业人员应位于中相与遮蔽相导线之间。

5）在作业时，严禁人体同时接触2个不同的电位。

（7）其他安全注意事项。

1）开工前由工作负责人持带电作业工作票与当值调度取得联系，工作负责人应核对工作票中工作任务与现场工作线路名称及杆号是否一致。

2）绝缘工作平台旋转时，应缓慢移动，动作要平稳，防止与电杆、导线、周围障碍物碰擦。

3）作业人员在绝缘工作平台上工作时，注意动作幅度，保持重心平稳。

4）在同杆架设线路上工作与上层线路小于安全距离规定，且无法采取安全措施时，不得进行该项工作。

5）上、下传递工具、材料均应使用绝缘绳，严禁抛、扔。

6）本项目工作不少于5人。

（五）接跌落式熔断器上引线（绝缘斗臂车、绝缘手套作业法）

1. 作业方式

绝缘斗臂车、绝缘手套作业法。

2. 适用范围

10kV线路直线杆接跌落式熔断器上引线。

3. 人员组合

本项目需要3人，具体人员分工见表1-2-21。

表1-2-21　人员分工表

人员分工	人数	人员分工	人数
工作负责人（兼工作监护人）	1	地面电工（2号电工）	1
斗内电工（1号电工）	1		

注　绝缘斗臂车操作工由1号电工兼任。

4. 工具配备

一览表（包括个人防护用具）见表1-2-22。

表1-2-22　工具配备一览表

序号	工器具名称		规格、型号	数量	备注
1	特种车辆	绝缘斗臂车	10kV	1辆	
2	个人绝缘防护用具	绝缘手套	10kV	1副	
3		防护手套		1副	
4		斗内安全带		1副	
5	绝缘遮蔽用具	导线遮蔽罩	10kV	1根	
6	绝缘工器具	绝缘绳	ϕ12mm	1根	15m
7		绝缘操作杆	10kV	1根	
8	其他主要工器具	绝缘双线卡线钩		1套	
9		绝缘导线剥皮工具		1把	
10		导线清扫刷		1把	
11		断线剪（钳）		1把	
12		线夹安装工具	楔形	1把	
13		绝缘检测仪	2500V及以上	1套	

5. 作业步骤

（1）工具储运和检测。

1）领用绝缘工具、安全用具及辅助器具，应核对工器具的使用电压等级和试验周期。

2）领用绝缘工器具，应检查外观是否完好无损。

3）工器具运输前，各种工器具应存放在工具袋或工具箱内。金属工具和绝缘工器具应分开装运，以防止相互碰擦造成外表损坏，降低工器具的绝缘水平。

（2）现场操作前的准备。

1）工作负责人应按带电作业工作票内容与当值调度员联系。

2）工作负责人核对线路名称、杆号。

3）工作前工作负责人检查确认需连接引线跌落式熔断器处于断开位置。

4）绝缘斗臂车进入合适位置，并可靠接地，根据道路情况设置安全围栏、警告标志或路障。

5）工作负责人召集工作人员交代工作任务，对工作班成员进行危险点告知、交代安全措施和技术措施，确认每一个工作班成员都已知晓，检查工作班成员精神状态是否良好，人员是否合适。

6）根据分工情况整理材料，对安全用具、绝缘工具进行检查，绝缘工具应使用绝缘检测仪进行分段绝缘检测，绝缘电阻值应不小于700MΩ（在出库前如已测试过的可省去现场测试步骤）。

7）查看确认绝缘臂、绝缘斗良好，调试斗臂车（在出车前如已调试过的可省去此步骤）。

8）1号电工戴好绝缘手套和防护手套，进入绝缘斗内，挂好保险钩。

（3）操作步骤。

1）1号电工将绝缘斗调整至内侧导线下适当位置，得到工作监护人许可后，对安装内侧导线进行绝缘遮蔽，如是绝缘导线应作绝缘层剥除。

2）1号电工将绝缘斗调整至线路下方与跌落式熔断器平行处，并与有电线路保持0.4m以上安全距离，检查三相跌落式熔断器安装是否符合验收规范要求，用绝缘操作杆测量三相引线长度，根据长度做好连接的准备工作（绝缘导线引线需剥皮工作）。

3）1号电工将绝缘斗调整至外侧导线外适当位置，展开外侧跌落式熔断器上引线，测量引线的长度，剥除引线处绝缘层；并分别对导线、引线连接处涂上电力脂，用刷子清除连接处导线上的氧化层，直至符合接续要求。

4）1号电工使用双钩线夹绝缘操作杆固定引线，然后将绝缘操作杆钩挂在带电导线上并拧紧（也可先将电力楔形线夹C型板放置于导线上，然后将上引线钩挂住C型板下侧，使用楔形线夹楔块嵌入C型板槽内楔紧），安装楔形线夹，使用专用线夹安装工具进行安装，并检查确认线夹安装符合要求后，撤除绝缘操作杆（如是绝缘导线应进行防水处理）。

5）其余两相引线连接按方法3）、方法4）进行。

6）三相引线连接，可按由复杂到简单、先难后易的原则进行，先远（外侧）后近（内侧），或根据现场情况先中间、后两侧。

7）工作结束后，撤除导线遮蔽罩，绝缘斗退出有电工作区域，工作人员返回地面。

（4）工作终结。

1）工作负责人对完成的工作作一个全面的检查，确认符合验收规范要求后，记录在册并召开收工会进行工作点评后，宣布工作结束。

2）工作完毕后，汇报当值调度工作已经结束，工作班撤离现场。

6. 安全措施及注意事项

（1）气象条件。

1）带电作业应在良好天气下进行。如遇雷电（听见雷声、看见闪电）、雪、雹、雨、雾等，不准进行带电作业。风力大于5级时，一般不宜进行带电作业。在特殊情况下，必须在恶劣天气进行带电抢修时，应组织有关人员充分讨论并编制必要的安全措施，经本单位分管生产领导（总工程师）批准后方可进行。

2）当相对湿度大于80%时，应采取防潮措施。

（2）作业环境。

1）作业现场和绝缘斗臂车两侧，应根据道路情况设置安全围栏、警告标志或路障，防止外人进入工作区域；如在车辆繁忙地段还应与交通管理部门取得联系，以取得配合。

2）夜间作业进行本项目应有足够的照明。

（3）安全距离及有效绝缘长度。

1）作业用绝缘工具都应进行检测，绝缘电阻应不小于700MΩ（电极间距2cm、极间距2cm）。

2）工作时绝缘斗臂车的绝缘有效长度应不小于1m。

3）在带电作业时，应保持对地不小于0.4m，对邻相导线不小于0.6m的安全距离；如不能确保该安全距离时，应采用绝缘挡板、管、毯及其他绝缘遮蔽措施。

4）绝缘手套仅作为辅助绝缘，不能作主绝缘使用。

（4）遮蔽措施。

1）本项目在断、接中相上引线时，如与边相导线安全距离不够，应对边相导线进行绝缘遮蔽。

2）作业线路下层有低压线路合杆时，如妨碍作业，应对相关低压线路采取绝缘遮蔽措施。

（5）重合闸。本项目一般不需停用线路重合闸。

（6）关键点。

1）作业人员在接触带电导线前应得到工作监护人的认可。

2）在作业时，要确保带电导线与横担及邻相导线的安全距离。

3）在断、接中相上引线时，作业人员应位于中相与遮蔽相导线之间。

4）在作业时，严禁人体同时接触2个不同的电位。

（7）其他安全注意事项。

1）开工前由工作负责人持带电作业工作票与当值调度取得联系，工作负责人应核对工作票中工作任务与现场工作线路名称及杆号是否一致。

2）绝缘斗臂车应可靠接地，在作业前应进行操作检查。

3）当斗臂车绝缘斗距有电线路1～2m或工作转移时，应缓慢移动，动作要平稳，严禁使用快速挡；绝缘斗臂车在作业时，发动机不能熄火（电能驱动型除外），以保证液压系统处于工作状态。

4）在操作绝缘斗移动时，应防止与电杆、导线、周围障碍物、邻近绝缘斗臂车碰擦。

5）在同杆架设线路上工作与上层线路小于安全距离规定，且无法采取安全措施时，不得进行该项工作。

6）上、下传递工具、材料均应使用绝缘绳，严禁抛、扔。

7）本项目工作不少于3人。

8）使用只能下部操作的绝缘斗臂车应增加1名专门操作人员。

（六）接跌落式熔断器上引线（绝缘操作杆作业法——雨天）

1. 作业方式

绝缘操作杆作业法。

2. 适用范围

10kV线路直线杆阴雨天气接跌落式熔断器上引线。

3. 人员组合

本项目需要4人，具体人员分工见表1-2-23。

表1-2-23 人员分工表

人员分工	人数	人员分工	人数
工作负责人（兼工作监护人）	1	地面电工（3号电工）	1
杆上电工（1、2号电工）	2		

4. 工具配备

一览表（包括个人防护用具）见表1-2-24。

表1-2-24 工具配备一览表

序号	工器具名称		规格、型号	数量	备注
1	绝缘工器具	绝缘操作杆		1根	雨天专用
2		导线清扫刷		1根	雨天专用
3		双扣线夹		1根	雨天专用
4		套筒		1根	雨天专用
5		防潮绝缘绳	ϕ12mm	1根	15m
6		绝缘绳	ϕ12mm	1根	15m
7	其他主要工器具	双扣线夹		1套	
8		绝缘导线剥皮工具		1把	
9		断线剪（钳）		1把	
10		绝缘检测仪	2500V及以上	1套	

5. 作业步骤

（1）工具储运和检测。

1）领用绝缘工具、安全用具及辅助器具，应核对工器具的使用电压等级和试验周期。

2）领用绝缘工器具，应检查外观是否完好无损。

3）工器具运输前，各种工器具应存放在工具袋或工具箱内。金属工具和绝缘工器具应分开装运，以防止相互碰擦造成外表损坏，降低工器具。

（2）现场操作前的准备。

1）工作负责人应按带电作业工作票内容与当值调度员联系。

2）工作负责人核对线路名称、杆号。

3）工作前工作负责人检查确认需要连接的跌落式熔断器处于断开位置。

4）根据道路情况设置安全围栏、警告标志或路障。

5）工作负责人召集工作人员交代工作任务，对工作班成员进行危险点告知、交代安全措施和技术措施，确认每一个工作班成员都已知晓，检查工作班成员精神状态是否良好，人员是否合适。

6）根据分工情况整理材料，对安全用具、绝缘工具进行检查，绝缘工具应使用绝缘检测仪进行分段绝缘检测，绝缘电阻值应不小于700MΩ（在出库前如已测试过的可省去现场

测试步骤）。

7）杆上电工登杆前，应先检查确认电杆基础及电杆表面质量符合要求，并进行试登试拉，检查登杆工具。

（3）操作步骤。

1）1号电工登杆至线路下方与跌落式熔断器平行处，并与有电线路保持0.4m以上安全距离，检查确认三相跌落式熔断器安装符合验收规范要求，用操作杆测量三相引线长度，根据长度做好连接的准备工作（绝缘导线引线需剥皮）。

2）1号电工在地面电工配合下将雨天绝缘操作杆吊上。

3）2号电工先用导线清扫刷对三相导线的连接处进行清除氧化层工作，并涂好电力脂，直至符合接续要求。

4）1号电工在2号电工配合下，将异形并沟线夹、外侧跌落式熔断器上引线固定在双扣线夹上；1号电工将双扣线夹送到相应的导线上，由2号电工用套筒拧紧异形并沟线夹螺栓后，拆除双扣线夹。

5）其余两相引线连接按方法3）、方法4）进行。

6）三相引线连接，可按由复杂到简单、先难后易的原则进行，先远（右侧）后中相、最后近（左侧）的方法进行。

7）接头工作结束后，1、2号电工配合着将绝缘工器具吊至地面，作业人员返回地面。

（4）工作终结。

1）工作负责人对完成的工作作一个全面的检查，确认符合验收规范要求后，记录在册并召开收工会进行工作点评后，宣布工作结束。

2）工作完毕后，汇报当值调度工作已经结束，工作班撤离现场。

6. 安全措施及注意事项

（1）气象条件。

1）带电作业应在良好天气下进行。如遇雷电（听见雷声、看见闪电）、雪、雹、雨、雾等，不准进行带电作业。风力大于5级时，一般不宜进行带电作业。在特殊情况下，必须在恶劣天气进行带电抢修时，应组织有关人员充分讨论并编制必要的安全措施，经本单位分管生产领导（总工程师）批准后方可进行。

2）当相对湿度大于80%时，应采取防潮措施。

（2）作业环境。

1）作业现场应根据道路情况设置安全围栏、警告标志或路障，防止外人进入工作区域；如在车辆繁忙地段还应与交通管理部门取得联系，以取得配合。

2）夜间作业进行本项目应有足够的照明。

（3）安全距离及有效绝缘长度。

1）作业用绝缘工具都应经过检测，绝缘电阻应不小于700MΩ（电极间距2cm、极间距2cm）。

2）在带电作业时，应保持对地不小于0.4m，对邻相导线不小于0.6m的安全距离；如不能确保该安全距离时，应采用绝缘挡板、管、毯及其他绝缘遮蔽措施。

（4）遮蔽措施。作业线路下层有低压线路合杆时，如妨碍作业，应对相关低压线路采取绝缘遮蔽措施。

（5）重合闸。本项目需停用线路重合闸。

（6）关键点。

1）工作人员在接触带电导线前应得到工作监护人的认可。

2）在作业时，要确保带电导线与横担及邻相导线的安全距离。

3）在作业时，严禁人体同时接触2个不同的电位。

4）杆上电工配合要默契，动作要平稳协调。

（7）其他安全注意事项。

1）开工前由工作负责人持带电作业工作票与当值调度取得联系，工作负责人应核对工作票中工作任务与现场工作线路名称及杆号是否一致。

2）在使用绑线操作杆时，动作要平稳，防止导线跳动。

3）在同杆架设线路上工作与上层线路小于安全距离规定，且无法采取安全措施时，不得进行该项工作。

4）上、下传递工具、材料均应使用绝缘绳，严禁抛、扔。

5）本项目工作不少于4人。

三、断分段跌落式熔断器引线

（一）断分段跌落式熔断器引线（绝缘操作杆作业法）

1. 作业方式

绝缘操作杆作业法。

2. 适用范围

10kV线路耐张杆断跌落式熔断器上引线。

3. 人员组合

本项目需要4人，具体人员分工见表1－2－25。

表1－2－25 人员分工表

人员分工	人数	人员分工	人数
工作负责人（兼工作监护人）	1	地面电工（3号电工）	1
杆上电工（1、2号电工）	2		

4. 工具配备

一览表（包括个人防护用具）见表1－2－26。

表1－2－26 工具配备一览表

序号	工器具名称		规格、型号	数量	备注
1	绝缘工器具	绝缘绳	ϕ12mm	1根	15m
2		绝缘操作杆	10kV	3根	
3	其他主要工器具	绝缘操作杆断线剪		1把	
4		鹰嘴线夹绝缘操作杆		1根	
5		绝缘检测仪	2500V及以上	1套	

5. 作业步骤

（1）工具储运和检测。

1）领用绝缘工具、安全用具及辅助器具，应核对工器具的使用电压等级和试验周期。

2）领用绝缘工器具，应检查外观是否完好无损。

3）工器具运输前，各种工器具应存放在工具袋或工具箱内。金属工具和绝缘工器具应分开装运，以防止相互碰擦造成外表损坏，降低工器具的绝缘水平。

（2）现场操作前的准备。

1）工作负责人应按带电作业工作票内容与当值调度员联系。

2）工作负责人核对线路名称、杆号。

3）工作前工作负责人检查确认需断引线跌落式熔断器处于断开位置。

4）根据道路情况设置安全围栏、警告标志或路障。

5）工作负责人召集工作人员交代工作任务，对工作班成员进行危险点告知、交代安全措施和技术措施，确认每一个工作班成员都已知晓，检查工作班成员精神状态是否良好，人员是否合适。

6）根据分工情况整理材料，对安全用具、绝缘工具进行检查，绝缘工具应使用绝缘检测仪进行分段绝缘检测，绝缘电阻值应不小于700MΩ（在出库前如已测试过的可省去现场测试步骤）。

7）杆上电工登杆前，应先检查确认电杆基础及电杆表面质量符合要求，并进行试登试拉，检查登杆工具。

（3）操作步骤。

1）1、2号电工分别登杆用绝缘操作杆将载熔管取下，然后转至跌落式熔断器横担反面侧下方适当位置。

2）1号电工使用鹰嘴线夹绝缘操作杆固定外侧跌落式熔断器下引线，同时2号电工使用绝缘操作杆断线剪将引线与导线的连接处剪断。

3）1号电工使用鹰嘴线夹绝缘操作杆将引线平稳的移离带电导线。

4）2号电工使用绝缘操作杆断线剪剪断跌落式熔断器下引线。

5）其余两相引线断开按方法2）~方法4）进行。

6）三相跌落式熔断器下引线拆除，应先拆除单个跌落式熔断器侧的跌落式熔断器下引线，然后拆除中相下引线，最后外侧跌落式熔断器下引线，按由简单到复杂、先易后难的原则进行，根据现场情况先两侧、后中间。

7）1、2号电工将位置调整至跌落式熔断器下方适当位置，准备拆除跌落式熔断器上引线。

8）上引线拆除按方法2）~方法4）进行。

9）三相跌落式熔断器上引线拆除，应先拆除单个跌落式熔断器侧的跌落式熔断器上引线，然后中相上引线，最后外侧跌落式熔断器上引线，可按由简单到复杂、先易后难的原则进行，根据现场情况先两侧、后中间。

10）1、2号电工配合着将绝缘工具吊放至地面。

11）工作结束后，作业人员返回地面。

（4）工作终结。

1）工作负责人对完成的工作作一个全面的检查，确认符合验收规范要求后，记录在册并召开收工会进行工作点评后，宣布工作结束。

2）工作完毕后，汇报当值调度工作已经结束，工作班撤离现场。

6. 安全措施及注意事项

（1）气象条件。

1）带电作业应在良好天气下进行。如遇雷电（听见雷声、看见闪电）、雪、雹、雨、雾等，不准进行带电作业。风力大于5级时，一般不宜进行带电作业。在特殊情况下，必须在恶劣天气进行带电抢修时，应组织有关人员充分讨论并编制必要的安全措施，经本单位分管生产领导（总工程师）批准后方可进行。

2）当相对湿度大于80%时，应采取防潮措施。

（2）作业环境。

1）作业现场应根据道路情况设置安全围栏、警告标志或路障，防止外人进入工作区域；如在车辆繁忙地段还应与交通管理部门取得联系，以取得配合。

2）夜间作业进行本项目应有足够的照明。

（3）安全距离及有效绝缘长度。

1）作业用绝缘工具都应经过检测，绝缘电阻应不小于700MΩ（电极间距2cm、极间距2cm）。

2）工作时绝缘斗臂车的绝缘有效长度应不小于1m。

3）在带电作业时，应保持对地不小于0.4m，对邻相导线不小于0.6m的安全距离；如不能确保该安全距离时，应采用绝缘挡板、管、毯及其他绝缘遮蔽措施。

（4）遮蔽措施。作业线路下层有低压线路合杆时，如妨碍作业，应对相关低压线路采取绝缘遮蔽措施。

（5）重合闸。本项目一般不需停用线路重合闸。

（6）关键点。

1）作业人员在接触带电导线前应得到工作监护人的认可。

2）在作业时，要确保带电导线与横担及邻相导线的安全距离。

3）在作业时，严禁人体同时接触2个不同的电位。

4）在三相引线未全部拆除前，已拆除引线的设备应视为有电。

（7）其他安全注意事项。

1）开工前由工作负责人持带电作业工作票与当值调度取得联系，工作负责人应核对工作票中工作任务与现场工作线路名称及杆号是否一致。

2）在使用绝缘操作杆断线剪开断引线时，应防止被开断的引线碰及有电设备。

3）在同杆架设线路上工作与上层线路小于安全距离规定，且无法采取安全措施时，不得进行该项工作。

4）上、下传递工具、材料均应使用绝缘绳，严禁抛、扔。

5）本项目工作不少于4人。

（二）断分段跌落式熔断器引线（绝缘斗臂车、绝缘操作杆作业法）

1. 作业方式

绝缘斗臂车、绝缘操作杆作业法。

2. 适用范围

10kV 线路耐张杆带负荷更换分段跌落式熔断器。

3. 人员组合

本项目需要 4 人，具体人员分工见表 1－2－27。

表 1－2－27　　**人员分工表**

人　员　分　工	人　数	人　员　分　工	人　数
工作负责人（兼工作监护人）	1	地面电工（3 号电工）	1
斗内电工（1、2 号电工）	2		

注　绝缘斗臂车操作工由 1 号电工兼任。

4. 工具配备

一览表（包括个人防护用具）见表 1－2－28。

表 1－2－28　　**工具配备一览表**

序号	工器具名称		规格、型号	数量	备注
1	特种车辆	绝缘斗臂车	10kV	1 辆	
2	个人绝缘防护用具	斗内安全带		2 副	
3	绝缘工器具	绝缘绳	ϕ12mm	1 根	15m
4	其他主要工器具	绝缘操作杆断线剪		1 把	
5		鹰嘴线夹绝缘操作杆		1 根	
6		绝缘检测仪	2500V 及以上	1 套	

5. 作业步骤

（1）工具储运和检测。

1）领用绝缘工具、安全用具及辅助器具，应核对工器具的使用电压等级和试验周期。

2）领用绝缘工器具，应检查外观是否完好无损。

3）工器具运输前，各种工器具应存放在工具袋或工具箱内。金属工具和绝缘工器具应分开装运，以防止相互碰擦造成外表损坏，降低工器具的绝缘水平。

（2）现场操作前的准备。

1）工作负责人应按带电作业工作票内容与当值调度员联系。

2）工作负责人核对线路名称、杆号。

3）工作前工作负责人检查确认需断引线跌落式熔断器处于断开位置。

4）绝缘斗臂车进入合适位置，并可靠接地，根据道路情况设置安全围栏、警告标志或路障。

5）工作负责人召集工作人员交代工作任务，对工作班成员进行危险点告知、交代安全措施和技术措施，确认每一个工作班成员都已知晓，检查工作班成员精神状态是否良好，人员是否合适。

6）根据分工情况整理材料，对安全用具、绝缘工具进行检查，绝缘工具应使用绝缘检测仪进行分段绝缘检测，绝缘电阻值应不小于700MΩ（在出库前如已测试过的可省去现场测试步骤）。

7）查看确认绝缘臂、绝缘斗良好，调试斗臂车（在出车前如已调试过的可省去此步骤）。

8）1号电工戴好手套，进入绝缘斗内，挂好保险钩。

（3）操作步骤。

1）1、2号电工用绝缘操作杆将载熔管取下，将绝缘斗调整至跌落式熔断器横担反面侧下方适当位置。

2）1号电工用鹰嘴线夹绝缘操作杆固定外侧跌落式熔断器下引线，同时2号电工用绝缘操作杆断线剪将引线与导线的连接处剪断。

3）1号电工用鹰嘴线夹绝缘操作杆将引线平稳的移离带电导线。

4）2号电工使用绝缘操作杆断线剪剪断跌落式熔断器下引线。

5）其余两相引线断开按方法2）~方法4）进行。

6）三相跌落式熔断器下引线拆除，应先拆内侧下引线，然后外侧下引线，最后中相下引线，可按由简单到复杂、先易后难的原则进行。

7）1、2号电工将绝缘斗调整至跌落式熔断器下方适当位置，准备拆除跌落式熔断器上引线。

8）上引线拆除按方法2）~方法4）进行。

9）三相跌落式熔断器上引线拆除，应先拆内侧上引线，然后外侧上引线，最后中相上引线，可按由简单到复杂、先易后难的原则进行。

10）工作结束后，作业人员返回地面。

（4）工作终结。

1）工作负责人对完成的工作作一个全面的检查，确认符合验收规范要求后，记录在册并召开收工会进行工作点评后，宣布工作结束。

2）工作完毕后，汇报当值调度工作已经结束，工作班撤离现场。

6. 安全措施及注意事项

（1）气象条件。

1）带电作业应在良好天气下进行。如遇雷电（听见雷声、看见闪电）、雪、雹、雨、雾等，不准进行带电作业。风力大于5级时，一般不宜进行带电作业。在特殊情况下，必须在恶劣天气进行带电抢修时，应组织有关人员充分讨论并编制必要的安全措施，经本单位分管生产领导（总工程师）批准后方可进行。

2）当相对湿度大于80%时，应采取防潮措施。

（2）作业环境。

1）作业现场和绝缘斗臂车两侧，应根据道路情况设置安全围栏、警告标志或路障，防止外人进入工作区域；如在车辆繁忙地段还应与交通管理部门取得联系，以取得配合。

2）夜间作业进行带电拆除工作应有足够的照明。

（3）安全距离及有效绝缘长度。

1）作业用绝缘工具都应经过检测，绝缘电阻应不小于700MΩ（电极间距2cm、极间距2cm）。

2）工作时绝缘斗臂车的绝缘有效长度应不小于1m。

3）在带电作业时，应保持对地不小于0.4m，对邻相导线不小于0.6m的安全距离；如不能确保该安全距离时，应采用绝缘挡板、管、毯及其他绝缘遮蔽措施。

（4）遮蔽措施。作业线路下层有低压线路合杆时，如妨碍作业，应对相关低压线路采取绝缘遮蔽措施。

（5）重合闸。本项目一般不需要停用线路重合闸。

（6）关键点。

1）作业人员在接触带电导线前应得到工作监护人的认可。

2）在作业时，要确保带电导线与横担及邻相导线的安全距离。

3）在作业时，严禁人体同时接触2个不同的电位。

4）在三相引线未全部拆除前，已拆除引线的设备应视为有电。

（7）其他安全注意事项。

1）开工前由工作负责人持带电作业工作票与当值调度取得联系，工作负责人应核对工作票中工作任务与现场工作线路名称及杆号是否一致。

2）绝缘斗臂车应可靠接地，在作业前应进行操作检查。

3）当斗臂车绝缘斗距有电线路1~2m或工作转移时，应缓慢移动，动作要平稳，严禁使用快速挡；绝缘斗臂车在作业时，发动机不能熄火（电能驱动型除外），以保证液压系统处于工作状态。

4）在操作绝缘斗移动时，应防止与电杆、导线、周围障碍物、邻近绝缘斗臂车碰擦。

5）在同杆架设线路上工作与上层线路小于安全距离规定，且无法采取安全措施时，不得进行该项工作。

6）上、下传递工具、材料均应使用绝缘绳，严禁抛、扔。

7）本项目工作不少于4人。

8）使用只能下部操作的绝缘斗臂车应增加1名专门操作人员。

（三）断分段跌落式熔断器引线（绝缘工作平台、绝缘手套作业法）

1. 作业方式

绝缘工作平台、绝缘手套作业法。

2. 适用范围

10kV线路耐张杆带负荷更换分段跌落式熔断器。

3. 人员组合

本项目需要5人，具体人员分工见表1-2-29。

表 1-2-29 人员分工表

人员分工	人数	人员分工	人数
工作负责人（兼工作监护人）	1	地面电工（3、4号电工）	2
杆上电工（1、2号电工）	2		

4. 工具配备

一览表（包括个人防护用具）见表 1-2-30。

表 1-2-30 工具配备一览表

序号	工器具名称		规格、型号	数量	备注
1	个人绝缘防护用具	绝缘手套	10kV	1副	
2		防护手套		1副	
3		绝缘肩套	10kV	1件	
4	绝缘遮蔽用具	导线遮蔽罩	10kV	1根	
5	绝缘工器具	绝缘绳	ϕ12mm	1根	15m
6		绝缘竖梯		1部	
7		绝缘单滑车		1台	
8		绝缘操作杆	10kV	1根	
9	其他主要工器具	断线剪（钳）		1把	
10		线夹安装工具	楔形	1把	
11		绝缘检测仪	2500V及以上	1套	

5. 作业步骤

（1）工具储运和检测。

1）领用绝缘工具、安全用具及辅助器具，应核对工器具的使用电压等级和试验周期。

2）领用绝缘工器具，应检查外观是否完好无损。

3）工器具运输前，各种工器具应存放在工具袋或工具箱内。金属工具和绝缘工器具应分开装运，以防止相互碰擦造成外表损坏，降低工器具的绝缘水平。

（2）现场操作前的准备。

1）工作负责人应按带电作业工作票内容与当值调度员联系。

2）工作负责人核对线路名称、杆号。

3）工作前工作负责人检查确认需要拆除的跌落式熔断器处于断开位置。

4）根据道路情况设置安全围栏、警告标志或路障。

5）工作负责人召集工作人员交代工作任务，对工作班成员进行危险点告知、交代安全措施和技术措施，确认每一个工作班成员都已知晓，检查工作班成员精神状态是否良好，人员是否合适。

6）根据分工情况整理材料，对安全用具、绝缘工具进行检查，绝缘工具应使用绝缘检测仪进行分段绝缘检测，绝缘电阻值应不小于700MΩ（在出库前如已测试过的可省去现场

测试步骤）。

7）杆上电工登杆前，应先检查确认电杆基础及电杆表面质量符合要求，并进行试登试拉，检查登杆工具。

（3）操作步骤。

1）1号电工和2号电工先、后登杆，用绝缘操作杆将熔丝管取下，在跌落式熔断器横担向下2.7m左右处，安装工作圆箍1副。

2）1号电工在支接横担螺栓处挂绝缘单滑车1只，并将起吊绝缘竖梯的绝缘绳引下。

3）地面电工组装好绝缘竖梯，系好绝缘绳索配合1、2号电工起吊安装绝缘竖梯（安装在需要拆除的左侧导线下，即单相跌落式熔断器侧）。

4）1号电工穿好绝缘肩套、戴好绝缘手套登上绝缘台架，挂好保险钩。

5）1号电工在工作监护人许可下，对中相导线套好导线遮蔽罩，做好绝缘遮蔽措施。

6）1号电工在工作监护人许可下，装好专用线夹安装工具，拆除楔形线夹，将已断开的跌落式熔断器引线卷在跌落式熔断器下（如线路为绝缘导线时，应对导线进行防水处理）。

7）其余两相按方法6）进行连接。

8）三相上引线拆除，可按由复杂到简单、先难后易的原则进行，先远（外侧）后近（内侧），或根据现场情况先中间、后两侧。

9）如拆除跌落式熔断器引线不需恢复，可先剪断跌落式熔断器上引线，在剪断跌落式熔断器上引线时，做好防止其弹跳的措施。

10）1、2号电工将绝缘竖梯位置调整至反面侧，准备拆除三相下引线。

11）三相跌落式熔断器下引线拆除按方法6）进行，按先二侧、后中间的顺序进行，完毕后1号电工在地面电工配合下撤除绝缘竖梯，吊放至地面，1号电工取下绝缘单滑车后，作业人员返回地面。

（4）工作终结。

1）工作负责人对完成的工作作一个全面的检查，确认符合验收规范要求后，记录在册并召开收工会进行工作点评后，宣布工作结束。

2）工作完毕后，汇报当值调度工作已经结束，工作班撤离现场。

6. 安全措施及注意事项

（1）气象条件。

1）带电作业应在良好天气下进行。如遇雷电（听见雷声、看见闪电）、雪、雹、雨、雾等，不准进行带电作业。风力大于5级时，一般不宜进行带电作业。在特殊情况下，必须在恶劣天气进行带电抢修时，应组织有关人员充分讨论并编制必要的安全措施，经本单位分管生产领导（总工程师）批准后方可进行。

2）当相对湿度大于80%时，应采取防潮措施。

（2）作业环境。

1）作业现场两侧，应根据道路情况设置安全围栏、警告标志或路障，防止外人进入工作区域；如在车辆繁忙地段还应与交通管理部门取得联系，以取得配合。

2）夜间作业进行本项目应有足够的照明。

（3）安全距离及有效绝缘长度。

1）作业用绝缘工具都应进行检测，绝缘电阻应不小于700MΩ（电极间距2cm、极间距2cm）。

2）在带电作业时，应保持对地不小于0.4m，对邻相导线不小于0.6m的安全距离；如不能确保该安全距离时，应采用绝缘挡板、管、毯及其他绝缘遮蔽措施。

3）绝缘手套仅作为辅助绝缘，不能作主绝缘使用。

（4）遮蔽措施。

1）本项目在拆除中相跌落式熔断器上、下引线时，如与边相导线安全距离不够，应对边相导线进行绝缘遮蔽。

2）作业线路下层有低压线路合杆时，如妨碍作业，应对相关低压线路采取绝缘遮蔽措施。

（5）重合闸。本项目需停用线路重合闸。

（6）关键点。

1）作业人员身高按1.7m考虑。

2）作业人员在接触带电导线前应得到工作监护人的认可。

3）在作业时，尤其在卷放引线时，要确保带电导线与横担及邻相导线的安全距离。

4）在拆除中相上引线时，作业人员应位于中相与遮蔽相导线之间。

5）在作业时，严禁人体同时接触2个不同的电位。

6）在三相引线拆除过程中，所有设备均视为有电。

（7）其他安全注意事项。

1）开工前由工作负责人持带电作业工作票与当值调度取得联系，工作负责人应核对工作票中工作任务与现场工作线路名称及杆号是否一致。

2）绝缘台架旋转时，应缓慢移动，动作要平稳，防止与电杆、导线、周围障碍物碰擦。

3）作业人员在绝缘台架上工作时，注意动作幅度，保持重心平稳。

4）在同杆架设线路上工作与上层线路小于安全距离规定，且无法采取安全措施时，不得进行该项工作。

5）上、下传递工具、材料均应使用绝缘绳，严禁抛、扔。

6）本项目工作不少于5人。

（四）断分段跌落式熔断器引线（绝缘斗臂车、绝缘手套作业法——导线侧）

1. 作业方式

绝缘手套作业法。

2. 适用范围

10kV直线杆。

3. 人员组合

本项目需要3人，具体人员分工见表1-2-31。

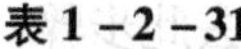

表 1－2－31　　人员分工表

人员分工	人数	人员分工	人数
工作负责人（兼工作监护人）	1	地面电工（2号电工）	1
斗内电工（1号电工）	1		

注　绝缘斗臂车操作工由1号电工兼任。

4. 工具配备

一览表（包括个人防护用具）见表1－2－32。

表 1－2－32　　工具配备一览表

序号	工器具名称		规格、型号	数量	备注
1	特种车辆	绝缘斗臂车	10kV	1辆	
2	个人绝缘防护用具	绝缘手套	10kV	1副	
3		防护手套		1副	
4		斗内安全带		1副	
5	绝缘遮蔽用具	导线遮蔽罩	10kV	1根	
6	绝缘工器具	绝缘绳	ϕ12mm	1根	15m
7		绝缘操作杆	10kV	1根	
8	其他主要工器具	断线剪（钳）		1把	
9		线夹安装工具	楔形	1把	
10		绝缘检测仪	2500V及以上	1套	

5. 作业步骤

（1）工具储运和检测。

1）领用绝缘工具、安全用具及辅助器具，应核对工器具的使用电压等级和试验周期。

2）领用绝缘工器具，应检查外观是否完好无损。

3）工器具运输前，各种工器具应存放在工具袋或工具箱内。金属工具和绝缘工器具应分开装运，以防止相互碰擦造成外表损坏，降低工器具的绝缘水平。

（2）现场操作前的准备。

1）工作负责人应按带电作业工作票内容与当值调度员联系。

2）工作负责人核对线路名称、杆号。

3）工作前工作负责人检查确认需要拆除的跌落式熔断器处于断开位置。

4）绝缘斗臂车进入合适位置，并可靠接地，根据道路情况设置安全围栏、警告标志或路障。

5）工作负责人召集工作人员交代工作任务，对工作班成员进行危险点告知、交代安全措施和技术措施，确认每一个工作班成员都已知晓，检查工作班成员精神状态是否良好，人员是否合适。

6）根据分工情况整理材料，对安全用具、绝缘工具进行检查，绝缘工具应使用绝缘检测仪进行分段绝缘检测，绝缘电阻值应不小于700MΩ（在出库前如已测试过的可省去现场测试步骤）。

7）查看确认绝缘臂、绝缘斗良好，调试斗臂车（在出车前如已调试过的可省去此步骤）。

8）1 号电工戴好绝缘手套和防护手套，进入绝缘斗内，挂好保险钩。

（3）操作步骤。

1）1 号电工用绝缘操作杆将熔丝管取下，将绝缘斗调整至下引线内侧导线外适当位置，在工作监护人许可下，装好专用线夹安装工具，拆除楔形线夹，将已断开的跌落式熔断器引线卷在跌落式熔断器下（如线路为绝缘导线时，应对导线进行防水处理）。

2）1 号电工得到工作监护人许可后，对内侧导线套好导线遮蔽罩，做好绝缘遮蔽措施。

3）1 号电工将绝缘斗调整至下引线内侧导线外适当位置，在工作监护人许可下，装好专用线夹安装工具，拆除楔形线夹，将已断开的跌落式熔断器下引线卷在跌落式熔断器下（如线路为绝缘导线时，应对导线进行防水处理）。

4）其余两相跌落式熔断器引线拆除按方法 1）进行。

5）拆除三相跌落式熔断器下引线工作的顺序，可按先拆内侧下引线，后拆外侧下引线，最后拆中相下引线。

6）如拆除分段跌落式熔断器引线不需恢复，可先剪断跌落式熔断器引线，再拆除楔形线夹，并在剪断跌落式熔断器引线时，做好防止其弹跳的措施。

7）拆除跌落式熔断器下引线工作结束后，拆除导线遮蔽罩。

8）1 号电工将绝缘斗调整至上引线内侧导线外适当位置，在工作监护人许可下，装好专用线夹安装工具，拆除楔形线夹，将已断开的跌落式熔断器引线卷在跌落式熔断器下（如线路为绝缘导线时，应对导线进行防水处理）。

9）其余两相跌落式熔断器引线拆除按方法 8）进行。

10）拆除三相跌落式熔断器上引线工作的顺序，可按先拆内侧上引线，后拆外侧上引线，最后拆中相上引线。

11）如拆除分段跌落式熔断器引线不需恢复，可先剪断跌落式熔断器引线，再拆除楔形线夹；并在剪断跌落式熔断器引线时，做好防止其弹跳的措施。

12）拆除跌落式熔断器上引线工作结束后，撤除导线遮蔽罩。

13）绝缘斗退出有电工作区域，作业人员返回地面。

（4）工作终结。

1）工作负责人对完成的工作作一个全面的检查，确认符合验收规范要求后，记录在册并召开收工会进行工作点评后，宣布工作结束。

2）工作完毕后，汇报当值调度员工作已经结束，工作班撤离现场。

6. 安全措施及注意事项

（1）气象条件。

1）带电作业应在良好天气下进行。如遇雷电（听见雷声、看见闪电）、雪、雹、雨、雾等，不准进行带电作业。风力大于 5 级时，一般不宜进行带电作业。在特殊情况下，必须在恶劣天气进行带电抢修时，应组织有关人员充分讨论并编制必要的安全措施，经本单位分管生产领导（总工程师）批准后方可进行。

2）当相对湿度大于 80% 时，应采取防潮措施。

（2）作业环境。

1）作业现场和绝缘斗臂车两侧，应根据道路情况设置安全围栏、警告标志或路障，防止外人进入工作区域；如在车辆繁忙地段还应与交通管理部门取得联系，以取得配合。

2）夜间作业进行本项目应有足够的照明。

（3）安全距离及有效绝缘长度。

1）作业用绝缘工具都应进行检测，绝缘电阻应不小于700MΩ（电极间距2cm、极间距2cm）。

2）工作时绝缘斗臂车的绝缘有效长度应不小于1m。

3）在带电作业时，应保持对地不小于0.4m，对邻相导线不小于0.6m的安全距离；如不能确保该安全距离时，应采用绝缘挡板、管、毯及其他绝缘遮蔽措施。

4）绝缘手套仅作为辅助绝缘，不能作主绝缘使用。

（4）遮蔽措施。

1）本项目在拆除中相跌落式熔断器上、下引线时，如与边相导线安全距离不够，应对边相导线进行绝缘遮蔽。

2）作业线路下层有低压线路合杆时，如妨碍作业，应对相关低压线路采取绝缘遮蔽措施。

（5）重合闸。本项目需停用线路重合闸。

（6）关键点。

1）作业人员在接触带电导线前应得到工作监护人的认可。

2）在作业时，尤其在卷放引线时，要确保带电导线与横担及邻相导线的安全距离。

3）在拆除中相上引线时，作业人员应位于中相与遮蔽相导线之间。

4）在作业时，严禁人体同时接触2个不同的电位。

5）在三相引线拆除过程中，所有设备均视为有电。

（7）其他安全注意事项。

1）开工前由工作负责人持带电作业工作票与当值调度取得联系，工作负责人应核对工作票中工作任务与现场工作线路名称及杆号是否一致。

2）绝缘斗臂车应可靠接地，在作业前应进行操作检查。

3）当斗臂车绝缘斗距有电线路1~2m或工作转移时，应缓慢移动，动作要平稳，严禁使用快速挡；绝缘斗臂车在作业时，发动机不能熄火（电能驱动型除外），以保证液压系统处于工作状态。

4）在操作绝缘斗移动时，应防止与电杆、导线、周围障碍物、邻近绝缘斗臂车碰擦。

5）在同杆架设线路上工作与上层线路小于安全距离规定，且无法采取安全措施时，不得进行该项工作。

6）上、下传递工具、材料均应使用绝缘绳，严禁抛、扔。

7）本项目工作不少于3人。

8）使用只能下部操作的绝缘斗臂车应增加1名专门操作人员。

四、接分段跌落式熔断器引线

（一）接分段跌落式熔断器引线（绝缘工作平台、绝缘操作杆作业法）

1. 作业方式

绝缘工作平台、绝缘操作杆作业法。

2. 适用范围

10kV 线路耐张杆接跌落式熔断器引线。

3. 人员组合

本项目需要5人，具体人员分工见表1-2-33。

表1-2-33 人员分工表

人员分工	人数	人员分工	人数
工作负责人（兼工作监护人）	1	地面电工（3、4号电工）	2
杆上电工（1、2号电工）	2		

4. 工具配备

一览表（包括个人防护用具）见表1-2-34。

表1-2-34 工具配备一览表

序号	工器具名称		规格、型号	数量	备注
1	绝缘工器具	绝缘操作杆	10kV	7根	
2		绝缘工作平台		1台	
3		绝缘绳	ϕ12mm	1根	15m
4	其他主要工器具	双卡头线夹		1套	
5		绝缘导线剥皮工具		1把	
6		导线清扫刷		1把	
7		断线剪（钳）		1把	
8		线夹安装工具	楔形	1把	
9		绝缘检测仪	2500V及以上	1套	

5. 作业步骤

（1）工具储运和检测。

1）领用绝缘工具、安全用具及辅助器具，应核对工器具的使用电压等级和试验周期。

2）领用绝缘工器具，应检查外观是否完好无损。

3）工器具运输前，各种工器具应存放在工具袋或工具箱内。金属工具和绝缘工器具应分开装运，以防止相互碰擦造成外表损坏，降低工器具的绝缘水平。

（2）现场操作前的准备。

1）工作负责人应按带电作业工作票内容与当值调度员联系。

2）工作负责人核对线路名称、杆号。

3）工作前工作负责人检查确认需要连接的跌落式熔断器处于断开位置。

4）根据道路情况设置安全围栏、警告标志或路障。

5）工作负责人召集工作人员交代工作任务，对工作班成员进行危险点告知、交代安全措施和技术措施，确认每一个工作班成员都已知晓，检查工作班成员精神状态是否良好，人员是否合适。

6）根据分工情况整理材料，对安全用具、绝缘工具进行检查，绝缘工具应使用绝缘检测仪进行分段绝缘检测，绝缘电阻值应不小于700MΩ（在出库前如已测试过的可省去现场测试步骤）。

7）杆上电工登杆前，应先检查确认电杆基础及电杆表面质量符合要求，并进行试登试拉，检查登杆工具。

（3）操作步骤。

1）1、2号高空电工分别登杆，配合在跌落式熔断器横担下方2m左右处安装绝缘工作平台（安装在需要连接的两相跌落式熔断器侧的边相导线）。

2）1号电工将位置调整至线路下方与跌落式熔断器平行处，并与有电线路保持0.4m以上安全距离，检查确认三相跌落式熔断器安装符合验收规范要求，用绝缘操作杆测量三相引线长度，根据长度做好外侧跌落式熔断器上桩头连接的准备工作（绝缘导线引线需剥皮工作），然后下降到绝缘工作平台上。

3）2号电工将绝缘操作杆吊上，传递给1号电工系挂在绝缘工作平台上。

4）2号电工先用绝缘操作杆配上导线清扫刷对三相导线的连接处进行清除氧化层工作，并涂好电力脂，直至符合接续要求。

5）1号电工将外侧跌落式熔断器上引线固定在双卡头线夹中（引线头应超出双卡头线夹端部30cm左右），然后用操作杆缓缓将双卡头线夹的另一端固定在导线的连接处上。

6）1、2号电工相互配合，2号电工用安装楔形线夹的操作杆将电力楔形线夹C型板挂在导线上，然后将引线钩住C型板下侧，1号电工用接头操作杆配专用工具将线夹楔形舌头送到电力楔形线夹C型板中，2号电工用通用接头操作杆专用榔头轻轻将线夹舌头敲紧。

7）1号电工用通用操作杆将装好弹射芯的专用电力楔形枪送到线夹处并拧紧，然后由2号电工用操作杆专用小榔头敲击撞针。

8）1、2号电工配合着用操作杆将专用电力楔形枪撤除，并检查确认线夹安装符合。

9）其余两相跌落式熔断器上引线连接按方法4）~方法8）进行。

10）三相上引线连接，可按先远（右侧）后近（左侧），或根据现场情况（右侧装两相跌落式熔断器的先接右侧引线，然后接中相，最后接左侧引线）。

11）1、2号电工将绝缘工作平台位置调整到反面侧，准备连接跌落式熔断器下引线。

12）三相跌落式熔断器下引线连接按方法4）~方法9）连接，按由先中间、后两侧的顺序进行。

13）接头工作结束后，1、2号电工配合将绝缘工器具吊至地面、撤除绝缘工作平台，作业人员返回地面。

（4）工作终结。

1）工作负责人对完成的工作作一个全面的检查，确认符合验收规范要求后，记录在册并召开收工会进行工作点评后，宣布工作结束。

2）工作完毕后，汇报当值调度工作已经结束，工作班撤离现场。

6. 安全措施及注意事项

（1）气象条件。

1）带电作业应在良好天气下进行。如遇雷电（听见雷声、看见闪电）、雪、雹、雨、雾等，不准进行带电作业。风力大于5级时，一般不宜进行带电作业。在特殊情况下，必须

在恶劣天气进行带电抢修时，应组织有关人员充分讨论并编制必要的安全措施，经本单位分管生产领导（总工程师）批准后方可进行。

2）当相对湿度大于80%时，应采取防潮措施。

（2）作业环境。

1）作业现场应根据道路情况设置安全围栏、警告标志或路障，防止外人进入工作区域；如在车辆繁忙地段还应与交通管理部门取得联系，以取得配合。

2）夜间作业进行本项目应有足够的照明。

（3）安全距离及有效绝缘长度。

1）作业用绝缘工具都应经过检测，绝缘电阻应不小于700MΩ（电极间距2cm、极间距2cm）。

2）工作时绝缘斗臂车的绝缘有效长度应不小于1m。

3）在带电作业时，应保持对地不小于0.4m，对邻相导线不小于0.6m的安全距离；如不能确保该安全距离时，应采用绝缘挡板、管、毯及其他绝缘遮蔽措施。

（4）遮蔽措施。作业线路下层有低压线路合杆时，如妨碍作业，应对相关低压线路采取绝缘遮蔽措施。

（5）重合闸。本项目一般不需停用线路重合闸。

（6）关键点。

1）作业人员在接触带电导线前应得到工作监护人的认可。

2）在作业时，要确保带电导线与横担及邻相导线的安全距离。

3）在作业时，严禁人体同时接触2个不同的电位。

4）杆上电工配合要默契，动作要平稳协调。

（7）其他安全注意事项。

1）开工前由工作负责人持带电作业工作票与当值调度取得联系，工作负责人应核对工作票中工作任务与现场工作线路名称及杆号是否一致。

2）绝缘工作平台移动时，应缓慢移动，动作要平稳，防止与电杆、导线、周围障碍物碰擦。

3）作业人员在绝缘工作平台上工作时，注意动作幅度，保持重心平稳。

4）在同杆架设线路上工作与上层线路小于安全距离规定，且无法采取安全措施时，不得进行该项工作。

5）上、下传递工具、材料均应使用绝缘绳，严禁抛、扔。

6）本项目工作不少于5人。

（二）接分段跌落式熔断器引线（绝缘工作平台、绝缘手套作业法）

1. 作业方式

绝缘工作平台、绝缘手套作业法。

2. 适用范围

10kV线路耐张杆接分段跌落式熔断器引线。

3. 人员组合

本项目需要5人，具体人员分工见表1－2－35。

表 1－2－35　　人员分工表

人员分工	人数	人员分工	人数
工作负责人（兼工作监护人）	1	地面电工（3、4号电工）	2
杆上电工（1、2号电工）	2		

4. 工具配备

一览表（包括个人防护用具）见表 1－2－36。

表 1－2－36　　工具配备一览表

序号	工器具名称		规格、型号	数量	备注
1	个人绝缘防护用具	绝缘手套	10kV	1副	
2		防护手套		1副	
3		绝缘肩套	10kV	1件	
4	绝缘遮蔽用具	导线遮蔽罩	10kV	1根	
5	绝缘工器具	绝缘绳	ϕ12mm	1根	15m
6		绝缘工作平台		1台	
7		绝缘单滑车		1台	
8		绝缘操作杆	10kV	1根	
9	其他主要工器具	绝缘双线卡线钩		1套	
10		绝缘导线剥皮工具		1把	
11		导线清扫刷		1把	
12		断线剪（钳）		1把	
13		线夹安装工具	楔形	1把	
14		绝缘检测仪	2500V及以上	1套	

5. 作业步骤

（1）工具储运和检测。

1）领用绝缘工具、安全用具及辅助器具，应核对工器具的使用电压等级和试验周期。

2）领用绝缘工器具，应检查外观是否完好无损。

3）工器具运输前，各种工器具应存放在工具袋或工具箱内。金属工具和绝缘工器具应分开装运，以防止相互碰擦造成外表损坏，降低工器具的绝缘水平。

（2）现场操作前的准备。

1）工作负责人应按带电作业工作票内容与当值调度员联系。

2）工作负责人核对线路名称、杆号。

3）工作前工作负责人检查确认需要连接的跌落式熔断器处于断开位置。

4）根据道路情况设置安全围栏、警告标志或路障。

5）工作负责人召集工作人员交代工作任务，对工作班成员进行危险点告知、交代安全措施和技术措施，确认每一个工作班成员都已知晓，检查工作班成员精神状态是否良好，人员是否合适。

6）根据分工情况整理材料，对安全用具、绝缘工具进行检查，绝缘工具应使用绝缘检测仪进行分段绝缘检测，绝缘电阻值应不小于700MΩ（在出库前如已测试过的可省去现场测试步骤）。

7）杆上电工登杆前，应先检查确认电杆基础及电杆表面质量符合要求，并进行试登试拉，检查登杆工具。

（3）操作步骤。

1）1号电工和2号电工先、后登杆，在跌落式熔断器横担向下2.7m左右处，安装工作圆箍一副。

2）1号电工将位置调整至线路下方与跌落式熔断器平行处，并与有电线路保持0.4m以上安全距离，检查确认三相跌落式熔断器安装符合验收规范要求，用绝缘操作杆测量三相引线长度，根据长度做好连接的准备工作（绝缘导线引线需剥皮）。

3）1号电工在跌落式熔断器横担螺栓处挂绝缘单滑车1只，并将起吊绝缘工作平台的绝缘绳引下。

4）地面电工组装好绝缘工作平台，系好绝缘绳索配合1、2号电工起吊安装绝缘工作平台（安装在需要连接的两相跌落式熔断器侧的边相导线）。

5）1号电工穿好绝缘肩套、戴好绝缘手套登上绝缘工作平台，挂好保险钩。

6）1号电工展开外侧跌落式熔断器上桩头引线，量好连接引线的长度，剥除引线处绝缘层，并分别对导线、引线连接处涂上电力脂，用刷子清除连接处导线上的氧化层，直至符合接续要求。

7）1号电工使用装有双钩线夹的绝缘操作杆先将上引线固定，然后将双钩线夹钩挂至带电导线并拧紧（也可先将电力楔形线夹C型板放置于导线上，然后将上引线钩挂住C型板下侧，使用楔形线夹楔块嵌入C型板槽内楔紧），安装楔形线夹，使用专用线夹安装工具进行安装，并检查确认线夹安装符合要求后，撤除绝缘操作杆（如是绝缘导线应进行防水处理）。

8）其余两相按方法6）、方法7）进行连接。

9）三相上引线连接，可按先远（右侧）后近（左侧），或根据现场情况（右侧装两相跌落式熔断器的先接右侧引线，然后接中相，最后接左侧引线）。

10）1、2号电工将绝缘工作平台位置调整到反面侧，准备连接跌落式熔断器下引线。

11）三相跌落式熔断器下引线连接按方法6）、方法7）连接，按由先中间、后两侧的顺序进行，完毕后绝缘斗退出有电工作区域，返回地面。

12）在地面电工配合下撤除绝缘工作平台，吊放至地面，1号电工取下绝缘单滑车后，作业人员返回地面。

（4）工作终结。

1）工作负责人对完成的工作作一个全面的检查，检查杆上是否有遗留物及连接引线距离、接头是否可靠等，确认符合验收规范要求后，记录在册；并召开收工会进行工作点评后，宣布工作结束。

2）工作完毕后，汇报当值调度员工作已经结束，工作班撤离现场。

6. 安全措施及注意事项

（1）气象条件。

1）带电作业应在良好天气下进行。如遇雷电（听见雷声、看见闪电）、雪、雹、雨、雾等，不准进行带电作业。风力大于5级时，一般不宜进行带电作业。在特殊情况下，必须在恶劣天气进行带电抢修时，应组织有关人员充分讨论并编制必要的安全措施，经本单位分管生产领导（总工程师）批准后方可进行。

2）当相对湿度大于80%时，应采取防潮措施。

（2）作业环境。

1）作业现场两侧，应根据道路情况设置安全围栏、警告标志或路障，防止外人进入工作区域；如在车辆繁忙地段还应与交通管理部门取得联系，以取得配合。

2）夜间作业进行本项目应有足够的照明。

（3）安全距离及有效绝缘长度。

1）作业用绝缘工具都应进行检测，绝缘电阻应不小于700MΩ（电极间距2cm、极间距2cm）。

2）在带电作业时，应保持对地不小于0.4m，对邻相导线不小于0.6m的安全距离；如不能确保该安全距离时，应采用绝缘挡板、管、毯及其他绝缘遮蔽措施。

3）绝缘手套仅作为辅助绝缘，不能作主绝缘使用。

（4）遮蔽措施。

1）本项目在连接中相上引线时，如与边相导线安全距离不够，应对边相导线进行绝缘遮蔽。

2）作业线路下层有低压线路合杆时，如妨碍作业，应对相关低压线路采取绝缘遮蔽措施。

（5）重合闸。本项目需停用线路重合闸。

（6）关键点。

1）作业人员身高按1.7m考虑。

2）作业人员在接触带电导线前应得到工作监护人的认可。

3）在作业时，要确保带电导线与横担及邻相导线的安全距离。

4）在连接中相引线时，作业人员应位于中相与遮蔽相导线之间。

5）在作业时，严禁人体同时接触2个不同的电位。

（7）其他安全注意事项。

1）开工前由工作负责人持带电作业工作票与当值调度取得联系，工作负责人应核对工作票中工作任务与现场工作线路名称及杆号是否一致。

2）绝缘工作平台旋转时，应缓慢移动，动作要平稳，防止与电杆、导线、周围障碍物碰擦。

3）作业人员在绝缘工作平台上工作时，注意动作幅度，保持重心平稳。

4）在同杆架设线路上工作与上层线路小于安全距离规定，且无法采取安全措施时，不得进行该项工作。

5）上、下传递工具、材料均应使用绝缘绳，严禁抛、扔。

6）本项目工作不少于5人。

（三）接分段跌落式熔断器引线（绝缘斗臂车、绝缘手套作业法）

1. 作业方式

绝缘斗臂车、绝缘手套作业法。

2. 适用范围

10kV 线路耐张杆接分段跌落式熔断器引线。

3. 人员组合

本项目需要 3 人，具体人员分工见表 1－2－37。

表 1－2－37　　人员分工表

人员分工	人数	人员分工	人数
工作负责人（兼工作监护人）	1	地面电工（2 号电工）	1
斗内电工（1 号电工）	1		

注　绝缘斗臂车操作工由 1 号电工兼任。

4. 工具配备

一览表（包括个人防护用具）见表 1－2－38。

表 1－2－38　　工具配备一览表

序号	工器具名称		规格、型号	数量	备注
1	特种车辆	绝缘斗臂车	10kV	1 辆	
2	个人绝缘防护用具	绝缘手套	10kV	1 副	
3		防护手套		1 副	
4		斗内安全带		1 副	
5	绝缘遮蔽用具	导线遮蔽罩	10kV	1 根	
6	绝缘工器具	绝缘绳	ϕ12mm	1 根	15m
7		绝缘操作杆	10kV	1 根	
8	其他主要工器具	绝缘双线卡线钩		1 套	
9		绝缘导线剥皮工具		1 把	
10		导线清扫刷		1 把	
11		断线剪（钳）		1 把	
12		线夹安装工具	楔形	1 把	
13		绝缘检测仪	2500V 及以上	1 套	

5. 作业步骤

（1）工具储运和检测。

1）领用绝缘工具、安全用具及辅助器具，应核对工器具的使用电压等级和试验周期。

2）领用绝缘工器具，应检查外观是否完好无损。

3）工器具运输前，各种工器具应存放在工具袋或工具箱内。金属工具和绝缘工器具应分开装运，以防止相互碰擦造成外表损坏，降低工器具的绝缘水平。

（2）现场操作前的准备。

1）工作负责人应按带电作业工作票内容与当值调度员联系。

2）工作负责人核对线路名称、杆号。

3）工作前工作负责人检查确认需要连接的跌落式熔断器处于断开位置。

4）绝缘斗臂车进入合适位置，并可靠接地，根据道路情况设置安全围栏、警告标志或路障。

5）工作负责人召集工作人员交代工作任务，对工作班成员进行危险点告知、交代安全措施和技术措施，确认每一个工作班成员都已知晓，检查工作班成员精神状态是否良好，人员是否合适。

6）根据分工情况整理材料，对安全用具、绝缘工具进行检查，绝缘工具应使用绝缘检测仪进行分段绝缘检测，绝缘电阻值应不小于700MΩ（在出库前如已测试过的可省去现场测试步骤）。

7）查看确认绝缘臂、绝缘斗良好，调试斗臂车（在出车前如已调试过的可省去此步骤）。

8）1号电工戴好绝缘手套和防护手套，进入绝缘斗内，挂好保险钩。

（3）操作步骤。

1）1号电工将绝缘斗调整至跌落式熔断器上引线内侧导线下，得到工作监护人许可后对跌落式熔断器上引线内侧导线套好导线遮蔽罩，做好绝缘遮蔽措施；如是绝缘导线，应在接头处将导线绝缘层皮剥除。

2）1号电工将绝缘斗调整至跌落式熔断器上引线线路下方与跌落式熔断器平行处，并保持0.4m以上安全距离，检查确认三相跌落式熔断器安装符合验收规范要求，用操作杆测量三相引线长度，根据长度做好连接的准备工作（绝缘导线引线需剥皮）。

3）将绝缘斗调整到跌落式熔断器上引线侧的导线外侧下，展开外侧跌落式熔断器上桩头引线，量好连接引线的长度，剥除引线处绝缘层，并分别对导线、引线连接处涂上电力脂，用刷子清除连接处导线上的氧化层，直至符合接续要求。

4）1号电工使用装有双钩线夹的绝缘操作杆先将上引线固定，然后将双钩线夹钩挂至带电导线并拧紧（也可先将电力楔形线夹C型板放置于导线上，然后将上引线钩挂住C型板下侧，使用楔形线夹楔块嵌入C型板槽内楔紧），安装楔形线夹，使用专用线夹安装工具进行安装，并检查确认线夹安装符合要求后，撤除绝缘操作杆（如是绝缘导线应进行防水处理）。

5）其余两相跌落式熔断器上引线连接按方法3）、方法4）进行。

6）三相跌落式熔断器上引线连接，可按由复杂到简单、先难后易的原则进行，先远（外侧）后近（内侧），或根据现场情况先中间、后两侧。

7）跌落式熔断器上引线接头工作结束后，撤除导线遮蔽罩。

8）三相跌落式熔断器下引线连接按方法1）~方法7）连接，按由先中间、后两侧的顺序进行，完毕后绝缘斗退出有电工作区域，返回地面。

（4）工作终结。

1）作业负责人对完成的工作作一个全面的检查，确认符合验收规范要求后，记录在册并召开收工会进行工作点评后，宣布工作结束。

2）工作完毕后，汇报当值调度工作已经结束，工作班撤离现场。

6. 安全措施及注意事项

（1）气象条件。

1）带电作业应在良好天气下进行。如遇雷电（听见雷声、看见闪电）、雪、雹、雨、雾等，不准进行带电作业。风力大于5级时，一般不宜进行带电作业。在特殊情况下，必须在恶劣天气进行带电抢修时，应组织有关人员充分讨论并编制必要的安全措施，经本单位分管生产领导（总工程师）批准后方可进行。

2）当相对湿度大于80%时，应采取防潮措施。

（2）作业环境。

1）作业现场和绝缘斗臂车两侧，应根据道路情况设置安全围栏、警告标志或路障，防止外人进入工作区域；如在车辆繁忙地段还应与交通管理部门取得联系，以取得配合。

2）夜间作业进行本项目应有足够的照明。

（3）安全距离及有效绝缘长度。

1）作业用绝缘工具都应进行检测，绝缘电阻应不小于700MΩ（电极间距2cm、极间距2cm）。

2）工作时绝缘斗臂车的绝缘有效长度应不小于1m。

3）在带电作业时，应保持对地不小于0.4m，对邻相导线不小于0.6m的安全距离；如不能确保该安全距离时，应采用绝缘挡板、管、毯及其他绝缘遮蔽措施。

4）绝缘手套仅作为辅助绝缘，不能作主绝缘使用。

（4）遮蔽措施。

1）该项目在连接中相跌落式熔断器上、下引线时，如与边相导线安全距离不够，应对边相导线加导线进行绝缘遮蔽。

2）作业线路下层有低压线路合杆时，如妨碍作业，应对相关低压线路采取绝缘遮蔽措施。

（5）重合闸。本项目需停用线路重合闸。

（6）关键点。

1）作业人员在接触带电导线前应得到工作监护人的认可。

2）在作业时，要确保带电导线与横担及邻相导线的安全距离。

3）在连接中相上引线时，作业人员应位于中相与遮蔽相导线之间，并注意中相下引线与电杆不小于0.4m的安全距离。

4）在作业时，严禁人体同时接触2个不同的电位。

5）在三相引线连接过程中，所有设备均视为有电。

（7）其他安全注意事项。

1）开工前由工作负责人持带电作业工作票与当值调度取得联系，工作负责人应核对工作票中工作任务与现场工作线路名称及杆号是否一致。

2）绝缘斗臂车应可靠接地，在作业前应进行操作检查。

3）当斗臂车绝缘斗距有电线路1~2m或工作转移时，应缓慢移动，动作要平稳，严禁使用快速挡；绝缘斗臂车在作业时，发动机不能熄火（电能驱动型除外），以保证液压系统处于工作状态。

4）在操作绝缘斗移动时，应防止与电杆、导线、周围障碍物、邻近绝缘斗臂车碰擦。

5）在同杆架设线路上工作与上层线路小于安全距离规定，且无法采取安全措施时，不得进行该项工作。

6）上、下传递工具、材料均应使用绝缘绳，严禁抛、扔。

7）本项目工作不少于3人。

8）使用只能下部操作的绝缘斗臂车应增加1名专门操作人员。

五、断支接线路引线

（一）断支接线路引线（绝缘操作杆作业法）

1. 作业方式

绝缘操作杆作业法。

2. 适用范围

10kV线路直线杆、转角杆断支接线路引线。

3. 人员组合

本项目需要4人，具体人员分工见表1－2－39。

表1－2－39　人员分工表

人员分工	人数	人员分工	人数
工作负责人（兼工作监护人）	1	地面电工（3号电工）	1
杆上电工（1、2号电工）	2		

4. 工具配备

一览表（包括个人防护用具）见表1－2－40。

表1－2－40　工具配备一览表

序号	工器具名称		规格、型号	数量	备注
1	绝缘工器具	绝缘绳	ϕ12mm	1根	15m
2	其他特殊工器具	绝缘操作杆断线剪		1把	
3		鹰嘴线夹绝缘操作杆		1根	
4		绝缘检测仪	2500V及以上	1套	

5. 作业步骤

（1）工具储运和检测。

1）领用绝缘工具、安全用具及辅助器具，应核对工器具的使用电压等级和试验周期。

2）领用绝缘工器具，应检查外观是否完好无损。

3）工器具运输前，各种工器具应存放在工具袋或工具箱内。金属工具和绝缘工器具应分开装运，以防止相互碰擦造成外表损坏，降低工器具的绝缘水平。

（2）现场操作前的准备。

1）工作负责人应按带电作业工作票内容与当值调度员联系。

2）工作负责人核对线路名称、杆号。

3）工作前工作负责人检查确认支接线路是空载线路，并符合带电断开引线条件。

4）根据道路情况设置安全围栏、警告标志或路障。

5）工作负责人召集工作人员交代工作任务，对工作班成员进行危险点告知、交代安全措施和技术措施，确认每一个工作班成员都已知晓，检查工作班成员精神状态是否良好，人员是否合适。

6）根据分工情况整理材料，对安全用具、绝缘工具进行检查，绝缘工具应使用绝缘检测仪进行分段绝缘检测，绝缘电阻值应不小于700MΩ（在出库前如已测试过的可省去现场测试步骤）。

7）杆上电工登杆前，应先检查确认电杆基础及电杆表面质量符合要求，并进行试登试拉，检查登杆工具。

（3）操作步骤。

1）1、2号电工先、后登杆至支接横担下方适当位置。

2）1、2号电工在地面电工配合下将绝缘操作杆吊上。

3）1号电工用鹰嘴线夹绝缘操作杆将内侧引线固定。

4）2号电工用绝缘断线剪将引线与导线的连接处剪断。

5）1号电工用鹰嘴线夹绝缘操作杆将引线平稳的移离带电导线。

6）2号电工用绝缘操作杆断线剪将引线在耐张线夹附近剪断并取下引线。

7）其余两相引线断开按方法3）~方法6）进行。

8）三相引线的断开可按由简单到复杂、先易后难的原则进行。

9）工作结束后，作业人员返回地面。

（4）工作终结。

1）工作负责人对完成的工作作一个全面的检查，确认符合验收规范要求后，记录在册并召开收工会进行工作点评后，宣布工作结束。

2）工作完毕后，汇报当值调度工作已经结束，工作班撤离现场。

6. 安全措施及注意事项

（1）气象条件。

1）带电作业应在良好天气下进行。如遇雷电（听见雷声、看见闪电）、雪、雹、雨、雾等，不准进行带电作业。风力大于5级时，一般不宜进行带电作业。在特殊情况下，必须在恶劣天气进行带电抢修时，应组织有关人员充分讨论并编制必要的安全措施，经本单位分管生产领导（总工程师）批准后方可进行。

2）当相对湿度大于80%时，应采取防潮措施。

（2）作业环境。

1）作业现场根据道路情况设置安全围栏、警告标志或路障，防止外人进入工作区域；如在车辆繁忙地段还应与交通管理部门取得联系，以取得配合。

2）夜间作业进行带电连接应有足够的照明。

（3）安全距离及有效绝缘长度。

1）作业用绝缘工具都应经过检测，绝缘电阻应不小于700MΩ（电极间距2cm、极间距2cm）。

2）工作时绝缘斗臂车的绝缘有效长度应不小于1m。

3）在带电作业时，应保持对地不小于0.4m，对邻相导线不小于0.6m的安全距离；如不能确保该安全距离时，应采用绝缘挡板、管、毯及其他绝缘遮蔽措施。

（4）遮蔽措施。作业线路下层有低压线路合杆时，如妨碍作业，应对相关低压线路采取绝缘遮蔽措施。

（5）重合闸。本项目一般不需停用线路重合闸。

（6）关键点。

1）工作前应检查确认支接线路是空载线路，并符合断开条件。

2）在作业时，要确保带电导线与横担及邻相导线的安全距离。

3）在作业时，严禁人体同时接触2个不同的电位。

4）在三相引线未全部断开前，已断开引线的导线应视为有电。

（7）其他安全注意事项。

1）开工前由工作负责人持带电作业工作票与当值调度取得联系，工作负责人应核对工作票中工作任务与现场工作线路名称及杆号是否一致。

2）作业人员操作时动作要平稳，移动引线时应与临相有电部位保持0.4m以上安全距离。

3）在同杆架设线路上工作与上层线路小于安全距离规定，且无法采取安全措施时，不得进行该项工作。

4）上、下传递工具、材料均应使用绝缘绳，严禁抛、扔。

5）该项目工作不少于4人。

（二）断支接线路引线（绝缘工作平台、绝缘操作杆作业法）

1. 作业方式

绝缘工作平台、绝缘操作杆作业法。

2. 适用范围

10kV线路直线杆、转角杆断支接线路引线。

3. 人员组合

本项目需要4人，具体人员分工见表1－2－41。

表1－2－41　人员分工表

人员分工	人数	人员分工	人数
工作负责人（兼工作监护人）	1	地面电工（3号电工）	1
杆上电工（1、2号电工）	2		

4. 工具配备

一览表（包括个人防护用具）见表1－2－42。

表 1-2-42　　工具配备一览表

序号	工器具名称		规格、型号	数量	备注
1	绝缘工器具	绝缘操作杆	10kV	3 根	
2		绝缘工作平台		1 台	
3		绝缘绳	ϕ 12mm	1 根	15m
4	其他主要工器具	绝缘断线剪		1 把	
5		鹰嘴线夹绝缘操作杆		1 根	
6		绝缘检测仪	2500V 及以上	1 套	

5. 作业步骤

（1）工具储运和检测。

1）领用绝缘工具、安全用具及辅助器具，应核对工器具的使用电压等级和试验周期。

2）领用绝缘工器具，应检查外观是否完好无损。

3）工器具运输前，各种工器具应存放在工具袋或工具箱内。金属工具和绝缘工器具应分开装运，以防止相互碰擦造成外表损坏，降低工器具的绝缘水平。

（2）现场操作前的准备。

1）工作负责人应按带电作业工作票内容与当值调度员联系。

2）工作负责人核对线路名称、杆号。

3）工作前工作负责人检查确认支接线路是空载线路，并符合带电断开引线条件。

4）根据道路情况设置安全围栏、警告标志或路障。

5）工作负责人召集工作人员交代工作任务，对工作班成员进行危险点告知、交代安全措施和技术措施，确认每一个工作班成员都已知晓，检查工作班成员精神状态是否良好，人员是否合适。

6）根据分工情况整理材料，对安全用具、绝缘工具进行检查，绝缘工具应使用绝缘检测仪进行分段绝缘检测，绝缘电阻值应不小于 700MΩ（在出库前如已测试过的可省去现场测试步骤）。

7）杆上电工登杆前，应先检查确认电杆基础及电杆表面质量符合要求，并进行试登试拉，检查登杆工具。

（3）操作步骤。

1）1、2 号电工分别登杆，配合在支接横担下方 2.5m 左右处安装绝缘工作平台。

2）2 号电工将绝缘操作杆吊上，传递给 1 号电工系挂在操作工作平台上，1 号电工站在绝缘工作平台上准备配合 2 号电工连接断开支接引线。

3）2 号电工用鹰嘴线夹绝缘操作杆将内侧引线在导线接头下方处固定。

4）1 号电工用绝缘断线剪将引线与导线的连接处剪断。

5）2 号电工用鹰嘴线夹绝缘操作杆将引线平稳的移离带电导线。

6）1 号电工用绝缘断线剪将引线在耐张线夹附近剪断并取下引线。

7）其余两相引线断开按方法 3）~方法 6）进行。

8）三相引线的断开可按由简单到复杂、先易后难的原则进行。

9）工作结束后，1、2号电工配合着将绝缘工器具吊至地面、撤除绝缘工作平台，作业人员返回地面。

（4）工作终结。

1）工作负责人对完成的工作作一个全面的检查，确认符合验收规范要求后，记录在册并召开收工会进行工作点评后，宣布工作结束。

2）工作完毕后，汇报当值调度工作已经结束，工作班撤离现场。

6. 安全措施及注意事项

（1）气象条件。

1）带电作业应在良好天气下进行。如遇雷电（听见雷声、看见闪电）、雪、雹、雨、雾等，不准进行带电作业。风力大于5级时，一般不宜进行带电作业。在特殊情况下，必须在恶劣天气进行带电抢修时，应组织有关人员充分讨论并编制必要的安全措施，经本单位分管生产领导（总工程师）批准后方可进行。

2）当相对湿度大于80%时，应采取防潮措施。

（2）作业环境。

1）作业现场应根据道路情况设置安全围栏、警告标志或路障，防止外人进入工作区域；如在车辆繁忙地段还应与交通管理部门取得联系，以取得配合。

2）夜间作业进行本项目应有足够的照明。

（3）安全距离及有效绝缘长度。

1）作业用绝缘工具都应经过检测，绝缘电阻应不小于700MΩ（电极间距2cm、极间距2cm）。

2）在带电作业时，应保持对地不小于0.4m，对邻相导线不小于0.6m的安全距离；如不能确保该安全距离时，应采用绝缘挡板、管、毯及其他绝缘遮蔽措施。

（4）遮蔽措施。作业线路下层有低压线路合杆时，如妨碍作业，应对相关低压线路采取绝缘遮蔽措施。

（5）重合闸。本项目一般不需停用线路重合闸。

（6）关键点。

1）工作人员在接触带电导线前应得到工作监护人的认可。

2）剪断引线后，应确保引线与邻相导线的安全距离。

3）在作业时，严禁人体同时接触2个不同的电位。

4）杆上电工配合要默契，动作要平稳协调。

（7）其他安全注意事项。

1）开工前由工作负责人持带电作业工作票与当值调度取得联系，工作负责人应核对工作票中工作任务与现场工作线路名称及杆号是否一致。

2）绝缘工作平台移动时，应缓慢移动，动作要平稳，防止与电杆、导线、周围障碍物碰擦。

3）作业人员在绝缘工作平台上工作时，注意动作幅度，保持重心平稳。

4）在同杆架设线路上工作与上层线路小于安全距离规定，且无法采取安全措施时，不得进行该项工作。

5）上、下传递工具、材料均应使用绝缘绳，严禁抛、扔。

6）本项目工作不少于4人。

（三）断支接线路引线（绝缘斗臂车、绝缘操作杆作业法）

1. 作业方式

绝缘斗臂车、绝缘操作杆作业法。

2. 适用范围

10kV线路直线杆、转角杆断支接线路引线。

3. 人员组合

本项目需要4人，具体人员分工见表1－2－43。

表1－2－43 人员分工表

人员分工	人数	人员分工	人数
工作负责人（兼工作监护人）	1	地面电工（3号电工）	1
斗内电工（1、2号电工）	2		

注 绝缘斗臂车操作工由1号电工兼任。

4. 工具配备

一览表（包括个人防护用具）见表1－2－44。

表1－2－44 工具配备一览表

序号	工器具名称		规格、型号	数量	备注
1	特种车辆	绝缘斗臂车	10kV	1辆	
2	个人绝缘防护用具	斗内安全带		1副	
3	绝缘工器具	绝缘绳		1根	长度大于1.5倍最高作业高度
4	其他主要工器具	绝缘操作杆断线剪		1把	
5		鹰嘴线夹绝缘操作杆		1根	
6		绝缘检测仪	2500V及以上	1套	

5. 作业步骤

（1）工具储运和检测。

1）领用绝缘工具、安全用具及辅助器具，应核对工器具的使用电压等级和试验周期。

2）领用绝缘工器具，应检查外观是否完好无损。

3）工器具运输前，各种工器具应存放在工具袋或工具箱内。金属工具和绝缘工器具应分开装运，以防止相互碰擦造成外表损坏，降低工器具的绝缘水平。

（2）现场操作前的准备。

1）工作负责人应按带电作业工作票内容与当值调度员联系。

2）工作负责人核对线路名称、杆号。

3）工作前工作负责人检查确认支接线路是空载线路，并符合带电断引线条件。

4）绝缘斗臂车进入合适位置，并可靠接地；根据道路情况设置安全围栏、警告标志或路障。

5）工作负责人召集工作人员交代工作任务，对工作班成员进行危险点告知、交代安全措施和技术措施，确认每一个工作班成员都已知晓，检查工作班成员精神状态是否良好，人员是否合适。

6）根据分工情况整理材料，对安全用具、绝缘工具进行检查，绝缘工具应使用绝缘检测仪进行分段绝缘检测，绝缘电阻值应不小于700MΩ（在出库前如已测试过的可省去现场测试步骤）。

7）查看确认绝缘臂、绝缘斗良好，调试斗臂车（在出车前如已调试过的可省去此步骤）。

8）1号电工戴好手套，进入绝缘斗内，挂好保险钩；2号电工电工登杆前，应先检查电杆基础及电杆表面有否横向裂纹，并进行试登试拉，检查登杆工具。

（3）操作步骤。

1）1、2号电工将绝缘斗位置调整至支接横担下方适当位置。

2）1号电工用鹰嘴线夹绝缘操作杆将内侧引线在导线搭头下方处固定。

3）2号电工用绝缘断线剪将引线与导线的连接处剪断。

4）1号电工用鹰嘴线夹绝缘操作杆将引线平稳的移离带电导线。

5）2号电工用绝缘断线剪将引线在耐张线夹附近剪断并取下引线。

6）其余两相引线断开按方法2）~方法6）进行。

7）工作结束后，作业人员返回地面。

（4）工作终结。

1）工作负责人对完成的工作作一个全面的检查，确认符合验收规范要求后，记录在册并召开收工会进行工作点评后，宣布工作结束。

2）工作完毕后，汇报当值调度工作已经结束，工作班撤离现场。

6. 安全措施及注意事项

（1）气象条件。

1）带电作业应在良好天气下进行。如遇雷电（听见雷声、看见闪电）、雪、雹、雨、雾等，不准进行带电作业。风力大于5级时，一般不宜进行带电作业。在特殊情况下，必须在恶劣天气进行带电抢修时，应组织有关人员充分讨论并编制必要的安全措施，经本单位分管生产领导（总工程师）批准后方可进行。

2）当相对湿度大于80%时，应采取防潮措施。

（2）作业环境。

1）作业现场和绝缘斗臂车两侧，应根据道路情况设置安全围栏、警告标志或路障，防止外人进入工作区域；如在车辆繁忙地段还应与交通管理部门取得联系，以取得配合。

2）夜间作业进行带电连接应有足够的照明。

（3）安全距离及有效绝缘长度。

1）作业用绝缘工具都应经过检测，绝缘电阻应不小于700MΩ（电极间距2cm、极间距2cm）。

2）工作时绝缘斗臂车的绝缘有效长度应不小于1m。

3）在带电作业时，应保持对地不小于0.4m，对邻相导线不小于0.6m的安全距离；如不能确保该安全距离时，应采用绝缘挡板、管、毯及其他绝缘遮蔽措施。

4）绝缘操作杆作主绝缘使用，其有效绝缘距离不应小于0.7m。

（4）遮蔽措施。作业线路下层有低压线路合杆时，如妨碍作业，应对相关低压线路采取绝缘遮蔽措施。

（5）重合闸。本项目一般不需要停用线路重合闸。

（6）关键点。

1）工作前应检查确认支接线路是空载线路，并符合断开条件。

2）剪断引线后，应确保引线与邻相导线的安全距离。

3）在作业时，严禁人体同时接触两个不同的电位。

4）在三相引线未全部断开前，已断开引线的导线应视为有电。

（7）其他安全注意事项。

1）开工前由工作负责人持带电作业工作票与当值调度取得联系，工作负责人应核对工作票中工作任务与现场工作线路名称及杆号是否一致。

2）绝缘斗臂车应可靠接地，在作业前应进行操作检查。

3）当斗臂车绝缘斗距有电线路1～2m或工作转移时，应缓慢移动，动作要平稳，严禁使用快速挡；绝缘斗臂车在作业时，发动机不能熄火（电能驱动型除外），以保证液压系统处于工作状态。

4）在操作绝缘斗移动时，应防止与电杆、导线、周围障碍物、邻近绝缘斗臂车碰擦。

5）在同杆架设线路上工作与上层线路小于安全距离规定，且无法采取安全措施时，不得进行本项工作。

6）上、下传递工具、材料均应使用绝缘绳，严禁抛、扔。

7）本项目工作不少于4人。

8）使用只能下部操作的绝缘斗臂车应增加1名专门操作人员。

（四）断支接线路引线（绝缘斗臂车、绝缘手套作业法）

1. 作业方式

绝缘斗臂车、绝缘手套作业法。

2. 适用范围

10kV线路直线杆、转角杆断支接线路引线。

3. 人员组合

本项目需要3人，具体人员分工见表1-2-45。

表1-2-45　人员分工表

人员分工	人数	人员分工	人数
工作负责人（兼工作监护人）	1	地面电工（2号电工）	1
斗内电工（1号电工）	1		

注　绝缘斗臂车操作工由1号电工兼任。

4. 工具配备

一览表（包括个人防护用具）见表1－2－46。

表1－2－46　　工具配备一览表

序号	工器具名称		规格、型号	数量	备注
1	特种车辆	绝缘斗臂车	10kV	1辆	
2	个人绝缘防护用具	绝缘手套	10kV	1副	
3		防护手套		1副	
4		斗内安全带		1副	
5	绝缘遮蔽用具	绝缘披肩或绝缘上衣	10kV	1副	
6		导线遮蔽罩	10kV	若干	
7		绝缘毯	10kV	2块	
8	绝缘工器具	绝缘绳	ϕ12mm	1根	15m
9		绝缘操作杆		1根	
10	其他主要工器具	断线剪（钳）		1把	
11		线夹安装工具		1把	
12		绝缘检测仪	2500V及以上	1套	

5. 作业步骤

（1）工具储运和检测。

1）领用绝缘工具、安全用具及辅助器具，应核对工器具的使用电压等级和试验周期。

2）领用绝缘工器具，应检查外观是否完好无损。

3）工器具运输前，各种工器具应存放在工具袋或工具箱内。金属工具和绝缘工器具应分开装运，以防止相互碰擦造成外表损坏，降低工器具的绝缘水平。

（2）现场操作前的准备。

1）工作负责人应按带电作业工作票内容与当值调度员联系。

2）工作负责人核对线路名称、杆号。

3）工作前工作负责人检查确认支接线路是空载线路，并符合带电断开引线条件。

4）绝缘斗臂车进入合适位置，并可靠接地；根据道路情况设置安全围栏、警告标志或路障。

5）工作负责人召集工作人员交代工作任务，对工作班成员进行危险点告知、交代安全措施和技术措施，确认每一个工作班成员都已知晓，检查工作班成员精神状态是否良好，人员是否合适。

6）根据分工情况整理材料，对安全用具、绝缘工具进行检查，绝缘工具应使用绝缘检测仪进行分段绝缘检测，绝缘电阻值应不小于700MΩ（在出库前如已测试过的可省去现场测试步骤）。

7）查看确认绝缘臂、绝缘斗良好，调试斗臂车。

8）1号电工戴好绝缘手套和防护手套，进入绝缘斗内，挂好保险钩。

（3）操作步骤。

1）1号电工先将绝缘斗调整到内侧导线外适当位置，在监护人的许可下，装好专用线夹安装工具，撤除楔形线夹，将已断开的支接引线固定在同相位的支接导线上（如线路为绝缘导线时，应对导线进行防水、绝缘处理）。

2）1号电工先将绝缘斗调整到外侧导线外适当位置，用上述方式断开外侧支接引线。

3）1号电工先将绝缘斗调整到内侧导线下对内侧导线加装导线遮蔽罩并对支接横担做好绝缘遮蔽措施，然后将绝缘斗调整到中相导线下支接横担外侧适当位置，用上述方式断开中相支接引线。

4）如断开支接引线不需恢复，可先剪断支接引线，再撤除楔形线夹，并在剪断支接引线时，做好防止其弹跳的措施。

5）断开工作结束后，撤除绝缘遮蔽，绝缘斗退出有电工作区域，返回地面。

（4）工作终结。

1）工作负责人对完成的工作作一个全面的检查，确认符合验收规范要求后，记录在册，并召开收工会进行工作点评后，宣布工作结束。

2）工作完毕后，汇报当值调度员工作已经结束，工作班撤离现场。

6. 安全措施及注意事项

（1）气象条件。

1）带电作业应在良好天气下进行。如遇雷电（听见雷声、看见闪电）、雪、雹、雨、雾等，不准进行带电作业。风力大于5级时，一般不宜进行带电作业。在特殊情况下，必须在恶劣天气进行带电抢修时，应组织有关人员充分讨论并编制必要的安全措施，经本单位分管生产领导（总工程师）批准后方可进行。

2）当相对湿度大于80%时，应采取防潮措施。

（2）作业环境。

1）作业现场和绝缘斗臂车两侧，应根据道路情况设置安全围栏、警告标志或路障，防止外人进入工作区域；如在车辆繁忙地段还应与交通管理部门取得联系，以取得配合。

2）夜间进行本项目应有足够的照明。

（3）安全距离及有效绝缘长度。

1）作业用绝缘工具都应进行检测，绝缘电阻应不小于700MΩ（电极间距2cm、极间距2cm）。

2）工作时绝缘斗臂车的绝缘有效长度应不小于1m。

3）在带电作业时，应保持对地不小于0.4m，对邻相导线不小于0.6m的安全距离；如不能确保该安全距离时，应采用绝缘挡板、管、毯及其他绝缘遮蔽措施。

4）绝缘手套仅作为辅助绝缘，不能作主绝缘使用。

（4）遮蔽措施。

1）本项目在断开中相引线时，如与支接横担安全距离不够，应做好绝缘遮蔽措施。

2）作业线路下层有低压线路合杆时，如妨碍作业，应对相关低压线路采取绝缘遮蔽措施。

（5）重合闸。本项目一般不需停用线路重合闸。

（6）关键点。

1）工作前应检查确认支接线路是空载线路，并符合断开条件。

2）作业人员在接触带电导线前应得到工作监护人的认可。

3）在作业时，要确保带电导线与横担及邻相导线的安全距离。

4）在作业时，严禁人体同时接触2个不同的电位。

5）在三相引线未全部断开前，已断开引线的导线应视为有电。

（7）其他安全注意事项。

1）开工前由工作负责人持带电作业工作票与当值调度取得联系，工作负责人应核对工作票中工作任务与现场工作线路名称及杆号是否一致。

2）绝缘斗臂车应可靠接地，在作业前应进行操作检查。

3）当斗臂车绝缘斗距有电线路1～2m或工作转移时，应缓慢移动，动作要平稳，严禁使用快速挡；绝缘斗臂车在作业时，发动机不能熄火（电能驱动型除外），以保证液压系统处于工作状态。

4）在操作绝缘斗移动时，应防止与电杆、导线、周围障碍物、邻近绝缘斗臂车碰擦。

5）在同杆架设线路上工作与上层线路小于安全距离规定，且无法采取安全措施时，不得进行该项工作。

6）上、下传递工具、材料均应使用绝缘绳，严禁抛、扔。

7）本项目工作不少于3人。

8）使用只能下部操作的绝缘斗臂车时，应增加1名专门操作人员。

六、接支接线路引线

（一）接支接线路引线（绝缘操作杆作业法——使用绑线）

1. 作业方式

绝缘操作杆作业法。

2. 适用范围

10kV线路直线杆、转角杆接支接线路引线。

3. 人员组合

本项目需要4人，具体人员分工见表1－2－47。

表1－2－47　人员分工表

人员分工	人数	人员分工	人数
工作负责人（兼工作监护人）	1	地面电工（3号电工）	1
杆上电工（1、2号电工）	2		

4. 工具配备

一览表（包括个人防护用具）见表1－2－48。

表1－2－48　工具配备一览表

序号	工器具名称		规格、型号	数量	备注
1	绝缘工器具	绝缘操作杆	10kV	3根	
2		绝缘绳	ϕ12mm	1根	15m

续表

序号	工器具名称		规格、型号	数量	备注
3	其他主要工器具	绝缘导线剥皮工具		1把	
4		导线清扫刷		1把	
5		断线剪（钳）		1把	
6		绝缘检测仪	2500V及以上	1套	
7		单卡头线夹		1套	
8		飞轮绑线器		1套	

5. 作业步骤

（1）工具储运和检测。

1）领用绝缘工具、安全用具及辅助器具，应核对工器具的使用电压等级和试验周期。

2）领用绝缘工器具，应检查外观是否完好无损。

3）工器具运输前，各种工器具应存放在工具袋或工具箱内。金属工具和绝缘工器具应分开装运，以防止相互碰擦造成外表损坏，降低工器具的绝缘水平。

（2）现场操作前的准备。

1）工作负责人应按带电作业工作票内容与当值调度员联系。

2）工作负责人核对线路名称、杆号。

3）工作前工作负责人检查确认需要连接的支接引线应在可送电状态。

4）根据道路情况设置安全围栏、警告标志或路障。

5）工作负责人召集工作人员交代工作任务，对工作班成员进行危险点告知、交代安全措施和技术措施，确认每一个工作班成员都已知晓，检查工作班成员精神状态是否良好，人员是否合适。

6）根据分工情况整理材料，对安全用具、绝缘工具进行检查，绝缘工具应使用绝缘检测仪进行分段绝缘检测，绝缘电阻值应不小于700MΩ（在出库前如已测试过的可省去现场测试步骤）。

7）杆上电工登杆前，应先检查确认电杆基础及电杆表面质量符合要求，并进行试登试拉，检查登杆工具。

（3）操作步骤。

1）1、2号电工登杆至有电线路下方各适当位置，并与带电导线保持0.4m以上安全距离。

2）2号电工在地面电工配合下将绝缘操作杆等工具吊上，并挂钩在适当位置。1号电工用绝缘操作杆测量三相引线长度，根据长度做好连接前的准备工作（绝缘导线引线需剥皮）。

3）2号电工用单口线夹或鹰嘴线夹绝缘操作杆先将引线固定，并提升至带电导线下方位置（连接引线位置距离横担0.6～0.7m处）。

4）1号电工用单口线夹或鹰嘴线夹绝缘操作杆在连接引线短头处与导线固定，然后，1号电工将绝缘操作杆飞轮绑线器放至导线与引线连接处上。

5）2 号电工松开临时固定引线单口线夹或鹰嘴线夹绝缘操作杆，再将绑线器扎线头，连接引线，导线三线拧紧固定。

6）1 号电工慢慢地将飞轮绑线器的操作杆下端的摇手柄旋转摇动，（也可使用绝缘操作杆飞轮绑线器上，下均匀拉动），绑扎时注意扎线重叠，1、2 号电工同时用绝缘操作杆抑控导线跳动，直至扎线盘内的扎线用完。

7）1、2 号电工配合将绝缘操作杆，飞轮绑线器撤除，并检查确认安装质量符合要求。

8）其余两相引线连接按方法 3）~ 方法 7）进行。

9）三相引线连接，可按由复杂到简单、先难后易的原则进行，先远（外侧）后近（内侧），或根据现场情况先中间、后两侧。

10）接头工作结束后，1、2 号电工配合将绝缘工器具吊至地面，作业人员返回地面。

（4）工作终结。

1）工作负责人对完成的工作作一个全面的检查，确认符合验收规范要求后，记录在册并召开收工会进行工作点评后，宣布工作结束。

2）工作完毕后，汇报当值调度工作已经结束，工作班撤离现场。

6. 安全措施及注意事项

（1）气象条件。

1）带电作业应在良好天气下进行。如遇雷电（听见雷声、看见闪电）、雪、雹、雨、雾等，不准进行带电作业。风力大于 5 级时，一般不宜进行带电作业。在特殊情况下，必须在恶劣天气进行带电抢修时，应组织有关人员充分讨论并编制必要的安全措施，经本单位分管生产领导（总工程师）批准后方可进行。

2）当相对湿度大于 80% 时，应采取防潮措施。

（2）作业环境。

1）作业现场应根据道路情况设置安全围栏、警告标志或路障，防止外人进入工作区域；如在车辆繁忙地段还应与交通管理部门取得联系，以取得配合。

2）夜间作业进行本项目应有足够的照明。

（3）安全距离及有效绝缘长度。

1）作业用绝缘工具都应经过检测，绝缘电阻应不小于 700MΩ（电极间距 2cm、极间距 2cm）。

2）工作时绝缘斗臂车的绝缘有效长度应不小于 1m。

3）在带电作业时，应保持对地不小于 0.4m，对邻相导线不小于 0.6m 的安全距离；如不能确保该安全距离时，应采用绝缘挡板、管、毯及其他绝缘遮蔽措施。

（4）遮蔽措施。作业线路下层有低压线路合杆时，如妨碍作业，应对相关低压线路采取绝缘遮蔽措施。

（5）重合闸。本项目一般不需停用线路重合闸。

（6）关键点。

1）工作人员在接触带电导线前应得到工作监护人的认可。

2）在作业时，要确保带电导线与横担及邻相导线的安全距离。

3）在作业时，严禁人体同时接触2个不同的电位。

4）杆上电工配合要默契，动作要平稳协调。

(7) 其他安全注意事项。

1）开工前由工作负责人持带电作业工作票与当值调度取得联系，工作负责人应核对工作票中工作任务与现场工作线路名称及杆号是否一致。

2）在使用绑线操作杆时，动作要平稳，防止导线跳动。

3）在同杆架设线路上工作与上层线路小于安全距离规定，且无法采取安全措施时，不得进行该项工作。

4）上、下传递工具、材料均应使用绝缘绳，严禁抛、扔。

5）本项目工作不少于4人。

（二）接支接线路引线（绝缘操作杆作业法——使用异形线夹）

1. 作业方式

绝缘操作杆作业法。

2. 适用范围

10kV线路直线杆、转角杆接支接线路引线。

3. 人员组合

本项目需要4人，具体人员分工见表1－2－49。

表1－2－49　人员分工表

人员分工	人数	人员分工	人数
工作负责人（兼工作监护人）	1	地面电工（3号电工）	1
杆上电工（1、2号电工）	2		

4. 工具配备

一览表（包括个人防护用具）见表1－2－50。

表1－2－50　工具配备一览表

序号	工器具名称		规格、型号	数量	备注
1	绝缘工器具	导线清扫刷		1根	带绝缘操作杆
2		双扣线夹		1根	带绝缘操作杆
3		套筒		1根	带绝缘操作杆
4		绝缘绳	ϕ12mm	1根	15m
5	其他主要工器具	绝缘导线剥皮工具		1把	
6		断线剪（钳）		1把	
7		绝缘检测仪	2500V及以上	1套	

5. 作业步骤

(1) 工具储运和检测。

1）领用绝缘工具、安全用具及辅助器具，应核对工器具的使用电压等级和试验周期。

2）领用绝缘工器具，应检查外观是否完好无损。

3）工器具运输前，各种工器具应存放在工具袋或工具箱内。金属工具和绝缘工器具应分开装运，以防止相互碰擦造成外表损坏，降低工器具的绝缘水平。

（2）现场操作前的准备。

1）工作负责人应按带电作业工作票内容与当值调度员联系。

2）工作负责人核对线路名称、杆号。

3）工作前工作负责人检查确认需要连接的支接引线应在可送电状态。

4）根据道路情况设置安全围栏、警告标志或路障。

5）工作负责人召集工作人员交代工作任务，对工作班成员进行危险点告知、交代安全措施和技术措施，确认每一个工作班成员都已知晓，检查工作班成员精神状态是否良好，人员是否合适。

6）根据分工情况整理材料，对安全用具、绝缘工具进行检查，绝缘工具应使用绝缘检测仪进行分段绝缘检测，绝缘电阻值应不小于700MΩ（在出库前如已测试过的可省去现场测试步骤）。

7）杆上电工登杆前，应先检查确认电杆基础及电杆表面质量符合要求，并进行试登试拉，检查登杆工具。

（3）操作步骤。

1）1号电工登杆至支接线路下方，并与有电线路保持0.4m以上安全距离，用操作杆测量三相引线长度，根据长度做好连接的准备工作（绝缘导线引线需剥皮）。

2）1号电工在地面电工配合下将绝缘工具吊上。

3）2号电工先用导线清扫刷对三相导线的连接处进行清除氧化层工作，并涂好电力脂，直至符合接续要求。

4）1号电工在2号电工配合下，将异形并沟线夹、中相支接引线固定在双扣线夹上；1号电工将双扣线夹送到相应的导线上，由2号电工用套筒拧紧异形并沟线夹螺栓后，拆除双扣线夹。

5）其余两相引线连接按方法3）、方法4）进行。

6）三相引线连接，可按由复杂到简单、先难后易的原则进行，根据现场情况先中间、后两侧，先远（外侧）后近（内侧）。

7）接头工作结束后，1、2号电工配合将绝缘工器具吊至地面，作业人员返回地面。

（4）工作终结。

1）工作负责人对完成的工作作一个全面的检查，确认符合验收规范要求后，记录在册并召开收工会进行工作点评后，宣布工作结束。

2）工作完毕后，汇报当值调度工作已经结束，工作班撤离现场。

6. 安全措施及注意事项

（1）气象条件。

1）带电作业应在良好天气下进行。如遇雷电（听见雷声、看见闪电）、雪、雹、雨、雾等，不准进行带电作业。风力大于5级时，一般不宜进行带电作业。在特殊情况下，必须

在恶劣天气进行带电抢修时，应组织有关人员充分讨论并编制必要的安全措施，经本单位分管生产领导（总工程师）批准后方可进行。

2）当相对湿度大于80%时，应采取防潮措施。

（2）作业环境。

1）作业现场应根据道路情况设置安全围栏、警告标志或路障，防止外人进入工作区域；如在车辆繁忙地段还应与交通管理部门取得联系，以取得配合。

2）夜间作业进行本项目应有足够的照明。

（3）安全距离及有效绝缘长度。

1）作业用绝缘工具都应经过检测，绝缘电阻应不小于700MΩ（电极间距2cm、极间距2cm）。

2）工作时绝缘斗臂车的绝缘有效长度应不小于1m。

3）在带电作业时，应保持对地应不小于0.4m，对邻相导线应不小于0.6m的安全距离；如不能确保该安全距离时，应采用绝缘挡板、管、毯及其他绝缘遮蔽措施。

（4）遮蔽措施。作业线路下层有低压线路合杆时，如妨碍作业，应对相关低压线路采取绝缘遮蔽措施。

（5）重合闸。本项目需停用线路重合闸。

（6）关键点。

1）工作人员在接触带电导线前应得到工作监护人的认可。

2）在作业时，要确保带电导线与横担及邻相导线的安全距离。

3）在作业时，严禁人体同时接触2个不同的电位。

4）杆上电工配合要默契，动作要平稳协调。

5）第一相接头与带电导线连接后，其余引线（包括导线）应视为有电。

（7）其他安全注意事项。

1）开工前由工作负责人持带电作业工作票与当值调度取得联系，工作负责人应核对工作票中工作任务与现场工作线路名称及杆号是否一致。

2）在使用绑线操作杆时，动作要平稳，防止导线跳动。

3）在同杆架设线路上工作与上层线路小于安全距离规定，且无法采取安全措施时，不得进行该项工作。

4）上、下传递工具、材料均应使用绝缘绳，严禁抛、扔。

5）本项目工作不少于4人。

（三）接支接线路引线（绝缘斗臂车、绝缘操作杆作业法）

1. 作业方式

绝缘斗臂车、绝缘操作杆作业法。

2. 适用范围

10kV线路直线杆、转角杆接支接线路引线。

3. 人员组合

本项目需要3人，具体人员分工见表1-2-51。

表1-2-51　　人员分工表

人员分工	人数	人员分工	人数
工作负责人（兼工作监护人）	1	地面电工（2号电工）	1
斗内电工（1号电工）	1		

注　绝缘斗臂车操作工由1号电工兼任。

4. 工具配备

一览表（包括个人防护用具）见表1-2-52。

表1-2-52　　工具配备一览表

序号	工器具名称		规格、型号	数量	备注
1	特种车辆	绝缘斗臂车	10kV	1辆	
2	个人绝缘防护用具	斗内安全带		1副	
3	绝缘工器具	绝缘绳	ϕ12mm	1根	长度大于1.5倍最高作业高度
4		绝缘操作杆	10kV	1根	
5	其他主要工器具	绝缘双线卡线钩		1套	
6		绝缘导线剥皮工具		1把	
7		导线清扫刷		1把	
8		断线剪（钳）		1把	
9		线夹安装工具	楔形	1把	
10		绝缘检测仪	2500V及以上	1套	

5. 作业步骤

（1）工具储运和检测。

1）领用绝缘工具、安全用具及辅助器具，应核对工器具的使用电压等级和试验周期。

2）领用绝缘工器具，应检查外观是否完好无损。

3）工器具运输前，各种工器具应存放在工具袋或工具箱内。金属工具和绝缘工器具应分开装运，以防止相互碰擦造成外表损坏，降低工器具的绝缘水平。

（2）现场操作前的准备。

1）工作负责人应按带电作业工作票内容与当值调度员联系。

2）工作负责人核对线路名称、杆号。

3）工作前工作负责人检查确认支接线路是空载线路，并符合送电条件。

4）绝缘斗臂车进入合适位置，并可靠接地；根据道路情况设置安全围栏、警告标志或路障。

5）工作负责人召集工作人员交代工作任务，对工作班成员进行危险点告知、交代安全措施和技术措施，确认每一个工作班成员都已知晓，检查工作班成员精神状态是否良好，人员是否合适。

6）根据分工情况整理材料，对安全用具、绝缘工具进行检查，绝缘工具应使用绝缘检测仪进行分段绝缘检测，绝缘电阻值应不小于700MΩ（在出库前如已测试过的可省去现场

测试步骤）。

7）查看确认绝缘臂、绝缘斗良好，调试斗臂车（在出车前如已调试过的可省去此步骤）。

8）1号电工戴好手套，进入绝缘斗内，挂好保险钩。

（3）操作步骤。

1）1号电工将绝缘斗调整至支接线路下方，并与有电线路保持0.4m以上安全距离，用绝缘操作杆测量三相引线长度，根据长度做好连接的准备工作（绝缘导线引线需剥皮）。

2）1号电工将绝缘斗调整到带电导线下，展开中相支接引线，并分别对导线、引线连接处涂上电力脂，用刷子清除连接处导线上的氧化层，直至符合接续要求。

3）1号电工使用装有双钩线夹的绝缘操作杆先将上引线固定，然后将双钩线夹钩挂至带电导线并拧紧（也可先将电力楔形线夹C型板放置于导线上，然后将上引线钩挂住C型板下侧，使用楔形线夹楔块嵌入C型板槽内楔紧），安装楔形线夹，使用专用线夹安装工具进行安装，并检查确认线夹安装符合要求后，撤除绝缘操作杆（如是绝缘导线应进行防水处理）。

4）其余两相引线连接按方法2）、方法3）进行。

5）三相引线连接，先连接中相，其余两相连接次序根据现场情况进行。

6）接头工作结束后，绝缘斗退出有电工作区域，作业人员返回地面。

（4）工作终结。

1）1号电工驾驶斗臂车撤离杆上工作位置，工作人员清理施工现场。

2）工作负责人对完成的工作作一个全面的检查，确认符合验收规范要求后，记录在册并召开收工会进行工作点评后，宣布工作结束。

3）工作完毕后，汇报当值调度工作已经结束，工作班撤离现场。

6. 安全措施及注意事项

（1）气象条件。

1）带电作业应在良好天气下进行。如遇雷电（听见雷声、看见闪电）、雪、雹、雨、雾等，不准进行带电作业。风力大于5级时，一般不宜进行带电作业。在特殊情况下，必须在恶劣天气进行带电抢修时，应组织有关人员充分讨论并编制必要的安全措施，经本单位分管生产领导（总工程师）批准后方可进行。

2）当相对湿度大于80%时，应采取防潮措施。

（2）作业环境。

1）作业现场和绝缘斗臂车两侧，应根据道路情况设置安全围栏、警告标志或路障，防止外人进入工作区域；如在车辆繁忙地段还应与交通管理部门取得联系，以取得配合。

2）夜间作业进行带电连接应有足够的照明。

（3）安全距离及有效绝缘长度。

1）作业用绝缘工具都应经过检测，绝缘电阻应不小于700MΩ（电极间距2cm、极间距2cm）。

2）工作时绝缘斗臂车的绝缘有效长度应不小于1m。

3）在带电作业时，应保持对地不小于0.4m，对邻相导线不小于0.6m的安全距离；如不能确保该安全距离时，应采用绝缘挡板、管、毯及其他绝缘遮蔽措施。

4）绝缘操作杆作主绝缘使用，其有效绝缘距离不应小于0.7m。

（4）遮蔽措施。作业线路下层有低压线路合杆时，如妨碍作业，应对相关低压线路采取绝缘遮蔽措施。

（5）重合闸。本项目一般不需要停用线路重合闸。

（6）关键点。

1）工作前应检查确认支接线路是空载线路，并符合送电条件。

2）工作人员在接触带电导线前应得到工作监护人的认可。

3）在作业时，要确保带电导线与横担及邻相导线的安全距离。

4）在作业时，严禁人体同时接触2个不同的电位。

5）第一相接头与带电导线连接后，其余引线（包括导线）应视为有电。

（7）其他安全注意事项。

1）开工前由工作负责人持带电作业工作票与当值调度取得联系，工作负责人应核对工作票中工作任务与现场工作线路名称及杆号是否一致。

2）绝缘斗臂车应可靠接地，在作业前应进行操作检查。

3）当斗臂车绝缘斗距有电线路1～2m或工作转移时，应缓慢移动，动作要平稳，严禁使用快速挡；绝缘斗臂车在作业时，发动机不能熄火（电能驱动型除外），以保证液压系统处于工作状态。

4）在操作绝缘斗移动时，应防止与电杆、导线、周围障碍物、邻近绝缘斗臂车碰擦。

5）在同杆架设线路上工作与上层线路小于安全距离规定，且无法采取安全措施时，不得进行该项工作。

6）上、下传递工具、材料均应使用绝缘绳，严禁抛、扔。

7）本项目工作不少于3人。

8）使用只能下部操作的绝缘斗臂车应增加1名专门操作人员。

（四）接支接线路引线（绝缘斗臂车、绝缘手套作业法）

1. 作业方式

绝缘斗臂车、绝缘手套作业法。

2. 适用范围

10kV线路直线杆、转角杆接支接线路引线。

3. 人员组合

本项目需要5人，具体人员分工见表1－2－53。

表1－2－53 人员分工表

人员分工	人数	人员分工	人数
工作负责人（兼工作监护人）	1	地面电工（3、4号电工）	2
杆上电工（1、2号电工）	2		

4. 工具配备

一览表（包括个人防护用具）见表1－2－54。

表1－2－54 工具配备一览表

序号	工器具名称		规格、型号	数量	备注
1	特种车辆	绝缘斗臂车	10kV	2辆	
2	个人绝缘防护用具	绝缘手套	10kV	4副	
3		防护手套		4副	
4		斗内安全带		4副	
5		绝缘袖套	10kV	4件	
6	绝缘遮蔽用具	导线遮蔽罩	10kV	12根	
7		绝缘毯	10kV	若干	
8	绝缘工器具	绝缘断线剪（钳）		1把	
9		橡胶绝缘子遮蔽罩		若干	
10		线夹安装工具	楔形	1把	
11		拉（合）闸操作杆		1根	
12		绝缘导线剥皮工具		1把	
13		绝缘绳	ϕ12mm	1根	15m
14		绝缘操作杆	10kV	1根	
15		开关专用吊绳		1条	
16		高压核相器		1副	
17	其他主要工器具	绝缘检测仪	2500V及以上	1套	
18		钳形电流表		1只	

5. 作业步骤

（1）工具储运和检测。

1）领用绝缘工具、安全用具及辅助器具，应核对工器具的使用电压等级和试验周期。

2）领用绝缘工器具，应检查外观是否完好无损。

3）工器具运输前，各种工器具应存放在工具袋或工具箱内。金属工具和绝缘工器具应分开装运，以防止相互碰擦造成外表损坏，降低绝工器具的缘水平。

（2）现场操作前的准备。

1）工作负责人应按带电作业工作票内容与当值调度员联系。

2）工作负责人核对线路名称、杆号。

3）工作前工作负责人检查确认支接线路是空载线路，并符合送电条件。

4）根据道路情况设置安全围栏、警告标志或路障。

5）工作负责人召集工作人员交代工作任务，对工作班成员进行危险点告知、交代安全措施和技术措施，确认每一个工作班成员都已知晓，检查工作班成员精神状态是否良好，人员是否合适。

6）根据分工情况整理材料，对安全用具、绝缘工具进行检查，绝缘工具应使用绝缘检测仪进行分段绝缘检测，绝缘电阻值应不小于700MΩ（在出库前如已测试过的可省去现场测试步骤）。

7）杆上电工登杆前，应先检查确认电杆基础及电杆表面质量符合要求，并进行试登试拉，检查登杆工具。

（3）操作步骤。

1）1号电工和2号电工先、后登杆，在支接横担向下2.7m左右处，安装工作圆箍1副。

2）1号电工在支接横担螺栓处挂绝缘单滑车1只，并将起吊绝缘工作平台的绝缘绳引下。

3）地面电工组装好绝缘工作平台，系好绝缘绳索配合1、2号电工起吊安装绝缘工作平台（安装在需要连接的引线一侧）。

4）1号电工穿好绝缘肩套、戴好绝缘手套登上绝缘工作平台，挂好保险钩。

5）1号电工调整至支接线路下方，并与有电线路保持0.4m以上安全距离，用绝缘操作杆测量三相引线长度，根据长度做好连接的准备工作（绝缘导线引线需剥皮）。

6）1号电工在得到工作监护人许可后，对内侧导线套好导线遮蔽罩，对支接横担加装绝缘毯或罩，做好绝缘遮蔽措施，准备连接中相引线。

7）1号电工对中相导线、引线连接处涂上电力脂，用刷子清除连接处导线上的氧化层，直至符合接续要求。

8）1号电工使用装有双钩线夹的绝缘操作杆先将上引线固定，然后将双钩线夹钩挂至带电导线并拧紧（也可先将电力楔形线夹C型板放置于导线上，然后将上引线钩挂住C型板下侧，使用楔形线夹楔块嵌入C型板槽内楔紧），安装楔形线夹，使用专用线夹安装工具进行安装，并检查确认线夹安装符合要求后，撤除绝缘操作杆（如是绝缘导线应进行防水处理）。

9）1号电工将绝缘工作平台调整外侧导线外，在得到工作监护人许可后，按方法7）、方法8）进行外侧引线连接。

10）1号电工将绝缘平台调整内侧导线外，在得到工作监护人许可后，撤除内侧导线的导线遮蔽罩后，按方法7）、方法8）进行内侧引线连接。

11）三相引线连接，可按由复杂到简单、先难后易的原则进行，或根据现场情况，先中间后两侧的顺序进行。

12）1、2号电工与地面电工配合下撤除绝缘工作平台，吊放至地面，1号电工取下绝缘单滑车后，作业人员返回地面。

（4）工作终结。

1）工作负责人对完成的工作作一个全面的检查，确认符合验收规范要求后，记录在册并召开收工会进行工作点评后，宣布工作结束。

2）工作完毕后，汇报当值调度工作已经结束，工作班撤离现场。

6. 安全措施及注意事项

（1）气象条件。

1）带电作业应在良好天气下进行。如遇雷电（听见雷声、看见闪电）、雪、雹、雨、雾等，不准进行带电作业。风力大于5级时，一般不宜进行带电作业。在特殊情况下，必须

在恶劣天气进行带电抢修时，应组织有关人员充分讨论并编制必要的安全措施，经本单位分管生产领导（总工程师）批准后方可进行。

2）当相对湿度大于80%时，应采取防潮措施。

（2）作业环境。

1）作业现场根据道路情况设置安全围栏、警告标志或路障，防止外人进入工作区域；如在车辆繁忙地段还应与交通管理部门取得联系，以取得配合。

2）夜间作业进行带电连接应有足够的照明。

（3）安全距离及有效绝缘长度。

1）作业用绝缘工具都应进行检测，绝缘电阻应不小于700MΩ（电极间距2cm、极间距2cm）。

2）工作时绝缘操作杆的绝缘有效长度应不小于0.7m。

3）在带电作业时，应保持对地不小于0.4m，对邻相导线不小于0.6m的安全距离；如不能确保该安全距离时，应采用绝缘挡板、管、毯及其他绝缘遮蔽措施。

4）绝缘手套仅作为辅助绝缘，不能作主绝缘使用。

（4）遮蔽措施。

1）本项目在连接中相上引线时，如与边相导线安全距离不够，应对边相导线进行绝缘遮蔽。

2）作业线路下层有低压线路合杆时，如妨碍作业，应对相关低压线路采取绝缘遮蔽措施。

（5）重合闸。本项目需停用线路重合闸。

（6）关键点。

1）作业人员身高按1.7m考虑。

2）工作前应检查确认支接线路是空载线路，并符合送电条件。

3）作业人员在接触带电导线前应得到工作监护人的认可。

4）在作业时，要确保带电导线与横担及邻相导线的安全距离。

5）在作业时，严禁人体同时接触2个不同的电位。

6）第一相接头与带电导线连接后，其余引线（包括导线）应视为有电。

（7）其他安全注意事项。

1）开工前由工作负责人持带电作业工作票与当值调度取得联系，工作负责人应核对工作票中工作任务与现场工作线路名称及杆号是否一致。

2）绝缘工作平台旋转时，应缓慢移动，动作要平稳，防止与电杆、导线、周围障碍物碰擦。

3）作业人员在绝缘工作平台上工作时，注意动作幅度，保持重心平稳。

4）在同杆架设线路上工作与上层线路小于安全距离规定，且无法采取安全措施时，不得进行该项工作。

5）上、下传递工具、材料均应使用绝缘绳，严禁抛、扔。

6）本项目工作不少于5人。

七、断耐张线路引线

（一）断耐张线路引线（绝缘工作平台、绝缘手套作业法）

1. 作业方式

绝缘工作平台、绝缘手套作业法。

2. 适用范围

10kV 线路耐张杆断耐张线路引线。

3. 人员组合

本项目需要 5 人，具体人员分工见表 1－2－55。

表 1－2－55　人员分工表

人员分工	人数	人员分工	人数
工作负责人（兼工作监护人）	1	地面电工（3、4 号电工）	2
杆上电工（1、2 号电工）	2		

4. 工具配备

一览表（包括个人防护用具）见表 1－2－56。

表 1－2－56　工具配备一览表

序号	工器具名称		规格、型号	数量	备注
1	个人绝缘防护用具	绝缘手套	10kV	1 副	
2		防护手套		1 副	
3		绝缘肩套	10kV	1 件	
4	绝缘遮蔽用具	导线遮蔽罩	10kV	1 根	
5		耐张线夹遮蔽罩		2 只	
6		横担绝缘遮蔽罩		1 只	
7	绝缘工器具	绝缘绳	ϕ12mm	1 根	15m
8		绝缘工作平台		1 部	
9		绝缘单滑车		1 台	
10		绝缘操作杆	10kV	1 根	
11	其他主要工器具	断线剪（钳）		1 把	
12		线夹安装工具	楔形	1 把	
13		绝缘检测仪	2500V 及以上	1 套	

5. 作业步骤

（1）工具储运和检测。

1）领用绝缘工具、安全用具及辅助器具，应核对工器具的使用电压等级和试验周期。

2）领用绝缘工器具，应检查外观是否完好无损。

3）工器具运输前，各种工器具应存放在工具袋或工具箱内。金属工具和绝缘工器具应分开装运，以防止相互碰擦造成外表损坏，降低工器具的绝缘水平。

（2）现场操作前的准备。

1）工作负责人应按带电作业工作票内容与当值调度员联系。

2）工作负责人核对线路名称、杆号。

3）工作前工作负责人检查确认耐张后段线路是空载线路，并符合断开条件。

4）根据道路情况设置安全围栏、警告标志或路障。

5）工作负责人召集工作人员交代工作任务，对工作班成员进行危险点告知、交代安全措施和技术措施，确认每一个工作班成员都已知晓，检查工作班成员精神状态是否良好，人员是否合适。

6）根据分工情况整理材料，对安全用具、绝缘工具进行检查，绝缘工具应使用绝缘检测仪进行分段绝缘检测，绝缘电阻值应不小于700MΩ（在出库前如已测试过的可省去现场测试步骤）。

7）杆上电工登杆前，应先检查确认电杆基础及电杆表面符合质量要求，并进行试登试拉，检查登杆工具。

（3）操作步骤。

1）1号电工和2号电工先、后登杆，在耐张横担向下2.7m左右处，安装工作圆箍1副。

2）1号电工在耐张横担螺栓处挂绝缘单滑车1只，并将起吊绝缘工作平台的绝缘绳引下。

3）地面电工组装好绝缘工作平台，系好绝缘绳索配合1、2号电工起吊安装绝缘工作平台（安装在内侧导线线外引线下方适当位置）。

4）1号电工穿好绝缘肩套、戴好绝缘手套登上绝缘工作平台工作平台，挂好保险钩。

5）1号电工先将工作平台调整到内侧导线外适当位置，在监护人的许可下，在引线接头处装好专用线夹安装工具，拆除楔形线夹，将断开的引线固定在同相位已断开的本相导线上，用耐张线夹遮蔽罩将有电内侧线路的耐张线夹和绝缘子绝缘遮蔽（如线路为绝缘导线时，应对导线进行防水处理）。

6）1号电工将绝缘斗调整到外侧导线外适当位置，用方法5）断开外侧引线并固定。

7）1号电工将绝缘斗调整到内侧导线及中相导线下适当位置，对中相导线绝缘子加耐张绝缘子及横担绝缘遮蔽罩，2号电工用鹰嘴线夹加住引线，1号电工用方法5）断开中相引线。

8）如断开耐张杆引线不需恢复，可先剪断耐张杆引线，再拆除楔形线夹，并在剪断耐张杆引线时，做好防止其弹跳的措施。

9）三相引线断开，可按由简单到复杂、先易后难的原则进行，先近（内侧）后远（外侧），先二侧、后中间。

10）1、2号电工与地面电工配合下撤除绝缘工作平台，吊放至地面，1号电工取下绝缘单滑车后，作业人员返回地面。

（4）工作终结。

1）工作负责人对完成的工作作一个全面的检查，确认检查杆上是否有遗留物及连接引线距离，接头是否可靠等，符合验收规范要求后，记录在册；并召开收工会进行工作点评后，宣布工作结束。

2）工作完毕后，汇报当值调度员工作已经结束，工作班撤离现场。

6. 安全措施及注意事项

（1）气象条件。

1）带电作业应在良好天气下进行。如遇雷电（听见雷声、看见闪电）、雪、雹、雨、雾等，不准进行带电作业。风力大于5级时，一般不宜进行带电作业。在特殊情况下，必须在恶劣天气进行带电抢修时，应组织有关人员充分讨论并编制必要的安全措施，经本单位分管生产领导（总工程师）批准后方可进行。

2）当相对湿度大于80%时，应采取防潮措施。

（2）作业环境。

1）作业现场应根据道路情况设置安全围栏、警告标志或路障，防止外人进入工作区域；如在车辆繁忙地段还应与交通管理部门取得联系，以取得配合。

2）夜间作业进行本项目应有足够的照明。

（3）安全距离及有效绝缘长度。

1）作业用绝缘工具都应进行检测，绝缘电阻应不小于700MΩ（电极间距2cm、极间距2cm）。

2）工作时绝缘操作杆的绝缘有效长度应不小于0.7m。

3）在带电作业时，应保持对地不小于0.4m，对邻相导线不小于0.6m的安全距离；如不能确保该安全距离时，应采用绝缘挡板、管、毯及其他绝缘遮蔽措施。

4）绝缘手套仅作为辅助绝缘，不能作主绝缘使用。

（4）遮蔽措施。

1）本项目在断开中相上引线时，如与边相导线安全距离不够，应对边相导线进行绝缘遮蔽。

2）作业线路下层有低压线路合杆时，如妨碍作业，应对相关低压线路采取绝缘遮蔽措施。

（5）重合闸。本项目一般不需停用线路重合闸。

（6）关键点。

1）作业人员身高按1.7m考虑。

2）作业人员在接触带电导线前应得到工作监护人的认可。

3）在作业时，要确保带电导线与横担及邻相导线的安全距离。

4）在断开中相上引线时，作业人员应位于中相与遮蔽相导线之间。

5）在作业时，严禁人体同时接触2个不同的电位。

6）在三相引线未全部断开前，已断开引线的导线应视为有电。

（7）其他安全注意事项。

1）开工前由工作负责人持带电作业工作票与当值调度取得联系，工作负责人应核对工作票中工作任务与现场工作线路名称及杆号是否一致。

2）绝缘工作平台旋转时，应缓慢移动，动作要平稳，防止与电杆、导线、周围障碍物碰擦。

3）作业人员在绝缘工作平台上工作时，注意动作幅度，保持重心平稳。

4）在同杆架设线路上工作与上层线路小于安全距离规定，且无法采取安全措施时，不得进行该项工作。

5）上、下传递工具、材料均应使用绝缘绳，严禁抛、扔。

6）本项目工作不少于5人。

（二）断耐张线路引线（绝缘斗臂车、绝缘手套作业法）

1. 作业方式

绝缘斗臂车、绝缘手套作业法。

2. 适用范围

10kV线路耐张杆断耐张线路引线。

3. 人员组合

本项目需要3人，具体人员分工见表1－2－57。

表1－2－57　人员分工表

人员分工	人数	人员分工	人数
工作负责人（兼工作监护人）	1	地面电工（2号电工）	1
斗内电工（1号电工）	1		

注　绝缘斗臂车操作工由1号电工兼任。

4. 工具配备

一览表（包括个人防护用具）见表1－2－58。

表1－2－58　工具配备一览表

序号	工器具名称		规格、型号	数量	备注
1	特种车辆	绝缘斗臂车	10kV	1辆	
2	个人绝缘防护用具	绝缘手套	10kV	1副	
3		防护手套		1副	
4		斗内安全带		1副	
5		绝缘袖套	10kV	1副	
6	绝缘遮蔽用具	导线遮蔽罩	10kV	3根	
7		耐张线夹遮蔽罩	10kV	1只	
8		绝缘毯	10kV	2块	
9	绝缘工器具	绝缘绳	ϕ12mm	1根	15m
10		绝缘操作杆	10kV	1根	
11	其他特殊工器具	断线剪（钳）		1把	
12		线夹安装工具	楔形	1把	
13		绝缘检测仪	2500V及以上	1套	

5. 作业步骤

（1）工具储运和检测。

1）领用绝缘工具、安全用具及辅助器具，应核对工器具的使用电压等级和试验周期。

2）领用绝缘工器具，应检查外观是否完好无损。

3）工器具运输前，各种工器具应存放在工具袋或工具箱内。金属工具和绝缘工器具应分开装运，以防止相互碰擦造成外表损坏，降低工器具的绝缘水平。

（2）现场操作前的准备。

1）工作负责人应按带电作业工作票内容与当值调度员联系。

2）工作负责人核对线路名称、杆号。

3）工作前工作负责人检查确认被断开线路是空载线路，并符合带电断开引线条件。

4）绝缘斗臂车进入合适位置，并可靠接地，根据道路情况设置安全围栏、警告标志或路障。

5）工作负责人召集工作人员交代工作任务，对工作班成员进行危险点告知、交代安全措施和技术措施，确认每一个工作班成员都已知晓，检查工作班成员精神状态是否良好，人员是否合适。

6）根据分工情况整理材料，对安全用具、绝缘工具进行检查，绝缘工具应使用绝缘检测仪进行分段绝缘检测，绝缘电阻值应不小于700MΩ（在出库前如已测试过的可省去现场测试步骤）。

7）查看确认绝缘臂、绝缘斗良好，调试斗臂车（在出车前如已调试过的可省去此步骤）。

8）1号电工戴好绝缘袖套、绝缘手套和防护手套，进入绝缘斗内，挂好保险钩。

（3）操作步骤。

1）1号电工先将绝缘斗调整到内侧导线外适当位置，在监护人的许可下，装好专用线夹安装工具，拆除楔形线夹，将断开的引线固定在同相位已断开的本相导线上，用绝缘遮蔽罩和导线遮蔽罩组合，将有电内侧线路的耐张线夹和绝缘子绝缘遮蔽（如线路为绝缘导线时，应对导线进行防水处理）。

2）1号电工将绝缘斗调整到外侧导线外适当位置，用方法1）断开外侧引线并固定。

3）1号电工将绝缘斗调整到内侧导线及中相导线下适当位置，用方法1）断开中相引线。

4）如断开耐张杆引线不需恢复，可先剪断耐张杆引线，再拆除楔形线夹，并在剪断耐张杆引线时，做好防止其弹跳的措施。

5）拆除工作结束后，撤除绝缘毯，绝缘斗退出有电工作区域，作业人员返回地面。

（4）工作终结。

1）工作负责人对完成的工作作一个全面的检查，确认符合验收规范要求后，记录在册，并召开收工会进行工作点评后，宣布工作结束。

2）工作完毕后，汇报当值调度员工作已经结束，工作班撤离现场。

6. 安全措施及注意事项

（1）气象条件。

1）带电作业应在良好天气下进行。如遇雷电（听见雷声、看见闪电）、雪、雹、雨、雾等，不准进行带电作业。风力大于5级时，一般不宜进行带电作业。在特殊情况下，必须在恶劣天气进行带电抢修时，应组织有关人员充分讨论并编制必要的安全措施，经本单位分

管生产领导（总工程师）批准后方可进行。

2）当相对湿度大于80%时，应采取防潮措施。

（2）作业环境。

1）作业现场和绝缘斗臂车两侧，应根据道路情况设置安全围栏、警告标志或路障，防止外人进入工作区域；如在车辆繁忙地段还应与交通管理部门取得联系，以取得配合。

2）夜间进行本项目应有足够的照明。

（3）安全距离及有效绝缘长度。

1）作业用绝缘工具都应进行检测，绝缘电阻应不小于700MΩ（电极间距2cm、极间距2cm）。

2）工作时绝缘斗臂车的绝缘有效长度应不小于1m。

3）在带电作业时，应保持对地不小于0.4m，对邻相导线不小于0.6m的安全距离；如不能确保该安全距离时，应采用绝缘挡板、管、毯及其他绝缘遮蔽措施。

4）绝缘手套仅作为辅助绝缘，不能作主绝缘使用。

（4）遮蔽措施。

1）本项目在连接中相上引线时，如与边相导线、金具安全距离不够，应对其进行绝缘遮蔽。

2）绝缘遮蔽组合要保持不少于15cm的重叠。

3）作业线路下层有低压线路合杆时，如妨碍作业，应对相关低压线路采取绝缘遮蔽措施。

（5）重合闸。本项目一般不需停用线路重合闸。

（6）关键点。

1）工作前应检查确认被断开线路是空载线路，并符合断开条件。

2）作业人员在接触带电导线前应得到工作监护人的认可。

3）在作业时，要确保带电导线与横担及邻相导线的安全距离。

4）在作业时，严禁人体同时接触2个不同的电位。

5）在三相引线未全部断开前，已断开引线的导线应视为有电。

（7）其他安全注意事项。

1）开工前由工作负责人持带电作业工作票与当值调度取得联系，工作负责人应核对工作票中工作任务与现场工作线路名称及杆号是否一致。

2）绝缘斗臂车应可靠接地，在作业前应进行操作检查。

3）当斗臂车绝缘斗距有电线路1~2m或工作转移时，应缓慢移动，动作要平稳，严禁使用快速挡；绝缘斗臂车在作业时，发动机不能熄火（电能驱动型除外），以保证液压系统处于工作状态。

4）在操作绝缘斗移动时，应防止与电杆、导线、周围障碍物、邻近绝缘斗臂车碰擦。

5）在同杆架设线路上工作与上层线路小于安全距离规定，且无法采取安全措施时，不得进行该项工作。

6）上、下传递工具、材料均应使用绝缘绳，严禁抛、扔。

7）本项目工作不少于3人。

8）使用只能下部操作的绝缘斗臂车应增加1名专门操作人员。

八、接耐张线路引线

（一）接耐张线路引线（绝缘工作平台、绝缘手套作业法）

1. 作业方式

绝缘工作平台、绝缘手套作业法。

2. 适用范围

10kV 耐张杆线路接引线。

3. 人员组合

本项目需要5人，具体人员分工见表1－2－59。

表1－2－59　　人员分工表

人员分工	人数	人员分工	人数
工作负责人（兼工作监护人）	1	地面电工（3、4号电工）	2
杆上电工（1、2号电工）	2		

4. 工具配备

一览表（包括个人防护用具）见表1－2－60。

表1－2－60　　工具配备一览表

序号	工器具名称		规格、型号	数量	备注
1	个人绝缘防护用具	绝缘手套	10kV	1副	
2		防护手套		1副	
3	绝缘遮蔽用具	绝缘肩套	10kV	1件	
4		导线遮蔽罩	10kV	1根	
5	绝缘工器具	绝缘绳	ϕ12mm	1根	15m
6		绝缘工作平台		1台	
7		绝缘单滑车		1只	
8		绝缘操作杆	10kV	1根	
9	其他主要工器具	绝缘双线卡线钩		1套	
10		断线剪（钳）		1把	
11		线夹安装工具	楔形	1把	
12		绝缘检测仪	2500V及以上	1套	

5. 作业步骤

（1）工具储运和检测。

1）领用绝缘工具、安全用具及辅助器具，应核对工器具的使用电压等级和试验周期。

2）领用绝缘工器具，应检查外观是否完好无损。

3）工器具运输前，各种工器具应存放在工具袋或工具箱内。金属工具和绝缘工器具应分开装运，以防止相互碰擦造成外表损坏，降低工器具的绝缘水平。

（2）现场操作前的准备。

1）工作负责人应按带电作业工作票内容与当值调度员联系。

2）工作负责人核对线路名称、杆号。

3）工作前工作负责人检查确认耐张后段线路是空载线路，并符合送电条件。

4）根据道路情况设置安全围栏、警告标志或路障。

5）工作负责人召集工作人员交代工作任务，对工作班成员进行危险点告知、交代安全措施和技术措施，确认每一个工作班成员都已知晓，检查工作班成员精神状态是否良好，人员是否合适。

6）根据分工情况整理材料，对安全用具、绝缘工具进行检查，绝缘工具应使用绝缘检测仪进行分段绝缘检测，绝缘电阻值应不小于700MΩ（在出库前如已测试过的可省去现场测试步骤）。

7）杆上电工登杆前，应先检查确认电杆基础及电杆表面质量符合要求，并进行试登试拉，检查登杆工具。

（3）操作步骤。

1）1号电工和2号电工先、后登杆，在耐张横担向下2.7m左右处，安装工作圆箍1副。

2）1号电工在耐张横担螺栓处挂绝缘单滑车1只，并将起吊绝缘工作平台的绝缘绳引下。

3）地面电工组装好绝缘工作平台，系好绝缘绳索配合1、2号电工起吊安装绝缘工作平台（安装在中相引线无电侧）。

4）1号电工穿好绝缘肩套、戴好绝缘手套登上绝缘工作平台，挂好保险钩。

5）1号电工将中相引线固定在档线绝缘子上（靠内侧导线），两边相引线临时固定好。

6）1号电工在2号电工配合下将绝缘工作平台位置调整至耐张横担中相与内侧导线有电侧下方，并与有电线路保持0.4m以上安全距离，用绝缘操作杆测量三相引线长度，根据长度做好连接的准备工作（绝缘导线引线需剥皮工作）。

7）1号电工在得到工作监护人许可后，对内侧导线套好导线遮蔽罩，做好绝缘遮蔽措施，准备连接中相引线。

8）1号电工对中相导线、引线连接处涂上电力脂，用刷子清除连接处导线上的氧化层，直至符合接续要求。

9）1号电工展开中相引线，将装有绝缘双线卡线钩的短绝缘操作杆先将引线头夹紧，然后手握绝缘操作杆将另一头钩在带电导线上，并拧紧，（也可先将电力楔形线夹C型板挂在导线上，然后将引线钩住C型板下侧，用楔形线夹楔块嵌入C型板槽内楔紧），装好楔形线夹，用专用线夹安装工具进行安装，并检查确认线夹安装符合要求后，撤除绝缘操作杆（如是绝缘导线应进行防水处理）。

10）1号电工将位置调整至耐张横担内侧导线有电侧下方，按方法8）、方法9）进行内侧引线连接。

11）1号电工将位置调整至耐张横担外侧导线有电侧下方，按方法8）、方法9）进行外侧引线连接。

12）三相引线连接，可按由复杂到简单、先难后易的原则进行，先远（外侧）后近（内侧），先中间、后两侧。

13）1、2号电工在地面电工配合下撤除绝缘工作平台，吊放至地面，1号电工取下绝缘单滑车后，作业人员返回地面。

（4）工作终结。

1）工作负责人对完成的工作作一个全面的检查，检查杆上是否有遗留物及连接引线距离，接头是否可靠等，确认符合验收规范要求后，记录在册；并召开收工会进行工作点评后，宣布工作结束。

2）工作完毕后，汇报当值调度员工作已经结束，工作班撤离现场。

6. 安全措施及注意事项

（1）气象条件。

1）带电作业应在良好天气下进行。如遇雷电（听见雷声、看见闪电）、雪、雹、雨、雾等，不准进行带电作业。风力大于5级时，一般不宜进行带电作业。在特殊情况下，必须在恶劣天气进行带电抢修时，应组织有关人员充分讨论并编制必要的安全措施，经本单位分管生产领导（总工程师）批准后方可进行。

2）当相对湿度大于80%时，应采取防潮措施。

（2）作业环境。

1）作业现场应根据道路情况设置安全围栏、警告标志或路障，防止外人进入工作区域；如在车辆繁忙地段还应与交通管理部门取得联系，以取得配合。

2）夜间作业进行本项目应有足够的照明。

（3）安全距离及有效绝缘长度。

1）作业用绝缘工具都应进行检测，绝缘电阻应不小于700MΩ（电极间距2cm、极间距2cm）。

2）工作时绝缘操作杆的绝缘有效长度应不小于0.7m。

3）在带电作业时，应保持对地不小于0.4m，对邻相导线不小于0.6m的安全距离；如不能确保该安全距离时，应采用绝缘挡板、管、毯及其他绝缘遮蔽措施。

4）绝缘手套仅作为辅助绝缘，不能作主绝缘使用。

（4）遮蔽措施。

1）本项目在连接中相上引线时，与边相导线安全距离不够时，应对边相导线进行绝缘遮蔽。

2）作业线路下层有低压线路合杆时，如妨碍作业，应对相关低压线路采取绝缘遮蔽措施。

（5）重合闸。本项目需停用线路重合闸。

（6）关键点。

1）作业人员身高按1.7m考虑。

2）在接触带电导线前应得到工作监护人的认可。

3）在作业时，要确保带电导线与横担及邻相导线的安全距离。

4）在连接中相上引线时，作业人员应位于中相与遮蔽相导线之间。

5）在作业时，严禁人体同时接触2个不同的电位。

6）第一相接头与带电导线连接后，其余引线（包括导线）应视为有电。

（7）其他安全注意事项。

1）开工前由工作负责人持带电作业工作票与当值调度取得联系，工作负责人应核对工作票中工作任务与现场工作线路名称及杆号是否一致。

2）绝缘工作平台旋转时，应缓慢移动，动作要平稳，防止与电杆、导线、周围障碍物碰擦。

3）作业人员在绝缘工作平台上工作时，注意动作幅度，保持重心平稳。

4）在同杆架设线路上工作与上层线路小于安全距离规定，且无法采取安全措施时，不得进行该项工作。

5）上、下传递工具、材料均应使用绝缘绳，严禁抛、扔。

6）本项目工作不少于5人。

（二）接耐张线路引线（绝缘斗臂车、绝缘手套作业法）

1. 作业方式

绝缘斗臂车、绝缘手套作业法。

2. 适用范围

10kV耐张杆线路接引线。

3. 人员组合

本项目需要3人，具体人员分工见表1－2－61。

表1－2－61 人员分工表

人员分工	人数	人员分工	人数
工作负责人（兼工作监护人）	1	地面电工（2号电工）	1
斗内电工（1号电工）	1		

注 绝缘斗臂车操作工由1号电工兼任。

4. 工具配备

一览表（包括个人防护用具）见表1－2－62。

表1－2－62 工具配备一览表

序号	工器具名称		规格、型号	数量	备注
1	特种车辆	绝缘斗臂车	10kV	1辆	
2	个人绝缘防护用具	绝缘手套	10kV	1副	
3		防护手套		1副	
4		斗内安全带		1副	
5		绝缘袖套	10kV	1副	

续表

序号	工器具名称		规格、型号	数量	备注
6	绝缘遮蔽用具	导线遮蔽罩	10kV	3只	
7		耐张线夹遮蔽罩		1只	
8		绝缘毯	10kV	2块	
9	绝缘工器具	绝缘绳	ϕ12mm	1根	15m
10		绝缘操作杆		1根	
11	其他主要工器具	绝缘双线卡线钩		1套	
12		绝缘导线剥皮工具		1把	
13		导线清扫刷		1把	
14		断线剪（钳）		1把	
15		线夹安装工具	楔形	1把	
16		绝缘检测仪	2500V及以上	1套	

5. 作业步骤

（1）工具储运和检测。

1）领用绝缘工具、安全用具及辅助器具，应核对工器具的使用电压等级和试验周期。

2）领用绝缘工器具，应检查外观是否完好无损。

3）工器具运输前，各种工器具应存放在工具袋或工具箱内。金属工具和绝缘工器具应分开装运，以防止相互碰擦造成外表损坏，降低工器具的绝缘水平。

（2）现场操作前的准备。

1）工作负责人应按带电作业工作票内容与当值调度员联系。

2）工作负责人核对线路名称、杆号。

3）工作前工作负责人检查确认耐张后段线路是空载线路，并符合送电条件。

4）绝缘斗臂车进入合适位置，并可靠接地；根据道路情况设置安全围栏、警告标志或路障。

5）工作负责人召集工作人员交代工作任务，对工作班成员进行危险点告知、交代安全措施和技术措施，确认每一个工作班成员都已知晓，检查工作班成员精神状态是否良好，人员是否合适。

6）根据分工情况整理材料，对安全用具、绝缘工具进行检查，绝缘工具应使用绝缘检测仪进行分段绝缘检测，绝缘电阻值应不小于700MΩ（在出库前如已测试过的可省去现场测试步骤）。

7）查看确认绝缘臂、绝缘斗良好，调试斗臂车（在出车前如已调试过的可省去此步骤）。

8）1号电工戴好绝缘袖套、绝缘手套和防护手套，进入绝缘斗内，挂好保险钩。

（3）操作步骤。

1）1号电工将绝缘斗调整至线路无电侧，将中相引线固定在档线绝缘子上（靠内侧导线），两边相引线临时固定好。

2）1号电工将绝缘斗调整至内侧有电线路旁，用绝缘遮蔽罩和导线遮蔽罩组合，将耐张线夹和绝缘子绝缘遮蔽。

3）1号电工将绝缘斗调整至有电线路内侧导线和中相导线之间下方，展开中相引线，并分别对导线、引线（如线路是绝缘导线，应在连接处将导线绝缘层皮剥除）连接处涂上电力脂，用刷子清除连接处导线上的氧化层，直至符合接续要求。

4）装有绝缘双线卡线钩的短绝缘操作杆先将支接引线线头夹紧，然后手握绝缘操作杆将另一头固定在带电导线上（也可先将电力楔形线夹C型板挂在导线上，然后将支接引线钩住C型板下侧，用楔形线夹楔块嵌入C型板槽内楔紧），装好楔形线夹，用专用线夹安装工具进行安装，并检查确认线夹安装符合要求后，再撤除绝缘操作杆（如是绝缘导线应进行防水处理）。

5）其余两相引线连接按方法3）、方法4）进行，先外侧后内侧。

6）在连接内侧引线前，先撤除绝缘遮蔽器具。

7）连接工作结束后，绝缘斗退出有电工作区域，作业人员返回地面。

（4）工作终结。

1）负责人对完成的工作作一个全面的检查，确认符合验收规范要求后，记录在册并召开收工会进行工作点评后，宣布工作结束。

2）工作完毕后，汇报当值调度工作已经结束，工作班撤离现场。

6. 安全措施及注意事项

（1）气象条件。

1）带电作业应在良好天气下进行。如遇雷电（听见雷声、看见闪电）、雪、雹、雨、雾等，不准进行带电作业。风力大于5级时，一般不宜进行带电作业。在特殊情况下，必须在恶劣天气进行带电抢修时，应组织有关人员充分讨论并编制必要的安全措施，经本单位分管生产领导（总工程师）批准后方可进行。

2）当相对湿度大于80%时，应采取防潮措施。

（2）作业环境。

1）作业现场和绝缘斗臂车两侧，应根据道路情况设置安全围栏、警告标志或路障，防止外人进入工作区域；如在车辆繁忙地段还应与交通管理部门取得联系，以取得配合。

2）夜间进行本项目应有足够的照明。

（3）安全距离及有效绝缘长度。

1）作业用绝缘工具都应进行检测，绝缘电阻应不小于700MΩ（电极间距2cm、极间距2cm）。

2）工作时绝缘斗臂车的绝缘有效长度应不小于1m。

3）在带电作业时，应保持对地不小于0.4m，对邻相导线不小于0.6m的安全距离；如不能确保该安全距离时，应采用绝缘挡板、管、毯及其他绝缘遮蔽措施。

4）绝缘手套仅作为辅助绝缘，不能作主绝缘使用。

（4）遮蔽措施。

1）本项目在连接中相上引线时，如与边相导线、金具安全距离不够，应对其进行绝缘遮蔽。

2）绝缘遮蔽组合要保持不少于15cm的重叠。

3）作业线路下层有低压线路合杆时，如妨碍作业，应对相关低压线路采取绝缘遮蔽措施。

（5）重合闸。本项目一般不需停用线路重合闸。

（6）关键点。

1）工作前应检查连接线路是空载线路，并符合送电条件。

2）作业人员在接触带电导线前应得到工作监护人的认可。

3）在作业时，要确保带电导线与横担及邻相导线的安全距离。

4）在作业时，严禁人体同时接触2个不同的电位。

5）第一相接头与带电导线连接后，其余引线（包括导线），应视为有电。

（7）其他安全注意事项。

1）开工前由工作负责人持带电作业工作票与当值调度取得联系，工作负责人应核对工作票中工作任务与现场工作线路名称及杆号是否一致。

2）绝缘斗臂车应可靠接地，在作业前应进行操作检查。

3）当斗臂车绝缘斗距有电线路1～2m或工作转移时，应缓慢移动，动作要平稳，严禁使用快速挡；绝缘斗臂车在作业时，发动机不能熄火（电能驱动型除外），以保证液压系统处于工作状态。

4）在操作绝缘斗移动时，应防止与电杆、导线、周围障碍物、邻近绝缘斗臂车碰擦。

5）在同杆架设线路上工作与上层线路小于安全距离规定，且无法采取安全措施时，不得进行该项工作。

6）上、下传递工具、材料均应使用绝缘绳，严禁抛、扔。

7）本项目工作不少于3人。

8）使用只能下部操作的绝缘斗臂车应增加1名专门操作人员。

九、断电缆终端引线

1. 作业方式

绝缘斗臂车、绝缘手套作业法。

2. 适用范围

10kV直线、耐张、终端杆终端断电缆终端引线。

3. 人员组合

本项目需要3人，具体人员分工见表1－2－63。

表1－2－63　　人员分工表

人员分工	人数	人员分工	人数
工作负责人（兼工作监护人）	1	地面电工（2号电工）	1
斗内电工（1号电工）	1		

注　绝缘斗臂车操作工由1号电工兼任。

4. 工具配备

一览表（包括个人防护用具）见表1－2－64。

表1-2-64　　工具配备一览表

序号	工器具名称		规格、型号	数量	备注
1	特种车辆	绝缘斗臂车	10kV	1辆	
2	个人绝缘防护用具	绝缘手套	10kV	1副	
		防护手套		1副	
		斗内安全带		2副	
3	绝缘遮蔽用具	导线遮蔽罩	10kV	1根	
		电缆头隔离罩		1套	
		绝缘挡板		1块	
4	绝缘工器具	绝缘操作杆	10kV	1根	
		绝缘绳	ϕ12mm	1根	15m
		消弧器		1套	包括绝缘跨接线
		绝缘操作杆	10kV	1根	
5	其他主要工器具	绝缘导线剥皮工具		1把	
		断线剪（钳）		1把	
		线夹安装工具	楔形	1把	
		绝缘检测仪	2500V及以上	1套	

5. 作业步骤

（1）工具储运和检测。

1）领用绝缘工具、安全用具及辅助器具，应核对工器具的使用电压等级和试验周期。

2）领用绝缘工器具，应检查外观是否完好无损。

3）工器具运输前，各种工器具应存放在工具袋或工具箱内。金属工具和绝缘工器具应分开装运，以防止相互碰擦造成外表损坏，降低工器具的绝缘水平。

（2）现场操作前的准备。

1）工作负责人应按带电作业工作票内容与当值调度员联系。

2）工作负责人核对线路名称、杆号。

3）工作前工作负责人检查该电缆的开关母刀、线刀处于断开位置，出线电缆符合送电要求，架空线路的重合闸停用。

4）绝缘斗臂车进入合适位置，并可靠接地，根据道路情况设置安全围栏、警告标志或路障。

5）工作负责人召集工作人员交代工作任务，对工作班成员进行危险点告知、交代安全措施和技术措施，确认每一个工作班成员都已知晓，检查工作班成员精神状态是否良好，人员是否合适。

6）根据分工情况整理材料，对安全用具、绝缘工具进行检查，绝缘工具应使用绝缘检测仪进行分段绝缘检测，绝缘电阻值应不小于700MΩ（在出库前如已测试过的可省去现场测试步骤）。

7）查看确认绝缘臂、绝缘斗良好，调试斗臂车（在出车前如已调试过的可省去此步骤）。

8）1号电工戴好绝缘手套和防护手套，进入绝缘斗内，挂好保险钩。

（3）操作步骤。

1）1号电工将绝缘斗调整至边相导线过渡支架外侧合适位置，在工作监护人的同意下，分别对三相电缆过渡支架做好绝缘遮蔽措施。

2）1号电工用钳形电流表逐相测量三相出线电缆电流，每相电流应小于3A。

3）1号电工将绝缘斗调整到内侧导线下，检查消弧器上的消弧装置和小闸刀处于断开位置，将消弧器挂在内侧导线上，并将跨接线与同相位电缆过渡支架上端接线端子连接牢固，检查无误、经工作监护人确认同意后，先将小闸刀合上，然后将消弧装置放在合上位置。

4）1号电工将绝缘斗调整至内侧过渡支架处，经工作监护人同意后，用绝缘柄扳手撤除过渡支架上引线桩头螺栓，并将断开的引线移到同相位导线上固定好（如不需恢复，可采用开断引线的方式进行）。

5）1号电工将绝缘斗调整至消弧器操作杆下面，拉动绝缘绳使消弧器处于断开位置，随后用操作杆拉开消弧器小闸刀；将消弧器跨接线从电缆过渡支架上取下，挂在消弧器上，将消弧器操作杆从导线上取下（如是绝缘导线应进行防水处理）。

6）1号电工将绝缘斗调整至内侧导线下，得到工作监护人许可后，对内侧导线套好导线遮蔽罩，做好绝缘遮蔽措施。

7）其余两相引线连接按方法3）~方法5）进行。

8）三相引线断开，可按由简单到复杂、先易后难的原则进行，先近（内侧）后远（外侧），或根据现场情况先两侧、后中间。

9）断引线工作结束后，撤除导线遮蔽罩及绝缘隔离措施，绝缘斗退出有电工作区域，专业人员返回地面。

（4）工作终结。

1）工作负责人对完成的工作作一个全面的检查，确认符合验收规范要求后，记录在册并召开收工会进行工作点评后，宣布工作结束。

2）工作完毕后，汇报当值调度工作已经结束，工作班撤离现场。

6. 安全措施及注意事项

（1）气象条件。

1）带电作业应在良好天气下进行。如遇雷电（听见雷声、看见闪电）、雪、雹、雨、雾等，不准进行带电作业。风力大于5级时，一般不宜进行带电作业。在特殊情况下，必须在恶劣天气进行带电抢修时，应组织有关人员充分讨论并编制必要的安全措施，经本单位分管生产领导（总工程师）批准后方可进行。

2）当相对湿度大于80%时，应采取防潮措施。

（2）作业环境。

1）作业现场和绝缘斗臂车两侧，应根据道路情况设置安全围栏、警告标志或路障，防止外人进入工作区域；如在车辆繁忙地段还应与交通管理部门取得联系，以取得配合。

2）夜间作业进行带电连接应有足够的照明。

（3）安全距离及有效绝缘长度。

1）作业用绝缘工具都应经过检测，绝缘电阻应不小于700MΩ（电极间距2cm、极间距2cm）。

2）工作时绝缘斗臂车的绝缘有效长度应不小于1m。

3）在带电作业时，应保持对地不小于0.4m，对邻相导线不小于0.6m的安全距离；如不能确保该安全距离时，应采用绝缘挡板、管、毯及其他绝缘遮蔽措施。

4）绝缘手套仅作为辅助绝缘，不能作主绝缘使用。

（4）遮蔽措施。

1）本项目在断开中相引线时，如与边相导线安全距离不够，应对边相导线加导线遮蔽罩或遮蔽罩、绝缘毯。

2）作业线路下层有低压线路合杆时，如妨碍作业，应对相关低压线路采取绝缘遮蔽措施。

（5）重合闸。本项目需停用线路重合闸。

（6）关键点。

1）工作前应得到调度许可，确认被断开电缆的线路出线开关、母刀、线刀处于断开位置，被断开电缆处于空载状态；送架空线路的开关重合闸已停用。

2）消弧器安装前应检查确认消弧装置和小闸刀处于断开位置，消弧器挂上导线后，先将小闸刀合上，然后将消弧器放在合上位置；引线断开完成后，先将消弧器的消弧装置调整于断开位置，然后再拉开小闸刀，将消弧器跨接线从电缆头上取下，并挂在消弧器上，最后将消弧器操作杆从导线上取下。

3）在断开中相引线时，作业人员应位于中相与遮蔽相导线之间。

4）工作人员在接触带电导线前应得到工作监护人的认可。

5）在作业时，要确保带电导线与横担及邻相导线的安全距离。

6）在作业时，严禁人体同时接触2个不同的电位。

7）应遵守带电作业有关断、接引接头的有关规定，在电缆接头断开后未挂接地线前，已断开的电缆引线均视为有电，严禁徒手触摸。

（7）其他安全注意事项。

1）开工前由工作负责人持带电作业工作票与当值调度取得联系，工作负责人应核对工作票中工作任务与现场工作线路名称及杆号是否一致。

2）绝缘斗臂车应可靠接地，在作业前应进行操作检查。

3）当斗臂车绝缘斗距有电线路1~2m或工作转移时，应缓慢移动，动作要平稳，严禁使用快速挡；绝缘斗臂车在作业时，发动机不能熄火（电能驱动型除外），以保证液压系统处于工作状态。

4）在操作绝缘斗移动时，应防止与电杆、导线、周围障碍物、邻近绝缘斗臂车碰擦。

5）在同杆架设线路上工作与上层线路小于安全距离规定，且无法采取安全措施时，不得进行该项工作。

6）上、下传递工具、材料均应使用绝缘绳，严禁抛、扔。

7）本项目工作不少于 3 人。

8）使用只能下部操作的绝缘斗臂车应增加 1 名专门操作人员。

十、接电缆终端引线

1. 作业方式

绝缘斗臂车、绝缘手套作业法。

2. 适用范围

10kV 直线、耐张、终端杆接电缆终端引线。

3. 人员组合

本项目需要 3 人，具体人员分工见表 1－2－65。

表 1－2－65　　人员分工表

人员分工	人数	人员分工	人数
工作负责人（兼工作监护人）	1	地面电工（2 号电工）	1
斗内电工（1 号电工）	1		

注　绝缘斗臂车操作工由 1 号电工兼任。

4. 工具配备

一览表（包括个人防护用具）见表 1－2－66。

表 1－2－66　　工具配备一览表

序号	工器具名称		规格、型号	数量	备注
1	特种车辆	绝缘斗臂车	10kV	1 辆	
2	个人绝缘防护用具	绝缘手套	10kV	1 副	
3		防护手套		1 副	
4		斗内安全带		2 副	
5	绝缘遮蔽用具	导线遮蔽罩	10kV	3 根	
6		电缆头隔离罩		1 套	
7		绝缘挡板		1 块	
8	绝缘工器具	绝缘操作棒	10kV	1 根	
9		绝缘绳	ϕ12mm	1 根	15m
10		消弧器		1 套	包括绝缘跨接线
11		绝缘操作杆	10kV	1 根	
12	其他主要工器具	绝缘双线卡线钩		1 套	
13		绝缘导线剥皮工具		1 把	
14		断线剪（钳）		1 把	
15		线夹安装工具	楔形	1 把	
16		绝缘检测仪	2500V 及以上	1 套	

5. 作业步骤

（1）工具储运和检测。

1）领用绝缘工具、安全用具及辅助器具，应核对工器具的使用电压等级和试验周期。

2）领用绝缘工器具，应检查外观是否完好无损。

3）工器具运输前，各种工器具应存放在工具袋或工具箱内，金属工具和绝缘工器具应分开装运，以防止相互碰擦造成外表损坏，降低工器具的绝缘水平。

（2）现场操作前的准备。

1）工作负责人应按带电作业工作票内容与当值调度员联系，并应得到调度许可，确认该连接的电缆的开关母刀、线刀在断开位置，出线电缆符合送电要求，架空线路的开关重合闸停用。

2）工作负责人核对线路名称、杆号。

3）工作前工作负责人检查确认被连接电缆符合送电条件。

4）绝缘斗臂车进入合适位置，并可靠接地；根据道路情况设置安全围栏、警告标志或路障。

5）工作负责人召集工作人员交代工作任务，对工作班成员进行危险点告知、交代安全措施和技术措施，确认每一个工作班成员都已知晓，检查工作班成员精神状态是否良好，人员是否合适。

6）根据分工情况整理材料，对安全用具、绝缘工具进行检查，绝缘工具应使用绝缘检测仪进行分段绝缘检测，绝缘电阻值应不小于700MΩ（在出库前如已测试过的可省去现场测试步骤）。

7）查看确认绝缘臂、绝缘斗良好，调试斗臂车（在出车前如已调试过的可省去此步骤）。

8）1号电工戴好绝缘手套和防护手套，进入绝缘斗内，挂好保险钩。

（3）操作步骤。

1）1号电工将绝缘斗调整至线路下方与电缆过渡支架平行处，并与有电线路保持0.4m以上安全距离，检查确认电缆登杆装置符合验收规范要求。

2）用验电器判断电缆无电，然后对其进行放电，并用仪表测试电缆是开路状态。

3）1号电工将绝缘斗调整至内侧导线下，得到工作监护人许可后，对内侧导线套好导线遮蔽罩，做好绝缘遮蔽措施，如是绝缘导线，应在接头处将导线绝缘层皮剥除。

4）1号电工用绝缘操作杆测量三相引线长度，根据长度做好连接的准备工作（绝缘导线引线需剥皮），并对三相电缆过渡支架做好绝缘遮蔽措施。

5）1号电工将绝缘斗调整到外侧导线下，展开外侧电缆引线，分别对导线、引线连接处涂上电力脂，用刷子清除连接处导线上的氧化层，直至符合接续要求。

6）1号电工检查消弧器上的消弧装置和小闸刀处于断开位置，将消弧器挂在外侧导线上，并将跨接线与同相位电缆过渡支架上端接线端子连接牢固，经检查无误，工作监护人确认同意后，先将小闸刀合上，然后将消弧器放在合上位置。

7）装有绝缘双线卡线钩的短绝缘操作杆先将引线线头夹紧，然后手握绝缘操作杆将另一头钩在带电导线上，并拧紧（也可先将电力楔形线夹C型板挂在导线上，然后将引线钩住C型板下侧，用楔形线夹楔块嵌入C型板槽内楔紧），装好楔形线夹，用专用楔形线夹枪进行安装，并检查确认线夹安装符合要求后，撤除绝缘操作棒（如是绝缘导线应进行防水处理）。

8）经工作监护人确认同意后，1号电工将消弧器的消弧装置调整于断开位置，然后再拉开小闸刀，将消弧器跨接线从电缆头上取下，并挂在消弧器上，最后将消弧器操作杆从导线上取下。

9）其余两相引线连接按方法3）~方法6）进行。

10）三相引线连接，可按由复杂到简单、先难后易的原则进行，先远（外侧）后近（内侧），或根据现场情况先中间、后两侧。

11）接头工作结束后，撤除导线遮蔽罩，绝缘斗退出有电工作区域，专业人员返回地面。

（4）工作终结。

1）工作负责人对完成的工作作一个全面的检查，确认符合验收规范要求后，记录在册并召开收工会进行工作点评后，宣布工作结束。

2）工作完毕后，汇报当值调度工作已经结束，工作班撤离现场。

6. 安全措施及注意事项

（1）气象条件。

1）带电作业应在良好天气下进行。如遇雷电（听见雷声、看见闪电）、雪、雹、雨、雾等，不准进行带电作业。风力大于5级时，一般不宜进行带电作业。在特殊情况下，必须在恶劣天气进行带电抢修时，应组织有关人员充分讨论并编制必要的安全措施，经本单位分管生产领导（总工程师）批准后方可进行。

2）当相对湿度大于80%时，应采取防潮措施。

（2）作业环境。

1）作业现场和绝缘斗臂车两侧，应根据道路情况设置安全围栏、警告标志或路障，防止外人进入工作区域；如在车辆繁忙地段还应与交通管理部门取得联系，以取得配合。

2）夜间作业进行带电连接应有足够的照明。

（3）安全距离及有效绝缘长度。

1）作业用绝缘工具都应经过检测，绝缘电阻应不小于700MΩ（电极间距2cm、极间距2cm）。

2）工作时绝缘斗臂车的绝缘有效长度应不小于1m。

3）在带电作业时，应保持对地不小于0.4m，对邻相导线不小于0.6m的安全距离；如不能确保该安全距离时，应采用绝缘挡板、管、毯及其他绝缘遮蔽措施。

4）绝缘手套仅作为辅助绝缘，不能作主绝缘使用。

（4）遮蔽措施。

1）本项目在连接中相引线时，如与边相导线安全距离不够，应对边相导线加导线遮蔽罩或遮蔽罩、绝缘毯；同时做好电缆过渡支架的绝缘遮蔽措施。

2）作业线路下层有低压线路合杆时，如妨碍作业，应对相关低压线路采取绝缘遮蔽措施。

（5）重合闸。本项目需停用线路重合闸。

（6）关键点。

1）工作前应得到调度许可，确认被连接电缆的线路出线开关、母刀、线刀处于断开位置，连接电缆处于可送电状态，送架空线路的开关重合闸已停用。

2）消弧器安装前应检查确认消弧装置和小闸刀处于断开位置，消弧器挂上导线后，先将小闸刀合上，然后将消弧器放在合上位置；连接完成后，先将消弧器的消弧装置调整于断开位置，然后再拉开小闸刀，将消弧器跨接线从电缆头上取下，并挂在消弧器上，最后将消弧器操作杆从导线上取下。

3）在连接中相引线时，作业人员应位于中相与遮蔽相导线之间。

4）工作人员在接触带电导线前应得到工作监护人的认可。

5）在作业时，要确保带电导线与横担及邻相导线的安全距离。

6）在作业时，严禁人体同时接触2个不同的电位。

7）第一相接头与带电导线连接后，其余引线（包括导线），应视为有电。

（7）其他安全注意事项。

1）开工前由工作负责人持带电作业工作票与当值调度取得联系，工作负责人应核对工作票中工作任务与现场工作线路名称及杆号是否一致。

2）绝缘斗臂车应可靠接地，在作业前应进行操作检查。

3）当斗臂车绝缘斗距有电线路1～2m或工作转移时，应缓慢移动，动作要平稳，严禁使用快速挡；绝缘斗臂车在作业时，发动机不能熄火（电能驱动型除外），以保证液压系统处于工作状态。

4）在操作绝缘斗移动时，应防止与电杆、导线、周围障碍物、邻近绝缘斗臂车碰擦。

5）在同杆架设线路上工作与上层线路小于安全距离规定，且无法采取安全措施时，不得进行该项工作。

6）上、下传递工具、材料均应使用绝缘绳，严禁抛、扔。

7）本项目工作不少于3人。

8）使用只能下部操作的绝缘斗臂车应增加1名专门操作人员。

第三节　修　理　设　备

一、修补导线

1. 作业方式

绝缘斗臂车、绝缘手套作业法。

2. 适用范围

10kV直线、转角、耐张、终端杆修补导线。

3. 人员组合

本项目需要3人，具体人员分工见表1－3－1。

表1-3-1　**人员分工表**

人员分工	人数	人员分工	人数
工作负责人（兼工作监护人）	1	地面电工（2号电工）	1
斗内电工（1号电工）	1		

注　绝缘斗臂车操作工由1号电工兼任。

4. 工具配备

一览表（包括个人防护用具）见表1-3-2。

表1-3-2　**工具配备一览表**

序号	工器具名称		规格、型号	数量	备注
1	特种车辆	绝缘斗臂车	10kV	1辆	
2	个人绝缘防护用具	绝缘手套	10kV	1副	
3		防护手套		1副	
4		斗内安全带		1副	
5	绝缘遮蔽用具	导线遮蔽罩	10kV	若干	
6		绝缘毯	10kV	若干	
7	绝缘工器具	绝缘绳	ϕ12mm	1根	15m
8	其他主要工器具	断线剪（钳）		1把	

5. 作业步骤

（1）工具储运和检测。

1）领用绝缘工具、安全用具及辅助器具，应核对工器具的使用电压等级和试验周期。

2）领用绝缘工器具，应检查外观是否完好无损。

3）工器具运输前，各种工器具应存放在工具袋或工具箱内，金属工具和绝缘工器具应分开装运，以防止相互碰擦造成外表损坏，降低工器具的绝缘水平。

（2）现场操作前的准备。

1）工作负责人应按带电作业工作票内容与当值调度员联系。

2）工作负责人核对线路名称、杆号。

3）绝缘斗臂车进入合适位置，并可靠接地；根据道路情况设置安全围栏、警告标志或路障。

4）工作负责人召集工作人员交代工作任务，对工作班成员进行危险点告知、交代安全措施和技术措施，确认每一个工作班成员都已知晓，检查工作班成员精神状态是否良好，人员是否合适。

5）根据分工情况整理材料，对安全用具、绝缘工具进行检查，绝缘工具应使用绝缘检测仪进行分段绝缘检测，绝缘电阻值应不小于700MΩ（在出库前如已测试过的可省去现场测试步骤）。

6）查看确认绝缘臂、绝缘斗良好，调试斗臂车（在出车前如已调试过的可省去此步骤）。

7）1号电工戴好绝缘手套和防护手套，进入绝缘斗内，挂好保险钩。

（3）操作步骤。

1）1号电工将绝缘斗调整至导线修补点附近适当位置，观察导线损伤情况并汇报工作负责人，由工作负责人决定修补方案。

2）1号电工对需遮蔽的邻近设备进行绝缘遮蔽。

3）1号电工根据导线规格选择相应的器材对导线进行修补。

4）导线修补工作结束后，撤除绝缘遮蔽措施，绝缘斗退出有电工作区域，作业人员返回地面。

（4）工作终结。

1）工作负责人对完成的工作作一个全面的检查，确认符合验收规范要求后，记录在册并召开收工会进行工作点评后，宣布工作结束。

2）工作完毕后，汇报当值调度工作已经结束，工作班撤离现场。

6. 安全措施及注意事项

（1）气象条件。

1）带电作业应在良好天气下进行。如遇雷电（听见雷声、看见闪电）、雪、雹、雨、雾等，不准进行带电作业。风力大于5级时，一般不宜进行带电作业。在特殊情况下，必须在恶劣天气进行带电抢修时，应组织有关人员充分讨论并编制必要的安全措施，经本单位分管生产领导（总工程师）批准后方可进行。

2）当相对湿度大于80%时，应采取防潮措施。

（2）作业环境。

1）作业现场和绝缘斗臂车两侧，应根据道路情况设置安全围栏、警告标志或路障，防止外人进入工作区域；如在车辆繁忙地段还应与交通管理部门取得联系，以取得配合。

2）夜间进行本项目应有足够的照明。

（3）安全距离及有效绝缘长度。

1）作业用绝缘工具都应进行检测，绝缘电阻应不小于700MΩ（电极间距2cm、极间距2cm）。

2）工作时绝缘斗臂车的绝缘有效长度应不小于1m。

3）在带电作业时，应保持对地不小于0.4m，对邻相导线不小于0.6m的安全距离；如不能确保该安全距离时，应采用绝缘挡板、管、毯及其他绝缘遮蔽措施。

4）绝缘手套仅作为辅助绝缘，不能作主绝缘使用。

（4）遮蔽措施。

1）本项目在修补导线时，如与邻近设备安全距离不够，应对邻近设备加绝缘遮蔽措施。

2）作业线路下层有低压线路合杆时，如妨碍作业，应对相关低压线路采取绝缘遮蔽措施。

（5）重合闸。本项目一般不需停用线路重合闸。

（6）关键点。

1）作业人员应认真检查导线损伤情况，工作负责人决定相应的修补方案、遮蔽措施及防断线安全措施。

2）作业人员在接触带电导线前应得到工作监护人的认可。

3）对较长绑线在移动过程中或在一端进行绑扎时，应采取防止绑线接近邻近有电设备的安全措施。

4）在作业时，严禁人体同时接触2个不同的电位。

（7）其他安全注意事项。

1）开工前由工作负责人持带电作业工作票与当值调度取得联系，工作负责人应核对工作票中工作任务与现场工作线路名称及杆号是否一致。

2）绝缘斗臂车应可靠接地，在作业前应进行操作检查。

3）当斗臂车绝缘斗距有电线路1～2m或工作转移时，应缓慢移动，动作要平稳，严禁使用快速挡；绝缘斗臂车在作业时，发动机不能熄火（电能驱动型除外），以保证液压系统处于工作状态。

4）在操作绝缘斗移动时，应防止与电杆、导线、周围障碍物、邻近绝缘斗臂车碰擦。

5）在同杆架设线路上工作与上层线路小于安全距离规定，且无法采取安全措施时，不得进行该项工作。

6）上、下传递工具、材料均应使用绝缘绳，严禁抛、扔。

7）根据导线损伤情况，由工作负责人决定是否采取防止作业过程中导线断线的安全措施。

8）本项目工作不少于3人。

9）使用只能下部操作的绝缘斗臂车应增加1名专门操作人员。

二、检查跌落式熔断器及元件

1. 作业方式

绝缘斗臂车、绝缘操作杆作业法。

2. 适用范围

10kV 直线杆跌落式熔断器及元件。

3. 人员组合

本项目需要3人，具体人员分工见表1－3－3。

表1－3－3　　人员分工表

人员分工	人数	人员分工	人数
工作负责人（兼工作监护人）	1	地面电工（2号电工）	1
斗内电工（1号电工）	1		

注　绝缘斗臂车操作工由1号电工兼任。

4. 工具配备

一览表（包括个人防护用具）见表1－3－4。

表1-3-4　　工具配备一览表

序号	工器具名称		规格、型号	数量	备注
1	特种车辆	绝缘斗臂车	10kV	1辆	
2	个人绝缘防护用具	斗内安全带		1副	
3	绝缘工器具	绝缘操作杆	10kV	1根	
4		跌落式熔断器旁路连接器		1根	
5		绝缘绳	ϕ12mm	1根	15m长度大于1.5倍最高作业高度
6	其他主要工器具	绝缘检测仪	2500V及以上	1套	

5. 作业步骤

（1）工具储运和检测。

1）领用绝缘工具、安全用具及辅助器具，应核对工器具的使用电压等级和试验周期。

2）领用绝缘工器具，应检查外观是否完好无损。

3）工器具运输前，各种工器具应存放在工具袋或工具箱内。金属工具和绝缘工器具应分开装运，以防止相互碰擦造成外表损坏，降低工器具的绝缘水平。

（2）现场操作前的准备。

1）工作负责人应按带电作业工作票内容与当值调度员联系。

2）工作负责人核对线路名称、杆号。

3）工作前工作负责人检查确认支接线路是空载线路，并符合送电条件。

4）绝缘斗臂车进入合适位置，并可靠接地；根据道路情况设置安全围栏、警告标志或路障。

5）工作负责人召集工作人员交代工作任务，对工作班成员进行危险点告知、交代安全措施和技术措施，确认每一个工作班成员都已知晓，检查工作班成员精神状态是否良好，人员是否合适。

6）根据分工情况整理材料，对安全用具、绝缘工具进行检查，绝缘工具应使用绝缘检测仪进行分段绝缘检测，绝缘电阻值应不小于700MΩ（在出库前如已测试过的可省去现场测试步骤）。

7）查看确认绝缘臂、绝缘斗良好，调试斗臂车（在出车前如已调试过的可省去此步骤）。

8）1号电工戴好手套，进入绝缘斗内，挂好保险钩。

（3）操作步骤。

1）1号电工将绝缘斗调整至跌落式熔断器附近，并与有电线路保持0.4m以上的安全距离，检查确认三相跌落式熔断器外表完好无损。

2）1号电工检查确认上下桩头无松动现象、接触良好。

3）1 号电工用跌落式熔断器旁路连接器将需检查的跌落式熔断器上下桩头连接并拧紧。

4）1 号电工用绝缘操作杆拉开熔丝管，并取下检查熔丝管、跌落式熔断器完好。

5）1 号电工检查跌落式熔断器上下接触点完好后挂上熔丝管。

6）1 号电工用绝缘操作杆推上熔丝管，经确认无误后取下跌落式熔断器旁路连接器。

7）其余两相跌落式熔断器检查按方法 3）~方法 6）进行。

8）工作结束后，绝缘斗退出有电工作区域，作业人员返回地面。

（4）工作终结。

1）工作负责人对完成的工作作一个全面的检查，确认符合验收规范要求后，记录在册并召开收工会进行工作点评后，宣布工作结束。

2）工作完毕后，汇报当值调度工作已经结束，工作班撤离现场。

6. 安全措施及注意事项

（1）气象条件。

1）带电作业应在良好天气下进行。如遇雷电（听见雷声、看见闪电）、雪、雹、雨、雾等，不准进行带电作业。风力大于 5 级时，一般不宜进行带电作业。在特殊情况下，必须在恶劣天气进行带电抢修时，应组织有关人员充分讨论并编制必要的安全措施，经本单位分管生产领导（总工程师）批准后方可进行。

2）当相对湿度大于 80% 时，应采取防潮措施。

（2）作业环境。

1）作业现场和绝缘斗臂车两侧，应根据道路情况设置安全围栏、警告标志或路障，防止外人进入工作区域；如在车辆繁忙地段还应与交通管理部门取得联系，以取得配合。

2）夜间作业进行带电连接应有足够的照明。

（3）安全距离及有效绝缘长度。

1）作业用绝缘工具都应经过检测，绝缘电阻应不小于 700MΩ（电极间距 2cm、极间距 2cm）。

2）工作时绝缘斗臂车的绝缘有效长度应不小于 1m。

3）在带电作业时，应保持对地不小于 0.4m，对邻相导线不小于 0.6m 的安全距离；如不能确保该安全距离时，应采用绝缘挡板、管、毯及其他绝缘遮蔽措施。

4）绝缘操作杆作主绝缘使用，其有效绝缘距离不应小于 0.7m。

（4）遮蔽措施。作业线路下层有低压线路合杆时，如妨碍作业，应对相关低压线路采取绝缘遮蔽措施。

（5）重合闸。本项目需要停用线路重合闸。

（6）关键点。

1）作业人员在接触带电导线前应得到工作监护人的认可。

2）使用跌落式熔断器旁路连接器连接熔断具上下桩头时，必须要拧紧、连接可靠。

3）推上熔丝管后必须确认熔断具接触点连接可靠后，才能取下跌落式熔断器旁路连接器。

（7）其他安全注意事项。

1）开工前由工作负责人持带电作业工作票与当值调度取得联系，工作负责人应核对工作票中工作任务与现场工作线路名称及杆号是否一致。

2）绝缘斗臂车应可靠接地，在作业前应进行操作检查。

3）当斗臂车绝缘斗距有电线路1～2m或工作转移时，应缓慢移动，动作要平稳，严禁使用快速挡；绝缘斗臂车在作业时，发动机不能熄火（电能驱动型除外），以保证液压系统处于工作状态。

4）在操作绝缘斗移动时，应防止与电杆、导线、周围障碍物、邻近绝缘斗臂车碰擦。

5）在同杆架设线路上工作与上层线路小于安全距离规定，且无法采取安全措施时，不得进行该项工作。

6）上、下传递工具、材料均应使用绝缘绳，严禁抛、扔。

7）本项目工作不少于3人。

8）使用只能下部操作的绝缘斗臂车应增加1名专门操作人员。

第四节 加 装 设 备

一、加装故障指示器

1. 作业方式

绝缘斗臂车、绝缘手套作业法。

2. 适用范围

10kV直线、耐张、终端杆加装故障指示器。

3. 人员组合

本项目需要3人，具体人员分工见表1－4－1。

表1－4－1 人员分工表

人员分工	人数	人员分工	人数
工作负责人（兼工作监护人）	1	地面电工（2号电工）	1
斗内电工（1号电工）	1		

注 绝缘斗臂车操作工由1号电工兼任。

4. 工具配备

一览表（包括个人防护用具）见表1－4－2。

表1－4－2 工具配备一览表

序号	工器具名称		规格、型号	数量	备注
1	特种车辆	绝缘斗臂车	10kV	1辆	
2	个人绝缘防护用具	绝缘手套	10kV	1副	
		防护手套		1副	
		斗内安全带		1副	

续表

序号	工器具名称		规格、型号	数量	备注
3	绝缘遮蔽用具	导线遮蔽罩		1根	
4	绝缘工器具	绝缘绳	ϕ12mm	1根	15m
5	其他主要工器具	绝缘检测仪	2500V及以上	1套	

5. 作业步骤

（1）工具储运和检测。

1）领用绝缘工具、安全用具及辅助器具，应核对工器具的使用电压等级和试验周期。

2）领用绝缘工器具，应检查外观是否完好无损。

3）工器具运输前，各种工器具应存放在工具袋或工具箱内。金属工具和绝缘工器具应分开装运，以防止相互碰擦造成外表损坏，降低工器具的绝缘水平。

（2）现场操作前的准备。

1）工作负责人应按带电作业工作票内容与当值调度员联系。

2）工作负责人核对线路名称、杆号。

3）绝缘斗臂车进入合适位置，并可靠接地；根据道路情况设置安全围栏、警告标志或路障。

4）工作负责人召集工作人员交代工作任务，对工作班成员进行危险点告知、交代安全措施和技术措施，确认每一个工作班成员都已知晓，检查工作班成员精神状态是否良好，人员是否合适。

5）根据分工情况整理材料，对安全用具、绝缘工具进行检查，绝缘工具应使用绝缘检测仪进行分段绝缘检测，绝缘电阻值应不小于700MΩ（在出库前如已测试过的可省去现场测试步骤）。

6）查看确认绝缘臂、绝缘斗良好，调试斗臂车（在出车前如已调试过的可省去此步骤）。

7）1号电工戴好绝缘手套和防护手套，进入绝缘斗内，挂好保险钩。

（3）操作步骤。

1）1号电工将绝缘斗调整至内侧导线下，得到工作监护人许可后，对内侧导线套好导线遮蔽罩，做好绝缘遮蔽措施。

2）1号电工将绝缘斗调整到导线外侧下，在工作监护人的许可下，将故障指示器加装在10kV导线上。

3）其余两相故障指示器加装按方法2）进行（应由外侧导线向内的顺序加装故障指示器）。

4）工作结束后撤除绝缘隔离措施。

5）1号电工将绝缘斗退出有电工作区域，专业人员返回地面。

（4）工作终结。

1）工作负责人对完成的工作作一个全面的检查，确认符合验收规范要求后，记录在册并召开收工会进行工作点评后，宣布工作结束。

2）工作完毕后，汇报当值调度工作已经结束，工作班撤离现场。

6. 安全措施及注意事项

（1）气象条件。

1）带电作业应在良好天气下进行。如遇雷电（听见雷声、看见闪电）、雪、雹、雨、雾等，不准进行带电作业。风力大于5级时，一般不宜进行带电作业。在特殊情况下，必须在恶劣天气进行带电抢修时，应组织有关人员充分讨论并编制必要的安全措施，经本单位分管生产领导（总工程师）批准后方可进行。

2）当相对湿度大于80%时，应采取防潮措施。

（2）作业环境。

1）作业现场和绝缘斗臂车两侧，应根据道路情况设置安全围栏、警告标志或路障，防止外人进入工作区域；如在车辆繁忙地段还应与交通管理部门取得联系，以取得配合。

2）夜间作业进行本项目应有足够的照明。

（3）安全距离及有效绝缘长度。

1）作业用绝缘工具都应经过检测，绝缘电阻应不小于700MΩ（电极间距2cm、极间距2cm）。

2）工作时绝缘斗臂车的绝缘有效长度应不小于1m。

3）在带电作业时，应保持对地不小于0.4m，对邻相导线不小于0.6m的安全距离；如不能确保该安全距离时，应采用绝缘挡板、管、毯及其他绝缘遮蔽措施。

4）绝缘手套仅作为辅助绝缘，不能作主绝缘使用。

（4）遮蔽措施。

1）本项目在加装中相故障指示器时，如与边相导线安全距离不够，应对边相导线加导线遮蔽罩或遮蔽罩、绝缘毯。

2）作业线路下层有低压线路合杆时，如妨碍作业，应对相关低压线路采取绝缘遮蔽措施。

3）在加装中相故障指示器时，作业人员应位于中相与遮蔽相导线之间。

（5）重合闸。本项目一般不需停用线路重合闸。

（6）关键点。

1）工作人员在接触带电导线前应得到工作监护人的认可。

2）在作业时，要确保与横担及邻相导线的安全距离。

3）在作业时，严禁人体同时接触2个不同的电位。

（7）其他安全注意事项。

1）开工前由工作负责人持带电作业工作票与当值调度取得联系，工作负责人应核对工作票中工作任务与现场工作线路名称及杆号是否一致。

2）绝缘斗臂车应可靠接地，在作业前应进行操作检查。

3）当斗臂车绝缘斗距有电线路1~2m或工作转移时，应缓慢移动，动作要平稳，严禁使用快速挡；绝缘斗臂车在作业时，发动机不能熄火（电能驱动型除外），以保证液压系统处于工作状态。

4）在操作绝缘斗移动时，应防止与电杆、导线、周围障碍物、邻近绝缘斗臂车碰擦。

5）在同杆架设线路上工作与上层线路小于安全距离规定，且无法采取安全措施时，不得进行该项工作。

6）上、下传递工具、材料均应使用绝缘绳，严禁抛、扔。

7）本项目工作不少于3人。

8）使用只能下部操作的绝缘斗臂车应增加1名专门操作人员。

二、加装验电接地环

1. 作业方式

绝缘斗臂车、绝缘手套作业法。

2. 适用范围

10kV直线、耐张、终端杆加装验电接地环。

3. 人员组合

本项目需要3人，具体人员分工见表1-4-3。

表1-4-3 人员分工表

人员分工	人数	人员分工	人数
工作负责人（兼工作监护人）	1	地面电工（2号电工）	1
斗内电工（1号电工）	1		

注 绝缘斗臂车操作工由1号电工兼任。

4. 工具配备

一览表（包括个人防护用具）见表1-4-4。

表1-4-4 工具配备一览表

序号	工器具名称		规格、型号	数量	备注
1	特种车辆	绝缘斗臂车	10kV	1辆	
2	个人绝缘防护用具	绝缘手套	10kV	1副	
		防护手套		1副	
		斗内安全带		1副	
3	绝缘遮蔽用具	导线遮蔽罩		1根	
4	绝缘工器具	绝缘绳	ϕ12mm	1根	15m
5	其他主要工器具	绝缘检测仪	2500V及以上	1套	

5. 作业步骤

（1）工具储运和检测。

1）领用绝缘工具、安全用具及辅助器具，应核对工器具的使用电压等级和试验周期。

2）领用绝缘工器具，应检查外观是否完好无损。

3）工器具运输前，各种工器具应存放在工具袋或工具箱内，金属工具和绝缘工器具应分开装运，以防止相互碰擦造成外表损坏。

（2）现场操作前的准备。

1）工作负责人应按带电作业工作票内容与当值调度员联系。

2）工作负责人核对线路名称、杆号。

3）绝缘斗臂车进入合适位置，并可靠接地；根据道路情况设置安全围栏、警告标志或路障。

4）工作负责人召集工作人员交代工作任务，对工作班成员进行危险点告知、交代安全措施和技术措施，确认每一个工作班成员都已知晓，检查工作班成员精神状态是否良好，人员是否合适。

5）根据分工情况整理材料，对安全用具、绝缘工具进行检查，绝缘工具应使用绝缘检测仪进行分段绝缘检测，绝缘电阻值应不小于700MΩ（在出库前如已测试过的可省去现场测试步骤）。

6）查看确认绝缘臂、绝缘斗良好，调试斗臂车（在出车前如已调试过的可省去此步骤）。

7）1号电工戴好绝缘手套和防护手套，进入绝缘斗内，挂好保险钩。

（3）操作步骤。

1）1号电工将绝缘斗调整至内侧导线下，得到工作监护人许可后，对内侧导线套好导线遮蔽罩，做好绝缘遮蔽措施。

2）1号电工将绝缘斗调整到导线外侧下，在工作监护人的许可下，将验电接地环加装在10kV导线上。

3）其余两相故障指示器加装按方法2）进行（应由外侧导线向内的顺序加装验电接地环）。

4）工作结束后撤除绝缘隔离措施。

5）1号电工将绝缘斗退出有电工作区域，专业人员返回地面。

（4）工作终结。

1）工作负责人对完成的工作作一个全面的检查，确认符合验收规范要求后，记录在册并召开收工会进行工作点评后，宣布工作结束。

2）工作完毕后，汇报当值调度工作已经结束，工作班撤离现场。

6. 安全措施及注意事项

（1）气象条件。

1）带电作业应在良好天气下进行。如遇雷电（听见雷声、看见闪电）、雪、雹、雨、雾等，不准进行带电作业。风力大于5级时，一般不宜进行带电作业。在特殊情况下，必须在恶劣天气进行带电抢修时，应组织有关人员充分讨论并编制必要的安全措施，经本单位分管生产领导（总工程师）批准后方可进行。

2）当相对湿度大于80%时，应采取防潮措施。

（2）作业环境。

1）作业现场和绝缘斗臂车两侧，应根据道路情况设置安全围栏、警告标志或路障，防止外人进入工作区域；如在车辆繁忙地段还应与交通管理部门取得联系，以取得配合。

2）夜间作业进行本项目应有足够的照明。

（3）安全距离及有效绝缘长度。

1）作业用绝缘工具都应经过检测，绝缘电阻应不小于700MΩ（电极间距2cm、极间距2cm）。

2）工作时绝缘斗臂车的绝缘有效长度应不小于1m。

3）在带电作业时，应保持对地不小于0.4m，对邻相导线不小于0.6m的安全距离；如不能确保该安全距离时，应采用绝缘挡板、管、毯及其他绝缘遮蔽措施。

4）绝缘手套仅作为辅助绝缘，不能作主绝缘使用。

（4）遮蔽措施。

1）本项目在加装中相验电接地环时，如与边相导线安全距离不够，应对边相导线加导线遮蔽罩或遮蔽罩、绝缘毯。

2）作业线路下层有低压线路合杆时，如妨碍作业，应对相关低压线路采取绝缘遮蔽措施。

3）在加装中相验电接地环时，作业人员应位于中相与遮蔽相导线之间。

（5）重合闸。本项目一般不需停用线路重合闸。

（6）关键点。

1）工作人员在接触带电导线前应得到工作监护人的认可。

2）在作业时，要确保与横担及邻相导线的安全距离。

3）在作业时，严禁人体同时接触两个不同的电位。

（7）其他安全注意事项。

1）开工前由工作负责人持带电作业工作票与当值调度取得联系，工作负责人应核对工作票中工作任务与现场工作线路名称及杆号是否一致。

2）绝缘斗臂车应可靠接地，在作业前应进行操作检查。

3）当斗臂车绝缘斗距有电线路1～2m或工作转移时，应缓慢移动，动作要平稳，严禁使用快速挡；绝缘斗臂车在作业时，发动机不能熄火（电能驱动型除外），以保证液压系统处于工作状态。

4）在操作绝缘斗移动时，应防止与电杆、导线、周围障碍物、邻近绝缘斗臂车碰擦。

5）在同杆架设线路上工作与上层线路小于安全距离规定，且无法采取安全措施时，不得进行该项工作。

6）上、下传递工具、材料均应使用绝缘绳，严禁抛、扔。

7）本项目工作不少于3人。

8）使用只能下部操作的绝缘斗臂车应增加1名专门操作人员。

三、加装绝缘套管

1. 作业方式

绝缘斗臂车、绝缘手套作业法。

2. 适用范围

10kV直线、耐张、终端杆加装绝缘套管。

3. 人员组合

本项目需要3人，具体人员分工见表1-4-5。

表1-4-5　　人员分工表

人员分工	人数	人员分工	人数
工作负责人（兼工作监护人）	1	地面电工（2号电工）	1
斗内电工（1号电工）	1		

注　绝缘斗臂车操作工由1号电工兼任。

4. 工具配备

一览表（包括个人防护用具）见表1-4-6。

表1-4-6　　工具配备一览表

序号	工器具名称		规格、型号	数量	备注
1	特种车辆	绝缘斗臂车	10kV	1辆	
2	个人绝缘防护用具	绝缘手套	10kV	1副	
		防护手套		1副	
		斗内安全带		1副	
3	绝缘工器具	绝缘绳	ϕ12mm	1根	15m

5. 作业步骤

（1）工具储运和检测。

1）领用绝缘工具、安全用具及辅助器具，应核对工器具的使用电压等级和试验周期。

2）领用绝缘工器具，应检查外观是否完好无损。

3）工器具运输前，各种工器具应存放在工具袋或工具箱内。金属工具和绝缘工器具应分开装运，以防止相互碰擦造成外表损坏，降低工器具的绝缘水平。

（2）现场操作前的准备。

1）工作负责人应按带电作业工作票内容与当值调度员联系。

2）工作负责人核对线路名称、杆号。

3）绝缘斗臂车进入合适位置，并可靠接地；根据道路情况设置安全围栏、警告标志或路障。

4）工作负责人召集工作人员交代工作任务，对工作班成员进行危险点告知、交代安全措施和技术措施，确认每一个工作班成员都已知晓，检查工作班成员精神状态是否良好，人员是否合适。

5）根据分工情况整理材料，对安全用具、绝缘工具进行检查，绝缘工具应使用绝缘检测仪进行分段绝缘检测，绝缘电阻值应不小于700MΩ（在出库前如已测试过的可省去现场测试步骤）。

6）查看确认绝缘臂、绝缘斗良好，调试斗臂车（在出车前如已调试过的可省去此步骤）。

7）1号电工戴好绝缘手套和防护手套，进入绝缘斗内，挂好保险钩。

（3）操作步骤。

1）1 号电工将绝缘斗调整至被套导线附近适当位置，与 2 号电工配合着将导线遮蔽罩用绝缘绳吊至绝缘斗内。

2）1 号电工将导线遮蔽罩逐根套至被套导线上，安装导线遮蔽罩导引器，导线遮蔽罩之间应可靠连接。

3）其余两相按方法 1）、方法 2）进行，先边相后中相。

4）工作结束后，绝缘斗退出有电工作区域，返回地面。

（4）工作终结。

1）工作负责人对完成的工作作一个全面的检查，确认符合验收规范要求后，记录在册并召开收工会进行工作点评后，宣布工作结束。

2）工作完毕后，汇报当值调度工作已经结束，工作班撤离现场。

6. 安全措施及注意事项

（1）气象条件。

1）带电作业应在良好天气下进行。如遇雷电（听见雷声、看见闪电）、雪、雹、雨、雾等，不准进行带电作业。风力大于 5 级时，一般不宜进行带电作业。在特殊情况下，必须在恶劣天气进行带电抢修时，应组织有关人员充分讨论并编制必要的安全措施，经本单位分管生产领导（总工程师）批准后方可进行。

2）当相对湿度大于 80% 时，应采取防潮措施。

（2）作业环境。

1）作业现场和绝缘斗臂车两侧，应根据道路情况设置安全围栏、警告标志或路障，防止外人进入工作区域；如在车辆繁忙地段还应与交通管理部门取得联系，以取得配合。

2）夜间进行本项目应有足够的照明。

（3）安全距离及有效绝缘长度。

1）作业用绝缘工具都应进行检测，绝缘电阻应不小于 700MΩ（电极间距 2cm、极间距 2cm）。

2）工作时绝缘斗臂车的绝缘有效长度应不小于 1m。

3）在带电作业时，应保持对地不小于 0.4m，对邻相导线不小于 0.6m 的安全距离；如不能确保该安全距离时，应采用绝缘挡板、管、毯及其他绝缘遮蔽措施。

4）绝缘手套仅作为辅助绝缘，不能作主绝缘使用。

（4）遮蔽措施。作业线路下层有低压线路合杆时，如妨碍作业，应对相关低压线路采取绝缘遮蔽措施。

（5）重合闸。本项目一般不需停用线路重合闸。

（6）关键点。

1）本作业应先加装两边相，后加装中相导线。

2）套管的接口应可靠、符合要求。

3）套管加装后应检查交叉跨越安全距离。

4）作业人员在接触带电导线前应得到工作监护人的认可。

5）在作业时，严禁人体同时接触 2 个不同的电位。

(7) 其他安全注意事项。

1) 开工前由工作负责人持带电作业工作票与当值调度取得联系，工作负责人应核对工作票中工作任务与现场工作线路名称及杆号是否一致。

2) 绝缘斗臂车应可靠接地，在作业前应进行操作检查。

3) 当斗臂车绝缘斗距有电线路1~2m或工作转移时，应缓慢移动，动作要平稳，严禁使用快速挡；绝缘斗臂车在作业时，发动机不能熄火（电能驱动型除外），以保证液压系统处于工作状态。

4) 在操作绝缘斗移动时，应防止与电杆、导线、周围障碍物、邻近绝缘斗臂车碰擦。

5) 在同杆架设线路上工作与上层线路小于安全距离规定，且无法采取安全措施时，不得进行该项工作。

6) 上、下传递工具、材料均应使用绝缘绳，严禁抛、扔。

7) 本项目工作不少于3人。

8) 使用只能下部操作的绝缘斗臂车应增加1名专门操作人员。

四、拆除绝缘套管

1. 作业方式

绝缘斗臂车、绝缘手套作业法。

2. 适用范围

10kV直线、耐张、终端杆拆除绝缘套管。

3. 人员组合

本项目需要3人，具体人员分工见表1-4-7。

表1-4-7 人员分工表

人员分工	人数	人员分工	人数
工作负责人（兼工作监护人）	1	地面电工（2号电工）	1
斗内电工（1号电工）	1		

注 绝缘斗臂车操作工由1号电工兼任。

4. 工具配备

一览表（包括个人防护用具）见表1-4-8。

表1-4-8 工具配备一览表

序号	工器具名称		规格、型号	数量	备注
1	特种车辆	绝缘斗臂车	10kV	1辆	
2	个人绝缘防护用具	绝缘手套	10kV	1副	
		防护手套		1副	
		斗内安全带		1副	
3	绝缘工器具	绝缘绳	ϕ12mm	1根	15m

5. 作业步骤

(1) 工具储运和检测。

1）领用绝缘工具、安全用具及辅助器具，应核对工器具的使用电压等级和试验周期。

2）领用绝缘工器具，应检查外观是否完好无损。

3）工器具运输前，各种工器具应存放在工具袋或工具箱内。金属工具和绝缘工器具应分开装运，以防止相互碰擦造成外表损坏，降低工器具的绝缘水平。

（2）现场操作前的准备。

1）工作负责人应按带电作业工作票内容与当值调度员联系。

2）工作负责人核对线路名称、杆号。

3）绝缘斗臂车进入合适位置，并可靠接地；根据道路情况设置安全围栏、警告标志或路障。

4）工作负责人召集工作人员交代工作任务，对工作班成员进行危险点告知、交代安全措施和技术措施，确认每一个工作班成员都已知晓，检查工作班成员精神状态是否良好，人员是否合适。

5）根据分工情况整理材料，对安全用具、绝缘工具进行检查，绝缘工具应使用绝缘检测仪进行分段绝缘检测，绝缘电阻值应不小于700MΩ（在出库前如已测试过的可省去现场测试步骤）。

6）查看确认绝缘臂、绝缘斗良好，调试斗臂车（在出车前如已调试过的可省去此步骤）。

7）1号电工戴好绝缘手套和防护手套，进入绝缘斗内，挂好保险钩。

（3）操作步骤。

1）1号电工将绝缘斗调整至中相导线附近适当位置，将导线遮蔽罩逐根撤除至绝缘斗内。

2）1号电工与2号电工配合着用绝缘绳将导线遮蔽罩吊至地面。

3）其余两相按方法1）、方法2）进行。

4）工作结束后，绝缘斗退出有电工作区域，返回地面。

（4）工作终结。

1）工作负责人对完成的工作作一个全面的检查，确认符合验收规范要求后，记录在册并召开收工会进行工作点评后，宣布工作结束。

2）工作完毕后，汇报当值调度工作已经结束，工作班撤离现场。

6. 安全措施及注意事项

（1）气象条件。

1）本项目应在良好的天气下进行；如遇雷、雨、雪、雾不得进行该项工作，风力大于5级时，不宜进行该项工作。

2）带电作业过程中若遇天气突然变化，有可能危及人身或设备安全时，应立即停止工作，尽快恢复设备正常状况，或增设临时安全措施。

3）当相对湿度大于80%时，应采取防潮措施。

（2）作业环境。

1）作业现场和绝缘斗臂车两侧，应根据道路情况设置安全围栏、警告标志或路障，防止外人进入工作区域；如在车辆繁忙地段还应与交通管理部门取得联系，以取得配合。

2）夜间进行本项目应有足够的照明。

（3）安全距离及有效绝缘长度。

1）作业用绝缘工具都应进行检测，绝缘电阻应不小于700MΩ（电极间距2cm、极间距2cm）。

2）工作时绝缘斗臂车的绝缘有效长度应不小于1m。

3）在带电作业时，应保持对地不小于0.4m，对邻相导线不小于0.6m的安全距离；如不能确保该安全距离时，应采用绝缘挡板、管、毯及其他绝缘遮蔽措施。

4）绝缘手套仅作为辅助绝缘，不能作主绝缘使用。

（4）遮蔽措施。作业线路下层有低压线路合杆时，如妨碍作业，应对相关低压线路加导线遮蔽罩或绝缘毯遮蔽。

（5）重合闸。本项目一般不需停用线路重合闸。

（6）关键点。

1）本作业应先拆除中相套管，后拆除两边相。

2）作业人员在接触带电导线前应得到工作监护人的认可。

3）在作业时，严禁人体同时接触2个不同的电位。

（7）其他安全注意事项。

1）开工前由工作负责人持带电作业工作票与当值调度取得联系，工作负责人应核对工作票中工作任务与现场工作线路名称及杆号是否一致。

2）绝缘斗臂车应可靠接地，在作业前应进行操作检查。

3）当斗臂车绝缘斗距有电线路1~2m或工作转移时，应缓慢移动，动作要平稳，严禁使用快速挡；绝缘斗臂车在作业时，发动机不能熄火（电能驱动型除外），以保证液压系统处于工作状态。

4）在操作绝缘斗移动时，应防止与电杆、导线、周围障碍物、邻近绝缘斗臂车碰擦。

5）在同杆架设线路上工作与上层线路小于安全距离规定，且无法采取安全措施时，不得进行该项工作。

6）上、下传递工具、材料均应使用绝缘绳，严禁抛、扔。

7）本项目工作不少于3人。

8）使用只能下部操作的绝缘斗臂车应增加1名专门操作人员。

第五节 大型作业项目

一、组立电杆

（一）组立直线电杆（绝缘斗臂车、绝缘操作杆作业法、绝缘手套作业法——提升导线）

1. 作业方式

绝缘斗臂车、绝缘操作杆作业法、绝缘手套作业法。

2. 适用范围

10kV组立直线杆。

3. 人员组合

本项目需要8人，具体人员分工见表1－5－1。

表1－5－1　　人员分工表

人员分工	人数	人员分工	人数
工作负责人（兼吊车指挥）	1	地面电工（3、4号电工）	2
工作监护人	1	26m斗臂车操作人员	1
斗内电工（1、2号电工）	2	8t吊车操作人员	1

4. 工具配备

一览表（包括个人防护用具）见表1－5－2。

表1－5－2　　工具配备一览表

序号	工器具名称		规格、型号	数量	备注
1	特种车辆	26m绝缘斗臂车	10kV	1辆	
		绝缘斗臂车	10kV	1辆	
		8t吊车		1辆	
2	个人绝缘防护用具	绝缘手套	10kV	1副	
		防护手套		1副	
		斗内安全带		1副	
		绝缘肩套	10kV	1件	
3	绝缘遮蔽用具	导线遮蔽罩	10kV	6根	
		导线遮蔽罩	10kV	3根	1m
		绝缘毯	10kV	3块	
		边相绝缘子绝缘遮蔽罩		2只	
		中相绝缘子绝缘遮蔽罩		1只	
4	绝缘工器具	绝缘定滑车组		3套	
		绝缘操作杆	10kV	1根	
		绝缘测高棒		1根	
		绝缘绳	ϕ14mm	2根	15m以上
		绝缘吊绳	ϕ12mm	2根	
		绝缘千斤	ϕ16mm	3根	0.8～1m
5	其他特殊工器具	马槽配套工具		1套	
		短铲		2把	

5. 作业步骤

（1）工具储运和检测。

1）领用绝缘工具、安全用具及辅助器具，应核对工器具的使用电压等级和试验周期。

2）领用绝缘工器具，应检查外观是否完好无损。

3）工器具运输前，各种工器具应存放在工具袋或工具箱内。金属工具和绝缘工器具应分开装运，以防止相互碰擦造成外表损坏，降低工器具的绝缘水平。

（2）现场操作前的准备。

1）工作负责人应按带电作业工作票内容与当值调度员联系。

2）工作负责人核对线路名称、杆号。

3）工作前工作负责人检查确认电杆质量、坑洞、马槽（长度为1.5m，成45°坡度，宽度为50cm）符合要求。

4）绝缘斗臂车、吊车进入合适位置，并可靠接地；根据道路情况设置安全围栏、警告标志或路障。

5）工作负责人召集工作人员交代工作任务，对工作班成员进行危险点告知、交代安全措施和技术措施，确认每一个工作班成员都已知晓，检查工作班成员精神状态是否良好，人员是否合适。

6）根据分工情况整理材料，对安全用具、绝缘工具进行检查，绝缘工具应使用绝缘检测仪进行分段绝缘检测，绝缘电阻值应不小于700MΩ（在出库前如已测试过的可省去现场测试步骤）。

7）查看确认绝缘臂、绝缘斗良好，调试斗臂车（在出车前如已调试过的可省去此步骤）。

8）1号电工戴好绝缘手套和防护手套，进入绝缘斗内，挂好保险钩。

（3）操作步骤。

1）地面电工将3组绝缘定滑车组分别安装在26m斗臂车绝缘臂上（间距1m），然后由工作负责人指挥斗臂车将绝缘臂调整到导线的上方2m处。

2）1号电工将绝缘斗调整到内侧导线下，得到工作监护人许可后，对内侧导线套好导线遮蔽罩，3号电工下降相应的绝缘定滑车组上的绝缘拉绳，1号电工将内侧导线放置在绝缘拉绳端部吊钩内，关好保险门，由工作负责人指挥地面电工将导线缓缓提升至合适位置，并固定好绝缘拉绳。

3）由工作负责人指挥地面工用绝缘测高棒测量从带电导线到杆洞平面的净空距离满足安全距离。

4）其余两相导线的提升按方法2）依次进行。

5）三相导线的提升，可按由简单到复杂、先易后难的原则进行，先近（内侧）后远（外侧），完成后1号电工调整绝缘斗退出工作区域。

6）地面电工将马槽配套工具放置在坑洞内，工作负责人指挥吊车开始起吊电杆。

7）地面电工将吊钩系好吊电杆千斤（吊点在电杆重心往杆顶处1.5m处）（注：同杆架设线路吊钩穿越低压线时应做好千斤的接地工作），工作负责人指挥吊车缓缓起吊电杆，在距地面1m时暂停起吊，进行下列工作：① 检查确认吊车撑脚及其他受力部位的情况正常；② 电杆杆梢1m以上，用绝缘毯或电杆遮蔽罩做好绝缘防护措施；③ 3、4号电工在吊点以下20cm处系好两侧风绳以控制电杆两侧方向。

8）工作负责人指挥吊车缓缓起吊，在起吊过程中应随时注意电杆根部是否顶住滑板向下滑动；特别是在电杆起立到60°左右时（吊臂最上方距有电线路应不少于1.5m），杆根一定要进到洞内，工作负责人应密切注意杆梢与有电线路的净空距离（最小不小于0.4m），如有疑问时，应即停止起吊，用绝缘尺测量距离，待确认无问题后，才能继续起吊电杆；在电杆起立过程中，工作监护人应站在杆洞边电杆上风侧，配合工作负责人注意控制电杆的两侧方向的平衡情况和杆根的入洞情况。

9）电杆起立，校正后回土夯实。

10）工作负责人指挥2号电工登杆，拆除立杆千斤和两侧拉绳，拆除绝缘毯，并和绝缘斗内1号电工配合安装横担、绝缘子和绝缘子绝缘遮蔽罩。

11）2号电工返回地面，吊车撤离工作区域。

12）1号电工将绝缘斗调整到中相导线下适当位置处（绝缘斗距电杆不小于0.4m），工作负责人指挥地面电工将26m斗臂车滑车组在1号电工的配合下将中相导线缓缓下降到中相绝缘子顶槽中，1号电工将中相导线用扎线固定好，撤除绝缘拉绳端部吊钩和中相绝缘子绝缘遮蔽罩。

13）其余两相导线的安装按方法12）依次进行。

14）三相导线的安装，可按由复杂到简单、先难后易的原则进行，先远（外侧）后近（内侧），或根据现场情况先中间、后两侧。

15）三相导线的安装工作结束后，按先中间、后两边的顺序撤除导线绝缘遮蔽，最后1号电工将绝缘斗退出有电工作区域，作业人员返回地面。

（4）工作终结。

1）工作负责人对完成的工作作一个全面的检查，确认符合验收规范要求后，记录在册并召开收工会进行工作点评后，宣布工作结束。

2）工作完毕后，汇报当值调度工作已经结束，工作班撤离现场。

6. 安全措施及注意事项

（1）气象条件。

1）带电作业应在良好天气下进行。如遇雷电（听见雷声、看见闪电）、雪、雹、雨、雾等，不准进行带电作业。风力大于5级时，一般不宜进行带电作业。在特殊情况下，必须在恶劣天气进行带电抢修时，应组织有关人员充分讨论并编制必要的安全措施，经本单位分管生产领导（总工程师）批准后方可进行。

2）当相对湿度大于80%时，应采取防潮措施。

（2）作业环境。

1）作业现场和绝缘斗臂车、吊车两侧，应根据道路情况设置安全围栏、警告标志或路障，防止外人进入工作区域；如在车辆繁忙地段还应与交通管理部门取得联系，以取得配合。

2）夜间作业进行带电作业应有足够的照明。

（3）安全距离及有效绝缘长度。

1）作业用绝缘工具都应经过检测，绝缘电阻应不小于700MΩ（电极间距2cm、极间距2cm）。

2）工作时绝缘斗臂车的绝缘有效长度应不小于1m。

3）在带电作业时，应保持对地不小于0.4m，对邻相导线不小于0.6m的安全距离；如不能确保该安全距离时，应采用绝缘挡板、管、毯及其他绝缘遮蔽措施。

4）绝缘手套仅作为辅助绝缘，不能作主绝缘使用。

（4）遮蔽措施。

1）三相导线加导线遮蔽罩。

2）电杆吊起时应在电杆梢部加绝缘毯或导线遮蔽罩。

3）新立电杆上绝缘子上加装绝缘子绝缘遮蔽罩或绝缘毯遮蔽。

4）作业线路下层有低压线路合杆时，如妨碍作业，应对相关低压线路采取绝缘遮蔽措施。

（5）重合闸。本项目需停用线路重合闸。

（6）关键点。

1）作业人员在接触带电导线前应得到工作监护人的认可。

2）电杆起立过程中，工作人员应密切注意电杆与有电线路的保持0.4m以上安全距离。

3）立杆时，吊车吊臂与有电线路保持1.5m以上安全距离；电杆起立超过60°后，杆根不应离地并同时注意电杆与有电线路保持不小于0.4m的安全距离，如有疑问应停止起吊。

4）2号电工在登杆作业时，应对有电线路保持不小于0.4m的安全距离。

5）提升导线前及提升过程中，应检查两侧电杆上的导线扎线是否牢靠，如有松动、脱线现象，必须重新绑扎加固后方可进行作业。

6）提升和下降导线时，要缓缓进行，以防止导线晃动造成相间短路；地面的绝缘绳固定应可靠牢固，不可松动。

7）在作业时，严禁人体同时接触2个不同的电位。

（7）其他安全注意事项。

1）开工前由工作负责人持带电作业工作票与当值调度取得联系，工作负责人应核对工作票中工作任务与现场工作线路名称及杆号是否一致。

2）绝缘斗臂车、吊车应可靠接地，在作业前应进行操作检查。

3）当斗臂车绝缘斗距有电线路1～2m或工作转移时，应缓慢移动，动作要平稳，严禁使用快速挡；绝缘斗臂车在作业时，发动机不能熄火（电能驱动型除外），以保证液压系统处于工作状态。

4）在操作绝缘斗移动时，应防止与电杆、导线、周围障碍物、邻近绝缘斗臂车碰擦。

5）在同杆架设线路上工作时与上层线路小于安全距离规定，且无法采取安全措施时，不得进行该项工作。

6）上、下传递工具、材料均应使用绝缘绳，严禁抛、扔。

7）本项目工作不少于8人。

（二）组立直线电杆（绝缘斗臂车、绝缘操作杆作业法、绝缘手套作业法——支撑导线）

1. 作业方式

绝缘斗臂车、绝缘操作杆作业法、绝缘手套作业法。

2. 适用范围

10kV组立直线杆。

3. 人员组合

本项目需要7人，具体人员分工见表1-5-3。

表1－5－3　　人员分工表

人员分工	人数	人员分工	人数
工作负责人（兼吊车指挥）	1	杆上电工（2号电工）	1
工作监护人	1	地面电工（3、4号电工）	2
斗内电工（1号电工）	1	8t吊车操作人员	1

4. 工具配备

一览表（包括个人防护用具）见表1－5－4。

表1－5－4　　工具配备一览表

序号	工器具名称		规格、型号	数量	备注
1	特种车辆	绝缘斗臂车	10kV	1辆	绝缘横担支架
2		8t吊车		1辆	
3	个人绝缘防护用具	绝缘手套	10kV	1副	
4		防护手套		1副	
5		斗内安全带		1副	
6		绝缘肩套	10kV	1件	
7	绝缘遮蔽用具	导线遮蔽罩	10kV	6根	
8		导线遮蔽罩	10kV	3根	1m
9		绝缘毯	10kV	3块	
10		绝缘子绝缘遮蔽罩	边相	2只	
11		绝缘子绝缘遮蔽罩	中相	1只	
12	绝缘工器具	绝缘操作杆		1根	
13		绝缘测高棒		1根	
14		绝缘绳	ϕ14mm	2根	15m以上
15		绝缘吊绳	ϕ12mm	2根	
16		绝缘千斤	ϕ16mm	3根	0.8～1m
17	其他工器具	马槽配套工具		1套	
18		短铲		2把	

5. 作业步骤

（1）工具储运和检测。

1）领用绝缘工具、安全用具及辅助器具，应核对工器具的使用电压等级和试验周期。

2）领用绝缘工器具，应检查外观是否完好无损。

3）工器具运输前，各种工器具应存放在工具袋或工具箱内。金属工具和绝缘工器具应分开装运，以防止相互碰擦造成外表损坏，降低工器具的绝缘水平。

（2）现场操作前的准备。

1）工作负责人应按带电作业工作票内容与当值调度员联系。

2）工作负责人核对线路名称、杆号。

3）工作前工作负责人检查确认电杆质量、坑洞、马槽（长度为1.5m，成45°坡度，宽度为50cm）符合要求。

4）绝缘斗臂车、吊车进入合适位置，并可靠接地；根据道路情况设置安全围栏、警告标志或路障。

5）工作负责人召集工作人员交代工作任务，对工作班成员进行危险点告知、交代安全措施和技术措施，确认每一个工作班成员都已知晓，检查工作班成员精神状态是否良好，人员是否合适。

6）根据分工情况整理材料，对安全用具、绝缘工具进行检查，绝缘工具应使用绝缘检测仪进行分段绝缘检测，绝缘电阻值应不小于700MΩ（在出库前如已测试过的可省去现场测试步骤）。

7）查看确认绝缘臂、绝缘斗良好，调试斗臂车（在出车前如已调试过的可省去此步骤）。

8）1号电工戴好绝缘手套和防护手套，进入绝缘斗内，挂好保险钩。

（3）操作步骤。

1）1号电工将绝缘斗调整到内侧导线下，得到工作监护人许可后，对内侧导线套好导线遮蔽罩。

2）其余两相按方法1）进行，由内到外，先两侧后中相。

3）将绝缘斗返回地面，在地面电工协助下在吊臂上组装撑杆及绝缘横担后返回导线下准备支撑导线。

4）1号电工调整吊臂使三相导线分别置于绝缘横担上的滑轮内，然后用操作杆加上保险。

5）1号电工操作将绝缘撑杆缓缓上升，支撑起三相导线，使导线抬升到一定高度后，由工作负责人指挥地面工用绝缘测高杆测量从带电导线到杆洞平面的净空距离是否满足安全距离（具体净空距离见GB/T 18857—2008《配电线路带电作业技术导则》），如不满足，需继续提升导线，同时应派人观察相临两侧电杆横担导线扎线有无松动现象。

6）地面电工将马槽配套工具放置在坑洞内，工作负责人指挥吊车开始起吊电杆。

7）地面电工将吊钩系好吊电杆千斤（吊点在电杆重心上方1.5m处），工作负责人指挥吊车缓缓起吊电杆，在距地面1m时暂停起吊，进行下列工作：① 检查确认吊车撑脚及其他受力部位的情况正常；② 电杆杆梢1m以上，用绝缘毯或电杆遮蔽罩做好绝缘防护措施；③ 3、4号电工在吊点以下20cm处系好两侧风绳以控制电杆两侧方向。

8）工作负责人指挥吊车缓缓起吊，在起吊过程中应随时注意电杆根部是否顶住滑板向下滑动；特别是在电杆起立到60°左右时（吊臂最上方距有电线路应不少于1.5m），杆根一定要进到洞内，工作负责人应密切注意杆梢与有电线路的净空距离（最小不小于0.4m），如有疑问时，应即停止起吊，用绝缘尺测量距离，待确认无问题后，才能继续起吊电杆；在电杆起立过程中，工作监护人应站在杆洞边电杆上风侧，配合工作负责人注意控制电杆的两侧方向的平衡情况和杆根的入洞情况。

9）电杆起立，校正后回土夯实。

10）工作负责人指挥2号电工登杆，撤除立杆千斤和两侧拉绳，撤除绝缘毯，并和绝缘斗内1号电工配合着安装横担、绝缘子和绝缘子绝缘遮蔽罩。

11）2号电工返回地面，吊车撤离工作区域。

12）1号电工在监护人的许可下，操作将绝缘撑杆缓缓下降，将中相导线下降落到中相绝缘子后停止，由1号电工将中相导线用扎线固定在绝缘子上，继续下降绝缘撑杆，并按相同方法分别固定导线；三相导线的固定，可按由按先中间、后两边的程序用扎线分别固定在绝缘子上。

13）1号电工将绝缘横担上的滑轮保险打开，操作绝缘吊臂或绝缘撑杆使绝缘横担缓缓脱离导线。

14）三相导线的安装工作结束后，按先中间、后两边的顺序撤除导线绝缘遮蔽、绝缘子绝缘遮蔽罩，最后1号电工将绝缘斗退出有电工作区域，作业人员返回地面。

（4）工作终结。

1）工作负责人对完成的工作作一个全面的检查，确认符合验收规范要求后，记录在册并召开收工会进行工作点评后，宣布工作结束。

2）工作完毕后，汇报当值调度工作已经结束，工作班撤离现场。

6. 安全措施及注意事项

（1）气象条件。

1）带电作业应在良好天气下进行。如遇雷电（听见雷声、看见闪电）、雪、雹、雨、雾等，不准进行带电作业。风力大于5级时，一般不宜进行带电作业。在特殊情况下，必须在恶劣天气进行带电抢修时，应组织有关人员充分讨论并编制必要的安全措施，经本单位分管生产领导（总工程师）批准后方可进行。

2）当相对湿度大于80%时，应采取防潮措施。

（2）作业环境。

1）作业现场和绝缘斗臂车、吊车两侧，应根据道路情况设置安全围栏、警告标志或路障，防止外人进入工作区域；如在车辆繁忙地段还应与交通管理部门取得联系，以取得配合。

2）夜间作业进行带电作业应有足够的照明。

（3）安全距离及有效绝缘长度。

1）作业用绝缘工具都应经过检测，绝缘电阻应不小于700MΩ（电极间距2cm、极间距2cm）。

2）工作时绝缘斗臂车的绝缘有效长度应不小于1m。

3）在带电作业时，应保持对地不小于0.4m，对邻相导线不小于0.6m的安全距离；如不能确保该安全距离时，应采用绝缘挡板、管、毯及其他绝缘遮蔽措施。

4）绝缘手套仅作为辅助绝缘，不能作主绝缘使用。

（4）遮蔽措施。

1）三相导线加导线遮蔽罩。

2）电杆吊起时应在电杆梢部加绝缘毯或导线遮蔽罩。

3）新立电杆上绝缘子上加装绝缘子绝缘遮蔽罩。

4）作业线路下层有低压线路合杆时，如妨碍作业，应对相关低压线路采取绝缘遮蔽措施。

（5）重合闸。本项目需停用线路重合闸。

（6）关键点。

1）作业人员在接触带电导线前应得到工作监护人的认可。

2）电杆起立过程中，工作人员应密切注意电杆与有电线路的保持0.7m以上安全距离。

3）立杆时，吊车吊臂与有电线路保持1.5m以上安全距离；电杆起立超过60°后，杆根不应离地。

4）2号电工在登杆作业时，应对有电线路保持不小于0.4m的安全距离。

5）支撑导线过程中，应检查两侧电杆上的导线扎线是否牢靠，如有松动、脱线现象，必须重新绑扎加固后方可进行作业。

6）导线时升降时，要缓缓进行，以防止导线晃动造成相间短路；地面的绝缘绳固定应可靠牢固，不可松动。

7）在作业时，严禁人体同时接触2个不同的电位。

（7）其他安全注意事项。

1）开工前由工作负责人持带电作业工作票与当值调度取得联系，工作负责人应核对工作票中工作任务与现场工作线路名称及杆号是否一致。

2）绝缘斗臂车、吊车应可靠接地，在作业前应进行操作检查。

3）当斗臂车绝缘斗距有电线路1~2m或工作转移时，应缓慢移动，动作要平稳，严禁使用快速挡；绝缘斗臂车在作业时，发动机不能熄火（电能驱动型除外），以保证液压系统处于工作状态。

4）在操作绝缘斗移动时，应防止与电杆、导线、周围障碍物、邻近绝缘斗臂车碰擦。

5）在同杆架设线路上工作时与上层线路小于安全距离规定，且无法采取安全措施时，不得进行该项工作。

6）上、下传递工具、材料均应使用绝缘绳，严禁抛、扔。

7）本项目工作不少于7人。

（三）组立直线电杆（绝缘斗臂车、绝缘操作杆作业法、绝缘手套作业法——吊车提升导线）

1. 作业方式

绝缘斗臂车、绝缘操作杆作业法、绝缘手套作业法。

2. 适用范围

10kV组立直线杆。

3. 人员组合

本项目需要8人，具体人员分工见表1-5-5。

表1-5-5 人员分工表

人员分工	人数	人员分工	人数
工作负责人（兼吊车指挥）	1	杆上电工（2号电工）	1
工作监护人	1	地面电工（3、4号电工）	2
斗内电工（1号电工）	1	8t吊车操作人员	2

4. 工具配备

一览表（包括个人防护用具）见表1－5－6。

表1－5－6　　　　　　　　　　　　**工具配备一览表**

序号	工器具名称		规格、型号	数量	备注
1	特种车辆	绝缘斗臂车	10kV	1辆	
2		8t吊车		2辆	
3	个人绝缘防护用具	绝缘手套	10kV	1副	
4		防护手套		1副	
5		斗内安全带		1副	
6		绝缘肩套	10kV	1件	
7	绝缘遮蔽用具	导线遮蔽罩	10kV	6根	
8		导线遮蔽罩	10kV	3根	1m
9		绝缘毯	10kV	3块	
10		边相绝缘子绝缘遮蔽罩		2只	
11		中相绝缘子绝缘遮蔽罩		1只	
12	绝缘工器具	绝缘定滑车组		3套	
13		绝缘横担		1套	
14		绝缘操作杆	10kV	1根	
15		绝缘测高棒		1根	
16		绝缘绳	ϕ14mm	2根	15m以上
17		绝缘吊绳	12mm	2根	
18		绝缘千斤	ϕ16mm	3根	0.8～1m
19	其他特殊工器具	马槽配套工具		1套	
20		短铲		2把	

5. 作业步骤

（1）工具储运和检测。

1）领用绝缘工具、安全用具及辅助器具，应核对工器具的使用电压等级和试验周期。

2）领用绝缘工器具，应检查外观是否完好无损。

3）工器具运输前，各种工器具应存放在工具袋或工具箱内。金属工具和绝缘工器具应分开装运，以防止相互碰擦造成外表损坏，降低工器具的绝缘水平。

（2）现场操作前的准备。

1）工作负责人应按带电作业工作票内容与当值调度员联系。

2）工作负责人核对线路名称、杆号。

3）工作前工作负责人检查确认电杆质量、坑洞、马槽（长度为1.5m，成45°坡度，宽度为50cm）符合要求。

4）绝缘斗臂车、吊车进入合适位置，并可靠接地，根据道路情况设置安全围栏、警告标志或路障。

5）工作负责人召集工作人员交代工作任务，对工作班成员进行危险点告知、交代安全措施和技术措施，确认每一个工作班成员都已知晓，检查工作班成员精神状态是否良好，人员是否合适。

6）根据分工情况整理材料，对安全用具、绝缘工具进行检查，绝缘工具应使用绝缘检测仪进行分段绝缘检测，绝缘电阻值应不小于700MΩ（在出库前如已测试过的可省去现场测试步骤）。

7）查看确认绝缘臂、绝缘斗良好，调试斗臂车（在出车前如已调试过的可省去此步骤）。

8）1号电工戴好绝缘手套和防护手套，进入绝缘斗内，挂好保险钩。

（3）操作步骤。

1）地面电工将3组绝缘定滑车组分别安装在绝缘横担上（间距1m），并用绝缘绳固定在吊车甲吊钩上，然后由工作负责人指挥吊车甲将绝缘臂调整到导线的上方2m处（吊车甲臂架距带电导线不少于1.5m）。

2）1号电工将绝缘斗调整到内侧导线下，得到工作监护人许可后，对内侧导线套好导线遮蔽罩，3号电工下降相应的绝缘定滑车组上的绝缘拉绳，1号电工将内侧导线放置在绝缘拉绳端部吊钩内，关好保险门，由工作负责人指挥地面电工将导线缓缓提升至合适位置，并固定好绝缘拉绳。

3）由工作负责人指挥地面工用绝缘测高棒测量从带电导线到杆洞平面的净空距离是否满足安全距离（具体净空距离见GB/T 18857—2008）。

4）其余两相导线的提升按方法2）依次进行。

5）三相导线的提升，可按由简单到复杂、先易后难的原则进行，先近（内侧）后远（外侧），完成后1号电工调整绝缘斗退出工作区域。

6）地面电工将马槽配套工具放置在坑洞内，工作负责人指挥吊车乙开始起吊电杆。

7）地面电工将吊钩系好吊电杆千斤（吊点在电杆重心上方1.5m处），工作负责人指挥吊车乙缓缓起吊电杆，在距地面1m时暂停起吊，进行下列工作：① 检查确认吊车乙撑脚及其他受力部位的情况正常；② 电杆杆梢1m以上，用绝缘毯或电杆遮蔽罩做好绝缘防护措施；③ 3、4号电工在吊点以下20cm处系好两侧风绳以控制电杆两侧方向。

8）工作负责人指挥吊车缓缓起吊，在起吊过程中应随时注意电杆根部是否顶住滑板向下滑动；特别是在电杆起立到60°左右时（吊臂最上方距有电线路应不少于1.5m），杆根一定要进到洞内，工作负责人应密切注意杆梢与有电线路的净空距离（最小不小于0.4m），如有疑问时，应即停止起吊，用绝缘尺测量距离，待确认无问题后，才能继续起吊电杆；在电杆起立过程中，工作监护人应站在杆洞边电杆上风侧，配合工作负责人注意控制电杆的两侧方向的平衡情况和杆根的入洞情况。

9）电杆起立，校正后回土夯实。

10）工作负责人指挥2号电工登杆，撤除立杆千斤和两侧拉绳，撤除绝缘毯，并和绝缘斗内1号电工配合着安装横担、绝缘子和绝缘子绝缘遮蔽罩。

11）2号电工返回地面，吊车撤离工作区域。

12）1号电工将绝缘斗调整到中相导线下适当位置处（绝缘斗距电杆不小于0.4m），工作负责人指挥地面电工将吊车甲滑车组在1号电工的配合下，将中相导线缓缓下降到中相绝缘子顶槽中，1号电工将中相导线用扎线固定好，撤除绝缘拉绳端部吊钩和绝缘子绝缘遮蔽罩。

13）其余两相导线的安装按方法12）依次进行。

14）三相导线的安装，可按由复杂到简单、先难后易的原则进行，先远（外侧）后近（内侧），或根据现场情况先中间、后两侧。

15）三相导线的安装工作结束后，按先中间、后两边的顺序撤除导线绝缘遮蔽，最后1号电工将绝缘斗退出有电工作区域，返回地面。

（4）工作终结。

1）工作负责人对完成的工作作一个全面的检查，确认符合验收规范要求后，记录在册并召开收工会进行工作点评后，宣布工作结束。

2）工作完毕后，汇报当值调度工作已经结束，工作班撤离现场。

6. 安全措施及注意事项

（1）气象条件。

1）带电作业应在良好天气下进行。如遇雷电（听见雷声、看见闪电）、雪、雹、雨、雾等，不准进行带电作业。风力大于5级时，一般不宜进行带电作业。在特殊情况下，必须在恶劣天气进行带电抢修时，应组织有关人员充分讨论并编制必要的安全措施，经本单位分管生产领导（总工程师）批准后方可进行。

2）当相对湿度大于80%时，应采取防潮措施。

（2）作业环境。

1）作业现场和绝缘斗臂车、吊车两侧，应根据道路情况设置安全围栏、警告标志或路障，防止外人进入工作区域；如在车辆繁忙地段还应与交通管理部门取得联系，以取得配合。

2）夜间作业进行带电作业应有足够的照明。

（3）安全距离及有效绝缘长度。

1）作业用绝缘工具都应经过检测，绝缘电阻应不小于700MΩ（电极间距2cm、极间距2cm）。

2）工作时绝缘斗臂车的绝缘有效长度应不小于1m。

3）在带电作业时，应保持对地不小于0.4m，对邻相导线不小于0.6m的安全距离；如不能确保该安全距离时，应采用绝缘挡板、管、毯及其他绝缘遮蔽措施。

4）绝缘手套仅作为辅助绝缘，不能作主绝缘使用。

（4）遮蔽措施。

1）三相导线加导线遮蔽罩。

2）电杆吊起时应在电杆梢部加绝缘毯或导线遮蔽罩。

3）新立电杆上绝缘子上加装绝缘子绝缘遮蔽罩。

4）作业线路下层有低压线路合杆时，如妨碍作业，应对相关低压线路采取绝缘遮蔽措施。

（5）重合闸。本项目需停用线路重合闸。

（6）关键点。

1）作业人员在接触带电导线前应得到工作监护人的认可。

2）电杆起立过程中，工作人员应密切注意电杆与有电线路保持0.7m以上安全距离。

3）立杆时，吊车吊臂与有电线路保持1.5m以上安全距离；电杆起立超过60°后，杆根不应离地。

4）2号电工在登杆作业时，应对有电线路保持不小于0.4m的安全距离。

5）提升导线前及提升过程中，应检查两侧电杆上的导线扎线是否牢靠，如有松动、脱线现象，必须重新绑扎加固后方可进行作业。

6）提升和下降导线时，要缓缓进行，并用绝缘绳控制绝缘横担的平衡以防止导线晃动，以造成相间短路；地面的绝缘绳固定应可靠牢固，不可松动。

7）在作业时，严禁人体同时接触2个不同的电位。

（7）其他安全注意事项。

1）开工前由工作负责人持带电作业工作票与当值调度取得联系，工作负责人应核对工作票中工作任务与现场工作线路名称及杆号是否一致。

2）绝缘斗臂车、吊车应可靠接地，在作业前应进行操作检查。

3）当斗臂车绝缘斗距有电线路1～2m或工作转移时，应缓慢移动，动作要平稳，严禁使用快速挡；绝缘斗臂车在作业时，发动机不能熄火（电能驱动型除外），以保证液压系统处于工作状态。

4）在操作绝缘斗移动时，应防止与电杆、导线、周围障碍物、邻近绝缘斗臂车碰擦。

5）在同杆架设线路上工作与上层线路小于安全距离规定，且无法采取安全措施时，不得进行该项工作。

6）上、下传递工具、材料均应使用绝缘绳，严禁抛、扔。

7）本项目工作不少于8人。

（四）组立直线电杆（绝缘斗臂车、绝缘操作杆作业法、绝缘手套作业法——提升导线穿挡）

1. 作业方式

绝缘斗臂车、绝缘操作杆作业法、绝缘手套作业法。

2. 适用范围

10kV组立直线杆。

3. 人员组合

本项目需要8人，具体人员分工见表1－5－7。

表1－5－7　　人员分工表

人员分工	人数	人员分工	人数
工作负责人（兼吊车指挥）	1	地面电工（3、4号电工）	2
工作监护人	1	8t吊车操作人员	1
斗内电工（1号电工）	1	26m斗臂车操作人员	1
杆上电工（2号电工）	1		

4. 工具配备

一览表（包括个人防护用具）见表1-5-8。

表1-5-8　　工具配备一览表

序号	工器具名称		规格、型号	数量	备注
1	特种车辆	绝缘斗臂车	10kV	1辆	
2		26m绝缘斗臂车	10kV	1辆	
3		8t吊车		1辆	
4	个人绝缘防护用具	绝缘手套	10kV	3副	
5		防护手套		3副	
6		斗内安全带		1副	
7		绝缘靴	10kV	2双	
8		绝缘肩套	10kV	1件	
9	绝缘遮蔽用具	导线遮蔽罩	10kV	6根	
10		导线遮蔽罩	10kV	3根	1m
11		绝缘毯	10kV	3块	
12		绝缘子绝缘遮蔽罩	边相	2只	
13		杆顶绝缘遮蔽罩	45kV	1套	
14		绝缘子绝缘遮蔽罩	中相	1只	
15	绝缘工器具	绝缘定滑车组		3套	
16		绝缘操作杆	10kV	1根	
17		绝缘测高棒		1根	
18		绝缘绳	ϕ14mm	3根	15m以上
19		绝缘吊绳	ϕ12mm	2根	
20		绝缘千斤	ϕ16mm	1根	0.8~1m
21	其他特殊工器具	短铲		2把	

5. 作业步骤

（1）工具储运和检测。

1）领用绝缘工具、安全用具及辅助器具，应核对工器具的使用电压等级和试验周期。

2）领用绝缘工器具，应检查外观是否完好无损。

3）工器具运输前，各种工器具应存放在工具袋或工具箱内，金属工具和绝缘工器具应分开装运，以防止相互碰擦造成外表损坏，降低工器具的绝缘水平。

（2）现场操作前的准备。

1）工作负责人应按带电作业工作票内容与当值调度员联系。

2）工作负责人核对线路名称、杆号。

3）工作前工作负责人检查确认电杆质量、坑洞符合要求。

4）绝缘斗臂车、吊车进入合适位置，并可靠接地；根据道路情况设置安全围栏、警告标志或路障。

5）工作负责人召集工作人员交代工作任务，对工作班成员进行危险点告知、交代安全措施和技术措施，确认每一个工作班成员都已知晓，检查工作班成员精神状态是否良好，人员是否合适。

6）根据分工情况整理材料，对安全用具、绝缘工具进行检查，绝缘工具应使用绝缘检测仪进行分段绝缘检测，绝缘电阻值应不小于700MΩ（在出库前如已测试过的可省去现场测试步骤）。

7）查看确认绝缘臂、绝缘斗良好，调试斗臂车（在出车前如已调试过的可省去此步骤）。

8）1号电工戴好绝缘手套和防护手套，进入绝缘斗内，挂好保险钩。

（3）操作步骤。

1）地面电工将3组绝缘定滑车组分别安装在26m斗臂车绝缘臂上（间距1m），然后由工作负责人指挥斗臂车将绝缘臂调整到导线的上方2m处。

2）1号电工将绝缘斗调整到内侧导线下，得到工作监护人许可后，对内侧导线套好导线遮蔽罩，3号电工下降相应的绝缘定滑车组上的绝缘拉绳，1号电工将内侧导线放置在绝缘拉绳端部吊钩内，关好保险门，由工作负责人指挥地面电工将导线缓缓提升至合适位置，并固定好绝缘拉绳。

3）由工作负责人指挥地面电工用绝缘测高杆测量从带电导线到杆洞平面的净空距离是否满足安全距离（具体净空距离见GB/T 18857—2008）。

4）其余两相导线的提升按方法2）依次进行。

5）三相导线的提升，可按由简单到复杂、先易后难的原则进行，先近（内侧）后远（外侧），完成后1号电工调整绝缘斗退出工作区域。

6）工作负责人指挥吊车开始起吊电杆。

7）地面工将吊钩系好吊电杆千斤（吊点在电杆重心上方0.5～1m处），工作负责人指挥吊车缓缓起吊电杆，在距地面1m时暂停起吊，进行下列工作：① 检查确认吊车撑脚及其他受力部位的情况正常；② 在电杆端部罩上电杆遮蔽罩，做好绝缘防护措施；③ 3、4号电工在吊点以下20cm处系好两侧风绳以控制电杆两侧方向。

8）工作负责人指挥吊车缓缓起吊，特别是在电杆起立到杆顶接近、穿越导线时，3、4号电工穿好绝缘靴、戴好绝缘手套及防护手套，控制控制杆根以减少电杆晃动，工作负责人应密切注意杆顶遮蔽罩与有电线路的距离，严禁遮蔽罩警示线超出有电线路，如有疑问时，应即停止起吊，待确认无问题后，才能继续起吊电杆；在电杆起立过程中，工作监护人应站在杆洞边电杆上风侧，配合工作负责人注意控制电杆的两侧方向的平衡情况和杆根的入洞情况。

9）电杆起立，校正后回土夯实。

10）工作负责人指挥2号电工登杆，拆除立杆千斤和两侧拉绳，同时1号电工在地面电工协助下组装绝缘小吊臂，将绝缘斗臂车驶到杆顶附近并和2号电工配合着将绝缘遮蔽罩吊下，并安装横担、绝缘子和绝缘子绝缘遮蔽罩。

11）1号电工返回地面，在地面电工协助下拆除绝缘小吊臂；2号电工返回地面，吊车撤离工作区域。

12）1号电工将绝缘斗调整到中相导线下适当位置处（绝缘斗距电杆不小于0.4m），工作负责人指挥地面电工将26m斗臂车滑车组在1号电工的配合下将中相导线缓缓下降到中相绝缘子顶槽中，1号电工将中相导线用扎线固定好，撤除绝缘拉绳端部吊钩和绝缘子绝缘遮蔽罩。

13）其余两相导线的安装按方法12）依次进行。

14）三相导线的安装，可按由复杂到简单、先难后易的原则进行，先远（外侧）后近（内侧），或根据现场情况先中间、后两侧。

15）三相导线的安装工作结束后，按先中间、后两边的顺序撤除导线绝缘遮蔽，最后1号电工将绝缘斗退出有电工作区域，返回地面。

（4）工作终结。

1）工作负责人对完成的工作作一个全面的检查，确认符合验收规范要求后，记录在册并召开收工会进行工作点评后，宣布工作结束。

2）工作完毕后，汇报当值调度工作已经结束，工作班撤离现场。

6. 安全措施及注意事项

（1）气象条件。

1）带电作业应在良好天气下进行。如遇雷电（听见雷声、看见闪电）、雪、雹、雨、雾等，不准进行带电作业。风力大于5级时，一般不宜进行带电作业。在特殊情况下，必须在恶劣天气进行带电抢修时，应组织有关人员充分讨论并编制必要的安全措施，经本单位分管生产领导（总工程师）批准后方可进行。

2）当相对湿度大于80%时，应采取防潮措施。

（2）作业环境。

1）作业现场和绝缘斗臂车、吊车两侧，应根据道路情况设置安全围栏、警告标志或路障，防止外人进入工作区域；如在车辆繁忙地段还应与交通管理部门取得联系，以取得配合。

2）夜间作业进行带电作业应有足够的照明。

（3）安全距离及有效绝缘长度。

1）作业用绝缘工具都应经过检测，绝缘电阻应不小于700MΩ（电极间距2cm、极间距2cm）。

2）工作时绝缘斗臂车的绝缘有效长度应不小于1m。

3）在带电作业时，应保持对地不小于0.4m，对邻相导线不小于0.6m的安全距离；如不能确保该安全距离时，应采用绝缘挡板、管、毯及其他绝缘遮蔽措施。

4）绝缘手套仅作为辅助绝缘，不能作主绝缘使用。

（4）遮蔽措施。

1）三相导线加导线遮蔽罩。

2）电杆吊起时应在电杆梢部加电杆遮蔽罩或特殊绝缘毯。

3）新立电杆上绝缘子上加装绝缘子绝缘遮蔽罩。

4）作业线路下层有低压线路合杆时，如妨碍作业，应对相关低压线路采取绝缘遮蔽措施。

（5）重合闸。本项目需停用线路重合闸。

（6）关键点。

1）作业人员在接触带电导线前应得到工作监护人的认可。

2）电杆起立过程中，工作人员应密切注意电杆与有电线路保持0.7m以上安全距离。

3）立杆时，吊车吊臂与有电线路保持1.5m以上安全距离；电杆起立超过60°后，杆根不应离地。

4）2号电工在登杆作业时，应对有电线路保持不小于0.4m的安全距离。

5）地面电工在挡电杆根部的时候，必须穿好绝缘靴、戴好绝缘手套及防护手套，严禁用手直接接触穿越线档过程中的电杆。

6）提升导线前及提升过程中，应检查两侧电杆上的导线扎线是否牢靠，如有松动、脱线现象，必须重新绑扎加固后方可进行作业。

7）提升和下降导线时，要缓缓进行，以防止导线晃动造成相间短路；地面的绝缘绳固定应可靠牢固，不可松动。

8）在作业时，严禁人体同时接触2个不同的电位。

（7）其他安全注意事项。

1）开工前由工作负责人持带电作业工作票与当值调度取得联系，工作负责人应核对工作票中工作任务与现场工作线路名称及杆号是否一致。

2）绝缘斗臂车、吊车应可靠接地，在作业前应进行操作检查。

3）当斗臂车绝缘斗距有电线路1～2m或工作转移时，应缓慢移动，动作要平稳，严禁使用快速挡；绝缘斗臂车在作业时，发动机不能熄火（电能驱动型除外），以保证液压系统处于工作状态。

4）在操作绝缘斗移动时，应防止与电杆、导线、周围障碍物、邻近绝缘斗臂车碰擦。

5）在同杆架设线路上工作与上层线路小于安全距离规定，且无法采取安全措施时，不得进行该项工作。

6）上、下传递工具、材料均应使用绝缘绳，严禁抛、扔。

7）本项目工作不少于8人。

二、撤除电杆

（一）撤除直线电杆（绝缘斗臂车、绝缘操作杆作业法、绝缘手套作业法——提升导线）

1. 作业方式

绝缘斗臂车、绝缘操作杆作业法、绝缘手套作业法。

2. 适用范围

10kV撤除直线杆。

3. 人员组合

本项目需要7人，具体人员分工见表1－5－9。

表1-5-9 人员分工表

人员分工	人数	人员分工	人数
工作负责人（兼吊车指挥）	1	地面电工（2、3号电工）	2
工作监护人	1	8t吊车操作人员	1
斗内电工（1号电工）	1	26m斗臂车操作人员	1

4. 工具配备

一览表（包括个人防护用具）见表1-5-10。

表1-5-10 工具配备一览表

序号	工器具名称		规格、型号	数量	备注
1	特种车辆	绝缘斗臂车	10kV	1辆	
2		26m绝缘斗臂车	10kV	1辆	
3		8t吊车		1辆	
4	个人绝缘防护用具	绝缘手套	10kV	1副	
5		防护手套		1副	
6		斗内安全带		1副	
7		绝缘肩套	10kV	1件	
8	绝缘遮蔽用具	导线遮蔽罩	10kV	6根	
9		导线遮蔽罩	10kV	3根	1m
10		绝缘毯	10kV	3块	
11		绝缘子绝缘遮蔽罩	边相	2只	
12		绝缘子绝缘遮蔽罩	中相	1只	
13	绝缘工器具	绝缘定滑车组		3套	
14		绝缘操作杆		1根	
15		绝缘绳	ϕ14mm	2根	15m以上
16		绝缘吊绳	ϕ12mm	2根	
17		绝缘千斤	ϕ16mm	3根	0.8~1m
18	其他特殊工器具	短铲		2把	

5. 作业步骤

(1) 工具储运和检测。

1) 领用绝缘工具、安全用具及辅助器具，应核对工器具的使用电压等级和试验周期。

2) 领用绝缘工器具，应检查外观是否完好无损。

3) 工器具运输前，各种工器具应存放在工具袋或工具箱内，金属工具和绝缘工器具应分开装运，以防止相互碰擦造成外表损坏，降低工器具的绝缘水平。

(2) 现场操作前的准备。

1) 工作负责人应按带电作业工作票内容与当值调度员联系。

2) 工作负责人核对线路名称、杆号。

3）工作前工作负责人检查确认电杆质量符合要求。

4）绝缘斗臂车、吊车进入合适位置，并可靠接地；根据道路情况设置安全围栏、警告标志或路障。

5）工作负责人召集工作人员交代工作任务，对工作班成员进行危险点告知、交代安全措施和技术措施，确认每一个工作班成员都已知晓，检查工作班成员精神状态是否良好，人员是否合适。

6）根据分工情况整理材料，对安全用具、绝缘工具进行检查，绝缘工具应使用绝缘检测仪进行分段绝缘检测，绝缘电阻值应不小于700MΩ（在出库前如已测试过的可省去现场测试步骤）。

7）查看确认绝缘臂、绝缘斗良好，调试斗臂车（在出车前如已调试过的可省去此步骤）。

8）1号电工戴好绝缘手套和防护手套，进入绝缘斗内，挂好保险钩。

（3）操作步骤。

1）地面电工将3组绝缘定滑车组分别安装在26m斗臂车绝缘臂上（间距1m），然后由工作负责人指挥斗臂车将绝缘臂调整到导线的上方2m左右处。

2）1号电工将绝缘斗调整到内侧导线下，得到工作监护人许可后，对内侧导线套好导线遮蔽罩，3号电工下降相应的绝缘定滑车组上的绝缘拉绳，1号电工将内侧导线放置在绝缘拉绳端部吊钩内，关好保险门；1号电工加好绝缘子绝缘遮蔽罩，拆除相应导线扎线，由工作负责人指挥地面电工将导线缓缓提升至超出杆顶1m以上，并固定好绝缘拉绳。

3）其余两相导线的提升按方法2）依次进行。

4）三相导线的提升，可按由简单到复杂、先易后难的原则进行，先近（内侧）后远（外侧），先两边相后中相。

5）提升导线工作结束后1号电工拆除电杆所有设备，准备安装电杆千斤（吊点在电杆地上部分1/2处）（注：同杆架设线路吊钩穿越低压线时应做好千斤的接地工作；低压导线应加装导线遮蔽罩并用绝缘绳向两侧拉开，增加电杆下降的通道宽度；并在电杆低压导线下方位置增加两道横风绳）。

6）工作负责人指挥吊车开始准备起吊电杆。

7）工作负责人指挥吊车缓缓起吊电杆，在电杆千斤完全受力时暂停起吊，进行下列工作：① 检查确认吊车撑脚及其他受力部位的情况正常；② 2、3号电工在杆根处系好绝缘绳以控制杆根方向。

8）工作负责人指挥地面电工敲除电杆沿地面根部水泥并剪断水泥杆钢筋，工作负责人指挥吊车将电杆平稳的下放至地面（注：同杆架设线路应顺线路方向下降电杆），地面电工将杆洞回土夯实。

9）工作负责人指挥26m斗臂车滑车组将导线缓缓下降，1号电工先撤除中相后撤除两边相的绝缘拉绳端部吊钩及导线遮蔽罩，工作完成后，作业人员返回地面。

（4）工作终结。

1）工作负责人对完成的工作作一个全面的检查，确认符合验收规范要求后，记录在册并召开收工会进行工作点评后，宣布工作结束。

2）工作完毕后，汇报当值调度工作已经结束，工作班撤离现场。

6. 安全措施及注意事项

（1）气象条件。

1）带电作业应在良好天气下进行。如遇雷电（听见雷声、看见闪电）、雪、雹、雨、雾等，不准进行带电作业。风力大于5级时，一般不宜进行带电作业。在特殊情况下，必须在恶劣天气进行带电抢修时，应组织有关人员充分讨论并编制必要的安全措施，经本单位分管生产领导（总工程师）批准后方可进行。

2）当相对湿度大于80%时，应采取防潮措施。

（2）作业环境。

1）作业现场和绝缘斗臂车、吊车两侧，应根据道路情况设置安全围栏、警告标志或路障，防止外人进入工作区域；如在车辆繁忙地段还应与交通管理部门取得联系，以取得配合。

2）夜间作业进行带电作业应有足够的照明。

（3）安全距离及有效绝缘长度。

1）作业用绝缘工具都应经过检测，绝缘电阻应不小于700MΩ（电极间距2cm、极间距2cm）。

2）工作时绝缘斗臂车的绝缘有效长度应不小于1m。

3）在带电作业时，应保持对地不小于0.4m，对邻相导线不小于0.6m的安全距离；如不能确保该安全距离时，应采用绝缘挡板、管、毯及其他绝缘遮蔽措施。

4）绝缘手套仅作为辅助绝缘，不能作主绝缘使用。

（4）遮蔽措施。

1）三相导线加导线遮蔽罩。

2）作业线路下层有低压线路合杆时，如妨碍作业，应对相关低压线路采取绝缘遮蔽措施。

（5）重合闸。本项目一般不需停用线路重合闸。

（6）关键点。

1）作业人员在接触带电导线前应得到工作监护人的认可。

2）电杆撤除过程中，工作人员应密切注意电杆与有电线路保持1m以上安全距离。

3）撤杆时，吊车吊臂与有电线路保持1.5m以上安全距离。

4）提升导线前及提升过程中，应检查两侧电杆上的导线扎线是否牢靠，如有松动、脱线现象，必须重新绑扎加固后方可进行作业。

5）提升和下降导线时，要缓缓进行，以防止导线晃动造成相间短路；地面的绝缘绳固定应可靠牢固、不可松动。

6）在作业时，严禁人体同时接触2个不同的电位。

（7）其他安全注意事项。

1）开工前由工作负责人持带电作业工作票与当值调度取得联系，工作负责人应核对工作票中工作任务与现场工作线路名称及杆号是否一致。

2）绝缘斗臂车、吊车应可靠接地，在作业前应进行操作检查。

3）当斗臂车绝缘斗距有电线路1～2m或工作转移时，应缓慢移动，动作要平稳，严禁使用快速挡；绝缘斗臂车在作业时，发动机不能熄火（电能驱动型除外），以保证液压系统处于工作状态。

4）在操作绝缘斗移动时，应防止与电杆、导线、周围障碍物、邻近绝缘斗臂车碰擦。

5）在同杆架设线路上工作与上层线路小于安全距离规定，且无法采取安全措施时，不得进行该项工作。

6）上、下传递工具、材料均应使用绝缘绳，严禁抛、扔。

7）本项目工作不少于7人。

（二）撤除直线电杆（绝缘斗臂车、绝缘操作杆作业法、绝缘手套作业法——支撑导线）

1. 作业方式

绝缘斗臂车、绝缘操作杆作业法、绝缘手套作业法。

2. 适用范围

10kV撤除直线杆。

3. 人员组合

本项目需要7人，具体人员分工见表1－5－11。

表1－5－11　人员分工表

人员分工	人数	人员分工	人数
工作负责人（兼吊车指挥）	1	杆上电工（2号电工）	1
工作监护人	1	地面电工（3、4号电工）	2
斗内电工（1号电工）	1	8t吊车操作人员	1

4. 工具配备

一览表（包括个人防护用具）见表1－5－12。

表1－5－12　工具配备一览表

序号	工器具名称		规格、型号	数量	备注
1	特种车辆	绝缘斗臂车	10kV	1辆	配有绝缘横担支架
2		8t吊车		1辆	
3	个人绝缘防护用具	绝缘手套	10kV	1副	
4		防护手套		1副	
5		斗内安全带		1副	
6		绝缘肩套	10kV	1件	
7	绝缘遮蔽用具	导线遮蔽罩	10kV	6根	
8		导线遮蔽罩	10kV	3根	1m
9		绝缘毯	10kV	3块	
10		绝缘子绝缘遮蔽罩	边相	2只	
11		绝缘子绝缘遮蔽罩	中相	1只	

续表

序号	工器具名称		规格、型号	数量	备注
12	绝缘工器具	绝缘绳	ϕ14mm	2根	15m以上
13		绝缘吊绳	ϕ12mm	2根	
14		绝缘千斤	ϕ16mm	3根	0.8～1m
15	其他特殊工器具	短铲		2把	

5. 作业步骤

（1）工具储运和检测。

1）领用绝缘工具、安全用具及辅助器具，应核对工器具的使用电压等级和试验周期。

2）领用绝缘工器具，应检查外观是否完好无损。

3）工器具运输前，各种工器具应存放在工具袋或工具箱内。金属工具和绝缘工器具应分开装运，以防止相互碰擦造成外表损坏，降低工器具的绝缘水平。

（2）现场操作前的准备。

1）工作负责人应按带电作业工作票内容与当值调度员联系。

2）工作负责人核对线路名称、杆号。

3）工作前工作负责人检查确认电杆质量符合要求。

4）绝缘斗臂车、吊车进入合适位置，并可靠接地；根据道路情况设置安全围栏、警告标志或路障。

5）工作负责人召集工作人员交代工作任务，对工作班成员进行危险点告知、交代安全措施和技术措施，确认每一个工作班成员都已知晓，检查工作班成员精神状态是否良好，人员是否合适。

6）根据分工情况整理材料，对安全用具、绝缘工具进行检查，绝缘工具应使用绝缘检测仪进行分段绝缘检测，绝缘电阻值应不小于700MΩ（在出库前如已测试过的可省去现场测试步骤）。

7）查看确认绝缘臂、绝缘斗良好，调试斗臂车（在出车前如已调试过的可省去此步骤）。

8）1号电工戴好绝缘手套和防护手套，进入绝缘斗内，挂好保险钩。

（3）操作步骤。

1）1号电工将绝缘斗调整到内侧导线下，得到工作监护人许可后对内侧导线加套导线遮蔽罩。

2）其余两相按方法1）进行，由内到外，先两侧后中相。

3）将绝缘斗返回地面，在地面电工配合下在吊臂上组装撑杆及绝缘横担后返回导线下准备支撑导线。

4）1号电工调整吊臂使三相导线分别置于绝缘横担上的滑轮内，然后加上保险。

5）1号电工操作将绝缘撑杆缓缓上升，使绝缘撑杆受力；1号电工加好瓷瓶绝缘遮蔽罩，拆除导线扎线，缓缓支撑起三相导线至超出杆顶1m以上的位置。

6）工作负责人指挥2号电工登杆拆除电杆所有设备，并系好电杆千斤（吊点在电杆的上部分1/2处）（注：同杆架设线路吊钩穿越低压线时应做好千斤的接地工作；低压导线应加装导线遮蔽罩并用绝缘绳向两侧拉开，增加电杆下降的通道宽度；并在电杆低压导线下方位置增加两道横风绳），工作结束后作业人员返回地面。

7）工作负责人指挥吊车缓缓起吊电杆，在电杆千斤完全受力时暂停起吊，进行下列工作：①检查确认吊车撑脚及其他受力部位的情况正常；②3、4号电工在杆根处系好绝缘绳以控制杆根方向。

8）工作负责人指挥地面电工敲除电杆沿地面根部水泥并剪断水泥杆钢筋，工作负责人指挥吊车将电杆平稳的下放至地面（注：同杆架设线路应顺线路方向下降电杆），地面电工将杆洞回土夯实。

9）工作负责人指挥1号电工打开滑轮保险，操作绝缘斗臂车使导线完全脱离绝缘横担，然后撤除导线遮蔽罩。

10）1号电工将绝缘斗退出有电工作区域，作业人员返回地面。

（4）工作终结。

1）工作负责人对完成的工作作一个全面的检查，确认符合验收规范要求后，记录在册并召开收工会进行工作点评后，宣布工作结束。

2）工作完毕后，汇报当值调度工作已经结束，工作班撤离现场。

6. 安全措施及注意事项

（1）气象条件。

1）带电作业应在良好天气下进行。如遇雷电（听见雷声、看见闪电）、雪、雹、雨、雾等，不准进行带电作业。风力大于5级时，一般不宜进行带电作业。在特殊情况下，必须在恶劣天气进行带电抢修时，应组织有关人员充分讨论并编制必要的安全措施，经本单位分管生产领导（总工程师）批准后方可进行。

2）当相对湿度大于80%时，应采取防潮措施。

（2）作业环境。

1）作业现场和绝缘斗臂车、吊车两侧，应根据道路情况设置安全围栏、警告标志或路障，防止外人进入工作区域；如在车辆繁忙地段还应与交通管理部门取得联系，以取得配合。

2）夜间作业进行带电作业应有足够的照明。

（3）安全距离及有效绝缘长度。

1）作业用绝缘工具都应经过检测，绝缘电阻应不小于700MΩ（电极间距2cm、极间距2cm）。

2）工作时绝缘斗臂车的绝缘有效长度应不小于1m。

3）在带电作业时，应保持对地不小于0.4m，对邻相导线不小于0.6m的安全距离；如不能确保该安全距离时，应采用绝缘挡板、管、毯及其他绝缘遮蔽措施。

4）绝缘手套仅作为辅助绝缘，不能作主绝缘使用。

（4）遮蔽措施。

1）三相导线加导线遮蔽罩。

2）作业线路下层有低压线路合杆时，如妨碍作业，应对相关低压线路采取绝缘遮蔽措施。

（5）重合闸。本项目一般不需停用线路重合闸。

（6）关键点。

1）作业人员在接触带电导线前应得到工作监护人的认可。

2）电杆撤除过程中，工作人员应密切注意电杆与有电线路保持1m以上安全距离。

3）撤杆时，吊车吊臂与有电线路保持1.5m以上安全距离。

4）支撑导线前及支撑过程中，应检查两侧电杆上的导线扎线是否牢靠，如有松动、脱线现象，必须重新绑扎加固后方可进行作业。

5）支撑和下降导线时，要缓缓进行，以防止导线晃动造成相间短路；地面的绝缘绳固定应可靠牢固，不可松动。

6）在作业时，严禁人体同时接触2个不同的电位。

（7）其他安全注意事项。

1）开工前由工作负责人持带电作业工作票与当值调度取得联系，工作负责人应核对工作票中工作任务与现场工作线路名称及杆号是否一致。

2）绝缘斗臂车、吊车应可靠接地，在作业前应进行操作检查。

3）当斗臂车绝缘斗距有电线路1～2m或工作转移时，应缓慢移动，动作要平稳，严禁使用快速挡；绝缘斗臂车在作业时，发动机不能熄火（电能驱动型除外），以保证液压系统处于工作状态。

4）在操作绝缘斗移动时，应防止与电杆、导线、周围障碍物、邻近绝缘斗臂车碰擦。

5）在同杆架设线路上工作与上层线路小于安全距离规定，且无法采取安全措施时，不得进行该项工作。

6）上、下传递工具、材料均应使用绝缘绳，严禁抛、扔。

7）本项目工作不少于3人。

三、带负荷直线杆改耐张杆

1. 作业方式

绝缘手套法。

2. 适用范围

10kV直线杆改耐张杆。

3. 人员组合

本项目需要5人，具体人员分工见表1－5－13。

表1－5－13 人员分工表

人员分工	人数	人员分工	人数
工作负责人（兼工作监护人）	1	杆上电工（3号电工）	1
斗内电工（1、2号电工）	2	地面电工（4号电工）	1

注 绝缘斗臂车操作工分别由1、2号电工兼任。

4. 工具配备

一览表（包括个人防护用具）见表1－5－14。

表 1－5－14　　　　工具配备一览表

序号	工器具名称		规格、型号	数量	备注
1	特种车辆	绝缘斗臂车	10kV	2 辆	
2	个人绝缘防护用具	绝缘手套	10kV	2 副	
3		防护手套		2 副	
4		绝缘腰绳	10kV	2 副	
5		绝缘袖套	10kV	2 件	
6	绝缘遮蔽用具	导线遮蔽罩	10kV	6 根	
7		绝缘毯	10kV	8 块	
8		分段横担遮蔽罩	10kV	1 组	
9		耐张绝缘子遮蔽罩	10kV	6 只	
10	绝缘工器具	绝缘绳	ϕ12mm	4 根	15m
11		绝缘引流线（300A）	3m 以上	3 根	
12	其他特殊工器具	绝缘导线剥皮工具		1 把	
13		导线清扫刷		1 把	
14		断线剪（钳）		1 把	
15		线夹安装工具	楔形	1 把	
16		绝缘检测仪	2500V 及以上	1 套	
17		紧线器		2 套	
18		卡线器		6 只	
19		钳形电流表		1 块	
20		绝缘连接绳	16mm	3 根	

5. 作业步骤

（1）工具储运和检测。

1）领用绝缘工具、安全用具及辅助器具，必须核对工器具的使用电压等级和试验周期。

2）领用绝缘工器具，必须作外观检查，看是否完好无损。

3）领用绝缘工具及安全用具，必须使用绝缘检测仪进行分段绝缘检测，发现阻值低于700MΩ 的绝缘工具，应及时调换。

4）工器具运输前，各种工器具必须用工具袋或工具箱装好，金属工具和绝缘工器具应分开装运，以防止相互碰擦造成外表损坏，降低绝缘工器具的绝缘强度。

（2）现场操作前的准备。

1）工作负责人须按带电作业工作票内容与当值调度员联系员。

2）工作负责人核对线路双重铭牌、杆号。

3）绝缘斗臂车进入合适位置，装好可靠接地，根据道路情况使用红、白带、警告标志或路障。

4）工作负责人召集工作人员交代工作任务，对工作班成员进行危险点告知、交代安全措施和技术措施，确认每一个工作班成员都已知晓，检查工作班成员精神状态是否良好，变动是否合适，并进行抽查、问答，对站班会内容应进行录音。

5）根据分工情况整理材料，对安全工具、绝缘工具进行检查、摇测，查看绝缘臂、绝缘斗是否良好，做好工作前的准备工作（以地面电工为主）。

6）地电位电工正式登杆前，应先进行试登杆，检查腰绳、脚扣是否良好，同时检查杆根是否有松动、倾斜，表面上是否符合质量要求。

（3）操作步骤。

1）由2号电工将绝缘斗移至导线下方的合适位置，分别对三相导线用钳形电流表测电流，电流应在200A以下。

2）2号电工对电杆两侧导线加装导线遮蔽罩、绝缘子加装绝缘子遮蔽措施。

3）1、3号电工配合在绝缘斗臂车上组装提升导线的绝缘支撑杆。

4）1号电工将绝缘斗移至被提升导线的下方，将两边相导线分别置于绝缘支撑杆的横担固定器内，由2号电工拆除两边相绝缘子扎线。

5）1号电工将绝缘支撑杆缓慢抬高，将中相导线置于绝缘支撑杆的横担固定器内，由2号电工拆除中相绝缘子扎线，1号电工将绝缘支撑杆抬高至导线距电杆顶1m处暂停。

6）3号电工登杆至电杆顶，与2号电工相互配合撤除绝缘子遮蔽装置和横担，装上耐张横担，并装好耐张绝缘子和耐张线夹后3号电工返回地面，4号电工在杆下装好多用抱箍。

7）1、2号电工配合在耐张横担上装好开分段横担遮蔽罩，在耐张横担下0.6m处安装固定绝缘引流线临时绝缘横担。

8）由1号电工在2号电工配合下将导线缓缓下降，逐一放置分段遮蔽罩上的导线保险槽内。

9）1、2号电工配合开始进行中相导线的开分段工作：①1、2号电工分别撤除中相导线导线遮蔽罩；②1、2号电工分别在两侧的中相导线安装好紧线器，将导线收紧，并加设防导线脱落的安全措施；③1、2号电工在中相导线安装绝缘引流线，应使用电流检测仪确认绝缘引流线通流正常，绝缘引流线与导线连接应牢固可靠，绝缘引流线搁置在临时绝缘横担上；④1、2号电工在工作监护人的许可下，相互配合剪断中相导线，并分别将两侧导线固定在耐张线夹内；⑤1、2号电工分别撤除防导线脱落的安全措施及紧线器；⑥1、2号电工分别对两侧中相导线及绝缘子做好绝缘遮蔽措施。

10）1、2号电工配合，用方法9），分别对另外两相进行开断。

11）1、2号电工配合撤除分段横担遮蔽罩。

12）1、2号电工配合进行中相导线的连接工作：①1、2号电工配合安装中相档线绝缘子，在其上固定好连接导线，并做好横担及绝缘子的绝缘遮蔽措施；②1、2号电工分别将导线的安全绝缘遮蔽措施撤除，然后对导线、连接线（如线路是绝缘导线，应在连接处将导线绝缘层皮剥除）的连接处涂上电力脂，用刷子清除连接处导线上的氧化层，直至符合接续要求；③装好楔形线夹，用专用楔形线夹枪进行安装，并检查确认线夹安装符合要求（如是绝缘导线应进行防水处理）。

13）其余两相连接导线连接按方法2）、方法3）进行。

14）三相引线连接工作结束后，在工作监护人的许可下，1、2号电工配合逐相拆除导线的临时绝缘引流线后，应使用电流检测仪确认引线连接良好，通流正常，拆除绝缘引流线临时绝缘横担。

15）1、2号电工撤除绝缘遮蔽后，绝缘斗退出有电工作区域，作业人员返回地面。

（4）工作终结。

1）工作负责人对完成的工作作一个全面的检查，确认符合验收规范要求后，记录在册并召开收工会进行工作点评后，宣布工作结束。

2）工作完毕后，汇报当值调度工作已经结束，工作班撤离现场。

6. 安全措施及注意事项

（1）气象条件。

1）带电作业应在良好天气下进行。如遇雷电（听见雷声、看见闪电）、雪、雹、雨、雾等，不准进行带电作业。风力大于5级时，一般不宜进行带电作业。在特殊情况下，必须在恶劣天气进行带电抢修时，应组织有关人员充分讨论并编制必要的安全措施，经本单位分管生产领导（总工程师）批准后方可进行。

2）当相对湿度大于80%时，应采取防潮措施。

（2）作业环境。

1）作业现场和绝缘斗臂车两侧，应根据道路情况设置安全围栏、警告标志或路障，防止外人进入工作区域；如在车辆繁忙地段还应与交通管理部门取得联系，以取得配合。

2）夜间进行本项目应有足够的照明。

（3）安全距离及有效绝缘长度。

1）作业用绝缘工具都应进行检测，绝缘电阻应不小于700MΩ（电极间距2cm、极间距2cm）。

2）工作时绝缘斗臂车的绝缘有效长度应不小于1m。

3）在带电作业时，应保持对地不小于0.4m，对邻相导线不小于0.6m的安全距离；如不能确保该安全距离时，应采用绝缘挡板、管、毯及其他绝缘遮蔽措施。

4）绝缘手套仅作为辅助绝缘，不能作主绝缘使用。

（4）遮蔽措施。

1）本项目在导线开断、连接时，与边相导线、金具安全距离不够，应对其进行绝缘遮蔽。

2）绝缘遮蔽组合要保持不小于15cm的重叠。

3）作业线路下层有低压线路合杆时，如妨碍作业，应对相关低压线路采取绝缘遮蔽措施。

（5）重合闸。本项目需停用线路重合闸。

（6）关键点。

1）在接触带电导线前应得到工作监护人的认可。

2）在作业时，要确保带电导线与横担及邻相导线的安全距离。

3）在作业时，严禁人体同时接触2个不同的电位。

4）提升或下降导线时，应平稳进行。

5）在导线收紧后，必须加设防导线脱落的安全措施。

6）在进行三相导线开断前，必须检查绝缘引流线连接可靠，并应得到工作监护人的许可。

7）三相导线的连接工作未完成前，绝缘引流线不得拆除。

8）开断、连接、拆除工作应同相同步进行。

（7）其他安全注意事项。

1）开工前由工作负责人持带电作业工作票与当值调度取得联系，工作负责人应核对工作票中工作任务与现场工作线路名称及杆号是否一致。

2）绝缘斗臂车应可靠接地，在作业前应进行操作检查。

3）当斗臂车绝缘斗距有电线路1~2m或工作转移时，应缓慢移动，动作要平稳，严禁使用快速挡；绝缘斗臂车在作业时，发动机不能熄火（电能驱动型除外），以保证液压系统处于工作状态。

4）在操作绝缘斗移动时，应防止与电杆、导线、周围障碍物、邻近绝缘斗臂车碰擦。

5）在同杆架设线路上工作与上层线路小于安全距离规定，且无法采取安全措施时，不得进行该项工作。

6）上、下传递工具、材料均应使用绝缘绳，严禁抛、扔。

7）本项目工作不少于5人。

8）使用只能下部操作的绝缘斗臂车应增加1名专门操作人员。

第六节　旁　路　作　业

一、旁路电缆输送绳（承力绳）架设

1. 作业方式

绝缘斗臂车、绝缘操作杆作业法、绝缘手套作业法。

2. 适用范围

10kV线路小范围、短距离旁路电缆输送绳（承力绳）架设。

3. 人员组合

本项目需要10人，具体人员分工见表1－6－1。

表1－6－1　　人员分工表

人员分工	人数	人员分工	人数
工作负责人（兼工作监护人）	1	地面电工	5
作业电工	4		

注　绝缘斗臂车操作工由作业电工兼任。

4. 工具配备

一览表（包括个人防护用具）见表1－6－2。

表 1－6－2　　　　　　　　　　　　　工具配备一览表

序号	工器具名称		规格、型号	数量	备注
1	特种车辆	绝缘斗臂车	10kV	2 辆	
2	个人绝缘防护用具	斗内安全带		4 副	
3	绝缘工器具	绝缘绳	ϕ 12mm	4 根	15m
4		绝缘操作杆	10kV	1 根	
5	旁路电缆输送绳（承力绳）架设主要工具	旁路电缆导入轮		若干	
6		输送绳	50、100m	若干	专用承力绳
7		输送绳	1、2、7m	若干	专用承力绳
8		连接器	MR—A	若干	两端带螺纹
9		连接器	MR—B	若干	一端带螺纹
10		引入固定工具		若干	引入滑轮固定
11		柱上固定工具		若干	输送绳固定
12		中间支持工具	直线支架	若干	专用
13		中间支持工具	转角支架	若干	专用
14		紧线工具		1 套	输送绳紧线

5. 作业步骤

（1）工具储运和检测。

1）按施工大纲配备相应数量的输送绳、连接器及配套设备、绝缘工器具等。

2）领用绝缘工具、安全用具及辅助器具，应核对工器具的使用电压等级和试验周期。

3）领用绝缘工器具，应检查外观是否完好无损。

4）工器具运输前，各种工器具应存放在工具袋或工具箱内。金属工具和绝缘工器具应分开装运，以防止相互碰擦造成外表损坏，降低工器具的绝缘水平。

（2）现场操作前的准备。

1）组织人员到现场进行踏勘工作，确认工作的必要性、确定施工范围和可行性、了解现场设备、装置情况和工作环境等。

2）编制现场作业施工大纲。

3）工作负责人核对线路名称、杆号。

4）绝缘斗臂车进入合适位置，并可靠接地；根据道路情况设置安全围栏、警告标志或路障。

5）工作负责人召集工作人员交代工作任务，对工作班成员进行危险点告知、交代安全措施和技术措施，确认每一个工作班成员都已知晓，检查工作班成员精神状态是否良好，人员是否合适。

6）根据分工情况整理材料，对安全用具、绝缘工具进行检查，绝缘工具应使用绝缘检测仪进行分段绝缘检测，绝缘电阻值应不小于 700MΩ（在出库前如已测试过的可省去现场测试步骤）。

7）查看确认绝缘臂、绝缘斗良好，调试斗臂车（在出车前如已调试过的可省去此步骤）。

8）作业电工戴好手套，进入绝缘斗内，挂好保险钩。

（3）操作步骤。

1）输送绳固定位置的确定：输送绳支持工具安装高度，一般离地面5~6m、在杆上最下层低压线路的下方，距离至少1m以上，方向与导线垂直。

2）中间支持工具的安装：根据现场确定的位置，将中间支持工具固定在电杆上，直线杆上安装直线中间支持工具支架，转角杆上安装中间支持工具转角支架，将支架链条围绕电杆后嵌入固定槽口内，并确认安装是否牢固可靠。

3）电缆导入轮支架的安装，在起始电杆位置，离地面距离一般为5m及以下，将导入轮支架链条围绕电杆后嵌入固定槽口内，使电缆导入轮支架固定在电杆上，方向与架空导垂直，并确认安装是否牢固可靠。

4）电缆导入轮的安装：将电缆导入轮插入导入轮支架槽口内，直到支架卡簧恢复到原来位置，检查导入轮安装是否可靠牢固。

5）电缆导入轮宽侧与（地上用）固定工具之间连接：分别用7、2、1m的输送绳相连接，输送绳之间用MR—A连接，连接应牢固、可靠（拧紧螺帽）。

6）（地上用）固定工具的另一侧桩头固定方式：固定工具与桩头之间用的承力绳连接并用紧线器收紧，张力为800kg以上，绳与地夹角小于45°。

7）输送绳的安装：在架设旁路电缆的尽头杆上，离地1.5m处，安装（柱上用）固定工具，然后将输送绳绳盘套入固定工具槽内，再把链条嵌入槽口内，关闭固定工具槽保险装置，检查安装是否牢固可靠。

8）输送绳与旁路电缆导入轮连接：将50m或100m长输送绳放至旁路电缆导入轮处，并与电缆导入轮窄侧相连接，采用MR—B（两侧螺纹）螺旋连接方式，拧紧连接器，直到两端紧密结合平整为止。

9）紧线工具的安装：在架设旁路电缆的尽头杆上，将紧线工具安装在固定线盘边上，并进行收放输送绳紧线的准备工作。

10）输送绳紧线：收紧输送绳前，将输送绳放入的中间支持工具凹槽内，确认绳在槽内后，然后在紧线工具处收紧输送绳，直至输送绳完全平直为止。

11）拆除输送绳全套设备的顺序与安装的过程相反。

12）工作结束后，绝缘斗退出有电工作区域，作业人员返回地面。

（4）工作终结。

1）工作负责人对完成的工作作一个全面的检查，确认符合验收规范要求后，记录在册并召开收工会进行工作点评后，宣布工作结束。

2）工作完毕后，汇报当值调度工作已经结束，工作班撤离现场。

6. 安全措施及注意事项

（1）气象条件。

1）带电作业应在良好天气下进行。如遇雷电（听见雷声、看见闪电）、雪、雹、雨、雾等，不准进行带电作业。风力大于5级时，一般不宜进行带电作业。在特殊情况下，必须在恶劣天气进行带电抢修时，应组织有关人员充分讨论并编制必要的安全措施，经本单位分管生产领导（总工程师）批准后方可进行。

2）当相对湿度大于80%时，应采取防潮措施。

（2）作业环境。

1）作业现场和绝缘斗臂车两侧，应根据道路情况设置安全围栏、警告标志或路障，防止外人进入工作区域；如在车辆繁忙地段还应与交通管理部门取得联系，以取得配合。

2）夜间作业进行带电连接应有足够的照明。

（3）安全距离及有效绝缘长度。

1）作业用绝缘工具都应经过检测，绝缘电阻应不小于700MΩ（电极间距2cm、极间距2cm）。

2）工作时绝缘斗臂车的绝缘有效长度应不小于1m。

3）在带电作业时，应保持对地不小于0.4m，对邻相导线不小于0.6m的安全距离；如不能确保该安全距离时，应采用绝缘挡板、管、毯及其他绝缘遮蔽措施。

4）绝缘操作杆作主绝缘使用，其有效绝缘距离应不小于0.7m。

（4）遮蔽措施。作业线路下层有低压线路合杆时，如妨碍作业，应对相关低压线路采取绝缘遮蔽措施。

（5）重合闸。本项目一般不需要停用线路重合闸。

（6）关键点。

1）转角杆安装中间支持工具必须使用转角型中间支持工具。

2）输送绳与电缆导入轮及输送绳与输送绳之间的连接必须牢固、可靠。

3）输送绳受力后，在紧线工具卷槽内输送绳匝数不得低于5圈。

4）在输送绳安装过程中，与有电设备应保持有足够的安全距离。

（7）其他安全注意事项。

1）开工前由工作负责人持带电作业工作票与当值调度取得联系，工作负责人应核对工作票中工作任务与现场工作线路名称及杆号是否一致。

2）绝缘斗臂车应可靠接地，在作业前应进行操作检查。

3）当斗臂车绝缘斗距有电线路1～2m或工作转移时，应缓慢移动，动作要平稳，严禁使用快速挡；绝缘斗臂车在作业时，发动机不能熄火（电能驱动型除外），以保证液压系统处于工作状态。

4）在操作绝缘斗移动时，应防止与电杆、导线、周围障碍物、邻近绝缘斗臂车碰擦。

5）在同杆架设线路上工作与上层线路小于安全距离规定，且无法采取安全措施时，不得进行该项工作。

6）上、下传递工具、材料均应使用绝缘绳，严禁抛、扔。

7）本项目工作不少于10人。

8）使用只能下部操作的绝缘斗臂车应增加1名专门操作人员。

二、旁路电缆架设

1. 作业方式

绝缘斗臂车、绝缘操作杆作业法、绝缘手套作业法。

2. 适用范围

10kV线路小范围、短距离旁路电缆架设。

3. 人员组合

本项目需要 8 人，具体人员分工见表 1-6-3。

表 1-6-3 人员分工表

人员分工	人数	人员分工	人数
工作负责人（兼工作监护人）	1	作业电工	6
指挥人	1		

注 绝缘斗臂车操作工由作业电工兼任。

4. 工具配备

一览表（包括个人防护用具）见表 1-6-4。

表 1-6-4 工具配备一览表

序号	工器具名称		规格、型号	数量	备注
1	特种车辆	绝缘斗臂车	10kV	2 辆	
2	个人绝缘防护用具	斗内安全带		6 副	
3	绝缘工器具	绝缘绳	ϕ12mm	4 根	15m
4		绝缘操作杆	10kV	1 根	
5	旁路主要工具	旁路电缆	绝缘电缆	若干	专用
6		中间接头	中间连接	若干	专用
7		T 型接头	分支连接	若干	含绝缘栓台架
8		滑轮		若干	专用
9		连接绳	2m	若干	专用
10		电缆牵引工具	始端连接	若干	专用
11		电缆牵引工具	中间连接	若干	专用
12		电缆送出轮		若干	专用
13		缆盘固定工具		若干	专用
14		余缆工具		若干	专用
15		电缆带		若干	专用
16		线盘架		若干	专用
17		电缆牵引机		1 套	专用

5. 作业步骤

（1）工具储运和检测。

1）按施工大纲配备相应数量的旁路电缆及配套设备、绝缘工器具等。

2）领用绝缘工具、安全用具及辅助器具，应核对工器具的使用电压等级和试验周期。

3）领用绝缘工器具，应检查外观是否完好无损。

4）工器具运输前，各种工器具应存放在工具袋或工具箱内。金属工具和绝缘工器具应分开装运，以防止相互碰擦造成外表损坏，降低工器具的绝缘水平。

（2）现场操作前的准备。

1）组织人员到现场进行踏勘工作，确认工作的必要性、确定施工范围和可行性、了解现场设备、装置情况和工作环境等。

2）编制现场作业施工大纲。

3）工作负责人核对线路名称、杆号。

4）绝缘斗臂车进入合适位置，并可靠接地；根据道路情况设置安全围栏、警告标志或路障。

5）工作负责人召集工作人员交代工作任务，对工作班成员进行危险点告知、交代安全措施和技术措施，确认每一个工作班成员都已知晓，检查工作班成员精神状态是否良好，人员是否合适。

6）根据分工情况整理材料，对安全用具、绝缘工具进行检查，绝缘工具应使用绝缘检测仪进行分段绝缘检测，绝缘电阻值应不小于700MΩ（在出库前如已测试过的可省去现场测试步骤）。

7）查看确认绝缘臂、绝缘斗良好，调试斗臂车（在出车前如已调试过的可省去此步骤）。

8）作业电工戴好手套，进入绝缘斗内，挂好保险钩。

（3）操作步骤。

1）将电缆从线盘上幅拉出，并穿过线盘前电缆支架的固定送出轮。

2）三相旁路电缆通过送出轮支架后，送入承力绳尽头下的滑轮中，并用牵引工具（牵头用）将的电缆固定，电缆成三角形，做好牵引准备工作。

3）在架放好承力绳的另一端尽头杆根处附近，选择合适位置安装好电缆牵引机，并沿着承力绳加放牵引绳1根。

4）在承力绳上加装滑轮，滑轮之间用连接绳进行连接，并打开滑轮侧门，将三相电缆安放在滑轮内，关上滑轮侧门，确认侧门锁扣锁好。

5）准备工作做好后，在工作负责人的指挥下。缓慢匀速牵引旁路电缆，电缆在牵引过程中，三相同步，不能与地面或其他硬物发生碰触。

6）电缆与电缆的连接，使用中间接头进行插入连接：① 取下接头盒的保护封盖，检查插拔连接处有无异物；② 插入连接，当听到“咔嚓”声音，向外拉无松动，确认接头处卡簧复位弹出，然后将接口处外壳旋转90°闭锁锁扣，然后用电缆带绑扎电缆接头。

7）中间接头两端外滑轮，利用（中间用）的电缆牵引工具固定，防止电缆在牵引过程中接头受力。

8）旁路电缆牵引到位后，准备与辅助电缆连接，并做好电缆的固定工作。

9）旁路电缆将旁路辅助电缆与旁路电缆相连接，利用中间接头进行插入连接：① 取下接头盒的保护封盖，检查插拔连接处有无异物；② 插入连接，当听到“咔嚓”声音，向外拉无松动，确认接头处卡簧复位弹出，然后将接口处外壳旋转90°闭锁锁扣。

10）施工人员将旁路电缆与旁路辅助电缆、T型接头或肘型变压器相连接：① 取下接头盒的保护封盖，检查插拔连接处有无异物；② 插入连接，当听到“咔嚓”声音，向外拉无松动，确认接头处卡簧复位弹出，然后将接口处外壳旋转90°闭锁锁扣。

11）杆上旁路电缆余线的处理：在离地4m左右处，选择合适位置安装余缆支架，并将旁路电缆的多线有序的盘在余缆支架上。

12）拆除旁路设备的顺序与安装的过程相反。

13）工作结束后，绝缘斗退出有电工作区域，作业人员返回地面。

（4）工作终结。

1）工作负责人对完成的工作作一个全面的检查，确认符合验收规范要求后，记录在册并召开收工会进行工作点评后，宣布工作结束。

2）工作完毕后，汇报当值调度工作已经结束，工作班撤离现场。

6. 安全措施及注意事项

（1）气象条件。

1）带电作业应在良好天气下进行。如遇雷电（听见雷声、看见闪电）、雪、雹、雨、雾等，不准进行带电作业。风力大于5级时，一般不宜进行带电作业。在特殊情况下，必须在恶劣天气进行带电抢修时，应组织有关人员充分讨论并编制必要的安全措施，经本单位分管生产领导（总工程师）批准后方可进行。

2）当相对湿度大于80%时，应采取防潮措施。

（2）作业环境。

1）作业现场和绝缘斗臂车两侧，应根据道路情况设置安全围栏、警告标志或路障，防止外人进入工作区域；如在车辆繁忙地段还应与交通管理部门取得联系，以取得配合。

2）夜间作业进行带电连接应有足够的照明。

（3）安全距离及有效绝缘长度。

1）作业用绝缘工具都应经过检测，绝缘电阻应不小于700MΩ（电极间距2cm、极间距2cm）。

2）工作时绝缘斗臂车的绝缘有效长度应不小于1m。

3）在带电作业时，应保持对地不小于0.4m，对邻相导线不小于0.6m的安全距离；如不能确保该安全距离时，应采用绝缘挡板、管、毯及其他绝缘遮蔽措施。

4）绝缘操作杆作主绝缘使用，其有效绝缘距离不应小于0.7m。

（4）遮蔽措施。作业线路下层有低压线路合杆时，如妨碍作业，应对相关低压线路采取绝缘遮蔽措施。

（5）重合闸。本项目一般不需要停用线路重合闸。

（6）关键点。

1）电缆线盘及牵引机应由专人看守，与工作负责人或跟电缆头专人联系。

2）电缆在牵引过程中应匀速，由工作负责人统一信号、统一指挥。不得与地面或其他硬物接触，并且不得受力。

3）电缆接头应保证相位正确，对接牢固、锁口可靠，防止在对接以后自动脱落，并做好防止牵引受力的措施。

4）电缆投运前必须经过电气证明性试验，交流耐压12kV/min无击穿，耐压后绝缘电阻不小于耐压前绝缘电阻。

（7）其他安全注意事项。

1）开工前由工作负责人持带电作业工作票与当值调度取得联系，工作负责人应核对工作票中工作任务与现场工作线路名称及杆号是否一致。

2）绝缘斗臂车应可靠接地，在作业前应进行操作检查。

3）当斗臂车绝缘斗距有电线路1～2m或工作转移时，应缓慢移动，动作要平稳，严禁使用快速挡；绝缘斗臂车在作业时，发动机不能熄火（电能驱动型除外），以保证液压系统处于工作状态。

4）在操作绝缘斗移动时，应防止与电杆、导线、周围障碍物、邻近绝缘斗臂车碰擦。

5）在同杆架设线路上工作与上层线路小于安全距离规定，且无法采取安全措施时，不得进行该项工作。

6）上、下传递工具、材料均应使用绝缘绳，严禁抛、扔。

7）本项目工作不少于8人。

8）使用只能下部操作的绝缘斗臂车应增加1名专门操作人员。

三、旁路开关安装

1. 作业方式

绝缘斗臂车、绝缘操作杆作业法、绝缘手套作业法。

2. 适用范围

10kV线路小范围、短距离旁路开关安装。

3. 人员组合

本项目需要4人，具体人员分工见表1－6－5。

表1－6－5 人员分工表

人员分工	人数	人员分工	人数
工作负责人（兼工作监护人）	1	地面电工	1
作业电工	2		

注 绝缘斗臂车操作工由作业电工兼任。

4. 工具配备

一览表（包括个人防护用具）见表1－6－6。

表1－6－6 工具配备一览表

序号	工器具名称		规格、型号	数量	备注
1	特种车辆	绝缘斗臂车	10kV	1辆	
2	个人绝缘防护用具	斗内安全带		2副	
3	绝缘工器具	绝缘绳	ϕ12mm	1根	15m
4		绝缘操作杆	10kV	1根	
5	旁路开关主要工具	旁路开关	200A	若干	或400A
6		旁路熔断器		1套	
7		中间接头	电缆连接	若干	专用
8		T型接头	分支连接	若干	专用
9		余缆工具		若干	存放余缆
10		旁通辅助电缆	6m/根	若干	与开关连接
11		引流电缆	6m/根	若干	与熔断器连接
12		相位测试器	专用	1套	检测开关相位

5. 作业步骤

（1）工具储运和检测。

1）按施工大纲配备相应数量的旁路开关及配套设备、绝缘工器具等。

2）领用绝缘工具、安全用具及辅助器具，应核对工器具的使用电压等级和试验周期。

3）领用绝缘工器具，应检查外观是否完好无损。

4）工器具运输前，各种工器具应存放在工具袋或工具箱内。金属工具和绝缘工器具应分开装运，以防止相互碰擦造成外表损坏，降低工器具的绝缘水平。

（2）现场操作前的准备。

1）组织人员到现场进行踏勘工作，确认工作的必要性、确定施工范围和可行性、了解现场设备、装置情况和工作环境等。

2）编制现场作业施工大纲。

3）工作负责人核对线路名称、杆号。

4）绝缘斗臂车进入合适位置，并可靠接地；根据道路情况设置安全围栏、警告标志或路障。

5）工作负责人召集工作人员交代工作任务，对工作班成员进行危险点告知、交代安全措施和技术措施，确认每一个工作班成员都已知晓，检查工作班成员精神状态是否良好，人员是否合适。

6）根据分工情况整理材料，对安全用具、绝缘工具进行检查，绝缘工具应使用绝缘检测仪进行分段绝缘检测，绝缘电阻值应不小于700MΩ（在出库前如已测试过的可省去现场测试步骤）。

7）查看确认绝缘臂、绝缘斗良好，调试斗臂车（在出车前如已调试过的可省去此步骤）。

8）作业电工戴好手套，进入绝缘斗内，挂好保险钩。

（3）操作步骤。

1）安装旁路开关位置的确定：施工人员根据杆上设备情况，确定开关安装的位置（开关与地面的距离一般为6m左右、同时在杆上低压线路下方1m左右的位置；如遇变压器杆可以装在低压线路上方，但与10kV有电避雷器必须保持1m以上安全距离）。

2）开关链条支架的安装：根据现场确定的位置，先将旁路开关链条支架固定在电杆上，并检查确认链条嵌入槽口内。

3）旁路开关的安装：施工人员操作绝缘高架车，利用绝缘高架车小吊臂起吊旁路开关，配合杆上人员将旁路开关安装在链条支架上，并确认支架卡簧是否恢复到原来位置，旁路开关安装牢固。

4）旁路开关就位后与旁路辅助电缆、高压引下电缆的连接：施工人员将旁路辅助电缆、高压引下电缆与旁路开关的保护罩取下，检查插拔连接处有无异物，插入件连接时，应保证插入件连接准确到位（确认接头处卡簧复位弹出，然后旋转90°锁扣闭锁），使连接可靠。

5）工作结束后，绝缘斗退出有电工作区域，作业人员返回地面。

（4）工作终结。

1）工作负责人对完成的工作作一个全面的检查，确认符合验收规范要求后，记录在册并召开收工会进行工作点评后，宣布工作结束。

2）工作完毕后，汇报当值调度工作已经结束，工作班撤离现场。

6. 安全措施及注意事项

（1）气象条件。

1）带电作业应在良好天气下进行。如遇雷电（听见雷声、看见闪电）、雪、雹、雨、雾等，不准进行带电作业。风力大于5级时，一般不宜进行带电作业。在特殊情况下，必须在恶劣天气进行带电抢修时，应组织有关人员充分讨论并编制必要的安全措施，经本单位分管生产领导（总工程师）批准后方可进行。

2）当相对湿度大于80%时，应采取防潮措施。

（2）作业环境。

1）作业现场和绝缘斗臂车两侧，应根据道路情况设置安全围栏、警告标志或路障，防止外人进入工作区域；如在车辆繁忙地段还应与交通管理部门取得联系，以取得配合。

2）夜间作业进行带电连接应有足够的照明。

（3）安全距离及有效绝缘长度。

1）作业用绝缘工具都应经过检测，绝缘电阻应不小于700MΩ（电极间距2cm、极间距2cm）。

2）工作时绝缘斗臂车的绝缘有效长度应不小于1m。

3）在带电作业时，应保持对地不小于0.4m，对邻相导线不小于0.6m的安全距离；如不能确保该安全距离时，应采用绝缘挡板、管、毯及其他绝缘遮蔽措施。

4）绝缘操作杆作主绝缘使用，其有效绝缘距离不应小于0.7m。

（4）遮蔽措施。作业线路下层有低压线路合杆时，如妨碍作业，应对相关低压线路采取绝缘遮蔽措施。

（5）重合闸。本项目一般不需要停用线路重合闸。

（6）关键点。

1）旁路开关投运前必须经过电气证明性试验，试验时旁路开关均放合上位置，经交流耐压10kV/min无击穿，并且耐压后绝缘电阻不小于耐压前绝缘电阻为合格。试验结束后旁路开关均放断开位置。

2）设备及旁路开关停、服役操作由专人统一发令，工作人员不得私自拉合任何开关设备。

3）旁路开关或设备并网运行前需两端进行核相。

（7）其他安全注意事项。

1）开工前由工作负责人持带电作业工作票与当值调度取得联系，工作负责人应核对工作票中工作任务与现场工作线路名称及杆号是否一致。

2）绝缘斗臂车应可靠接地，在作业前应进行操作检查。

3）当斗臂车绝缘斗距有电线路1～2m或工作转移时，应缓慢移动，动作要平稳，严禁使用快速挡；绝缘斗臂车在作业时，发动机不能熄火（电能驱动型除外），以保证液压系统处于工作状态。

4）在操作绝缘斗移动时，应防止与电杆、导线、周围障碍物、邻近绝缘斗臂车碰擦。

5）在同杆架设线路上工作与上层线路小于安全距离规定，且无法采取安全措施时，不得进行该项工作。

6）上、下传递工具、材料均应使用绝缘绳，严禁抛、扔。

7）本项目工作不少于4人。

8）使用只能下部操作的绝缘斗臂车应增加1名专门操作人员。

四、移动发电车临时对低压用户供电

1. 作业方式

绝缘斗臂车、绝缘手套作业法。

2. 适用范围

移动发电车临时给低压停电用户（保电用户）供电的作业（原低压停电）。

3. 人员组合

本项目需要6人，具体人员分工见表1－6－7。

表1－6－7　人员分工表

人员分工	人数	人员分工	人数
工作负责人	1人	作业电工	4人
工作监护人	1人		

4. 工具配备

一览表（包括个人防护用具）见表1－6－8。

表1－6－8　工具配备一览表

序号	分类	工具名称	规格/型号	数量
1	特种车辆	移动发电车	400kVA	1辆
2	个人绝缘防护用具	绝缘手套	低压	1副
		防护手套		1副
		绝缘鞋		1双
		护目镜（或防护面罩）		1副
3	旁路系统	低压柔性电缆	0.4kV	若干盘
		旁路连接器	低压双通	若干个
4	其他主要工器具	1000V绝缘测试仪		1套
		对讲机		2只
		低压验电器		1支
		防潮苫布		若干块
		旁路柔性电缆防护盖板		若干块
		安全遮栏		若干套
		标示牌		若干块

5. 作业步骤

（1）工具储运和检测。

1）按施工大纲配备相应数量的旁路电缆及配套设备、绝缘工器具等。

2）领用绝缘工具、安全用具及辅助器具，应核对工器具的使用电压等级和试验周期。

3）领用绝缘工器具，应检查外观是否完好无损。

4）工器具运输前，各种工器具应存放在工具袋或工具箱内，金属工具和绝缘工器具应

分开装运，以防止相互碰擦造成外表损坏。

5）作业现场工作前应对绝缘工器具、个人绝缘防护用具进行外观检查，应完好无损，并使用绝缘电阻检测仪对绝缘工具进行检测，绝缘电阻值不低于700MΩ（在领用时检测过的，可不再检测）。

6）对整套旁路设备进行绝缘检测，绝缘电阻值不低于500MΩ。旁路电缆检测后，应进行充分放电。

7）临时供电的移动箱式变压器额定电流应大于架空线路或停电用户（保电用户）的最大负荷电流。

8）旁路电缆跨越小区道路，对地距离不小于5m，跨越行车道路不小于6m，并派人看守。

（2）现场操作前的准备。

1）组织人员到现场进行踏勘工作，确认工作的必要性、施工范围和可行性，了解现场设备、装置情况和工作环境等。

2）编制现场作业施工大纲。

3）工作负责人核对线路名称、杆号。

4）绝缘斗臂车进入合适位置，并可靠接地；根据道路情况设置安全围栏、警告标志或路障。

5）工作负责人召集工作人员交代工作任务，对工作班成员进行危险点告知、交代安全措施和技术措施，确认每一个工作班成员都已知晓，检查工作班成员精神状态是否良好，人员是否合适。

6）根据分工情况整理材料，对安全用具、绝缘工具进行检查，绝缘工具应使用绝缘检测仪进行分段绝缘检测，绝缘电阻值不低于700MΩ（在出库前如已测试过的可省去现场测试步骤）。

7）查看绝缘臂、绝缘斗良好，调试斗臂车（在出车前如已调试过的可省去此步骤）。

8）作业电工戴好手套，进入绝缘斗内，挂好保险钩。

（3）操作步骤。

1）将移动发电车停放在合适位置，并分别对发电车和发电机进行可靠接地。

2）按照规定在发电车及需要敷设的低压柔性电缆周围安全围栏，防止外人及车辆进入。

3）在敷设旁路电缆的地面防护垫布。

4）按标识敷设低压柔性电缆。

5）根据需要对低压柔性电缆加专用的防护盖板。

6）单相使用数根低压电缆时，应使用专用的快速插拔直通接头在两低压电缆终端处进行可靠连接。

7）对整套低压柔性电缆设备进行检测绝缘电阻，绝缘电阻值不低于1.0MΩ/km，检测后，应充分放电。

8）把发电车进出通风窗打开，检查排气口应打开。

9）检查、并确认移动发电机低压出线开关处于拉开位置。

10）打开柴油箱总阀门。

11）检查柴油、机油、冷却水及润滑油均正常。

12）用合上蓄电池电源总闸刀。

13）打开电脑信号总开关。

14）等待 STOP 按钮指示灯变为蓝色，按下 START 按钮，数秒后发动机自动启动。

15）检查发电机油压表、水温表、频率表、电压表、电流表在正常状态。

16）熄火时按下 STOP 按钮，1min 后自动熄火。

17）关上电脑信号总开关。

18）获得工作负责人的许可后，地面电工打开发电车门，确认发电机低压出线开关在断开位置，将柔性低压电缆终端按相序与发电车低压开关出线侧可靠连接。

19）在工作负责人的许可和监护下，作业电工用低压验电笔对用户低压开关将两侧（确认与系统进线熔断器在断开位置后）验明无电压。

20）将用户端低压柔性电缆终端按与停电用户进线侧开关一致的相序可靠连接。

21）打开发电机电脑信号总开关。

22）等待 STOP 按钮指示灯变为蓝色，按下 START 按钮，数秒后发动机自动启动。

23）检查发电机电压表工作正常。

24）在工作负责人的许可、监护下，作业电工合上发电机低压出线开关。

25）通知用户电工合上用户侧低压进线开关。

26）停电用户受电后，检查用户侧低压相序应正确。

27）检查发电车上仪表电压、电流表工作正常，输出电流在发电机规定的范围内。移动发电车临时给停电用户供电成功。

28）在临时供电期间，派专人看守，随时监视负荷、油位情况，巡视低压电缆，防止外人碰触。

29）临时供电任务完成后，按相反的顺序将临时供电的低压柔性电缆退出运行，充分放电后回收，装车。

6. 安全措施及注意事项

（1）气象条件。

1）本项目应在良好的天气下进行。如遇雷、雨、雪、雾不得进行该项工作，风力大于 5 级时，空气相对湿度大于 80% 的天气，不宜进行该项工作。电缆线路不停电作业过程中若遇天气突然变化，应采取切实可靠的安全措施，确保旁路电缆的安全临时供电。

2）在有可能危及人身或设备安全时，应立即停止工作，尽快恢复设备正常状况，或增设临时安全措施。

（2）作业环境。

1）作业现场应根据道路情况使用红白带、警告标志或路障，防止外人和车辆进入工作区域。

2）如在车辆繁忙地段还应与交通管理部门取得联系，以取得配合。

3）夜间作业进行应有足够的照明。

（3）安全距离及有效绝缘长度。

1）作业用绝缘工具都应经过检测，绝缘电阻应不低于700MΩ（电极间距2cm、极间距2cm）。

2）工作时绝缘斗臂车的绝缘有效长度应不少于1m。

3）在带电作业时，应保持对地不少于0.4m，对邻相导线不少于0.6m的安全距离；如不能确保该安全距离时，应采用绝缘挡板、管、毯及其他绝缘遮蔽措施。

4）绝缘操作杆作主绝缘使用，其有效绝缘距离不应小于0.7m。

（4）遮蔽措施。作业线路下层有低压线路合杆时，如妨碍作业，应对相关低压线路采取绝缘遮蔽措施。

（5）重合闸。本项目一般需要停用线路重合闸。

（6）关键点。

1）应检查、核对线路双重名称、设备铭牌，确认现场环境、环网柜设备、天气等情况满足带电作业要求。

2）旁路作业设备额定通流能力不小于200A，通过检测仪器检测整套旁路系统绝缘电阻不低于500MΩ。

3）工作前需要检查、确认作业的备用间隔开关应在拉开位置。

4）用10kV验电笔对断开的备用间隔开关进行验电、确认无电压。

5）检查连接的旁路电缆可分离电缆终端相识标志与备用间隔相序应一致。

6）将旁路电缆接入环网柜备用间隔，两终端附近的屏蔽层可靠接地。

7）检查旁路系统核相应正确或在环网柜间隔开关断口处两侧核相应正确。

8）检查操作人员严格按照作业工艺流程进行作业，使用倒闸操作票进行操作备用间隔开关，并唱票、复诵，逐项操作，严禁跳项操作。

9）用仪器检查临时供电的旁路电缆负荷电流小于额定电流。

10）检查退出运行的电缆线路充分放电，并无低压。

11）在旁路电缆运行期间，应派专人看守、巡视，防止外人碰触。

12）对检修后的环网柜验收、试验应合格。

13）检查退出临时供电的旁路电缆线路充分放电，并无低压。

五、旁路法不停电检修10kV架空线路

1. 作业方式

绝缘斗臂车、绝缘手套作业法。

2. 适用范围

旁路法不停电检修10kV架空线路（某耐张段内）的作业。

3. 人员组合

本项目需要12人，具体人员分工见表1-6-9。

表1-6-9　人员分工表

人员分工	人数	人员分工	人数
工作负责人	1人	作业电工	10人
工作监护人	1人		

4. 工具配备

一览表（包括个人防护用具）见表 1－6－10。

表 1－6－10　　工具配备一览表

序号	分　类	工具名称	规格/型号	数量
1	特种车辆	绝缘斗臂车		2 辆
		旁路作业车	根据实际情况而定	1 辆
2	个人绝缘防护用具	绝缘手套	10kV	4 副
		防护手套		4 副
		绝缘鞋	10	4 双
		护目镜（或防护面罩）		4 副
3	旁路系统	旁路柔性电缆	10kV	若干盘
		快速插拔直通型接头	10kV	若干个
		快速插拔 T 型接头	10kV	若干个
		旁路开关	10kV	2 台
		架空旁路电缆承载工具		1 套
		核相仪		2 套
4	绝缘遮蔽工具	绝缘毯	10kV	若干块
		导线绝缘罩	10kV	若干根
5	绝缘工器具	绝缘操作杆	10kV	3 根
		绝缘绳	10kV	若干根
6	其他主要工器具	2500V 绝缘测试仪		1 套
		钳型电流表		1 只
		对讲机		4 只
		防潮苫布		若干块
		绝缘柄手工工具		2 套
		牵引卷扬机		1 台
		绝缘导线剥皮刀		若干把
		断线剪（短）		若干把
		紧线工具		2 套
		登高工具		若干副

5. 作业步骤

（1）工具储运和检测。

1）按施工大纲配备相应数量的旁路电缆及配套设备、绝缘工器具等。

2）领用绝缘工具、安全用具及辅助器具，应核对工器具的使用电压等级和试验周期。

3）领用绝缘工器具，应检查外观是否完好无损。

4）工器具运输前，各种工器具应存放在工具袋或工具箱内，金属工具和绝缘工器具应分开装运，以防止相互碰擦造成外表损坏。

5）作业现场工作前应对绝缘工器具、个人绝缘防护用具进行外观检查，应完好无损，并使用绝缘电阻检测仪对绝缘工具进行检测，绝缘电阻值不低于700MΩ，（在领用时检测过的，可不再检测）。

6）对整套旁路设备进行绝缘检测，绝缘电阻值不低于500MΩ。旁路电缆检测后，应进行充分放电。

7）临时供电的移动箱式变压器额定电流应大于架空线路或停电用户（保电用户）的最大负荷电流。

8）旁路电缆跨越小区道路，对地距离不小于5m，跨越行车道路不小于6m，并派人看守。

（2）现场操作前的准备。

1）组织人员到现场进行踏勘工作，确认工作的必要性、施工范围和可行性，了解现场设备、装置情况和工作环境等。

2）编制现场作业施工大纲。

3）工作负责人核对线路名称、杆号。

4）绝缘斗臂车进入合适位置，并可靠接地；根据道路情况设置安全围栏、警告标志或路障。

5）工作负责人召集工作人员交代工作任务，对工作班成员进行危险点告知、交代安全措施和技术措施，确认每一个工作班成员都已知晓，检查工作班成员精神状态是否良好，人员是否合适。

6）根据分工情况整理材料，对安全用具、绝缘工具进行检查，绝缘工具应使用绝缘检测仪进行分段绝缘检测，绝缘电阻值不低于700MΩ（在出库前如已测试过的可省去现场测试步骤）。

7）查看绝缘臂、绝缘斗良好，调试斗臂车（在出车前如已调试过的可省去此步骤）。

8）作业电工戴好手套，进入绝缘斗内，挂好保险钩。

（3）操作步骤。

1）绝缘斗臂车停放在合适位置，可靠接地。

2）斗内电工穿戴好个人防护用具，进入绝缘斗，系好保险钩，操作绝缘斗至电杆上合适位置，有关杆上电工登杆至架空线路电杆上合适位置。

3）相互配合分别在耐张段两侧电杆上安装好旁路开关和余缆工具（送电侧为1号旁路开关、受电侧为2号旁路开关）。在中间电杆上安装好旁路电缆中间支架、导入支架（耐张段内有设备需要不停电作业的，要安装T型接头）。旁路开关外壳、T型接头金属部分应接地。

4）在耐张段内安装好旁路电缆承力绳。

5）按标识架空敷设10kV旁路电缆，旁路电缆采用快速插拔直通型接头连接，并使用专用夹具绑扎固定。使用牵引绳将旁路电缆通过移动滑车沿承力绳牵引到规定的地方。

6）架空旁路电缆敷设好后，将旁路电缆两端的插入式可分离终端与旁路开关可靠连接（中间有分支设备的，把附近的旁路电缆直通型接头分离，将插入式可分离终端按相序与T型接头连接）。

7）两端旁路开关处，斗内电工与杆上电杆配合，按相序安装好旁路开关上端与架空线路连接的旁路电缆，多余的电缆圈好搁置在余缆工具上，做好旁路电缆检测前的准备工作。

8）在两端都做好安全措施的前提下（两端的电缆终端置于悬空搁置），分别合上两侧1、2号旁路开关，杆上电工返回地面。对整套旁路电缆用绝缘检测仪进行绝缘检测，绝缘电阻值不低于500MΩ（整套旁路电缆较长，一般在150m及以上，根据情况需要做12kV工频耐压证明性试验，以确认该旁路系统的绝缘性能良好）。检测好的旁路电缆应进行充分放电，应确认其无电容电流及电压。

9）旁路系统绝缘检测（试验）后，分别拉开耐张段两侧的1、2号旁路开关。

10）在现场工作总负责人的许可下，在送电侧耐张杆上，1号斗内电工在监护人的同意下，按照旁路电缆与架空线路一致的相序，用操作杆将旁路电缆终端专用接头分别与三相架空线路连接。

11）在受电侧耐张杆上，2号斗内电工在监护人的同意下，按照旁路电缆与架空线路一致的相序，用操作杆将旁路电缆终端专用接头分别与三相架空线路连接。

12）在工作总负责人的许可下，1号斗内电工合上送电侧1号旁路开关。

13）在受电侧耐张杆上，2号斗内电工在断开的2号旁路开关两侧用专用核相仪核相应正确（旁路开关上设有半自动核相仪的，可使用自身的核相仪进行核相；若有分支设备的，也应在分支设备与旁路电缆的电源两端进行核相）。

14）核相工作完成后，在工作总负责人的许可下，2号斗内电工合上受电侧2号旁路开关（耐张段内有设备的也应将旁路电缆与线路设备连接），此时，旁路系统与架空线路并列运行。

15）检测旁路电缆分流电流。

16）在工作总负责人的许可下，分别将耐张段内的设备负荷转移至旁路电缆供电。

17）在确认需要检修的耐张段内的架空线路的负荷全部转移后，由工作总负责人许可，1号斗内电工在监护人的同意下，断开送电侧耐张杆连接的引线。

18）2号斗内电工在监护人的同意下，断开受电侧耐张连接引线，该耐张段内架空线路及有关设备退出运行。

19）1号斗内电工用电流检测仪检测三相旁路电缆电流在额定范围内。旁路电缆临时供电成功。

20）根据工作任务检修耐张段内架空线路（包括更换导线、电杆及设备等）。

21）对检修好的架空线路及设备进行验收，应符合验收规范要求。

22）架空线路及设备检修任务完成后，按照架空线路原接线方式恢复系统供电。

23）将旁路电缆中的负荷全部转移至架空线路上（包括耐张段中间的有关设备）。

24）旁路电缆按照安装时的相反顺序退出运行。分别拉开受电侧2号旁路开关和送电侧1号旁路开关，分别断开两侧耐张杆旁路电缆与架空线路连接的专用接头。

25）旁路电缆在送电侧和受电侧与架空线路断开后，对整套旁路电缆充分放电，验明无电压。后拆除旁路电缆，回收，装车。

6. 安全措施及注意事项

（1）气象条件。

1）本项目应在良好的天气下进行。如遇雷、雨、雪、雾不得进行该项工作，风力大于5级时，空气相对湿度大于80%的天气，不宜进行该项工作。电缆线路不停电作业过程中若遇天气突然变化，应采取切实可靠的安全措施，确保旁路电缆的安全临时供电。

2）在有可能危及人身或设备安全时，应立即停止工作，尽快恢复设备正常状况，或增设临时安全措施。

（2）作业环境。

1）作业现场应根据道路情况使用红白带、警告标志或路障，防止外人和车辆进入工作区域。

2）如在车辆繁忙地段还应与交通管理部门取得联系，以取得配合。

3）夜间作业进行应有足够的照明。

（3）安全距离及有效绝缘长度。

1）作业用绝缘工具都应经过检测，绝缘电阻应不低于700MΩ（电极间距2cm、极间距2cm）。

2）工作时绝缘斗臂车的绝缘有效长度应不少于1m。

3）在带电作业时，应保持对地不少于0.4m，对邻相导线不少于0.6m的安全距离；如不能确保该安全距离时，应采用绝缘挡板、管、毯及其他绝缘遮蔽措施。

4）绝缘操作杆作主绝缘使用，其有效绝缘距离不应小于0.7m。

（4）遮蔽措施。作业线路下层有低压线路合杆时，如妨碍作业，应对相关低压线路采取绝缘遮蔽措施。

（5）重合闸。本项目一般需要停用线路重合闸。

（6）关键点。

1）应检查、核对线路双重名称、设备铭牌，确认现场环境、环网柜设备、天气等情况满足带电作业要求。

2）旁路作业设备额定通流能力不小于200A，通过检测仪器检测整套旁路系统绝缘电阻不低于500MΩ。

3）工作前需要检查、确认作业的备用间隔开关应在拉开位置。

4）用10kV验电笔对断开的备用间隔开关进行验电、确认无电压。

5）检查连接的旁路电缆可分离电缆终端相识标志与备用间隔相序应一致。

6）将旁路电缆接入环网柜备用间隔，两终端附近的屏蔽层可靠接地。

7）检查旁路系统核相应正确或在环网柜间隔开关断口处两侧核相应正确。

8）检查操作人员严格按照作业工艺流程进行作业，使用倒闸操作票进行操作备用间隔开关，并唱票、复诵，逐项操作，严禁跳项操作。

9）用仪器检查临时供电的旁路电缆负荷电流小于额定电流。

10）检查退出运行的电缆线路充分放电，并无低压。

11）在旁路电缆运行期间，应派专人看守、巡视，防止外人碰触。

12）对检修后的环网柜验收、试验应合格。

13）检查退出临时供电的旁路电缆线路充分放电，并无低压。

六、从环网柜临时取电给移动箱式变压器供电

1. 作业方式

绝缘斗臂车、绝缘手套作业法。

2. 适用范围

从环网柜临时取电给移动箱式变压器供电的作业（原低压短时停电）。

3. 人员组合

本项目需要12人，具体人员分工见表1－6－11。

表1－6－11　　人员分工表

人员分工	人数	人员分工	人数
工作负责人	1人	作业电工	10人
工作监护人	1人		

4. 工具配备

一览表（包括个人防护用具）见表1－6－12。

表1－6－12　　工具配备一览表

序号	分类	工具名称	规格/型号	数量
1	特种车辆	旁路作业车		1辆
		设备运输车		1辆
2	个人绝缘防护用具	绝缘手套	10kV	2副
		防护手套		2副
		绝缘鞋	10	2双
		护目镜（或防护面罩）		2副
3	旁路系统	旁路柔性电缆	10kV	若干盘
		快速插拔终端	直通型	若干个
		可分离电缆终端	10kV	若干个
		旁路开关	10kV	1台
4	绝缘工器具	绝缘操作杆		1根
5	其他主要工器具	2500V绝缘测试仪		1套
		对讲机		2只
		防潮苫布		若干块
		绝缘柄手工工具		3套
		旁路电缆保护盖板		若干块

5. 作业步骤

（1）工具储运和检测。

1）按施工大纲配备相应数量的旁路电缆及配套设备、绝缘工器具等。

2）领用绝缘工具、安全用具及辅助器具，应核对工器具的使用电压等级和试验周期。

3）领用绝缘工器具，应检查外观是否完好无损。

4）工器具运输前，各种工器具应存放在工具袋或工具箱内，金属工具和绝缘工器具应分开装运，以防止相互碰擦造成外表损坏。

5）作业现场工作前应对绝缘工器具、个人绝缘防护用具进行外观检查，应完好无损，并使用绝缘电阻检测仪对绝缘工具进行检测，绝缘电阻值不低于700MΩ（在领用时检测过的，可不再检测）。

6）对整套旁路设备进行绝缘检测，绝缘电阻值不低于500MΩ。旁路电缆检测后，应进行充分放电。

7）临时供电的移动箱式变压器额定电流应大于架空线路或停电用户（保电用户）的最大负荷电流。

8）旁路电缆跨越小区道路，对地距离不小于5m，跨越行车道路不小于6m，并派人看守。

（2）现场操作前的准备。

1）组织人员到现场进行踏勘工作，确认工作的必要性、施工范围和可行性，了解现场设备、装置情况和工作环境等。

2）编制现场作业施工大纲。

3）工作负责人核对线路名称、杆号。

4）绝缘斗臂车进入合适位置，并可靠接地；根据道路情况设置安全围栏、警告标志或路障。

5）工作负责人召集工作人员交代工作任务，对工作班成员进行危险点告知、交代安全措施和技术措施，确认每一个工作班成员都已知晓，检查工作班成员精神状态是否良好，人员是否合适。

6）根据分工情况整理材料，对安全用具、绝缘工具进行检查，绝缘工具应使用绝缘检测仪进行分段绝缘检测，绝缘电阻值不低于700MΩ（在出库前如已测试过的可省去现场测试步骤）。

7）查看绝缘臂、绝缘斗良好，调试斗臂车（在出车前如已调试过的可省去此步骤）。

8）作业电工戴好手套，进入绝缘斗内，挂好保险钩。

（3）操作步骤。

1）事先确认原架空线路或停电用户（保电用户）的最大负荷电流小于临时供电的移动箱式变压器额定电流。

2）在敷设旁路电缆的地面防护垫布。

3）按标识敷设10kV旁路电缆和低压电缆。

4）在合适的地方安装旁路开关。

5）用快速插拔电缆终端与旁路开关并可靠连接，低压电缆与移动箱式变压器低压出线侧连接，并确认无误。

6）对整套10kV旁路电缆设备进行检测绝缘电阻，不低于500MΩ，检测后，应充分放电。

7）拉开、并确认旁路开关及移动箱式变压器低压出线开关处于拉开位置。

8）移动箱式变压器车、移动箱式变压器、旁路开关外壳接地分别可靠接地，移动箱式变压器接地电阻不大于4Ω。

9）检查、确认临时取电的备用环网柜备用间隔完好，间隔断路器均处于断开位置，接地开关在合上位置。

10）对临时取电的环网柜备用间隔进行验电，确认无电。

11）将旁路电缆可分离终端接入临时取电的环网柜备用间隔，可分离终端头附近的屏蔽层应可靠接地。

12）对需要临时供电的已停电的架空线路或低压用户（保电用户）开关进线侧进行验电，并检查、确认无电压。

13）将低压电缆与架空线路或低压用户（保电用户）开关进线侧按相序可靠连接。

14）使用倒闸操作票，断开临时取电的环网柜备用间隔断路器接地开关；

15）合上临时取电的环网柜备用间隔断路器。

16）环网柜备用断路器间隔投运后，应关闭环网柜箱门。

17）合上旁路开关，检查移动箱式变压器车上仪表高、低压电压应正常。

18）合上移动箱式变压器低压出线侧开关。

19）检查车载仪表运行正常。

20）待用户正常受电后，检查用户侧相序应正确。

21）检查车载仪表低压出线电流小于额定电流。从环网柜临时给移动箱式变压器供电成功。

22）在临时取电期间随时监视低压电流应小于移动箱式变压器的额定电流。并派专人看守、巡视，旁路电缆，防止外人碰触。

23）临时取电任务完成后，按相反的顺序将临时供电的旁路系统退出运行，充分放电后回收，装车。

（4）工作终结。

1）临时取电任务完成后，检查环网柜内无遗留物。

2）工作总负责人对完成的工作做一个全面的检查，确认工作地点无遗留物，环网柜电缆盖板已恢复，柜门已关闭，上锁。

3）做到“工完、料净、场地清”。

4）记录在册并召开收工会进行工作点评后，宣布工作结束。

6. 安全措施及注意事项

（1）气象条件。

1）本项目应在良好的天气下进行。如遇雷、雨、雪、雾不得进行该项工作，风力大于5级时，空气相对湿度大于80%的天气，不宜进行该项工作。电缆线路不停电作业过程中若遇天气突然变化，应采取切实可靠的安全措施，确保旁路电缆的安全临时供电。

2）在有可能危及人身或设备安全时，应立即停止工作，尽快恢复设备正常状况，或增设临时安全措施。

（2）作业环境。

1）作业现场应根据道路情况使用红白带、警告标志或路障，防止外人和车辆进入工作区域。

2）如在车辆繁忙地段还应与交通管理部门取得联系，以取得配合。

3）夜间作业进行应有足够的照明。

（3）安全距离及有效绝缘长度。

1）作业用绝缘工具都应经过检测，绝缘电阻应不低于700MΩ（电极间距2cm、极间距2cm）。

2）工作时绝缘斗臂车的绝缘有效长度应不少于1m。

3）在带电作业时，应保持对地不少于0.4m，对邻相导线不少于0.6m的安全距离；如不能确保该安全距离时，应采用绝缘挡板、管、毯及其他绝缘遮蔽措施。

4）绝缘操作杆作主绝缘使用，其有效绝缘距离不应小于0.7m。

（4）遮蔽措施。作业线路下层有低压线路合杆时，如妨碍作业，应对相关低压线路采取绝缘遮蔽措施。

（5）重合闸。本项目一般需要停用线路重合闸。

（6）关键点。

1）应检查、核对线路双重名称、设备铭牌，确认现场环境、环网柜设备、天气等情况满足带电作业要求。

2）旁路作业设备额定通流能力不小于200A，通过检测仪器检测整套旁路系统绝缘电阻不低于500MΩ。

3）工作前需要检查、确认作业的备用间隔断路器应在拉开位置。

4）用10kV验电笔对断开的备用间隔断路器进行验电、确认无电压。

5）检查连接的旁路电缆可分离电缆终端相识标志与备用间隔相序应一致。

6）将旁路电缆接入环网柜备用间隔，两终端附近的屏蔽层可靠接地。

7）检查旁路系统核相应正确或在环网柜间隔断路器断口处两侧核相应正确。

8）检查操作人员严格按照作业工艺流程进行作业，使用倒闸操作票进行操作备用间隔断路器，并唱票、复诵，逐项操作，严禁跳项操作。

9）用仪器检查临时供电的旁路电缆负荷电流小于额定电流。

10）检查退出运行的电缆线路充分放电，并无低压。

11）在旁路电缆运行期间，应派专人看守、巡视，防止外人碰触。

12）对检修后的环网柜验收、试验应合格。

13）检查退出临时供电的旁路电缆线路充分放电，并无低压。

七、从架空线路临时取电给环网柜供电

1. 作业方式

绝缘斗臂车、绝缘手套作业法。

2. 适用范围

从架空线路临时取电给环网柜供电的作业。

3. 人员组合

本项目需要12人，具体人员分工见表1-6-13。

表1-6-13　　人员分工表

人员分工	人数	人员分工	人数
工作负责人	1人	作业电工	10人
工作监护人	1人		

4. 工具配备

一览表（包括个人防护用具）见表1-6-14。

表1-6-14　　工具配备一览表

序号	分类	工具名称	规格/型号	数量
1	特种车辆	绝缘斗臂车		1辆
		旁路作业车		1辆
2	个人绝缘防护用具	绝缘手套	10kV	2副
		防护手套		2副
		绝缘鞋	10	2双
		护目镜（或防护面罩）		2副
3	旁路系统	旁路柔性电缆	10kV	若干盘
		快速插拔终端	直通型	若干个
		旁路开关	10kV	1台
4	绝缘工器具	绝缘操作杆	10kV	1根
5	其他主要工器具	2500V绝缘测试仪		1套
		对讲机		2只
		防潮苫布		若干块
		绝缘柄手工工具		2套
		旁路电缆保护盖板		若干块
		登高工具		1副

5. 作业步骤

（1）工具储运和检测。

1）按施工大纲配备相应数量的旁路电缆及配套设备、绝缘工器具等。

2）领用绝缘工具、安全用具及辅助器具，应核对工器具的使用电压等级和试验周期。

3）领用绝缘工器具，应检查外观是否完好无损。

4）工器具运输前，各种工器具应存放在工具袋或工具箱内，金属工具和绝缘工器具应分开装运，以防止相互碰擦造成外表损坏。

5）作业现场工作前应对绝缘工器具、个人绝缘防护用具进行外观检查，应完好无损，并使用绝缘电阻检测仪对绝缘工具进行检测，绝缘电阻值不低于700MΩ（在领用时检测过的，可不再检测）。

6）对整套旁路设备进行绝缘检测，绝缘电阻值不低于500MΩ。旁路电缆检测后，应进行充分放电。

7）临时供电的移动箱式变压器额定电流应大于架空线路或停电用户（保电用户）的最大负荷电流。

8）旁路电缆跨越小区道路，对地距离不小于5m，跨越行车道路不小于6m，并派人看守。

（2）现场操作前的准备。

1）组织人员到现场进行踏勘工作，确认工作的必要性、施工范围和可行性，了解现场设备、装置情况和工作环境等。

2）编制现场作业施工大纲。

3）工作负责人核对线路名称、杆号。

4）绝缘斗臂车进入合适位置，并可靠接地；根据道路情况设置安全围栏、警告标志或路障。

5）工作负责人召集工作人员交代工作任务，对工作班成员进行危险点告知、交代安全措施和技术措施，确认每一个工作班成员都已知晓，检查工作班成员精神状态是否良好，人员是否合适。

6）根据分工情况整理材料，对安全用具、绝缘工具进行检查，绝缘工具应使用绝缘检测仪进行分段绝缘检测，绝缘电阻值不低于700MΩ（在出库前如已测试过的可省去现场测试步骤）。

7）查看绝缘臂、绝缘斗良好，调试斗臂车（在出车前如已调试过的可省去此步骤）。

8）作业电工戴好手套，进入绝缘斗内，挂好保险钩。

（3）操作步骤。

1）绝缘斗臂车停放在合适位置，可靠接地。

2）查看绝缘臂、绝缘斗良好，调试斗臂车应符合作业要求（在出车前如已调试过的可省去此步骤）。

3）在敷设旁路电缆的地面防护垫布。

4）按标识敷设10kV旁路电缆。

5）1号斗内电工穿戴好个人防护用具，进入绝缘斗，系好保险钩，操作绝缘斗至电杆上合适位置，2号电工登高至杆上合适位置与斗内电工在地面电工配合下，安装好旁路开关及余缆工具，旁路开关外壳应良好接地。

6）将旁路电缆吊上，1、2号电工相互配合将上端与架空线路连接的旁路电缆圈好搁置在余缆工具上，下端与旁路开关可靠连接。2号电工返回地面。

7）检查旁路电缆敷设和连接无误后，将旁路电缆首、未端终端分别置于悬空位置，斗内电工将旁路开关置于合上位置。

8）在做好安全措施的情况下，对整套10kV旁路电缆设备进行检测绝缘电阻，不低于500MΩ。

9）检测后，应充分放电，然后1号电工将旁路开关置于拉开关位置。

10）检查、并确认环网柜备进线间隔断路器旁路开关在断开位置。

11）用验电笔验明无电压后，作业电工将旁路电缆可分离终端按原系统相位与环网柜进线间隔可靠连接，并将终端屏蔽层接地。

12）在监护人的同意下，1号电工按相位依次将旁路电缆终端与同相位的架空线路用专用操作杆逐相与架空导线可靠连接。

13）1号电工在监护人许可下，合上10kV旁路开关、加锁，返回地面。

14）作业电工在监护人许可下，合上环网柜进线间隔开关。

15）旁路系统投运后，检测旁路电缆电流小于额定电流，临时取电成功。

16）临时取电期间，派专人看守，随时监视负荷情况，巡视旁路系统，防止外人碰触。

17）临时取电任务完成后，按相反的顺序将临时供电的旁路系统退出运行，充分放电后回收，装车。

6. 安全措施及注意事项

（1）气象条件。

1）本项目应在良好的天气下进行。如遇雷、雨、雪、雾不得进行该项工作，风力大于5级时，空气相对湿度大于80%的天气，不宜进行该项工作。电缆线路不停电作业过程中若遇天气突然变化，应采取切实可靠的安全措施，确保旁路电缆的安全临时供电。

2）在有可能危及人身或设备安全时，应立即停止工作，尽快恢复设备正常状况，或增设临时安全措施。

（2）作业环境。

1）作业现场应根据道路情况使用红白带、警告标志或路障，防止外人和车辆进入工作区域。

2）如在车辆繁忙地段还应与交通管理部门取得联系，以取得配合。

3）夜间作业进行应有足够的照明。

（3）安全距离及有效绝缘长度。

1）作业用绝缘工具都应经过检测，绝缘电阻应不低于700MΩ（电极间距2cm、极间距2cm）。

2）工作时绝缘斗臂车的绝缘有效长度应不少于1m。

3）在带电作业时，应保持对地不少于0.4m，对邻相导线不少于0.6m的安全距离；如不能确保该安全距离时，应采用绝缘挡板、管、毯及其他绝缘遮蔽措施。

4）绝缘操作杆作主绝缘使用，其有效绝缘距离不应小于0.7m。

（4）遮蔽措施。作业线路下层有低压线路合杆时，如妨碍作业，应对相关低压线路采取绝缘遮蔽措施。

（5）重合闸。本项目一般需要停用线路重合闸。

（6）关键点。

1）应检查、核对线路双重名称、设备铭牌，确认现场环境、环网柜设备、天气等情况满足带电作业要求。

2）旁路作业设备额定通流能力不小于200A，通过检测仪器检测整套旁路系统绝缘电阻不低于500MΩ。

3）工作前需要检查、确认作业的备用间隔断路器应在拉开位置。

4）用10kV验电笔对断开的备用间隔断路器进行验电、确认无电压。

5）检查连接的旁路电缆可分离电缆终端相识标志与备用间隔相序应一致。

6）将旁路电缆接入环网柜备用间隔，两终端附近的屏蔽层可靠接地。

7）检查旁路系统核相应正确或在环网柜间隔断路器断口处两侧核相应正确。

8）检查操作人员严格按照作业工艺流程进行作业，使用倒闸操作票进行操作备用间隔开关，并唱票、复诵，逐项操作，严禁跳项操作。

9）用仪器检查临时供电的旁路电缆负荷电流小于额定电流。

10）检查退出运行的电缆线路充分放电，并无低压。

11）在旁路电缆运行期间，应派专人看守、巡视，防止外人碰触。

12）对检修后的环网柜验收、试验应合格。

13）检查退出临时供电的旁路电缆线路充分放电，并无低压。

八、从架空线路临时取电给移动箱式变压器供电

1. 作业方式

绝缘斗臂车、绝缘手套作业法。

2. 适用范围

从架空线路临时取电给移动箱式变压器供电的作业（原低压停电）。

3. 人员组合

本项目需要6人，具体人员分工见表1－6－15。

表1－6－15 人员分工表

人员分工	人数	人员分工	人数
工作负责人	1人	作业电工	4人
工作监护人	1人		

4. 工具配备

一览表（包括个人防护用具）见表1－6－16。

表1－6－16 工具配备一览表

序号	分类	工具名称	规格/型号	数量
1	特种车辆	绝缘斗臂车		1辆
		旁路作业车		1辆
2	个人绝缘防护用具	绝缘手套	10kV	1副
		防护手套		1副
		绝缘鞋	10	1双
		护目镜（或防护面罩）		1副
3	旁路系统	旁路柔性电缆	10kV	若干盘
		快速插拔终端	直通型	若干个
		旁路开关	10kV	1台
4	绝缘工器具	绝缘操作杆		1根
5	其他主要工器具	2500V绝缘测试仪		1套
		对讲机		2只
		防潮苫布		若干块

5. 作业步骤

（1）工具储运和检测。

1）按施工大纲配备相应数量的旁路电缆及配套设备、绝缘工器具等。

2）领用绝缘工具、安全用具及辅助器具，应核对工器具的使用电压等级和试验周期。

3）领用绝缘工器具，应检查外观是否完好无损。

4）工器具运输前，各种工器具应存放在工具袋或工具箱内，金属工具和绝缘工器具应分开装运，以防止相互碰擦造成外表损坏。

5）作业现场工作前应对绝缘工器具、个人绝缘防护用具进行外观检查，应完好无损，并使用绝缘电阻检测仪对绝缘工具进行检测，绝缘电阻值不低于700MΩ（在领用时进行检测过，可不再检测）。

6）对整套旁路设备进行绝缘检测，绝缘电阻值不低于500MΩ。旁路电缆检测后，应进行充分放电。

7）临时供电的移动箱式变压器额定电流应大于架空线路或停电用户（保电用户）的最大负荷电流。

8）旁路电缆跨越小区道路，对地距离不小于5m，跨越行车道路不小于6m，并派人看守。

（2）现场操作前的准备。

1）组织人员到现场进行踏勘工作，确认工作的必要性、施工范围和可行性，了解现场设备、装置情况和工作环境等。

2）编制现场作业施工大纲。

3）工作负责人核对线路名称、杆号。

4）绝缘斗臂车进入合适位置，并可靠接地；根据道路情况设置安全围栏、警告标志或路障。

5）工作负责人召集工作人员交代工作任务，对工作班成员进行危险点告知、交代安全措施和技术措施，确认每一个工作班成员都已知晓，检查工作班成员精神状态是否良好，人员是否合适。

6）根据分工情况整理材料，对安全用具、绝缘工具进行检查，绝缘工具应使用绝缘检测仪进行分段绝缘检测，绝缘电阻值不低于700MΩ（在出库前如已测试过的可省去现场测试步骤）。

7）查看绝缘臂、绝缘斗良好，调试斗臂车（在出车前如已调试过的可省去此步骤）。

8）作业电工戴好手套，进入绝缘斗内，挂好保险钩。

（3）操作步骤。

1）将移动箱变作业车停放在合适位置。

2）绝缘斗臂车停放在合适位置，可靠接地。

3）查看绝缘臂、绝缘斗良好，调试斗臂车应符合作业要求（在出车前如已调试过的可省去此步骤）。

4）事先确认原架空线路或停电用户（保电用户）的最大负荷电流小于临时供电的移动箱式变压器额定电流。

5）在敷设旁路电缆的地面防护垫布。

6）按标识敷设10kV旁路电缆和低压电缆。

7）在合适的地方安装旁路开关，并旁路开关置于拉开位置（有车载旁路开关的，不需要另外安装旁路开关）。

8）用快速插拔电缆终端按相位标识与旁路开关并可靠连接。

9）低压电缆相位标识与移动箱式变压器低压出线侧连接，并确认无误。

10）对整套10kV旁路电缆设备进行检测绝缘电阻，不低于500MΩ，检测后，应充分放电。

11）检查、并确认旁路开关及移动箱式变压器低压出线开关处于拉开位置。

12）由2号电工登杆至低压横担下合适位置，用验电笔验明低压线路无电压。

13）在电杆上合适位置，安装好余缆支架，将低压电缆在地面电工配合下，吊上搁置在余缆支架上。

14）在监护人的同意下，2号电工按电缆标识与低压架空相同的相位逐相可靠地连接。

15）由1号电工穿戴好个人防护用具，进入绝缘斗，系好保险钩。操作绝缘斗至10kV导线下合适位置，在电杆上安装好余缆支架。

16）将10kV旁路电缆在地面电工配合下，吊上搁置在余缆支架上。

17）在监护人的同意下，1号电工按旁路电缆标识与同相位的架空线路用专用操作逐相将单沟线夹与导线可靠地连接。

18）使用倒闸操作票：合上车载10kV旁路开关。

19）检查移动箱式变压器上仪表高、低压电压应正常。

20）合上移动箱式变压器低压出线开关。

21）用户受电后，检查用户侧相序应正确。

22）检查移动箱式变压器上低压电流表输出负荷应小于移动箱式变压器的额定电流。从架空线路临时取电给移动箱式变压器供电作业成功。

23）在临时供电期间，派专人看守，随时监视负荷情况，巡视旁路系统，防止外人碰触。

24）临时取电任务完成后，按相反的顺序将临时供电的旁路系统退出运行，充分放电后回收，装车。

6. 安全措施及注意事项

（1）气象条件。

1）本项目应在良好的天气下进行。如遇雷、雨、雪、雾不得进行该项工作，风力大于5级时，空气相对湿度大于80%的天气，不宜进行该项工作。电缆线路不停电作业过程中若遇天气突然变化，应采取切实可靠的安全措施，确保旁路电缆的安全临时供电。

2）在有可能危及人身或设备安全时，应立即停止工作，尽快恢复设备正常状况，或增设临时安全措施。

（2）作业环境。

1）作业现场应根据道路情况使用红白带、警告标志或路障，防止外人和车辆进入工作区域。

2）如在车辆繁忙地段还应与交通管理部门取得联系，以取得配合。

3）夜间作业进行应有足够的照明。

（3）安全距离及有效绝缘长度。

1）作业用绝缘工具都应经过检测，绝缘电阻应不低于700MΩ（电极间距2cm、极间距2cm）。

2）工作时绝缘斗臂车的绝缘有效长度应不少于1m。

3）在带电作业时，应保持对地不少于0.4m，对邻相导线不少于0.6m的安全距离；如不能确保该安全距离时，应采用绝缘挡板、管、毯及其他绝缘遮蔽措施。

4）绝缘操作杆作主绝缘使用，其有效绝缘距离不应小于0.7m。

（4）遮蔽措施。作业线路下层有低压线路合杆时，如妨碍作业，应对相关低压线路采取绝缘遮蔽措施。

（5）重合闸。本项目一般需要停用线路重合闸。

（6）关键点。

1）应检查、核对线路双重名称、设备铭牌，确认现场环境、环网柜设备、天气等情况满足带电作业要求。

2）旁路作业设备额定通流能力不小于200A，通过检测仪器检测整套旁路系统绝缘电阻不低于500MΩ。

3）工作前需要检查、确认作业的备用间隔断路器应在拉开位置。

4）用10kV验电笔对断开的备用间隔断路器进行验电、确认无电压。

5）检查连接的旁路电缆可分离电缆终端相识标志与备用间隔相序应一致。

6）将旁路电缆接入环网柜备用间隔，两终端附近的屏蔽层可靠接地。

7）检查旁路系统核相应正确或在环网柜间隔断路器断口处两侧核相应正确。

8）检查操作人员严格按照作业工艺流程进行作业，使用倒闸操作票进行操作备用间隔断路器，并唱票、复诵，逐项操作，严禁跳项操作。

9）用仪器检查临时供电的旁路电缆负荷电流小于额定电流。

10）检查退出运行的电缆线路充分放电，并无低压。

11）在旁路电缆运行期间，应派专人看守、巡视，防止外人碰触。

12）对检修后的环网柜验收、试验应合格。

13）检查退出临时供电的旁路电缆线路充分放电，并无低压。

九、旁路法不停电（短时停电）检修环网柜

1. 作业方式

绝缘斗臂车、绝缘手套作业法。

2. 适用范围

旁路法不停电（短时停电）检修环网柜作业（甲、乙、丙环网柜，检修乙环网柜的作业）。

3. 人员组合

本项目需要12人，具体人员分工见表1－6－17。

表 1－6－17　　人员分工表

人员分工	人数	人员分工	人数
工作负责人	1人	作业电工	10人
工作监护人	1人		

4. 工具配备

一览表（包括个人防护用具）见表1－6－18。

表 1－6－18　　工具配备一览表

序号	分类	工具名称	规格/型号	数量
1	特种车辆	旁路作业车		1辆
		设备运输车		1辆
2	个人绝缘防护用具	绝缘手套	10kV	2副
		防护手套		2副
		绝缘鞋	10	2双
		护目镜（或防护面罩）		2副
3	旁路系统	旁路柔性电缆	10kV	若干盘
		快速插拔终端	直通型	若干个
		可分离电缆终端	10kV	若干个
		旁路开关	10kV	1台
4	绝缘工器具	绝缘操作杆		1根
5	其他主要工器具	2500V绝缘测试仪		1套
		对讲机		2只
		防潮苫布		若干块
		绝缘柄手工工具		3套
		旁路电缆保护盖板		若干块

5. 作业步骤

（1）工具储运和检测。

1）按施工大纲配备相应数量的旁路电缆及配套设备、绝缘工器具等。

2）领用绝缘工具、安全用具及辅助器具，应核对工器具的使用电压等级和试验周期。

3）领用绝缘工器具，应检查外观是否完好无损。

4）工器具运输前，各种工器具应存放在工具袋或工具箱内，金属工具和绝缘工器具应分开装运，以防止相互碰擦造成外表损坏。

5）作业现场工作前应对绝缘工器具、个人绝缘防护用具进行外观检查，应完好无损，并使用绝缘电阻检测仪对绝缘工具进行检测，绝缘电阻值不低于700MΩ（在领用时检测过的，可不再检测）。

6）对整套旁路设备进行绝缘检测，绝缘电阻值不低于500MΩ。旁路电缆检测后，应进行充分放电。

（2）现场操作前的准备。

1）组织人员到现场进行踏勘工作，确认工作的必要性、施工范围和可行性，了解现场设备、装置情况和工作环境等。

2）编制现场作业施工大纲。

3）工作负责人核对线路名称、杆号。

4）绝缘斗臂车进入合适位置，并可靠接地；根据道路情况设置安全围栏、警告标志或路障。

5）工作负责人召集工作人员交代工作任务，对工作班成员进行危险点告知、交代安全措施和技术措施，确认每一个工作班成员都已知晓，检查工作班成员精神状态是否良好，人员是否合适。

6）根据分工情况整理材料，对安全用具、绝缘工具进行检查，绝缘工具应使用绝缘检测仪进行分段绝缘检测，绝缘电阻值不低于700MΩ（在出库前如已测试过的可省去现场测试步骤）。

7）查看绝缘臂、绝缘斗良好，调试斗臂车（在出车前如已调试过的可省去此步骤）。

8）作业电工戴好手套，进入绝缘斗内，挂好保险钩。

（3）操作步骤。

1）事先确认受电侧环网柜的总负荷小于旁路电缆额定电流。

2）在敷设旁路电缆的地面防护垫布。

3）按标识敷设旁路电缆。

4）在合适的地方安装旁路开关。

5）用快速插拔电缆终端与旁路开关（有核相功能的环网柜可在间隔开关断口处两侧核相）并连接，并确认无误。

6）对整套旁路电缆设备进行检测绝缘电阻，不低于500MΩ，检测后，应充分放电。

7）拉开旁路开关。

8）确认甲、丙两环网柜备用间隔完好，断路器均处于断开位置，接地开关在合上位置。

9）对备用间隔进行验电，确认无电。

10）将旁路电缆可分离终端接入环网柜备用间隔，两终端附近的屏蔽层可靠接地。

11）分别断开甲、丙两侧环网柜备用间隔接地开关。

12）合上送电侧（甲）备用间隔断路器。

13）合上受电侧丙环网柜备用间隔断路器。

14）在旁路开关处进行核相应正确［有核相功能的环网柜（不使用旁路开关）可在间隔断路器断口处两侧核相］。

15）断开受电侧丙环网柜备用间隔断路器。

16）合上旁路开关。

17）合上受电侧环网柜备用间隔断路器，旁路系统送电。

18）测量旁路电缆分流电流。

19）断开丙与乙环网柜间电缆线路连接的间隔断路器。

20）分别断开需检修乙环网柜出线侧和进线侧间隔断路器。

21）断开甲与乙环网柜电缆线路连接的送电侧间隔断路器，旁路电缆投入运行。

22）用电流检测仪检测旁路电缆负荷电流应小于额定电流。

23）检查旁路电缆运行期间，应派专人看守、巡视，防止外人碰触。

24）合上乙环网柜进、出线间隔断路器接地开关。

25）分别在乙环网柜进、出线间隔断路器可分离电缆终端处验电，验明确无电压。应无电压。检修环网柜。

26）乙环网柜检修完成后，经试验、验收合格应符合规程要求后，按相反的顺序将环网柜投入运行，然后将临时供电的旁路系统退出运行，放电充分后回收，装车。

（4）工作终结。

1）工作负责人对完成的工作做一个全面的检查，符合验收规范要求后，记录在册并召开收工会进行工作点评后，宣布工作结束。

2）工作完毕后，汇报当值调度工作已经结束，工作班撤离现场。

6. 安全措施及注意事项

（1）气象条件。

1）本项目应在良好的天气下进行。如遇雷、雨、雪、雾不得进行该项工作，风力大于5级时，空气相对湿度大于80%的天气，不宜进行该项工作。电缆线路不停电作业过程中若遇天气突然变化，应采取切实可靠的安全措施，确保旁路电缆的安全临时供电。

2）在有可能危及人身或设备安全时，应立即停止工作，尽快恢复设备正常状况，或增设临时安全措施。

（2）作业环境。

1）作业现场应根据道路情况使用红白带、警告标志或路障，防止外人和车辆进入工作区域。

2）如在车辆繁忙地段还应与交通管理部门取得联系，以取得配合。

3）夜间作业进行应有足够的照明。

（3）安全距离及有效绝缘长度。

1）作业用绝缘工具都应经过检测，绝缘电阻应不低于700MΩ（电极间距2cm、极间距2cm）。

2）工作时绝缘斗臂车的绝缘有效长度应不少于1m。

3）在带电作业时，应保持对地不少于0.4m，对邻相导线不少于0.6m的安全距离；如不能确保该安全距离时，应采用绝缘挡板、管、毯及其他绝缘遮蔽措施。

4）绝缘操作杆作主绝缘使用，其有效绝缘距离不应小于0.7m。

（4）遮蔽措施。作业线路下层有低压线路合杆时，如妨碍作业，应对相关低压线路采取绝缘遮蔽措施。

（5）重合闸。本项目一般需要停用线路重合闸。

（6）关键点。

1）应检查、核对线路双重名称、设备铭牌，确认现场环境、环网柜设备、天气等情况满足带电作业要求。

2）旁路作业设备额定通流能力不小于200A，通过检测仪器检测整套旁路系统绝缘电阻不低于500MΩ。

3）工作前需要检查、确认作业的备用间隔断路器应在拉开位置。

4）用10kV验电笔对断开的备用间隔断路器进行验电、确认无电压。

5）检查连接的旁路电缆可分离电缆终端相识标志与备用间隔相序应一致。

6）将旁路电缆接入环网柜备用间隔，两终端附近的屏蔽层可靠接地。

7）检查旁路系统核相应正确或在环网柜间隔断路器断口处两侧核相应正确。

8）检查操作人员严格按照作业工艺流程进行作业，使用倒闸操作票进行操作备用间隔断路器，并唱票、复诵，逐项操作，严禁跳项操作。

9）用仪器检查临时供电的旁路电缆负荷电流小于额定电流。

10）检查退出运行的电缆线路充分放电，并无低压。

11）在旁路电缆运行期间，应派专人看守、巡视，防止外人碰触。

12）对检修后的环网柜验收、试验应合格。

13）检查退出临时供电的旁路电缆线路充分放电，并无低压。

十、旁路法不停电（短时停电）检修两环网柜间电缆

1. 作业方式

绝缘斗臂车、绝缘手套作业法。

2. 适用范围

旁路法不停电（短时停电）检修两环网柜间电缆线路作业。

3. 人员组合

本项目需要12人，具体人员分工见表1－6－19。

表1－6－19　　人员分工表

人员分工	人数	人员分工	人数
工作负责人	1人	作业电工	10人
工作监护人	1人		

4. 工具配备

一览表（包括个人防护用具）见表1－6－20。

表1－6－20　　工具配备一览表

序号	分类	工具名称	规格/型号	数量
1	特种车辆	旁路作业车		1辆
2	个人绝缘防护用具	绝缘手套	10kV	2副
		防护手套		2副
		绝缘鞋	10	2双
		护目镜（或防护面罩）		2副

续表

序号	分　类	工具名称	规格/型号	数量
3	旁路系统	旁路柔性电缆	10kV	若干盘
		快速插拔终端	直通型	若干个
		可分离电缆终端	10kV	若干个
		旁路开关	10kV	1台
4	绝缘工器具	绝缘操作杆		1根
5	其他主要工器具	2500V绝缘测试仪		1套
		对讲机		2只
		防潮苫布		若干块
		绝缘柄手工工具		2套
		旁路电缆保护盖板		若干块

5. 作业步骤

（1）工具储运和检测。

1）按施工大纲配备相应数量的旁路电缆及配套设备、绝缘工器具等。

2）领用绝缘工具、安全用具及辅助器具，应核对工器具的使用电压等级和试验周期。

3）领用绝缘工器具，应检查外观是否完好无损。

4）工器具运输前，各种工器具应存放在工具袋或工具箱内，金属工具和绝缘工器具应分开装运，以防止相互碰擦造成外表损坏。

5）作业现场工作前应对绝缘工器具、个人绝缘防护用具进行外观检查，应完好无损，并使用绝缘电阻检测仪对绝缘工具进行检测，绝缘电阻值不低于700MΩ（在领用时进行检测过，可不再检测）。

6）对整套旁路设备进行绝缘检测，绝缘电阻值不低于500MΩ。旁路电缆检测后，应进行充分放电。

（2）现场操作前的准备。

1）组织人员到现场进行踏勘工作，确认工作的必要性、施工范围和可行性，了解现场设备、装置情况和工作环境等。

2）编制现场作业施工大纲。

3）工作负责人核对线路名称、杆号。

4）绝缘斗臂车进入合适位置，并可靠接地；根据道路情况设置安全围栏、警告标志或路障。

5）工作负责人召集工作人员交代工作任务，对工作班成员进行危险点告知、交代安全措施和技术措施，确认每一个工作班成员都已知晓，检查工作班成员精神状态是否良好，人员是否合适。

6）根据分工情况整理材料，对安全用具、绝缘工具进行检查，绝缘工具应使用绝缘检测仪进行分段绝缘检测，绝缘电阻值不低于700MΩ（在出库前如已测试过的可省去现场测试步骤）。

7）查看绝缘臂、绝缘斗良好，调试斗臂车（在出车前如已调试过的可省去此步骤）。

8）作业电工戴好手套，进入绝缘斗内，挂好保险钩。

（4）操作步骤。

1）事先确认待检修的电缆线路负荷小于旁路电缆额定电流。

2）在敷设旁路电缆的地面防护垫布。

3）按标识敷设旁路电缆。

4）在合适的地方安装旁路开关。

5）用快速插拔电缆终端与旁路开关并连接，并确认无误。

6）对整套旁路电缆设备进行检测绝缘，不低于500MΩ，并放电。

7）拉开旁路开关。

8）确认两环网柜备用间隔完好，断路器均处于断开位置，接地开关在合上位置。

9）对备用间隔进行验电，确认无电。

10）将旁路电缆可分离终端接入环网柜备用间隔，两终端附近的屏蔽层可靠接地。

11）分别断开两侧环网柜备用间隔接地开关。

12）合上送电侧备用间隔断路器。

13）合上受电侧环网柜备用间隔断路器。

14）在旁路开关处进行核相应正确。

15）断开受电侧环网柜备用间隔断路器。

16）合上旁路开关。

17）合上受电侧环网柜备用间隔断路器，旁路系统送电。

18）测量旁路电缆分流电流。

19）分别断开需检修电缆线路受电侧、送电侧间隔断路器，旁路电缆投入运行。

20）检查旁路电缆运行期间，应派专人看守、巡视，防止外人碰触。

21）分别在受电侧、送电侧电缆线路终端头处验电，验明确无电压。

22）合上送电侧、受电侧电缆线路环网柜间隔接地开关。

23）将送电侧、受电侧电缆线路可分离终端退出间隔。

24）对退出运行的电缆线路充分放电后检修电缆。

25）电缆线路检修完成后，并对检修后电缆线路，核相、检测绝缘电阻应符合规程要求，并进行工频耐压试验合格后，相反的顺序将电缆线路投入运行，然后将临时供电的旁路系统退出运行，放电充分后回收，装车。

6. 安全措施及注意事项

（1）气象条件。

1）本项目应在良好的天气下进行。如遇雷、雨、雪、雾不得进行该项工作，风力大于5级时，空气相对湿度大于80%的天气，不宜进行该项工作。电缆线路不停电作业过程中若遇天气突然变化，应采取切实可靠的安全措施，确保旁路电缆的安全临时供电。

2）在有可能危及人身或设备安全时，应立即停止工作，尽快恢复设备正常状况，或增设临时安全措施。

（2）作业环境。

1）作业现场应根据道路情况使用红白带、警告标志或路障，防止外人和车辆进入工作区域。

2）如在车辆繁忙地段还应与交通管理部门取得联系，以取得配合。

3）夜间作业进行应有足够的照明。

（3）安全距离及有效绝缘长度。

1）作业用绝缘工具都应经过检测，绝缘电阻应不低于700MΩ（电极间距2cm、极间距2cm）。

2）工作时绝缘斗臂车的绝缘有效长度应不少于1m。

3）在带电作业时，应保持对地不少于0.4m，对邻相导线不少于0.6m的安全距离；如不能确保该安全距离时，应采用绝缘挡板、管、毯及其他绝缘遮蔽措施。

4）绝缘操作杆作主绝缘使用，其有效绝缘距离不应小于0.7m。

（4）遮蔽措施。作业线路下层有低压线路合杆时，如妨碍作业，应对相关低压线路采取绝缘遮蔽措施。

（5）重合闸。本项目一般需要停用线路重合闸。

（6）关键点。

1）应检查、核对线路双重名称、设备铭牌，确认现场环境、环网柜设备、天气等情况满足带电作业要求。

2）旁路作业设备额定通流能力不小于200A，通过检测仪器检测整套旁路系统绝缘电阻不低于500MΩ。

3）工作前需要检查、确认作业的备用间隔断路器应在拉开位置。

4）用10kV验电笔对断开的备用间隔断路器进行验电、确认无电压。

5）检查连接的旁路电缆可分离电缆终端相识标志与备用间隔相序应一致。

6）将旁路电缆接入环网。

第二章

20kV配电线路带电作业操作方法

第一节　更　换　设　备

一、更换避雷器

1. 作业方式

绝缘操作杆作业法。

2. 适用范围

20kV线路直线杆柱上变压器台架。

3. 人员组合

本项目需要3人，具体人员分工见表2-1-1。

表2-1-1　人员分工表

人员分工	人数	人员分工	人数
工作负责人（兼工作监护人）	1	地面电工（2号电工）	1
斗内电工（1号电工）	1		

注　绝缘斗臂车操作工由1号电工兼任。

4. 工具配备

一览表（包括个人防护用具）见表2-1-2。

表2-1-2　工具配备一览表

序号	工器具名称		规格、型号	数量	备注
1	特种车辆	绝缘斗臂车	20kV	1辆	含车斗
2	个人绝缘防护用具	斗内安全带		1副	
3	绝缘工器具	绝缘操作杆	20kV	1根	0.8m
4		绝缘绳	ϕ12mm	1根	15m
5	其他主要工器具	绝缘测试仪	2500V及以上	1套	

5. 作业步骤

（1）工具储运和检测。

1）领用绝缘工具、安全用具及辅助器具，应核对工器具的使用电压等级和试验周期。

2）领用绝缘工器具，应检查外观是否完好无损。

3）工器具运输前，各种工器具应存放在工具袋或工具箱内，金属工具和绝缘工器具应分开装运，以防止相互碰擦造成外表损坏，降低工器具的绝缘水平。

（2）现场操作前的准备。

1）工作负责人应按带电作业工作票内容与当值调度员联系。

2）工作负责人核对线路名称、杆号。

3）绝缘斗臂车进入合适位置，并可靠接地，根据道路情况设置安全围栏、警告标志或路障。

4）工作负责人召集工作人员交代工作任务，对工作班成员进行危险点告知、交代安全措施和技术措施，确认每一个工作班成员都已知晓，检查工作班成员精神状态是否良好，人员是否合适。

5）根据分工情况整理材料，对安全用具、绝缘工具进行检查，绝缘工具应使用2500V及以上绝缘测试仪进行分段绝缘检测，绝缘电阻值应不小于700MΩ（在出库前如已测试过的可省去现场测试步骤）。

6）查看确认绝缘臂、绝缘斗良好，调试斗臂车（在出车前如已调试过的可省去此步骤）。

7）1号电工戴好手套，进入绝缘斗内，挂好保险钩。

（3）操作步骤。

1）1号电工将绝缘斗调整至避雷器横担下适当位置，在工作监护人的许可下用绝缘操作杆将内侧避雷器麻将搭头取下。避雷器退出运行。

2）其余两相避雷器退出运行按方法1）进行。

3）三相引线的拆除，可按由简单到复杂、先易后难的原则进行，先近（内侧）后远（外侧），或根据现场情况先两侧、后中间。

4）1号电工调换三相避雷器。新装避雷器需查验试验合格报告并使用绝缘检测仪确认其绝缘性能完好。

5）1号电工将绝缘斗调整至避雷器横担下适当位置，在工作监护人的许可下用绝缘操作杆将中相避雷器麻将搭头拧上。避雷器投入运行。

6）其余两相避雷器投入运行按方法5）进行。

7）三相引线搭接，可按由复杂到简单、先难后易的原则进行，先远（外侧）后近（内侧），或根据现场情况先中间、后两侧。

8）工作结束后绝缘斗退出有电工作区域，作业人员返回地面。

（4）工作终结。

1）工作负责人对完成的工作作一个全面的检查，确认符合验收规范要求后，记录在册并召开收工会进行工作点评后，宣布工作结束。

2）工作完毕后，汇报当值调度工作已经结束，工作班撤离现场。

6. 安全措施及注意事项

（1）气象条件。

1）带电作业应在良好天气下进行。如遇雷电（听见雷声、看见闪电）、雪、雹、雨、雾等，不准进行带电作业。风力大于5级时，一般不宜进行带电作业。在特殊情况下，必须在恶劣天气进行带电抢修时，应组织有关人员充分讨论并编制必要的安全措施，经本单位分

管生产领导（总工程师）批准后方可进行。

2）相对湿度大于80%的天气，若需进行带电作业，应采用具有防潮性能的绝缘工具。

（2）作业环境。

1）作业现场和绝缘斗臂车两侧，应根据道路情况设置安全围栏、警告标志或路障，防止外人进入工作区域；如在车辆繁忙地段还应与交通管理部门取得联系，以取得配合。

2）夜间作业进行本项目应有足够的照明。

（3）安全距离及有效绝缘长度。

1）作业用绝缘工具都应经过摇测，绝缘电阻应不小于700MΩ（电极间距2cm）。

2）工作时绝缘斗臂车的绝缘有效长度应保持1.5m。

3）在带电作业时，应保持对地不小于0.5m，对邻相导线不小于0.7m的安全距离；如不能确保该安全距离时，应采用绝缘挡板、管、毯及其他绝缘遮蔽措施。

4）绝缘操作杆作主绝缘使用，其有效绝缘距离不应小于0.8m。

（4）遮蔽措施。作业线路下层有低压线路合杆时，如妨碍作业，应对相关低压线路加导线遮蔽罩或绝缘毯遮蔽。

（5）重合闸。本项目一般不需停用线路重合闸。

（6）关键点。

1）在接触带电导线前应得到工作监护人的认可。

2）在作业时，要确保避雷器引线与横担及邻相引线的安全距离。

3）在作业时，严禁人体同时接触2个不同的电位。

4）带电停复役避雷器其连接器，必须使用绝缘操作杆，严禁用手直接作业。

（7）其他安全注意事项。

1）开工前由工作负责人持带电作业工作票与当值调度取得联系，工作负责人应核对工作票中工作任务与现场工作线路名称及杆号是否一致。

2）绝缘斗臂车应可靠接地，在作业前应进行操作检查。

3）当斗臂车绝缘斗距有电线路1~2m或工作转移时，应缓慢移动，动作要平稳，严禁使用快速挡；绝缘斗臂车在作业时，发动机不能熄火（电能驱动型除外），以保证液压系统处于工作状态。

4）在操作绝缘斗移动时，应防止与电杆、导线、周围障碍物、邻近绝缘斗臂车碰擦。

5）在同杆架设线路上工作与上层线路小于安全距离规定，且无法采取安全措施时，不得进行该项工作。

6）上、下传递工具、材料均应使用绝缘绳，严禁抛、扔。

7）本项目工作不少于3人。

8）使用只能下部操作的绝缘斗臂车应增加1名专门操作人员。

二、更换跌落式熔断器

（一）更换常开跌落式熔断器（绝缘斗臂车、绝缘手套作业法——拆熔丝上桩头）

1. 作业方式

绝缘手套作业法。

2. 适用范围

20kV 线路直线杆柱上变压器台架。

3. 人员组合

本项目需要3人，具体人员分工见表2-1-3。

表2-1-3 人员分工表

人员分工	人数	人员分工	人数
工作负责人（兼工作监护人）	1	地面电工（2号电工）	1
斗内电工（1号电工）	1		

注 绝缘斗臂车操作工由1号电工兼任。

4. 工具配备

一览表（包括个人防护用具）见表2-1-4。

表2-1-4 工具配备一览表

序号	工器具名称		规格、型号	数量	备注
1	特种车辆	绝缘斗臂车	20kV	1辆	含车斗
2	个人绝缘防护用具	绝缘手套	20kV	1副	
3		防护手套		1副	
4		斗内安全带		1副	
5	绝缘遮蔽用具	导线遮蔽罩	20kV	1根	
6		跌落式熔断器遮蔽罩	20kV	3只	
7	绝缘工器具	绝缘绳	ϕ12mm	1根	15m
8		绝缘操作杆	20kV	1根	0.8m
9	其他主要工器具	绝缘测试仪	2500V及以上	1套	

5. 作业步骤

（1）工具储运和检测。

1）领用绝缘工具、安全用具及辅助器具，应核对工器具的使用电压等级和试验周期。

2）领用绝缘工器具，应检查外观是否完好无损。

3）工器具运输前，各种工器具应存放在工具袋或工具箱内，金属工具和绝缘工器具应分开装运，以防止相互碰擦造成外表损坏，降低工器具的绝缘水平。

（2）现场操作前的准备。

1）工作负责人应按带电作业工作票内容与当值调度员联系。

2）工作负责人核对线路名称、杆号。

3）工作前工作负责人检查确认需要调换的跌落式熔断器应处于断开位置。

4）绝缘斗臂车进入合适位置，并可靠接地，根据道路情况设置安全围栏、警告标志或路障。

5）工作负责人召集工作人员交代工作任务，对工作班成员进行危险点告知、交代安全措施和技术措施，确认每一个工作班成员都已知晓，检查工作班成员精神状态是否良好，人

员是否合适。

6）根据分工情况整理材料，对安全用具、绝缘工具进行检查，绝缘工具应使用2500V及以上绝缘测试仪进行分段绝缘检测，绝缘电阻值应不小于700MΩ（在出库前如已测试过的可省去现场测试步骤）。

7）查看确认绝缘臂、绝缘斗良好，调试斗臂车（在出车前如已调试过的可省去此步骤）。

8）1号电工戴好绝缘手套和防护手套，进入绝缘斗内，挂好保险钩。

（3）操作步骤。

1）1号电工将绝缘斗调整至内侧跌落式熔断器外适当位置，在工作监护人许可下安装好内侧跌落式熔断器遮蔽罩，拆开内侧跌落式熔断器上桩头，将已拆开的跌落式熔断器上引线卷好并临时固定在本相导线上。

2）1号电工对内侧导线套好导线遮蔽罩，做好绝缘遮蔽措施。

3）按方法1）拆除其余两相引线。

4）三相引线拆除，可按由简单到复杂、先易后难的原则进行，根据现场情况先两侧、后中间。

5）1号电工调换三相跌落式熔断器，搭接好下引线，并对三相跌落式熔断器进行试操作，检查分合情况，最后将三相跌落式熔断器置于断开位置，并安装好跌落式熔断器遮蔽罩。

6）1号电工将绝缘斗调整到导线外侧下，将上引线展开，搭接到跌落式熔断器上，然后拆除跌落式熔断器遮蔽罩。

7）其余两相引线搭接按方法6）进行。

8）三相引线搭接，可按由复杂到简单、先难后易的原则进行，先远（外侧）后近（内侧），或根据现场情况先中间、后两侧，对有跌落式熔断器的支接引线搭接作业应先搭中相。

9）搭接工作结束后，拆除导线遮蔽罩，绝缘斗退出有电工作区域，专业人员返回地面。

（4）工作终结。

1）工作负责人对完成的工作作一个全面的检查，确认符合验收规范要求后，记录在册并召开收工会进行工作点评后，宣布工作结束。

2）工作完毕后，汇报当值调度工作已经结束，工作班撤离现场。

6. 安全措施及注意事项

（1）气象条件。

1）带电作业应在良好天气下进行。如遇雷电（听见雷声、看见闪电）、雪、雹、雨、雾等，不准进行带电作业。风力大于5级时，一般不宜进行带电作业。在特殊情况下，必须在恶劣天气进行带电抢修时，应组织有关人员充分讨论并编制必要的安全措施，经本单位分管生产领导（总工程师）批准后方可进行。

2）相对湿度大于80%的天气，若需进行带电作业，应采用具有防潮性能的绝缘工具。

（2）作业环境。

1）作业现场和绝缘斗臂车两侧，应根据道路情况设置安全围栏、警告标志或路障，防止外人进入工作区域；如在车辆繁忙地段还应与交通管理部门取得联系，以取得配合。

2）夜间作业进行本项目应有足够的照明。

（3）安全距离及有效绝缘长度。

1）作业用绝缘工具都应经过摇测，绝缘电阻应不小于700MΩ（电极间距2cm）。

2）工作时绝缘斗臂车的绝缘有效长度应保持1.5m。

3）在带电作业时，应保持对地不小于0.5m，对邻相导线不小于0.7m的安全距离；如不能确保该安全距离时，应采用绝缘挡板、管、毯及其他绝缘遮蔽措施。

4）绝缘手套仅作为辅助绝缘，不能作主绝缘使用。

（4）遮蔽措施。

1）本项目在拆、搭中相引线时，与边相导线安全距离不够，应对边相导线加导线遮蔽罩或遮蔽罩、绝缘毯。

2）作业线路下层有低压线路合杆时，如妨碍作业，应对相关低压线路加导线遮蔽罩或绝缘毯遮蔽。

（5）重合闸。本项目一般不需停用线路重合闸。

（6）关键点。

1）在接触带电导线前应得到工作监护人的认可。

2）在作业时，要确保带电导线与横担及邻相导线的安全距离。

3）在拆、搭中相引线时，作业人员应位于中相与遮蔽相导线之间。

4）在作业时，严禁人体同时接触2个不同的电位。

5）在三相引线未全部拆除前，已拆除引线的设备应视为有电；第一相搭头与带电导线连接后，其余引线（包括导线），应视为有电。

（7）其他安全注意事项。

1）开工前由工作负责人持带电作业工作票与当值调度取得联系，工作负责人应核对工作票中工作任务与现场工作线路名称及杆号是否一致。

2）绝缘斗臂车应可靠接地，在作业前应进行操作检查。

3）当斗臂车绝缘斗距有电线路1～2m或工作转移时，应缓慢移动，动作要平稳，严禁使用快速挡；绝缘斗臂车在作业时，发动机不能熄火（电能驱动型除外），以保证液压系统处于工作状态。

4）在操作绝缘斗移动时，应防止与电杆、导线、周围障碍物、邻近绝缘斗臂车碰擦。

5）在同杆架设线路上工作与上层线路小于安全距离规定，且无法采取安全措施时，不得进行该项工作。

6）上、下传递工具、材料均应使用绝缘绳，严禁抛、扔。

7）本项目工作不少于3人。

8）使用只能下部操作的绝缘斗臂车应增加1名专门操作人员。

（二）更换常开跌落式熔断器（绝缘斗臂车、绝缘手套作业法——拆导线搭头）

1. 作业方式

绝缘手套作业法。

2. 适用范围

20kV线路直线杆柱上变压器台架。

3. 人员组合

本项目需要3人，具体人员分工见表2-1-5。

表2-1-5　　人员分工表

人员分工	人数	人员分工	人数
工作负责人（兼工作监护人）	1	地面电工（1、2号电工）	1
斗内电工（1、2号电工）	1		

注　绝缘斗臂车操作工由1号电工兼任。

4. 工具配备

一览表（包括个人防护用具）见表2-1-6。

表2-1-6　　工具配备一览表

序号	工器具名称		规格、型号	数量	备注
1	特种车辆	绝缘斗臂车	20kV	1辆	含车斗
2	个人绝缘防护用具	绝缘手套	20kV	1副	
3		防护手套		1副	
4		斗内安全带		1副	
5	绝缘遮蔽用具	导线遮蔽罩	20kV	1根	
6	绝缘工器具	绝缘绳	ϕ12mm	1根	15m
7		绝缘操作杆	20kV	1根	0.8m
8	其他主要工器具	导线清扫刷		1把	
9		断线剪（钳）	短式	1把	
10		线夹安装工具	楔形	1把	
11		绝缘测试仪	2500V及以上	1套	

5. 作业步骤

（1）工具储运和检测。

1）领用绝缘工具、安全用具及辅助器具，应核对工器具的使用电压等级和试验周期。

2）领用绝缘工器具，应检查外观是否完好无损。

3）工器具运输前，各种工器具应存放在工具袋或工具箱内，金属工具和绝缘工器具应分开装运，以防止相互碰擦造成外表损坏，降低工器具的绝缘水平。

（2）现场操作前的准备。

1）工作负责人应按带电作业工作票内容与当值调度员联系。

2）工作负责人核对线路名称、杆号。

3）工作前工作负责人检查确认需要调换的跌落式熔断器应处于断开位置。

4）绝缘斗臂车进入合适位置，并可靠接地，根据道路情况设置安全围栏、警告标志或路障。

5）工作负责人召集工作人员交代工作任务，对工作班成员进行危险点告知、交代安全措施和技术措施，确认每一个工作班成员都已知晓，检查工作班成员精神状态是否良好，人员是否合适。

6）根据分工情况整理材料，对安全用具、绝缘工具进行检查，绝缘工具应使用2500V及以上绝缘测试仪进行分段绝缘检测，绝缘电阻值应不小于700MΩ（在出库前如已测试过的可省去现场测试步骤）。

7）查看确认绝缘臂、绝缘斗良好，调试斗臂车（在出车前如已调试过的可省去此步骤）。

8）1号电工戴好绝缘手套和防护手套，进入绝缘斗内，挂好保险钩。

（3）操作步骤。

1）1号电工将绝缘斗调整至内侧导线外适当位置，在工作监护人许可下装好专用楔形线夹枪，拆除楔形线夹，将已拆开的跌落式熔断器上引线圈好在跌落式熔断器上。

2）1号电工得到工作监护人许可后对内侧导线套好导线遮蔽罩，做好绝缘遮蔽措施。

3）按方法1）拆除其余两相引线。

4）三相引线拆除，可按由简单到复杂、先易后难的原则进行，根据现场情况先两侧、后中间。

5）1号电工调换三相跌落式熔断器，搭接好下引线，并对三相跌落式熔断器进行试操作，检查分合情况，最后将三相跌落式熔断器置于断开位置。

6）1号电工将绝缘斗调整到导线外侧下，展开外侧跌落式熔断器上桩头引线，分别对导线、引线搭接处涂上电力脂，用刷子清除搭接处导线上的氧化层，直至符合接续要求。

7）装有双钩线夹的短绝缘操作杆先将引下线线头夹紧，然后手握绝缘操作杆将另一头钩在带电导线上，并拧紧（也可先将电力楔形线夹C型板挂在导线上，然后将引线钩住C型板下侧，用楔形线夹楔块嵌入C型板槽内楔紧），装好楔形线夹，用专用楔形线夹枪进行安装，并检查线夹安装符合要求后，拆除绝缘操作杆（如是绝缘导线应进行防水处理）。

8）其余两相引线搭接按方法6）、方法7）进行。

9）三相引线搭接，可按由复杂到简单、先难后易的原则进行，先远（外侧）后近（内侧），或根据现场情况先中间、后两侧，对有跌落式熔断器的支接引线搭接作业应先搭中相。

10）搭接工作结束后，拆除导线遮蔽罩，绝缘斗退出有电工作区域，返回地面。

（4）工作终结。

1）工作负责人对完成的工作作一个全面的检查，确认符合验收规范要求后，记录在册并召开收工会进行工作点评后，宣布工作结束。

2）工作完毕后，汇报当值调度工作已经结束，工作班撤离现场。

6. 安全措施及注意事项

（1）气象条件。

1）带电作业应在良好天气下进行。如遇雷电（听见雷声、看见闪电）、雪、雹、雨、雾等，不准进行带电作业。风力大于5级时，一般不宜进行带电作业。在特殊情况下，必须在恶劣天气进行带电抢修时，应组织有关人员充分讨论并编制必要的安全措施，经本单位分管生产领导（总工程师）批准后方可进行。

2）相对湿度大于80%的天气，若需进行带电作业，应采用具有防潮性能的绝缘工具。

（2）作业环境。

1）作业现场和绝缘斗臂车两侧，应根据道路情况设置安全围栏、警告标志或路障，防止外人进入工作区域；如在车辆繁忙地段还应与交通管理部门取得联系，以取得配合。

2）夜间作业进行本项目应有足够的照明。

（3）安全距离及有效绝缘长度。

1）作业用绝缘工具都应经过摇测，绝缘电阻应不小于700MΩ（电极间距2cm）。

2）工作时绝缘斗臂车的绝缘有效长度应保持1.5m。

3）在带电作业时，应保持对地不小于0.5m，对邻相导线不小于0.7m的安全距离；如不能确保该安全距离时，应采用绝缘挡板、管、毯及其他绝缘遮蔽措施。

4）绝缘手套仅作为辅助绝缘，不能作主绝缘使用。

（4）遮蔽措施。

1）本项目在拆、搭中相引线时，与边相导线安全距离不够，应对边相导线加导线遮蔽罩或遮蔽罩、绝缘毯。

2）作业线路下层有低压线路合杆时，如妨碍作业，应对相关低压线路加导线遮蔽罩或绝缘毯遮蔽。

（5）重合闸。本项目一般不需停用线路重合闸。

（6）关键点。

1）在接触带电导线前应得到工作监护人的认可。

2）在作业时，要确保带电导线与横担及邻相导线的安全距离。

3）在拆、搭中相引线时，作业人员应位于中相与遮蔽相导线之间。

4）在作业时，严禁人体同时接触2个不同的电位。

5）在三相引线未全部拆除前，已拆除引线的设备应视为有电；第一相搭头与带电导线连接后，其余引线（包括导线），应视为有电。

（7）其他安全注意事项。

1）开工前由工作负责人持带电作业工作票与当值调度取得联系，工作负责人应核对工作票中工作任务与现场工作线路名称及杆号是否一致。

2）绝缘斗臂车应可靠接地，在作业前应进行操作检查。

3）当斗臂车绝缘斗距有电线路1~2m或工作转移时，应缓慢移动，动作要平稳，严禁使用快速挡；绝缘斗臂车在作业时，发动机不能熄火（电能驱动型除外），以保证液压系统处于工作状态。

4）在操作绝缘斗移动时，应防止与电杆、导线、周围障碍物、邻近绝缘斗臂车碰擦。

5）在同杆架设线路上工作与上层线路小于安全距离规定，且无法采取安全措施时，不得进行该项工作。

6）上、下传递工具、材料均应使用绝缘绳，严禁抛、扔。

7）本项目工作不少于3人。

8）使用只能下部操作的绝缘斗臂车应增加1名专门操作人员。

（三）更换常开跌落式熔断器（绝缘操作杆作业法）

1. 作业方式

绝缘操作杆作业法。

2. 适用范围

20kV线路直线杆柱上变压器台架。

3. 人员组合

本项目需要5人，具体人员分工见表2－1－7。

表2－1－7　人员分工表

人员分工	人数	人员分工	人数
工作负责人（兼工作监护人）	1	地面电工（4号电工）	1
杆上电工（1、2、3号电工）	3		

4. 工具配备

一览表（包括个人防护用具）见表2－1－8。

表2－1－8　工具配备一览表

序号	工器具名称		规格、型号	数量	备注
1	绝缘工器具	绝缘绳	ϕ12mm	1根	15m
2		绝缘操作钳	20kV	1把	
3		绝缘套筒扳手	20kV	1套	
4		绝缘操作杆	20kV	1根	0.8m
5		鹰嘴线夹绝缘操作杆	20kV	1只	
6	其他主要工器具	鹰嘴线夹		3只	
7		绝缘测试仪	2500V及以上	1套	

5. 作业步骤

（1）工具储运和检测。

1）领用绝缘工具、安全用具及辅助器具，应核对工器具的使用电压等级和试验周期。

2）领用绝缘工器具，应检查外观是否完好无损。

3）工器具运输前，各种工器具应存放在工具袋或工具箱内，金属工具和绝缘工器具应分开装运，以防止相互碰擦造成外表损坏，降低工器具的绝缘水平。

（2）现场操作前的准备。

1）工作负责人应按带电作业工作票内容与当值调度员联系。

2）工作负责人核对线路名称、杆号。

3）工作前工作负责人检查确认需要调换的跌落式熔断器应处于断开位置。

4）根据道路情况设置安全围栏、警告标志或路障。

5）工作负责人召集工作人员交代工作任务，对工作班成员进行危险点告知、交代安全措施和技术措施，确认每一个工作班成员都已知晓，检查工作班成员精神状态是否良好，人员是否合适。

6）根据分工情况整理材料，对安全用具、绝缘工具进行检查，绝缘工具应使用2500V及以上绝缘测试仪进行分段绝缘检测，绝缘电阻值应不小于700MΩ（在出库前如已测试过的可省去现场测试步骤）。

7）杆上电工登杆前，应先检查确认电杆基础及电杆表面质量符合要求，并进行试登试拉，检查登杆工具。

（3）操作步骤。

1）1号电工登杆至与跌落式熔断器平行的反面侧适当位置，并与有电线路保持0.5m以上安全距离。

2）2、3号电工分别登杆至跌落式熔断器的下方适当位置，并在地面电工配合下将绝缘操作杆吊上。

3）1号电工用绝缘操作钳将需解除的边相跌落式熔断器上桩头引线夹紧。

4）2号电工用绝缘套筒扳手拆松边相跌落式熔断器上桩头引线螺钉。

5）1号电工用绝缘操作钳将已拆松的边相跌落式熔断器上桩头引线从螺钉压板内缓缓拔出。

6）3号电工用鹰嘴线夹绝缘操作杆将1号电工传递过来的引线夹紧，缓缓提升至同相导线的临时固定处适当位置。

7）2号电工用绝缘操作杆将引线与导线用鹰嘴线夹固定。

8）其余两相引线拆除按方法3）~方法7）进行。

9）1号电工调换三相跌落式熔断器，搭接好下引线，并对三相跌落式熔断器进行试操作，检查分合情况，最后将三相跌落式熔断器置于断开位置，准备搭接外侧边相跌落式熔断器上引线。

10）3号电工用鹰嘴线夹绝缘操作杆将引线夹紧，2号电工用绝缘操作杆将鹰嘴线夹拆松并取下。

11）3号电工将引线缓缓传递至跌落式熔断器上桩头适当位置，1号电工用绝缘操作杆操作钳夹紧，3号电工松除鹰嘴线夹绝缘操作杆。

12）1号电工将引线缓缓放到螺钉压板内，由2号电工用绝缘操作杆套筒扳手固定边相跌落式熔断器上桩头引线螺钉。

13）三相引线拆搭工作，可按由复杂到简单、先难后易的原则进行，先远（左侧）后近（右侧），或根据现场情况先中间、后两侧。

14）工作结束后，1、2号电工配合将绝缘工器具吊至地面，作业人员返回地面。

（4）工作终结。

1）工作负责人对完成的工作作一个全面的检查，确认符合验收规范要求后，记录在册并召开收工会进行工作点评后，宣布工作结束。

2）工作完毕后，汇报当值调度工作已经结束，工作班撤离现场。

6. 安全措施及注意事项

（1）气象条件。

1）带电作业应在良好天气下进行。如遇雷电（听见雷声、看见闪电）、雪、雹、雨、雾等，不准进行带电作业。风力大于5级时，一般不宜进行带电作业。在特殊情况下，必须在恶劣天气进行带电抢修时，应组织有关人员充分讨论并编制必要的安全措施，经本单位分管生产领导（总工程师）批准后方可进行。

2）相对湿度大于80%的天气，若需进行带电作业，应采用具有防潮性能的绝缘工具。

（2）作业环境。

1）作业现场应根据道路情况设置安全围栏、警告标志或路障，防止外人进入工作区域；如在车辆繁忙地段还应与交通管理部门取得联系，以取得配合。

2）夜间作业进行本项目应有足够的照明。

（3）安全距离及有效绝缘长度。

1）作业用绝缘工具都应经过摇测，绝缘电阻应不小于700MΩ（电极间距2cm）。

2）工作时绝缘操作杆的绝缘有效长度应保持0.8m。

3）在带电作业时，应保持对地不小于0.5m，对邻相导线不小于0.7m的安全距离；如不能确保该安全距离时，应采用绝缘挡板、管、毯及其他绝缘遮蔽措施。

（4）遮蔽措施。作业线路下层有低压线路合杆时，如妨碍作业，应对相关低压线路加导线遮蔽罩或绝缘毯遮蔽。

（5）重合闸。本项目一般不需停用线路重合闸。

（6）关键点。

1）在接触带电导线前应得到工作监护人的认可。

2）在作业时，要确保带电导线与横担及邻相导线的安全距离。

3）在作业时，严禁人体同时接触2个不同的电位。

4）杆上电工配合要默契，动作要平稳协调。

（7）其他安全注意事项。

1）开工前由工作负责人持带电作业工作票与当值调度取得联系，工作负责人应核对工作票中工作任务与现场工作线路名称及杆号是否一致。

2）在使用绑线操作杆时，动作要平稳，防止导线跳动。

3）在同杆架设线路上工作与上层线路小于安全距离规定，且无法采取安全措施时，不得进行该项工作。

4）上、下传递工具、材料均应使用绝缘绳，严禁抛、扔。

5）本项目工作不少于5人。

三、更换分段跌落式熔断器

（一）带电更换常闭分段跌落式熔断器（绝缘斗臂车、绝缘手套作业法——拆桩头）

1. 作业方式

绝缘手套作业法。

2. 适用范围

20kV线路直线杆柱上变压器台架。

3. 人员组合

本项目需要4人，具体人员分工见表2-1-9。

表2-1-9　**人员分工表**

人员分工	人数	人员分工	人数
工作负责人（兼工作监护人）	1	地面电工（3号电工）	1
斗内电工（1、2号电工）	2		

注　绝缘斗臂车操作工分别由1、2号电工兼任。

4. 工具配备

一览表（包括个人防护用具）见表2-1-10。

表2-1-10　**工具配备一览表**

序号	工器具名称		规格、型号	数量	备注
1	特种车辆	绝缘斗臂车	20kV	2辆	含车斗
2	个人绝缘防护用具	绝缘手套	20kV	2副	
3		防护手套		2副	
4		斗内安全带		2副	
5		绝缘袖套	20kV	2件	
6	绝缘遮蔽用具	跌落式熔断器遮蔽罩	20kV	3只	
7		导线遮蔽罩	20kV	18根	
8	绝缘工器具	绝缘绳	ϕ12mm	1根	15m
9		绝缘引流线	20kV（300A）	3根	
10		绝缘引流线支架	20kV	1套	
11		绝缘操作杆	20kV	1根	0.8m
12	其他主要工器具	绝缘测试仪	2500V及以上	1套	

5. 作业步骤

（1）工具储运和检测。

1）领用绝缘工具、安全用具及辅助器具，应核对工器具的使用电压等级和试验周期。

2）领用绝缘工器具，应检查外观是否完好无损。

3）工器具运输前，各种工器具应存放在工具袋或工具箱内，金属工具和绝缘工器具应分开装运，以防止相互碰擦造成外表损坏，降低工器具的绝缘水平。

（2）现场操作前的准备。

1）工作负责人应按带电作业工作票内容与当值调度员联系。

2）工作负责人核对线路名称、杆号。

3）工作前工作负责人检查确认需要调换的跌落式熔断器在合上位置。

4）绝缘斗臂车进入合适位置，并可靠接地，根据道路情况设置安全围栏、警告标志或路障。

5）工作负责人召集工作人员交代工作任务，对工作班成员进行危险点告知、交代安全措施和技术措施，确认每一个工作班成员都已知晓，检查工作班成员精神状态是否良好，人员是否合适。

6）根据分工情况整理材料，对安全用具、绝缘工具进行检查，绝缘工具应使用2500V及以上绝缘测试仪进行分段绝缘检测，绝缘电阻值应不小于700MΩ（在出库前如已测试过的可省去现场测试步骤）。

7）查看确认绝缘臂、绝缘斗良好，调试斗臂车（在出车前如已调试过的可省去此步骤）。

8）1、2号电工戴好绝缘手套和防护手套，进入绝缘斗内，挂好保险钩。

（3）操作步骤。

1）1号电工将绝缘斗调整至跌落式熔断器横担附近，检查跌落式熔断器有无异常情况；同时2号电工将绝缘斗调整至电杆另一侧导线下侧的合适位置，在工作负责人（监护人）的同意下，用钳形电流表逐相测量三相导线电流，每相电流不超过200A。

2）1、2号电工配合在跌落式熔断器横担下0.6m处安装绝缘引流线支架，在电杆两侧的同相导线上逐相安装绝缘引流线，应采用电流检测仪检测引流线电流，确认连接良好。确认三相绝缘引流线连接牢固后，1号电工在工作监护人的许可下用绝缘操作杆拉开熔丝管并取下。

3）1号电工将绝缘斗调整至内侧跌落式熔断器外适当位置，在工作监护人许可下对三相跌落式熔断器安装好跌落式熔断器遮蔽罩，并对中相引线及电杆做好绝缘隔离措施后，拆开跌落式熔断器上桩头，将已拆开的跌落式熔断器上引线卷好并临时固定在本相导线上；然后1号电工拆开跌落式熔断器下桩头，由2号电工将已拆开的跌落式熔断器下引线卷好并临时固定在本相导线上。

4）1、2号电工分别对内侧导线及引线套好导线遮蔽罩，做好绝缘遮蔽措施。

5）按方法3）拆除其余两相引线。

6）三相引线拆除，可按由复杂到简单、先难后易的原则进行，根据现场情况先两侧、后中间。

7）1号电工调换三相跌落式熔断器，并对三相跌落式熔断器进行试操作，检查分合情况，最后将三相熔丝管取下，并恢复跌落式熔断器遮蔽罩及其他绝缘遮蔽措施。

8）1、2号电工分别将绝缘斗调整到中相导线附近，拆除中相导线遮蔽罩；2号电工展开下引线由1号电工搭接到中相跌落式熔断器下桩头上。

9）其余两相下引线搭接按方法8）进行。

10）三相引线搭接，可按由复杂到简单、先难后易的原则进行，先远（外侧）后近（内侧），或根据现场情况先中间、后两侧。

11）1号电工展开上引线分别搭接到跌落式熔断器上桩头。

12）1号电工拆除跌落式熔断器遮蔽罩并挂上熔丝管，在工作监护人许可下用绝缘操作杆分别合上三相跌落式熔断器。

13）1、2号电工配合逐相拆除绝缘引流线，拆除绝缘引流线前应采用电流检测仪检测引流线电流，确认连接良好。拆除的程序可从近到远或先易后难的方法，然后拆除绝缘引流线支架，绝缘斗退出有电工作区域，作业人员返回地面。

（4）工作终结。

1）工作负责人对完成的工作作一个全面的检查，确认符合验收规范要求后，记录在册并召开收工会进行工作点评后，宣布工作结束。

2）工作完毕后，汇报当值调度工作已经结束，工作班撤离现场。

6. 安全措施及注意事项

（1）气象条件。

1）带电作业应在良好天气下进行。如遇雷电（听见雷声、看见闪电）、雪、雹、雨、雾等，不准进行带电作业。风力大于5级时，一般不宜进行带电作业。在特殊情况下，必须在恶劣天气进行带电抢修时，应组织有关人员充分讨论并编制必要的安全措施，经本单位分管生产领导（总工程师）批准后方可进行。

2）相对湿度大于80%的天气，若需进行带电作业，应采用具有防潮性能的绝缘工具。

（2）作业环境。

1）作业现场和绝缘斗臂车两侧，应根据道路情况设置安全围栏、警告标志或路障，防止外人进入工作区域；如在车辆繁忙地段还应与交通管理部门取得联系，以取得配合。

2）夜间作业进行本项目应有足够的照明。

（3）安全距离及有效绝缘长度。

1）作业用绝缘工具都应经过摇测，绝缘电阻应不小于700MΩ（电极间距2cm）。

2）工作时绝缘斗臂车的绝缘有效长度应保持1.5m。

3）在带电作业时，应保持对地不小于0.5m，对邻相导线不小于0.7m的安全距离；如不能确保该安全距离时，应采用绝缘挡板、管、毯及其他绝缘遮蔽措施。

4）绝缘手套仅作为辅助绝缘，不能作主绝缘使用。

（4）遮蔽措施。

1）本项目在拆、搭引线，与边相导线及引线安全距离不够时，应对边相导线及引线加装绝缘遮蔽措施。

2）拆搭跌落式熔断器引线时应加装跌落式熔断器遮蔽罩。

3）作业线路下层有低压线路合杆时，如妨碍作业，应对相关低压线路加导线遮蔽罩或绝缘毯遮蔽。

（5）重合闸。本项目需停用线路重合闸。

（6）关键点。

1）在接触带电导线前应得到工作监护人的认可。

2）在作业时，要确保带电导线与横担及邻相导线的安全距离。

3）在拆、搭中相引线时，作业人员应位于中相与遮蔽相导线之间。

4）在作业时，严禁人体同时接触2个不同的电位。

5）三相绝缘引流线搭接时应注意相位，搭接点接触可靠。

6）边相下引线进行拆搭工作时，应注意对中相引线及电杆做好绝缘遮蔽隔离措施。

7）三相绝缘引流线搭接未完成前严禁拉开熔丝管，三相熔丝管未合上前严禁拆除绝缘引流线。

(7) 其他安全注意事项。

1) 开工前由工作负责人持带电作业工作票与当值调度取得联系，工作负责人应核对工作票中工作任务与现场工作线路名称及杆号是否一致。

2) 绝缘斗臂车应可靠接地，在作业前应进行操作检查。

3) 当斗臂车绝缘斗距有电线路1～2m或工作转移时，应缓慢移动，动作要平稳，严禁使用快速挡；绝缘斗臂车在作业时，发动机不能熄火（电能驱动型除外），以保证液压系统处于工作状态。

4) 在操作绝缘斗移动时，应防止与电杆、导线、周围障碍物、邻近绝缘斗臂车碰擦。

5) 在同杆架设线路上工作与上层线路小于安全距离规定，且无法采取安全措施时，不得进行该项工作。

6) 上、下传递工具、材料均应使用绝缘绳，严禁抛、扔。

7) 本项目工作不少于4人。

8) 使用只能下部操作的绝缘斗臂车应增加1名专门操作人员。

(二) 带电更换常闭分段跌落式熔断器（绝缘斗臂车、绝缘操作杆作业法、绝缘手套作业法——拆导线搭头）

1. 作业方式

绝缘操作杆作业法，绝缘手套作业法。

2. 适用范围

20kV线路直线杆柱上变压器台架。

3. 人员组合

本项目需要4人，具体人员分工见表2－1－11。

表2－1－11　人员分工表

人员分工	人数	人员分工	人数
工作负责人（兼工作监护人）	1	地面电工（3号电工）	1
斗内电工（1、2号电工）	2		

注　绝缘斗臂车操作工分别由1、2号电工兼任。

4. 工具配备

一览表（包括个人防护用具）见表2－1－12。

表2－1－12　工具配备一览表

序号	工器具名称		规格、型号	数量	备注
1	特种车辆	绝缘斗臂车	20kV	2辆	含车斗
2	个人绝缘防护用具	绝缘手套	20kV	2副	
3		防护手套		2副	
4		斗内安全带		2副	
5		绝缘袖套	20kV	2件	

续表

序号	工器具名称		规格、型号	数量	备注
6	绝缘遮蔽用具	导线遮蔽罩	20kV	6 根	
7	绝缘工器具	绝缘绳	ϕ12mm	1 根	15m
8		绝缘引流线	20kV（300A）	3 根	
9		绝缘引流线支架		1 套	
10		绝缘操作杆	20kV	1 根	0.8m
11	其他主要工器具	绝缘测试仪	2500V 及以上	1 套	

5. 作业步骤

（1）工具储运和检测。

1）领用绝缘工具、安全用具及辅助器具，应核对工器具的使用电压等级和试验周期。

2）领用绝缘工器具，应检查外观是否完好无损。

3）工器具运输前，各种工器具应存放在工具袋或工具箱内，金属工具和绝缘工器具应分开装运，以防止相互碰擦造成外表损坏，降低工器具绝缘水平。

（2）现场操作前的准备。

1）工作负责人应按带电作业工作票内容与当值调度员联系。

2）工作负责人核对线路名称、杆号。

3）工作前工作负责人检查确认需要调换的跌落式熔断器处于合上位置。

4）绝缘斗臂车进入合适位置，并可靠接地，根据道路情况设置安全围栏、警告标志或路障。

5）工作负责人召集工作人员交代工作任务，对工作班成员进行危险点告知、交代安全措施和技术措施，确认每一个工作班成员都已知晓，检查工作班成员精神状态是否良好，人员是否合适。

6）根据分工情况整理材料，对安全用具、绝缘工具进行检查，绝缘工具应使用2500V及以上绝缘测试仪进行分段绝缘检测，绝缘电阻值不小于700MΩ（在出库前如已测试过的可省去现场测试步骤）。

7）查看确认绝缘臂、绝缘斗良好，调试斗臂车（在出车前如已调试过的可省去此步骤）。

8）1、2 号电工戴好绝缘手套和防护手套，进入绝缘斗内，挂好保险钩。

（3）操作步骤。

1）1 号电工将绝缘斗调整至跌落式熔断器横担附近，检查跌落式熔断器无异常情况，同时 2 号电工将绝缘斗调整至电杆另一侧导线下侧的合适位置，在工作负责人（监护人）的同意下，用钳形电流表逐相测量三相导线电流，每相电流不超过200A。

2）1、2 号电工配合在跌落式熔断器横担下 0.6m 处安装绝缘引流线支架，在电杆两侧的同相导线上逐相安装绝缘引流线，确认三相绝缘引流线连接牢固后，应采用电流检测仪检测引流线电流，确认连接良好。1 号电工在工作监护人的许可下，用绝缘操作杆拉开熔丝管并取下。

3）1、2号电工将绝缘斗调整至内侧导线外适当位置准备拆开内侧跌落式熔断器下引线。

4）2号电工在工作监护人许可下装好专用楔形线夹枪，拆除楔形线夹，由1号电工将已拆开的跌落式熔断器下引线卷放好在跌落式熔断器下部。

5）1、2号电工分别对内侧导线及引线套好导线遮蔽罩，做好绝缘遮蔽措施。

6）按方法3）~方法7）拆除其余两相引线。

7）三相下引线拆除，可按由先两侧、后中间，复杂到简单、先难后易的原则进行。

8）1号电工将绝缘斗调整至内侧导线在工作监护人许可下，装好专用楔形线夹枪，拆除楔形线夹，将已拆开的跌落式熔断器上引线卷好放在跌落式熔断器上部。

9）按方法7）拆除其余两相引线。

10）1、2号电工调换三相跌落式熔断器，并对三相跌落式熔断器进行试操作，检查分合情况，最后将三相熔丝管取下。

11）1号电工将绝缘斗调整到跌落式熔断器上引线侧的导线外侧下，展开外侧跌落式熔断器上桩头引线，分别对导线、引线搭接处涂上电力脂，用刷子清除搭接处导线上的氧化层，直至符合接续要求。

12）1号电工装有双钩线夹的短绝缘操作棒先将引下线线头夹紧，然后手握绝缘操作棒将另一头钩在带电导线上，并拧紧（也可先将电力楔形线夹C型板挂在导线上，然后将引线钩住C型板下侧，用楔形线夹楔块嵌入C型板槽内楔紧），装好楔形线夹，用专用楔形线夹枪进行安装，并检查线夹安装符合要求后，拆除绝缘操作棒（如是绝缘导线应进行防水处理）。

13）其余两相跌落式熔断器上引线搭接按方法11）、方法12）进行。

14）三相引线搭接，可按由复杂到简单、先难后易的原则进行，先远（外侧）后近（内侧），或根据现场情况先中间、后两侧。

15）1号电工跌落式熔断器上引线搭头工作结束后，拆除导线遮蔽罩。

16）三相跌落式熔断器下引线搭接由2号电工按方法10）~方法12）搭接。

17）搭接工作结束后，1号电工挂上熔丝管，在工作监护人许可下，用绝缘操作杆分别合上三相熔丝管。

18）1、2号电工配合逐相拆除绝缘引流线，拆除绝缘引流线前应采用电流检测仪检测引流线电流，确认连接良好。拆除的程序可从近到远或先易后难的方法，然后拆除绝缘引流线支架，绝缘斗退出有电工作区域，作业人员返回地面。

（4）工作终结。

1）工作负责人对完成的工作作一个全面的检查，确认符合验收规范要求后，记录在册并召开收工会进行工作点评后，宣布工作结束。

2）工作完毕后，汇报当值调度工作已经结束，工作班撤离现场。

6. 安全措施及注意事项

（1）气象条件。

1）带电作业应在良好天气下进行。如遇雷电（听见雷声、看见闪电）、雪、雹、雨、雾等，不准进行带电作业。风力大于5级时，一般不宜进行带电作业。在特殊情况下，必须

在恶劣天气进行带电抢修时，应组织有关人员充分讨论并编制必要的安全措施，经本单位分管生产领导（总工程师）批准后方可进行。

2）相对湿度大于80%的天气，若需进行带电作业，应采用具有防潮性能的绝缘工具。

（2）作业环境。

1）作业现场和绝缘斗臂车两侧，应根据道路情况设置安全围栏、警告标志或路障，防止外人进入工作区域；如在车辆繁忙地段还应与交通管理部门取得联系，以取得配合。

2）夜间作业进行本项目应有足够的照明。

（3）安全距离及有效绝缘长度。

1）作业用绝缘工具都应经过摇测，绝缘电阻应不小于700MΩ（电极间距2cm）。

2）工作时绝缘斗臂车的绝缘有效长度应保持1.5m。

3）在带电作业时，应保持对地不小于0.5m，对邻相导线不小于0.7m的安全距离；如不能确保该安全距离时，应采用绝缘挡板、管、毯及其他绝缘遮蔽措施。

4）绝缘手套仅作为辅助绝缘，不能作主绝缘使用。

（4）遮蔽措施。

1）本项目在拆、搭引线时，与边相导线及引线安全距离不够，应对边相导线加装绝缘遮蔽措施。

2）作业线路下层有低压线路合杆时，如妨碍作业，应对相关低压线路加导线遮蔽罩或绝缘毯遮蔽。

（5）重合闸。本项目需停用线路重合闸。

（6）关键点。

1）在接触带电导线前应得到工作监护人的认可。

2）在作业时，要确保带电导线与横担及邻相导线的安全距离。

3）在拆、搭中相引线时，作业人员应位于中相与遮蔽相导线之间。

4）在作业时，严禁人体同时接触2个不同的电位。

5）边相下引线进行拆搭工作时，应注意对中相引线及电杆做好绝缘遮蔽隔离措施。

6）绝缘引流线搭接时应注意相位，搭接点接触可靠。

7）三相绝缘引流线搭接未完成前严禁拉开熔丝管，三相熔丝管未合上前严禁拆除绝缘引流线。

（7）其他安全注意事项。

1）开工前由工作负责人持带电作业工作票与当值调度取得联系，工作负责人应核对工作票中工作任务与现场工作线路名称及杆号是否一致。

2）绝缘斗臂车应可靠接地，在作业前应进行操作检查。

3）当斗臂车绝缘斗距有电线路1~2m或工作转移时，应缓慢移动，动作要平稳，严禁使用快速挡；绝缘斗臂车在作业时，发动机不能熄火（电能驱动型除外），以保证液压系统处于工作状态。

4）在操作绝缘斗移动时，应防止与电杆、导线、周围障碍物、邻近绝缘斗臂车碰擦。

5）在同杆架设线路上工作与上层线路小于安全距离规定，且无法采取安全措施时，不得进行该项工作。

6）上、下传递工具、材料均应使用绝缘绳，严禁抛、扔。

7）本项目工作不少于4人。

8）使用只能下部操作的绝缘斗臂车应增加1名专门操作人员。

四、更换直线绝缘子（支撑导线法）

1. 作业方式

绝缘手套作业法。

2. 适用范围

20kV线路直线杆。

3. 人员组合

本项目需要4人，具体人员分工见表2－1－13。

表2－1－13　　人员分工表

人员分工	人数	人员分工	人数
工作负责人（兼工作监护人）	1	杆上电工（2号电工）	1
斗内电工（1号电工）	1	地面电工（3号电工）	1

注　绝缘斗臂车操作工由1号电工兼任。

4. 工具配备

一览表（包括个人防护用具）见表2－1－14。

表2－1－14　　工具配备一览表

序号	工器具名称		规格、型号	数量	备注
1	特种车辆	绝缘斗臂车	20kV	1辆	配有绝缘横担支架，含车斗
2	个人绝缘防护用具	绝缘手套	20kV	1副	
3		防护手套		1副	
4		斗内安全带		1副	
5		绝缘披肩或绝缘服	20kV	1件	
6	绝缘遮蔽用具	绝缘遮蔽罩	20kV	6根	
7		绝缘遮蔽罩	1m	3根	
8		绝缘毯	20kV	3块	
9		边相绝缘子绝缘遮蔽罩	20kV	2只	
10		中相绝缘子绝缘遮蔽罩	45kV	1只	
11	绝缘工器具	绝缘吊绳	ϕ12mm	1根	15m

5. 作业步骤

（1）工具储运和检测。

1）领用绝缘工具、安全用具及辅助器具，应核对工器具的使用电压等级和试验周期。

2）领用绝缘工器具，应检查外观是否完好无损。

3）工器具运输前，各种工器具应存放在工具袋或工具箱内，金属工具和绝缘工器具应分开装运，以防止相互碰擦造成外表损坏，降低工器具的绝缘水平。

（2）现场操作前的准备。

1）工作负责人应按带电作业工作票内容与当值调度员联系。

2）工作负责人核对线路名称、杆号。

3）绝缘斗臂车进入合适位置，并可靠接地；根据道路情况设置安全围栏、警告标志或路障。

4）工作负责人召集工作人员交代工作任务，对工作班成员进行危险点告知、交代安全措施和技术措施，确认每一个工作班成员都已知晓，检查工作班成员精神状态是否良好，人员是否合适。

5）根据分工情况整理材料，对安全用具、绝缘工具进行检查，绝缘工具应使用2500V及以上绝缘测试仪进行分段绝缘检测，绝缘电阻值应不小于700MΩ（在出库前如已测试过的可省去现场测试步骤）。

6）查看确认绝缘臂、绝缘斗良好，调试斗臂车（在出车前如已调试过的可省去此步骤）。

7）1号电工戴好绝缘手套和防护手套，穿好20kV绝缘披肩或绝缘服，进入绝缘斗内，挂好斗内安全带保险钩。

（3）操作步骤。

1）1号电工将绝缘斗调整到内侧导线下，得到工作监护人许可后，对内侧导线套好绝缘遮蔽罩。

2）其余两相按方法1）由内到外逐相进行。

3）将绝缘斗返回地面，在地面电工协助下在吊臂上组装撑杆及绝缘横担后返回导线下准备支撑导线。

4）1号电工调整吊臂使三相导线分别置于绝缘横担上的滑轮内，然后加上保险。

5）1号电工操作将绝缘撑杆缓缓上升，使绝缘撑杆受力；1号电工加好绝缘子绝缘遮蔽罩，拆除导线扎线，缓缓支撑起三相导线至超出杆顶1m以上的位置。

6）工作负责人指挥2号电工登杆更换绝缘子，并安装好瓷瓶绝缘遮蔽罩。

7）工作结束后2号电工返回地面。

8）1号电工在监护人的许可下，操作将绝缘撑杆缓缓下降，使中相导线下降落到中相绝缘子后停止，由1号电工将中相导线用扎线固定在绝缘子上，打开中相滑轮保险后，继续下降绝缘撑杆，并按相同方法分别固定导线。

9）三相导线的固定，可按由按先中间，后两边的程序用扎线分别固定在绝缘子上。

10）1号电工将绝缘横担上的其余滑轮保险打开，操作吊臂使绝缘横担缓缓脱离导线。

11）三相导线的安装工作结束后，按先中间，后两边的顺序拆除导线绝缘遮蔽罩、绝缘子绝缘遮蔽罩，最后1号电工将绝缘斗退出有电工作区域，作业人员返回地面。

（4）工作终结。

1）工作负责人对完成的工作作一个全面的检查，确认符合验收规范要求后，记录在册

并召开收工会进行工作点评后，宣布工作结束。

2）工作完毕后，汇报当值调度工作已经结束，工作班撤离现场。

6. 安全措施及注意事项

（1）气象条件。

1）带电作业应在良好天气下进行。如遇雷电（听见雷声、看见闪电）、雪、雹、雨、雾等，不准进行带电作业。风力大于5级时，一般不宜进行带电作业。在特殊情况下，必须在恶劣天气进行带电抢修时，应组织有关人员充分讨论并编制必要的安全措施，经本单位分管生产领导（总工程师）批准后方可进行。

2）相对湿度大于80%的天气，若需进行带电作业，应采用具有防潮性能的绝缘工具。

（2）作业环境。

1）作业现场和绝缘斗臂车两侧，应根据道路情况设置安全围栏、警告标志或路障，防止外人进入工作区域；如在车辆繁忙地段还应与交通管理部门取得联系，以取得配合。

2）夜间作业进行本项目应有足够的照明。

（3）安全距离及有效绝缘长度。

1）作业用绝缘工具都应经过摇测，绝缘电阻应不小于700MΩ（电极间距2cm）。

2）工作时绝缘斗臂车的绝缘有效长度应保持1.5m。

3）在带电作业时，应保持对地不小于0.5m，对邻相导线不小于0.7m的安全距离；如不能确保该安全距离时，应采用绝缘挡板、管、毯及其他绝缘遮蔽措施。

4）绝缘手套仅作为辅助绝缘，不能作主绝缘使用。

（4）遮蔽措施。

1）三相导线加绝缘遮蔽罩或遮蔽罩、绝缘毯。

2）直线横担绝缘子上加装绝缘子绝缘遮蔽罩或绝缘毯遮蔽。

3）作业线路下层有低压线路合杆时，如妨碍作业，应对相关低压线路加绝缘遮蔽罩或绝缘毯遮蔽。

（5）重合闸。本项目需停用线路重合闸。

（6）关键点。

1）在接触带电导线前应得到工作监护人的认可。

2）2号电工在登杆作业时，应对有电线路保持不少于0.5m的安全距离。

3）提升导线前及提升过程中，应检查两侧电杆上的导线扎线是否牢靠，如有松动、脱线现象，必须重新绑扎加固后方可进行作业。

4）提升和下降导线时，要缓缓进行，以防止导线晃动，以免造成相间短路。

5）在作业时，严禁人体同时接触2个不同的电位。

（7）其他安全注意事项。

1）开工前由工作负责人持带电作业工作票与当值调度取得联系，工作负责人应核对工作票中工作任务与现场工作线路名称及杆号是否一致。

2）绝缘斗臂车应可靠接地，在作业前应进行操作检查。

3）当斗臂车绝缘斗距有电线路1~2m或工作转移时，应缓慢移动，动作要平稳，严禁使用快速挡；绝缘斗臂车在作业时，发动机不能熄火（电能驱动型除外），以保证液压系统处于工作状态。

4）在操作绝缘斗移动时，应防止与电杆、导线、周围障碍物、邻近绝缘斗臂车碰擦。

5）在同杆架设线路上工作与上层线路小于安全距离规定，且无法采取安全措施时，不得进行该项工作。

6）上、下传递工具、材料均应使用绝缘绳，严禁抛、扔。

7）本项目工作不少于4人。

五、更换耐张绝缘子（绝缘斗臂车、绝缘手套作业法）

1. 作业方式

绝缘手套作业法。

2. 适用范围

20kV线路耐张杆、终端杆、分支杆。

3. 人员组合

本项目需要4人，具体人员分工见表2－1－15。

表2－1－15 人员分工表

人员分工	人数	人员分工	人数
工作负责人（兼工作监护人）	1	斗内电工（1号电工）	1
工作监护人	1	地面电工（2号电工）	1

注 绝缘斗臂车操作工由1号电工兼任。

4. 工具配备

一览表（包括个人防护用具）见表2－1－16。

表2－1－16 工具配备一览表

序号	工器具名称		规格、型号	数量	备注
1	特种车辆	绝缘斗臂车	20kV	1辆	含车斗
2	个人绝缘防护用具	绝缘手套	20kV	1副	
3		防护手套		1副	
4		斗内安全带		1副	
5		绝缘披肩或绝缘服	20kV	1件	
6	绝缘遮蔽用具	绝缘遮蔽罩	20kV	6根	
7		绝缘遮蔽罩	1m	3根	
8		绝缘毯	20kV	3块	
9		耐张绝缘子遮蔽罩	20kV	2只	
10	绝缘工器具	绝缘托平架		1只	
11		绝缘拉线绳		1根	
12		绝缘联板		1块	
13		绝缘吊绳	ϕ12mm	1根	15m

5. 作业步骤

（1）工具储运和检测。

1）领用绝缘工具、安全用具及辅助器具，应核对工器具的使用电压等级和试验周期。

2）领用绝缘工器具，应检查外观是否完好无损。

3）工器具运输前，各种工器具应存放在工具袋或工具箱内，金属工具和绝缘工器具应分开装运，以防止相互碰擦造成外表损坏，降低工器具的绝缘水平。

（2）现场操作前的准备。

1）工作负责人应按带电作业工作票内容与当值调度员联系。

2）工作负责人核对线路名称、杆号。

3）绝缘斗臂车进入合适位置，并可靠接地；根据道路情况设置安全围栏、警告标志或路障。

4）工作负责人召集工作人员交代工作任务，对工作班成员进行危险点告知、交代安全措施和技术措施，确认每一个工作班成员都已知晓，检查工作班成员精神状态是否良好，人员是否合适。

5）根据分工情况整理材料，对安全用具、绝缘工具进行检查，绝缘工具应使用2500V及以上绝缘测试仪进行分段绝缘检测，绝缘电阻值不小于700MΩ（在出库前如已测试过的可省去现场测试步骤）。

6）查看确认绝缘臂、绝缘斗良好，调试斗臂车（在出车前如已调试过的可省去此步骤）。

7）1号电工戴好绝缘手套和防护手套，穿好20kV绝缘披肩或绝缘服，进入绝缘斗内，挂好斗内安全带保险钩。

（3）操作步骤。

1）1号电工将绝缘斗调整到中相导线下，得到工作监护人许可后用戴好绝缘手套的手套好中相导线绝缘遮蔽罩。

2）1号电工将绝缘斗调整到内侧导线外侧适当位置，对内侧耐张绝缘子加装耐张绝缘子罩，做好绝缘遮蔽措施。

3）1号电工将绝缘联板安装在耐张横担上，挂上紧线器，收紧导线至耐张绝缘子松弛。

4）1号电工在紧线器外侧加装作为后备保护用的绝缘拉线绳并拉紧固定，在耐张绝缘子上加装绝缘托平架。

5）1号电工手扶绝缘托平架，将耐张线夹与耐张绝缘子连接螺栓拔除，使两者脱离。

6）1号电工拆除旧耐张绝缘子，安装新耐张绝缘子，并在新耐张绝缘子安装好绝缘托平架。

7）1号电工手扶绝缘托平架，将耐张线夹与耐张绝缘子连接螺栓安装好。

8）1号电工拆除绝缘拉线绳并放松紧线器，使绝缘子受力后，拆下紧线器及绝缘联板。

9）其余两相耐张绝缘子的调换按方法2）~方法8）进行。

10）三相耐张绝缘子的调换，可按由简单到复杂、先易后难的原则进行，或先两侧、后中间。

11）1号电工拆除所有绝缘措施将绝缘斗退出有电工作区域，作业人员返回地面。

（4）工作终结。

1）工作负责人对完成的工作作一个全面的检查，确认符合验收规范要求后，记录在册并召开收工会进行工作点评后，宣布工作结束。

2）工作完毕后，汇报当值调度工作已经结束，工作班撤离现场。

6. 安全措施及注意事项

（1）气象条件。

1）带电作业应在良好天气下进行。如遇雷电（听见雷声、看见闪电）、雪、雹、雨、雾等，不准进行带电作业。风力大于5级时，一般不宜进行带电作业。在特殊情况下，必须在恶劣天气进行带电抢修时，应组织有关人员充分讨论并编制必要的安全措施，经本单位分管生产领导（总工程师）批准后方可进行。

2）相对湿度大于80%的天气，若需进行带电作业，应采用具有防潮性能的绝缘工具。

（2）作业环境。

1）作业现场和绝缘斗臂车两侧，应根据道路情况设置安全围栏、警告标志或路障，防止外人进入工作区域；如在车辆繁忙地段还应与交通管理部门取得联系，以取得配合。

2）夜间作业进行本项目应有足够的照明。

（3）安全距离及有效绝缘长度。

1）作业用绝缘工具都应经过摇测，绝缘电阻应不小于700MΩ（电极间距2cm）。

2）工作时绝缘斗臂车的绝缘有效长度应保持1.5m。

3）在带电作业时，应保持对地不小于0.5m，对邻相导线不小于0.7m的安全距离；如不能确保该安全距离时，应采用绝缘挡板、管、毯及其他绝缘遮蔽措施。

4）绝缘手套仅作为辅助绝缘，不能作主绝缘使用。

（4）遮蔽措施。

1）耐张绝缘子上加装绝缘子遮蔽罩或绝缘毯遮蔽。

2）作业线路下层有低压线路合杆时，如妨碍作业，应对相关低压线路加绝缘遮蔽罩或绝缘毯遮蔽。

（5）重合闸。本项目需停用线路重合闸。

（6）关键点。

1）在接触带电导线前应得到工作监护人的认可。

2）收紧导线后应用绝缘拉线绳拉紧并固定。

3）在作业时，严禁人体同时接触2个不同的电位。

（7）其他安全注意事项。

1）开工前由工作负责人持带电作业工作票与当值调度取得联系，工作负责人应核对工作票中工作任务与现场工作线路名称及杆号是否一致。

2）绝缘斗臂车应可靠接地，在作业前应进行操作检查。

3）当斗臂车绝缘斗距有电线路1～2m或工作转移时，应缓慢移动，动作要平稳，严禁使用快速挡；绝缘斗臂车在作业时，发动机不能熄火（电能驱动型除外），以保证液压系统处于工作状态。

4）在操作绝缘斗移动时，应防止与电杆、导线、周围障碍物、邻近绝缘斗臂车碰擦。

5）在同杆架设线路上工作与上层线路小于安全距离规定，且无法采取安全措施时，不得进行该项工作。

6）上、下传递工具、材料均应使用绝缘绳，严禁抛、扔。

7）本项目工作不少于4人。

六、更换直线横担

（一）更换直线横担（提升导线法）

1. 作业方式

绝缘手套作业法。

2. 适用范围

20kV线路直线杆。

3. 人员组合

本项目需要4人，具体人员分工见表2－1－17。

表2－1－17 人员分工表

人员分工	人数	人员分工	人数
工作负责人（兼工作监护人）	1	地面电工（2号电工）	1
斗内电工（1号电工）	1	26m斗臂车操作人员	1

注 绝缘斗臂车操作工由1号电工兼任。

4. 工具配备

一览表（包括个人防护用具）见表2－1－18。

表2－1－18 工具配备一览表

序号	工器具名称		规格、型号	数量	备注
1	特种车辆	绝缘斗臂车	20kV	1辆	含车斗
2		绝缘斗臂车	26m	1辆	含车斗
3	个人绝缘防护用具	绝缘手套	20kV	1副	
4		防护手套		1副	
5		斗内安全带		1副	
6		绝缘披肩或绝缘服	20kV	1件	
7	绝缘遮蔽用具	绝缘遮蔽罩	20kV	6根	
8		绝缘遮蔽罩	1m	3根	
9		绝缘毯	20kV	3块	
10		边相绝缘子绝缘遮蔽罩	20kV	2只	
11		中相绝缘子绝缘遮蔽罩	45kV	1只	
12	绝缘工器具	绝缘定滑车组		3套	
13		绝缘操作杆	20kV	1根	0.8m
14		绝缘吊绳	ϕ12mm	1根	15m

5. 作业步骤

（1）工具储运和检测。

1）领用绝缘工具、安全用具及辅助器具，应核对工器具的使用电压等级和试验周期。

2）领用绝缘工器具，应检查外观是否完好无损。

3）工器具运输前，各种工器具应存放在工具袋或工具箱内，金属工具和绝缘工器具应分开装运，以防止相互碰擦造成外表损坏，降低工器具的绝缘水平。

（2）现场操作前的准备。

1）工作负责人应按带电作业工作票内容与当值调度员联系。

2）工作负责人核对线路名称、杆号。

3）绝缘斗臂车进入合适位置，并可靠接地；根据道路情况设置安全围栏、警告标志或路障。

4）工作负责人召集工作人员交代工作任务，对工作班成员进行危险点告知、交代安全措施和技术措施，确认每一个工作班成员都已知晓，检查工作班成员精神状态是否良好，人员是否合适。

5）根据分工情况整理材料，对安全用具、绝缘工具进行检查，绝缘工具应使用2500V及以上绝缘测试仪进行分段绝缘检测，绝缘电阻值应不小于700MΩ（在出库前如已测试过的可省去现场测试步骤）。

6）查看确认绝缘臂、绝缘斗良好，调试斗臂车（在出车前如已调试过的可省去此步骤）。

7）1号电工戴好绝缘手套和防护手套，穿好20kV绝缘披肩或绝缘服，进入绝缘斗内，挂好斗内安全带保险钩。

（3）操作步骤。

1）地面电工将3组绝缘定滑车组分别安装在26m斗臂车绝缘臂上（间距1m），然后由工作负责人指挥斗臂车将绝缘臂调整到导线的上方2m左右处。

2）1号电工将绝缘斗调整到内侧导线下，得到工作监护人许可后，对内侧导线套好绝缘遮蔽罩，3号电工下降相应的绝缘定滑车组上的绝缘拉绳，1号电工将内侧导线放置在绝缘拉绳端部吊钩内，关好保险门。

3）1号电工加好绝缘子绝缘遮蔽罩，拆除相应导线扎线，由工作负责人指挥地面电工将导线缓缓提升至超出杆顶1m以上，并固定好绝缘拉绳。

4）其余两相导线的提升按方法2）、方法3）依次进行。

5）三相导线的提升，可按由简单到复杂、先易后难的原则进行，先近（内侧）后远（外侧）。

6）1号电工更换支线横担，并安装好绝缘子和绝缘子绝缘遮蔽罩。

7）1号电工将绝缘斗调整到中相导线下适当位置处（绝缘斗距电杆不少于0.5m），工作负责人指挥地面电工将26m斗臂车滑车组在1号电工的配合下将中相导线缓缓下降到中相绝缘子顶槽中，1号电工将中相导线用戴好绝缘手套的手把扎线固定好，拆除绝缘拉绳端部吊钩和中相绝缘子绝缘遮蔽罩。

8）其余两相导线的安装按方法7）进行。

9）三相导线的安装，可按由复杂到简单、先难后易的原则进行，先远（外侧）后近（内侧），或根据现场情况先中间、后两侧。

10）三相导线的安装工作结束后，按先中间，后两边的顺序拆除导线绝缘遮蔽罩，最后1号电工将绝缘斗退出有电工作区域，作业人员返回地面。

（4）工作终结。

1）工作负责人对完成的工作作一个全面的检查，确认符合验收规范要求后，记录在册并召开收工会进行工作点评后，宣布工作结束。

2）工作完毕后，汇报当值调度工作已经结束，工作班撤离现场。

6. 安全措施及注意事项

（1）气象条件。

1）带电作业应在良好天气下进行。如遇雷电（听见雷声、看见闪电）、雪、雹、雨、雾等，不准进行带电作业。风力大于5级时，一般不宜进行带电作业。在特殊情况下，必须在恶劣天气进行带电抢修时，应组织有关人员充分讨论并编制必要的安全措施，经本单位分管生产领导（总工程师）批准后方可进行。

2）相对湿度大于80%的天气，若需进行带电作业，应采用具有防潮性能的绝缘工具。

（2）作业环境。

1）作业现场和绝缘斗臂车两侧，应根据道路情况设置安全围栏、警告标志或路障，防止外人进入工作区域；如在车辆繁忙地段还应与交通管理部门取得联系，以取得配合。

2）夜间作业进行本项目应有足够的照明。

（3）安全距离及有效绝缘长度。

1）作业用绝缘工具都应经过摇测，绝缘电阻应不小于700MΩ（电极间距2cm）。

2）工作时绝缘斗臂车的绝缘有效长度应保持1.5m。

3）在带电作业时，应保持对地不小于0.5m，对邻相导线不小于0.7m的安全距离；如不能确保该安全距离时，应采用绝缘挡板、管、毯及其他绝缘遮蔽措施。

4）绝缘手套仅作为辅助绝缘，不能作主绝缘使用。

（4）遮蔽措施。

1）三相导线加绝缘遮蔽罩或遮蔽罩、绝缘毯。

2）直线横担绝缘子上加装绝缘子绝缘遮蔽罩或绝缘毯遮蔽。

3）作业线路下层有低压线路合杆时，如妨碍作业，应对相关低压线路加绝缘遮蔽罩或绝缘毯遮蔽。

（5）重合闸。本项目需停用线路重合闸。

（6）关键点。

1）在接触带电导线前应得到工作监护人的认可。

2）2号电工在登杆作业时，应对有电线路保持不小于0.5m的安全距离。

3）提升导线前及提升过程中，应检查两侧电杆上的导线扎线是否牢靠，如有松动、脱线现象，必须重新绑扎加固后方可进行作业。

4）提升和下降导线时，要缓缓进行，以防止导线晃动，以免造成相间短路；地面的绝缘绳固定应可靠牢固，避免松动。

5）在作业时，严禁人体同时接触2个不同的电位。

（7）其他安全注意事项。

1）开工前由工作负责人持带电作业工作票与当值调度取得联系，工作负责人应核对工作票中工作任务与现场工作线路名称及杆号是否一致。

2）绝缘斗臂车应可靠接地，在作业前应进行操作检查。

3）当斗臂车绝缘斗距有电线路1～2m或工作转移时，应缓慢移动，动作要平稳，严禁使用快速挡；绝缘斗臂车在作业时，发动机不能熄火（电能驱动型除外），以保证液压系统处于工作状态。

4）在操作绝缘斗移动时，应防止与电杆、导线、周围障碍物、邻近绝缘斗臂车碰擦。

5）在同杆架设线路上工作与上层线路小于安全距离规定，且无法采取安全措施时，不得进行该项工作。

6）上、下传递工具、材料均应使用绝缘绳，严禁抛、扔。

7）本项目工作不少于4人。

（二）更换直线横担（支撑导线法）

1. 作业方式

绝缘手套作业法。

2. 适用范围

20kV线路直线杆。

3. 人员组合

本项目需要4人，具体人员分工见表2－1－19。

表2－1－19　　人员分工表

人员分工	人数	人员分工	人数
工作负责人（兼工作监护人）	1	杆上电工（2号电工）	1
斗内电工（1号电工）	1	地面电工（3号电工）	1

注　绝缘斗臂车操作工由1号电工兼任。

4. 工具配备

一览表（包括个人防护用具）见表2－1－20。

表2－1－20　　工具配备一览表

序号	工器具名称		规格、型号	数量	备注
1	特种车辆	绝缘斗臂车	20kV	1辆	配有绝缘横担支架，含车斗
2	个人绝缘防护用具	绝缘手套	20kV	2副	
3		防护手套		2副	
4		斗内安全带		1副	
5		绝缘披肩或绝缘服	20kV	2件	
6	绝缘遮蔽用具	绝缘遮蔽罩	20kV	6根	
7		绝缘遮蔽罩	1m	3根	
8		绝缘毯	20kV	3块	
9		边相绝缘子绝缘遮蔽罩	20kV	2只	
10		中相绝缘子绝缘遮蔽罩	45kV	1只	
11	绝缘工器具	绝缘吊绳	ϕ12mm	1根	15m

5. 作业步骤

（1）工具储运和检测。

1）领用绝缘工具、安全用具及辅助器具，应核对工器具的使用电压等级和试验周期。

2）领用绝缘工器具，应检查外观是否完好无损。

3）工器具运输前，各种工器具应存放在工具袋或工具箱内，金属工具和绝缘工器具应分开装运，以防止相互碰擦造成外表损坏，降低工器具的绝缘水平。

（2）现场操作前的准备。

1）工作负责人应按带电作业工作票内容与当值调度员联系。

2）工作负责人核对线路名称、杆号。

3）绝缘斗臂车进入合适位置，并可靠接地；根据道路情况设置安全围栏、警告标志或路障。

4）工作负责人召集工作人员交代工作任务，对工作班成员进行危险点告知、交代安全措施和技术措施，确认每一个工作班成员都已知晓，检查工作班成员精神状态是否良好，人员是否合适。

5）根据分工情况整理材料，对安全用具、绝缘工具进行检查，绝缘工具应使用2500V及以上绝缘测试仪进行分段绝缘检测，绝缘电阻值应不小于700MΩ（在出库前如已测试过的可省去现场测试步骤）。

6）查看确认绝缘臂、绝缘斗良好，调试斗臂车（在出车前如已调试过的可省去此步骤）。

7）1号电工戴好绝缘手套和防护手套，穿好20kV绝缘披肩或绝缘服，进入绝缘斗内，挂好斗内安全带保险钩。

（3）操作步骤。

1）1号电工将绝缘斗调整到内侧导线下，得到工作监护人许可后，对内侧导线套好绝缘遮蔽罩。

2）其余两相按方法1）、方法2）进行，由内到外，先两侧后中相。

3）将绝缘斗返回地面，在地面电工协助下在吊臂上组装撑杆及绝缘横担后返回导线下准备支撑导线。

4）1号电工调整吊臂使三相导线分别置于绝缘横担上的滑轮内，然后加上保险。

5）1号电工操作将绝缘撑杆缓缓上升，使绝缘撑杆受力；1号电工加好绝缘子绝缘遮蔽罩，拆除导线扎线，缓缓支撑起三相导线至超出杆顶1m以上的位置。

6）工作负责人指挥2号电工登杆更换直线横担，并安装好绝缘子和绝缘子绝缘遮蔽罩。

7）工作结束后2号电工返回地面。

8）1号电工在监护人的许可下，操作将绝缘撑杆缓缓下降，使中相导线下降落到中相绝缘子后停止，由1号电工将中相导线用戴好绝缘手套的手把扎线固定在绝缘子上，打开中相滑轮保险后，继续下降绝缘撑杆，并按相同方法分别固定导线。

9）三相导线的固定，可按由按先中间，后两边的程序用扎线分别固定在绝缘子上。

10）1号电工将绝缘横担上的其余滑轮保险打开，操作吊臂使绝缘横担缓缓脱离导线。

11）三相导线的安装工作结束后，按先中间，后两边的顺序拆除导线绝缘遮蔽罩、绝缘子绝缘遮蔽罩，最后1号电工将绝缘斗退出有电工作区域，作业人员返回地面。

（4）工作终结。

1）工作负责人对完成的工作作一个全面的检查，确认符合验收规范要求后，记录在册并召开收工会进行工作点评后，宣布工作结束。

2）工作完毕后，汇报当值调度工作已经结束，工作班撤离现场。

6. 安全措施及注意事项

（1）气象条件。

1）带电作业应在良好天气下进行。如遇雷电（听见雷声、看见闪电）、雪、雹、雨、雾等，不准进行带电作业。风力大于5级时，一般不宜进行带电作业。在特殊情况下，必须在恶劣天气进行带电抢修时，应组织有关人员充分讨论并编制必要的安全措施，经本单位分管生产领导（总工程师）批准后方可进行。

2）相对湿度大于80%的天气，若需进行带电作业，应采用具有防潮性能的绝缘工具。

（2）作业环境。

1）作业现场和绝缘斗臂车两侧，应根据道路情况设置安全围栏、警告标志或路障，防止外人进入工作区域；如在车辆繁忙地段还应与交通管理部门取得联系，以取得配合。

2）夜间作业进行本项目应有足够的照明。

（3）安全距离及有效绝缘长度。

1）作业用绝缘工具都应经过摇测，绝缘电阻应不小于700MΩ（电极间距2cm）。

2）工作时绝缘斗臂车的绝缘有效长度应保持1.5m。

3）在带电作业时，应保持对地不小于0.5m，对邻相导线不小于0.7m的安全距离；如不能确保该安全距离时，应采用绝缘挡板、管、毯及其他绝缘遮蔽措施。

4）绝缘手套仅作为辅助绝缘，不能作主绝缘使用。

（4）遮蔽措施。

1）三相导线加绝缘遮蔽罩或遮蔽罩、绝缘毯。

2）直线横担绝缘子上加装绝缘子绝缘遮蔽罩或绝缘毯遮蔽。

3）作业线路下层有低压线路合杆时，如妨碍作业，应对相关低压线路加绝缘遮蔽罩或绝缘毯遮蔽。

（5）重合闸。本项目需停用线路重合闸。

（6）关键点。

1）在接触带电导线前应得到工作监护人的认可。

2）2号电工在登杆作业时，应对有电线路保持不少于0.5m的安全距离。

3）提升导线前及提升过程中，应检查两侧电杆上的导线扎线是否牢靠，如有松动、脱线现象，必须重新绑扎加固后方可进行作业。

4）提升和下降导线时，要缓缓进行，以防止导线晃动，以免造成相间短路；地面的绝缘绳固定应可靠牢固，避免松动。

5）在作业时，严禁人体同时接触2个不同的电位。

（7）其他安全注意事项。

1）开工前由工作负责人持带电作业工作票与当值调度取得联系，工作负责人应核对工作票中工作任务与现场工作线路名称及杆号是否一致。

2）绝缘斗臂车、吊车应可靠接地，在作业前应进行操作检查。

3）当斗臂车绝缘斗距有电线路1~2m或工作转移时，应缓慢移动，动作要平稳，严禁使用快速挡；绝缘斗臂车在作业时，发动机不能熄火（电能驱动型除外），以保证液压系统处于工作状态。

4）在操作绝缘斗移动时，应防止与电杆、导线、周围障碍物、邻近绝缘斗臂车碰擦。

5）在同杆架设线路上工作与上层线路小于安全距离规定，且无法采取安全措施时，不得进行该项工作。

6）上、下传递工具、材料均应使用绝缘绳，严禁抛、扔。

7）本项目工作不少于4人。

七、更换常开隔离开关

1. 作业方式

绝缘手套作业法。

2. 适用范围

20kV线路杆上隔离开关。

3. 人员组合

本项目需要5人，具体人员分工见表2-1-21。

表2-1-21 人员分工表

人员分工	人数	人员分工	人数
工作负责人（兼工作监护人）	1	地面电工（3、4号电工）	2
斗内电工（1、2号电工）	2		

注 绝缘斗臂车操作工分别由1、2号电工兼任。

4. 工具配备

一览表（包括个人防护用具）见表2-1-22。

表2-1-22 工具配备一览表

序号	工器具名称		规格、型号	数量	备注
1	特种车辆	绝缘斗臂车	20kV	2辆	其中一辆高度不低于17m，20kV含车斗
2	个人绝缘防护用具	绝缘手套	20kV	2副	
3		防护手套		2副	
4		斗内安全带		2副	
5		20kV绝缘袖套	20kV	2副	

续表

序号	工器具名称		规格、型号	数量	备注
6	绝缘遮蔽用具	20kV导线遮蔽罩	20kV	1根	
7		导线遮蔽罩	20kV	6根	
8		绝缘挡板	20kV	2块	
9		闸刀桩头绝缘隔离挡板	20kV	1块	
10		耐张绝缘子遮蔽罩	20kV	6只	
11		绝缘毯	20kV	6块	
12	绝缘工器具	操作杆	20kV	2根	
13		绝缘绳	ϕ12mm	1根	15m
14		杆刀专用吊绳	ϕ14mm	1套	1000mm×3
15		绝缘操作杆	20kV	1根	0.8m
16	其他主要工器具	绝缘测试仪	2500V及以上	1套	

5. 作业步骤

（1）工具储运和检测。

1）领用绝缘工具、安全用具及辅助器具，应核对工器具的使用电压等级和试验周期。

2）领用绝缘工器具，应检查外观是否完好无损。

3）工器具运输前，各种工器具应存放在工具袋或工具箱内，金属工具和绝缘工器具应分开装运，以防止相互碰擦造成外表损坏，降低工器具的绝缘水平。

（2）现场操作前的准备。

1）工作负责人应按带电作业工作票内容与当值调度员联系。

2）工作负责人核对线路名称、杆号。

3）工作前工作负责人检查确认需要更换的杆上隔离开关应处于断开位置。

4）绝缘斗臂车进入合适位置，并可靠接地，根据道路情况设置安全围栏、警告标志或路障。

5）工作负责人召集工作人员交代工作任务，对工作班成员进行危险点告知、交代安全措施和技术措施，确认每一个工作班成员都已知晓，检查工作班成员精神状态是否良好，人员是否合适。

6）根据分工情况整理材料，对安全用具、绝缘工具进行检查，绝缘工具应使用2500V及以上绝缘测试仪进行分段绝缘检测，绝缘电阻值不小于700MΩ（在出库前如已测试过的可省去现场测试步骤）。

7）查看确认绝缘臂、绝缘斗良好，调试斗臂车（在出车前如已调试过的可省去此步骤）。

8）1、2号电工分别戴好绝缘手套和防护手套，进入绝缘斗内，挂好保险钩。

（3）操作步骤。

1）2号电工将绝缘斗调整（或由绝缘斗臂车操作手操作）到1号电工对面避雷器横担下适当位置，在工作监护人的同意下与1号电工一起分别用绝缘操作杆将避雷器退出运行。

2）1号电工将绝缘斗调整至有电线路外侧的合适位置，检查杆上隔离开关无异常情况；

在工作负责人（监护人）的同意下，做好防止隔离开关误合的安全措施。

3）1、2号电工分别将绝缘斗调整到隔离开关桩头侧，在两侧各自桩头上加绝缘挡板，并将隔离开关两侧的引线拆开，固定在同相导线上，然后加绝缘遮蔽措施；1、2号电工相互配合拆除中相隔离开关引线。

4）其余引线拆除工作及加绝缘遮蔽工作按方法3）进行（使用非26m绝缘斗臂车在中相引线固定时，1、2号电工应相互上、下配合）。

5）隔离开关两侧引线全部拆除后，1号电工返回地面加装绝缘吊臂，将绝缘吊臂调整至隔离开关上方合适位置。

6）2号电工拆除防止隔离开关误合的安全措施，配合1号电工利用隔离开关专用吊绳与闸刀连接，1号电工操作使吊绳微微吊紧，2号电工将隔离开关固定螺钉拆松。

7）1号电工操作将隔离开关吊起，平移至导线外侧，然后降至地面。

8）1号电工在地面电工的配合下，将老隔离开关更换成新隔离开关，将新隔离开关起吊并平移至杆顶上方。

9）1号电工将新隔离开关缓慢移至隔离开关固定支架上，由2号电工安装好新隔离开关。

10）2号电工对新隔离开关拉开、合上调试三次，检查隔离开关接触应符合要求，然后将隔离开关置于常开位置。

11）1、2号电工调整绝缘斗在隔离开关两侧各自桩头上加绝缘挡板，并做好防止隔离开关误合的安全措施。

12）1、2号电工拆除中相导线遮蔽罩和耐张遮蔽罩，并相互配合恢复中相隔离开关引线，搭接工作结束后拆除绝缘挡板。

13）1、2号电工按由外侧到内侧的顺序逐相恢复隔离开关引线。

14）1号电工拆除防止隔离开关误合的安全措施。

15）1、2号电工各自将二侧避雷器恢复运行，绝缘斗退出有电工作区域，作业人员返回地面。

（4）工作终结。

1）工作负责人对完成的工作作一个全面的检查，确认符合验收规范要求后，记录在册并召开收工会进行工作点评后，宣布工作结束。

2）工作完毕后，汇报当值调度工作已经结束，工作班撤离现场。

6. 安全措施及注意事项

（1）气象条件。

1）带电作业应在良好天气下进行。如遇雷电（听见雷声、看见闪电）、雪、雹、雨、雾等，不准进行带电作业。风力大于5级时，一般不宜进行带电作业。在特殊情况下，必须在恶劣天气进行带电抢修时，应组织有关人员充分讨论并编制必要的安全措施，经本单位分管生产领导（总工程师）批准后方可进行。

2）相对湿度大于80%的天气，若需进行带电作业，应采用具有防潮性能的绝缘工具。

（2）作业环境。

1）作业现场和绝缘斗臂车二侧，应根据道路情况设置安全围栏、警告标志或路障，防止外人进入工作区域；如在车辆繁忙地段还应与交通管理部门取得联系，以取得配合。

2）夜间作业进行带电搭接应有足够的照明。

（3）安全距离及有效绝缘长度。

1）作业用绝缘工具都应经过摇测，绝缘电阻应不小于700MΩ（电极间距2cm）。

2）工作时绝缘斗臂车的绝缘有效长度应保持1.5m。

3）在带电作业时，应保持对地不小于0.5m，对邻相导线不小于0.7m的安全距离，如不能确保该安全距离时，应采用绝缘挡板、管、毯及其他绝缘遮蔽措施。

4）绝缘手套仅作为辅助绝缘，不能作主绝缘使用。

（4）遮蔽措施。

1）本项目隔离开关桩头对地距离小于0.5m，需加装绝缘隔离挡板。

2）本项目在搭接中相引线，与边相设备安全距离不够时，应对边相设备加绝缘遮蔽措施。

3）作业线路下层有低压线路合杆时，如妨碍作业，应对相关低压线路加导线遮蔽罩或绝缘毯遮蔽。

（5）重合闸。本项目需停用线路重合闸。

（6）关键点。

1）在接触带电导线前应得到工作监护人的认可。

2）在作业时，要确保有电引线与横担及邻相引线的安全距离。

3）在作业时，严禁人体同时接触2个不同的电位。

4）1号电工操作的绝缘斗臂车不低于17m，在起吊隔离开关时应将其保持水平状态。

5）拆、搭引线过程中隔离开关必须处于断开位置，并做好防止隔离开关误合的安全措施。

6）拆、搭中相引线过程中，1、2号电工需相互配合。

（7）其他安全注意事项。

1）开工前由工作负责人持带电作业工作票与当值调度取得联系，工作负责人应核对工作票中工作任务与现场工作线路名称及杆号是否一致。

2）绝缘斗臂车应可靠接地，在作业前应进行操作检查。

3）当斗臂车绝缘斗距有电线路1～2m或工作转移时，应缓慢移动，动作要平稳，严禁使用快速挡；绝缘斗臂车在作业时，发动机不能熄火（电能驱动型除外），以保证液压系统处于工作状态。

4）在操作绝缘斗移动时，应防止与电杆、导线、周围障碍物、邻近绝缘斗臂车碰擦。

5）在同杆架设线路上工作与上层线路小于安全距离规定，且无法采取安全措施时，不得进行该项工作。

6）上、下传递工具、材料均应使用绝缘绳，严禁抛、扔。

7）本项目工作不少于5人。

8）使用只能下部操作的绝缘斗臂车应增加1名专门操作人员。

9）在拆除有操作柄的隔离开关时，需将操作柄临时固定，待隔离开关拆除后方可拆除操作柄，并做好防止误碰邻近有电设备的安全措施。

第二节 断、接引线

一、断跌落式熔断器上引线

（一）断跌落式熔断器上引线（绝缘斗臂车、绝缘操作杆作业法）

1. 作业方式

绝缘操作杆作业法。

2. 适用范围

20kV 线路直线杆柱上变压器台架。

3. 人员组合

本项目需要4人，具体人员分工见表2-2-1。

表2-2-1 人员分工表

人员分工	人数	人员分工	人数
工作负责人（兼工作监护人）	1	杆上电工（2号电工）	1
斗内电工（1号电工）	1	地面电工（3号电工）	1

注 绝缘斗臂车操作工由1号电工兼任。

4. 工具配备

一览表（包括个人防护用具）见表2-2-2。

表2-2-2 工具配备一览表

序号	工器具名称		规格、型号	数量	备注
1	特种车辆	绝缘斗臂车	20kV	1辆	含车斗
2	个人绝缘防护用具	斗内安全带		1副	
3	绝缘工器具	绝缘绳	ϕ12mm	1根	15m
4		绝缘操作钳	20kV	1把	
5		绝缘套筒扳手	20kV	1套	
6		绝缘操作杆	20kV	1根	0.8m
7		鹰嘴线夹绝缘操作杆		1只	
8	其他主要工器具	鹰嘴线夹		3只	
9		绝缘测试仪	2500V及以上	1套	

5. 作业步骤

（1）工具储运和检测。

1）领用绝缘工具、安全用具及辅助器具，应核对工器具的使用电压等级和试验周期。

2）领用绝缘工器具，应检查外观是否完好无损。

3）工器具运输前，各种工器具应存放在工具袋或工具箱内，金属工具和绝缘工器具应

分开装运，以防止相互碰擦造成外表损坏，降低工器具的绝缘水平。

（2）现场操作前的准备。

1）工作负责人应按带电作业工作票内容与当值调度员联系。

2）工作负责人核对线路名称、杆号。

3）工作前工作负责人检查确认需要拆除的跌落式熔断器应处于断开位置。

4）绝缘斗臂车进入合适位置，并可靠接地；根据道路情况设置安全围栏、警告标志或路障。

5）工作负责人召集工作人员交代工作任务，对工作班成员进行危险点告知、交代安全措施和技术措施，确认每一个工作班成员都已知晓，检查工作班成员精神状态是否良好，人员是否合适。

6）根据分工情况整理材料，对安全用具、绝缘工具进行检查，绝缘工具应使用2500V及以上绝缘测试仪进行分段绝缘检测，绝缘电阻值应不小于700MΩ（在出库前如已测试过的可省去现场测试步骤）。

7）查看确认绝缘臂、绝缘斗良好，调试斗臂车（在出车前如已调试过的可省去此步骤）。

8）1号电工戴好手套，进入绝缘斗内，挂好保险钩。

（3）操作步骤。

1）2号电工登杆至与跌落式熔断器平行的反面侧适当位置，与有电线路保持0.5m以上安全距离，并在地面电工配合下将绝缘操作杆吊上。

2）1号电工将绝缘斗调整至跌落式熔断器的下方适当位置。

3）2号电工用绝缘操作钳将需解除的内侧跌落式熔断器上桩头引线夹紧。

4）1号电工用绝缘套筒扳手拆松内侧跌落式熔断器上桩头引线螺钉。

5）2号电工用绝缘操作钳将已拆松的内侧跌落式熔断器上桩头引线从螺钉压板内缓缓拔出。

6）1号电工用鹰嘴线夹绝缘操作杆将2号电工传递过来的引线夹紧，缓缓提升至同相导线的固定处适当位置。

7）2号电工将位置调整至跌落式熔断器的下方适当位置，用绝缘操作杆将引线与导线用鹰嘴线夹固定。

8）其余两相引线拆除按方法3）~方法7）进行。

9）如拆除跌落式熔断器上引线不需恢复，可剪断跌落式熔断器上引线，并在剪断跌落式熔断器上引线时，做好防止其弹跳的措施。

10）工作结束后，1、2号电工配合将绝缘工器具吊至地面，作业人员返回地面。

（4）工作终结。

1）工作负责人对完成的工作作一个全面的检查，确认符合验收规范要求后，记录在册并召开收工会进行工作点评后，宣布工作结束。

2）工作完毕后，汇报当值调度工作已经结束，工作班撤离现场。

6. 安全措施及注意事项

（1）气象条件。

1）带电作业应在良好天气下进行。如遇雷电（听见雷声、看见闪电）、雪、雹、雨、雾等，不准进行带电作业。风力大于5级时，一般不宜进行带电作业。在特殊情况下，必须在恶劣天气进行带电抢修时，应组织有关人员充分讨论并编制必要的安全措施，经本单位分管生产领导（总工程师）批准后方可进行。

2）相对湿度大于80%的天气，若需进行带电作业，应采用具有防潮性能的绝缘工具。

（2）作业环境。

1）作业现场和绝缘斗臂车两侧，应根据道路情况设置安全围栏、警告标志或路障，防止外人进入工作区域；如在车辆繁忙地段还应与交通管理部门取得联系，以取得配合。

2）夜间作业进行带电搭接应有足够的照明。

（3）安全距离及有效绝缘长度。

1）作业用绝缘工具都应经过摇测，绝缘电阻应不小于700MΩ（电极间距2cm）。

2）工作时绝缘斗臂车的绝缘有效长度应保持1.5m。

3）在带电作业时，应保持对地不小于0.5m，对邻相导线不小于0.7m的安全距离；如不能确保该安全距离时，应采用绝缘挡板、管、毯及其他绝缘遮蔽措施。

4）绝缘操作杆作主绝缘使用，其有效绝缘距离不应小于0.8m。

（4）遮蔽措施。作业线路下层有低压线路合杆时，如妨碍作业，应对相关低压线路加导线遮蔽罩或绝缘毯遮蔽。

（5）重合闸。本项目一般不需要停用线路重合闸。

（6）关键点。

1）在接触带电导线前应得到工作监护人的认可。

2）在作业时，要确保带电导线与横担及邻相导线的安全距离。

3）在作业时，严禁人体同时接触2个不同的电位。

4）在三相引线未全部拆除前，已拆除引线的设备应视为有电。

5）杆上电工配合要默契，动作要平稳协调。

（7）其他安全注意事项。

1）开工前由工作负责人持带电作业工作票与当值调度取得联系，工作负责人应核对工作票中工作任务与现场工作线路名称及杆号是否一致。

2）绝缘斗臂车应可靠接地，在作业前应进行操作检查。

3）当斗臂车绝缘斗距有电线路1～2m或工作转移时，应缓慢移动，动作要平稳，严禁使用快速挡；绝缘斗臂车在作业时，发动机不能熄火（电能驱动型除外），以保证液压系统处于工作状态。

4）在操作绝缘斗移动时，应防止与电杆、导线、周围障碍物、邻近绝缘斗臂车碰擦。

5）在同杆架设线路上工作与上层线路小于安全距离规定，且无法采取安全措施时，不得进行该项工作。

6）上、下传递工具、材料均应使用绝缘绳，严禁抛、扔。

7）本项目工作不少于4人。

8）使用只能下部操作的绝缘斗臂车应增加1名专门操作人员。

（二）断跌落式熔断器上引线（绝缘斗臂车、绝缘手套作业法——熔丝搭头）

1. 作业方式

绝缘手套作业法。

2. 适用范围

20kV线路直线杆柱上变压器台架。

3. 人员组合

本项目需要3人，具体人员分工见表2－2－3。

表2－2－3　　人员分工表

人员分工	人数	人员分工	人数
工作负责人（兼工作监护人）	1	地面电工（2号电工）	1
斗内电工（1号电工）	1		

注　绝缘斗臂车操作工由1号电工兼任。

4. 工具配备

一览表（包括个人防护用具）见表2－2－4。

表2－2－4　　工具配备一览表

序号	工器具名称		规格、型号	数量	备注
1	特种车辆	绝缘斗臂车	20kV	1辆	含车斗
2	个人绝缘防护用具	绝缘手套	20kV	1副	
3		防护手套		1副	
4		斗内安全带		1副	
5	绝缘遮蔽用具	跌落式熔断器隔离罩	20kV	1只	
6		导线遮蔽罩	20kV	1根	
7	绝缘工器具	绝缘绳	ϕ12mm	1根	15m
8		绝缘操作杆	20kV	1根	0.8m
9	其他主要工器具	绝缘测试仪	2500V及以上	1套	

5. 作业步骤

（1）工具储运和检测。

1）领用绝缘工具、安全用具及辅助器具，应核对工器具的使用电压等级和试验周期。

2）领用绝缘工器具，应检查外观是否完好无损。

3）工器具运输前，各种工器具应存放在工具袋或工具箱内，金属工具和绝缘工器具应分开装运，以防止相互碰擦造成外表损坏，降低工器具的绝缘水平。

（2）现场操作前的准备。

1）工作负责人应按带电作业工作票内容与当值调度员联系。

2）工作负责人核对线路名称、杆号。

3）工作前工作负责人检查确认需要拆除的跌落式熔断器应处于断开位置。

4）绝缘斗臂车进入合适位置，并可靠接地；根据道路情况设置安全围栏、警告标志或路障。

5）工作负责人召集工作人员交代工作任务，对工作班成员进行危险点告知、交代安全措施和技术措施，确认每一个工作班成员都已知晓，检查工作班成员精神状态是否良好，人员是否合适。

6）根据分工情况整理材料，对安全用具、绝缘工具进行检查，绝缘工具应使用2500V及以上绝缘测试仪进行分段绝缘检测，绝缘电阻值应不小于700MΩ（在出库前如已测试过的可省去现场测试步骤）。

7）查看确认绝缘臂、绝缘斗良好，调试斗臂车（在出车前如已调试过的可省去此步骤）。

8）1号电工戴好绝缘手套和防护手套，进入绝缘斗内，挂好保险钩。

（3）操作步骤。

1）1号电工将绝缘斗调整至内侧跌落式熔断器下适当位置，在工作监护人许可下，装好跌落式熔断器隔离罩，拆除内侧跌落式熔断器上引线，将已拆开的跌落式熔断器上引线固定在同相导线上，取下跌落式熔断器隔离罩。

2）1号电工得到工作监护人许可后，对内侧导线套好导线遮蔽罩，做好绝缘遮蔽措施。

3）其余两相引线拆除按方法1）进行。

4）三相引线拆除，可按由简单到复杂、先易后难的原则进行。

5）如拆除跌落式熔断器上引线不需恢复，可剪断跌落式熔断器上引线；在剪断跌落式熔断器上引线时，做好防止其弹跳的措施。

6）拆除工作结束后，拆除绝缘遮蔽措施，绝缘斗退出有电工作区域，作业人员返回地面。

（4）工作终结。

1）工作负责人对完成的工作作一个全面的检查，确认符合验收规范要求后，记录在册并召开收工会进行工作点评后，宣布工作结束。

2）工作完毕后，汇报当值调度员工作已经结束，工作班撤离现场。

6. 安全措施及注意事项

（1）气象条件。

1）带电作业应在良好天气下进行。如遇雷电（听见雷声、看见闪电）、雪、雹、雨、雾等，不准进行带电作业。风力大于5级时，一般不宜进行带电作业。在特殊情况下，必须在恶劣天气进行带电抢修时，应组织有关人员充分讨论并编制必要的安全措施，经本单位分管生产领导（总工程师）批准后方可进行。

2）相对湿度大于80%的天气，若需进行带电作业，应采用具有防潮性能的绝缘工具。

（2）作业环境。

1）作业现场和绝缘斗臂车两侧，应根据道路情况设置安全围栏、警告标志或路障，防止外人进入工作区域；如在车辆繁忙地段还应与交通管理部门取得联系，以取得配合。

2）夜间作业进行本项目应有足够的照明。

（3）安全距离及有效绝缘长度。

1）作业用绝缘工具都应经过摇测，绝缘电阻应不小于700MΩ（电极间距2cm）。

2）工作时绝缘斗臂车的绝缘有效长度应保持1.5m。

3）在带电作业时，应保持对地不小于0.5m，对邻相导线不小于0.7m的安全距离；如不能确保该安全距离时，应采用绝缘挡板、管、毯及其他绝缘遮蔽措施。

4）绝缘手套仅作为辅助绝缘，不能作主绝缘使用。

（4）遮蔽措施。

1）耐张绝缘子上加装绝缘子遮蔽罩或绝缘毯遮蔽。

2）作业线路下层有低压线路合杆时，如妨碍作业，应对相关低压线路加绝缘遮蔽罩或绝缘毯遮蔽。

（5）重合闸。本项目需停用线路重合闸。

（6）关键点。

1）在接触带电导线前应得到工作监护人的认可。

2）收紧导线后应用绝缘拉线绳拉紧并固定。

3）在作业时，严禁人体同时接触2个不同的电位。

（7）其他安全注意事项。

1）开工前由工作负责人持带电作业工作票与当值调度取得联系，工作负责人应核对工作票中工作任务与现场工作线路名称及杆号是否一致。

2）绝缘斗臂车应可靠接地，在作业前应进行操作检查。

3）当斗臂车绝缘斗距有电线路1~2m或工作转移时，应缓慢移动，动作要平稳，严禁使用快速挡；绝缘斗臂车在作业时，发动机不能熄火（电能驱动型除外），以保证液压系统处于工作状态。

4）在操作绝缘斗移动时，应防止与电杆、导线、周围障碍物、邻近绝缘斗臂车碰擦。

5）在同杆架设线路上工作与上层线路小于安全距离规定，且无法采取安全措施时，不得进行该项工作。

6）上、下传递工具、材料均应使用绝缘绳，严禁抛、扔。

7）根据导线损伤情况，由工作负责人决定是否采取防止作业过程中导线断线的安全措施。

8）本项目工作不少于3人。

9）使用只能下部操作的绝缘斗臂车应增加1名专门操作人员。

已知晓，检查工作班成员精神状态是否良好，人员是否合适。

二、接跌落式熔断器上引线（绝缘斗臂车、绝缘手套作业法——导线搭头）

1. 作业方式

绝缘手套作业法。

2. 适用范围

20kV线路直线杆。

3. 人员组合

本项目需要3人，具体人员分工见表2－2－5。

表2-2-5 人员分工表

人员分工	人数	人员分工	人数
工作负责人（兼工作监护人）	1	地面电工（2号电工）	1
斗内电工（1号电工）	1		

注 绝缘斗臂车操作工由1号电工兼任。

4. 工具配备

一览表（包括个人防护用具）见表2-2-6。

表2-2-6 工具配备一览表

序号	工器具名称		规格、型号	数量	备注
1	特种车辆	绝缘斗臂车	20kV	1辆	含车斗
2		绝缘手套	20kV	1副	
3	个人绝缘防护用具	防护手套		1副	
4		斗内安全带		1副	
5	绝缘遮蔽用具	导线遮蔽罩	20kV	1根	
6	绝缘工器具	绝缘绳	ϕ12mm	1根	15m
7		绝缘操作杆	20kV	1根	0.8m
8		双钩线夹		1套	
9		绝缘导线剥皮刀		1把	
10		导线清扫刷		1把	
11	其他主要工器具	断线剪（钳）	短式	1把	
12		楔形线夹安装枪		1把	
13		绝缘测试仪	2500V及以上	1套	

5. 作业步骤

（1）工具储运和检测。

1）领用绝缘工具、安全用具及辅助器具，应核对工器具的使用电压等级和试验周期。

2）领用绝缘工器具，应检查外观是否完好无损。

3）工器具运输前，各种工器具应存放在工具袋或工具箱内，金属工具和绝缘工器具应分开装运，以防止相互碰擦造成外表损坏，降低工器具的绝缘水平。

（2）现场操作前的准备。

1）工作负责人应按带电作业工作票内容与当值调度员联系。

2）工作负责人核对线路名称、杆号。

3）工作前工作负责人检查确认需要搭接的跌落式熔断器应处于断开位置。

4）绝缘斗臂车进入合适位置，并可靠接地；根据道路情况设置安全围栏、警告标志或路障。

5）工作负责人召集工作人员交代工作任务，对工作班成员进行危险点告知、交代安全措施和技术措施，确认每一个工作班成员都已知晓，检查工作班成员精神状态是否良好，人员是否合适。

6）根据分工情况整理材料，对安全用具、绝缘工具进行检查，绝缘工具应使用2500V及以上绝缘测试仪进行分段绝缘检测，绝缘电阻值应不小于700MΩ（在出库前如已测试过的可省去现场测试步骤）。

7）查看确认绝缘臂、绝缘斗良好，调试斗臂车（在出车前如已调试过的可省去此步骤）。

8）1号电工戴好绝缘手套和防护手套，进入绝缘斗内，挂好保险钩。

（3）操作步骤。

1）1号电工将绝缘斗调整至内侧导线下适当位置，得到工作监护人许可后，对内侧导线套好导线遮蔽罩，做好绝缘遮蔽措施；如是绝缘导线，应在搭头处将导线绝缘层皮剥除。

2）1号电工将绝缘斗调整至线路下方与跌落式熔断器平行处，并与有电线路保持0.5m以上安全距离，检查确认三相跌落式熔断器安装应符合验收规范要求，用绝缘操作杆测量三相引线长度，根据长度做好搭接的准备工作（绝缘导线引线需剥皮）。

3）将绝缘斗调整到外侧导线外适当位置，展开外侧跌落式熔断器上桩头引线，量好搭接引线的长度，剥除引线处绝缘层；并分别对导线、引线搭接处涂上电力脂，用刷子清除搭接处导线上的氧化层，直至符合接续要求。

4）装有双钩线夹的短绝缘操作杆先将引下线线头夹紧，然后手握绝缘操作杆将另一头钩在带电导线上，并拧紧（也可先将电力楔形线夹C型板挂在导线上，然后将引线钩住C型板下侧，用楔形线夹楔块嵌入C型板槽内楔紧），装好楔形线夹，用专用楔形线夹枪进行安装，并检查线夹安装符合要求后，拆除绝缘操作杆（如是绝缘导线应进行防水处理）。

5）其余两相引线搭接按方法3）、方法4）进行。

6）三相引线搭接，可按由复杂到简单、先难后易的原则进行，先远（外侧）后近（内侧），或根据现场情况先中间、后两侧，对有跌落式熔断器的支接引线搭接作业应先搭中相。

7）搭头工作结束后，拆除导线遮蔽罩，绝缘斗退出有电工作区域，作业人员返回地面。

（4）工作终结。

1）工作负责人对完成的工作作一个全面的检查，确认符合验收规范要求后，记录在册并召开收工会进行工作点评后，宣布工作结束。

2）工作完毕后，汇报当值调度工作已经结束，工作班撤离现场。

6. 安全措施及注意事项

（1）气象条件。

1）带电作业应在良好天气下进行。如遇雷电（听见雷声、看见闪电）、雪、雹、雨、雾等，不准进行带电作业。风力大于5级时，一般不宜进行带电作业。在特殊情况下，必须在恶劣天气进行带电抢修时，应组织有关人员充分讨论并编制必要的安全措施，经本单位分管生产领导（总工程师）批准后方可进行。

2）相对湿度大于80%的天气，若需进行带电作业，应采用具有防潮性能的绝缘工具。

（2）作业环境。

1）作业现场和绝缘斗臂车两侧，应根据道路情况设置安全围栏、警告标志或路障，防止外人进入工作区域；如在车辆繁忙地段还应与交通管理部门取得联系，以取得配合。

2）夜间作业进行本项目应有足够的照明。

(3) 安全距离及有效绝缘长度。

1) 作业用绝缘工具都应经过摇测，绝缘电阻应不小于700MΩ（电极间距2cm）。

2) 工作时绝缘斗臂车的绝缘有效长度应保持1.5m。

3) 在带电作业时，应保持对地不少于0.5m，对邻相导线不少于0.7m的安全距离；如不能确保该安全距离时，应采用绝缘挡板、管、毯及其他绝缘遮蔽措施。

4) 绝缘手套仅作为辅助绝缘，不能作主绝缘使用。

(4) 遮蔽措施。

1) 耐张绝缘子上加装绝缘子遮蔽罩或绝缘毯遮蔽。

2) 作业线路下层有低压线路合杆时，如妨碍作业，应对相关低压线路加绝缘遮蔽罩或绝缘毯遮蔽。

(5) 重合闸。本项目需停用线路重合闸。

(6) 关键点。

1) 在接触带电导线前应得到工作监护人的认可。

2) 收紧导线后应用绝缘拉线绳拉紧并固定。

3) 在作业时，严禁人体同时接触2个不同的电位。

(7) 其他安全注意事项。

1) 开工前由工作负责人持带电作业工作票与当值调度取得联系，工作负责人应核对工作票中工作任务与现场工作线路名称及杆号是否一致。

2) 绝缘斗臂车应可靠接地，在作业前应进行操作检查。

3) 当斗臂车绝缘斗距有电线路1~2m或工作转移时，应缓慢移动，动作要平稳，严禁使用快速挡；绝缘斗臂车在作业时，发动机不能熄火（电能驱动型除外），以保证液压系统处于工作状态。

4) 在操作绝缘斗移动时，应防止与电杆、导线、周围障碍物、邻近绝缘斗臂车碰擦。

5) 在同杆架设线路上工作与上层线路小于安全距离规定，且无法采取安全措施时，不得进行该项工作。

6) 上、下传递工具、材料均应使用绝缘绳，严禁抛、扔。

7) 根据导线损伤情况，由工作负责人决定是否采取防止作业过程中导线断线的安全措施。

8) 本项目工作不少于3人。

9) 使用只能下部操作的绝缘斗臂车应增加1名专门操作人员。

三、断分段跌落式熔断器引线

(一) 断分段跌落式熔断器引线（绝缘操作杆作业法）

1. 作业方式

绝缘操作杆作业法。

2. 适用范围

20kV线路直线杆柱上变压器台架。

3. 人员组合

本项目需要4人，具体人员分工见表2-2-7。

表2-2-7　　人员分工表

人员分工	人数	人员分工	人数
工作负责人（兼工作监护人）	1	地面电工（3号电工）	1
杆上电工（1、2号电工）	2		

4. 工具配备

一览表（包括个人防护用具）见表2-2-8。

表2-2-8　　工具配备一览表

序号	工器具名称		规格、型号	数量	备注
1	绝缘工器具	绝缘绳	ϕ12mm	1根	15m
2		绝缘操作杆	20kV	3根	0.8m
3	其他主要工器具	绝缘操作杆断线剪	20kV	1把	
4		鹰嘴线夹绝缘操作杆	20kV	1根	
5		绝缘测试仪	2500V及以上	1套	

5. 作业步骤

（1）工具储运和检测。

1）领用绝缘工具、安全用具及辅助器具，应核对工器具的使用电压等级和试验周期。

2）领用绝缘工器具，应检查外观是否完好无损。

3）工器具运输前，各种工器具应存放在工具袋或工具箱内，金属工具和绝缘工器具应分开装运，以防止相互碰擦造成外表损坏，降低工器具的绝缘水平。

（2）现场操作前的准备。

1）工作负责人应按带电作业工作票内容与当值调度员联系。

2）工作负责人核对线路名称、杆号。

3）工作前工作负责人检查确认需要拆除的跌落式熔断器应处于断开位置。

4）根据道路情况设置安全围栏、警告标志或路障。

5）工作负责人召集工作人员交代工作任务，对工作班成员进行危险点告知、交代安全措施和技术措施，确认每一个工作班成员都已知晓，检查工作班成员精神状态是否良好，人员是否合适。

6）根据分工情况整理材料，对安全用具、绝缘工具进行检查，绝缘工具应使用2500V及以上绝缘测试仪进行分段绝缘检测，绝缘电阻值应不小于700MΩ（在出库前如已测试过的可省去现场测试步骤）。

7）杆上电工登杆前，应先检查确认电杆基础及电杆表面质量符合要求，并进行试登试拉，检查登杆工具。

（3）操作步骤。

1）1、2号电工分别登杆用绝缘操作杆将熔丝管取下，然后转至跌落式熔断器横担反面侧下方适当位置。

2）1号电工用鹰嘴线夹绝缘操作杆将需拆除的外侧跌落式熔断器下引线导线搭头处固定，同时2号电工用绝缘操作杆断线剪将引线与导线的连接处剪断。

3）1 号电工用鹰嘴线夹绝缘操作杆将引线平稳的移离带电导线。

4）2 号电工用绝缘操作杆断线剪将引线在跌落式熔断器下桩头附近剪断并取下引线。

5）其余两相引线拆除按方法 2）~ 方法 4）进行。

6）三相跌落式熔断器下引线拆除，应先拆除单只跌落式熔断器侧的跌落式熔断器下引线，然后拆除中相下引线，最后外侧跌落式熔断器下引线，按由简单到复杂、先易后难的原则进行，根据现场情况先两侧、后中间。

7）1、2 号电工将位置调整至跌落式熔断器下方适当位置，准备拆除跌落式熔断器上引线。

8）上引线拆除按方法 2）~ 方法 4）进行。

9）三相跌落式熔断器上引线拆除，应先拆除单只跌落式熔断器侧的跌落式熔断器上引线，然后拆除中相上引线，最后外侧跌落式熔断器上引线，可按由简单到复杂、先易后难的原则进行，根据现场情况先两侧、后中间。

10）1、2 号电工配合将绝缘工具吊放至地面。

11）工作结束后，作业人员返回地面。

（4）工作终结。

1）工作负责人对完成的工作作一个全面的检查，确认符合验收规范要求后，记录在册并召开收工会进行工作点评后，宣布工作结束。

2）工作完毕后，汇报当值调度工作已经结束，工作班撤离现场。

6. 安全措施及注意事项

（1）气象条件。

1）带电作业应在良好天气下进行。如遇雷电（听见雷声、看见闪电）、雪、雹、雨、雾等，不准进行带电作业。风力大于 5 级时，一般不宜进行带电作业。在特殊情况下，必须在恶劣天气进行带电抢修时，应组织有关人员充分讨论并编制必要的安全措施，经本单位分管生产领导（总工程师）批准后方可进行。

2）相对湿度大于 80% 的天气，若需进行带电作业，应采用具有防潮性能的绝缘工具。

（2）作业环境。

1）应根据道路情况设置安全围栏、警告标志或路障，防止外人进入工作区域；如在车辆繁忙地段还应与交通管理部门取得联系，以取得配合。

2）夜间作业进行本项目应有足够的照明。

（3）安全距离及有效绝缘长度。

1）作业用绝缘工具都应经过摇测，绝缘电阻应不小于 700MΩ（电极间距 2cm）。

2）工作时绝缘操作杆的绝缘有效长度应保持 0.8m。

3）在带电作业时，应保持对地不小于 0.5m，对邻相导线不小于 0.7m 的安全距离；如不能确保该安全距离时，应采用绝缘挡板、管、毯及其他绝缘遮蔽措施。

（4）遮蔽措施。作业线路下层有低压线路合杆时，如妨碍作业，应对相关低压线路加导线遮蔽罩或绝缘毯遮蔽。

（5）重合闸。本项目一般不需停用线路重合闸。

（6）关键点。

1）在接触带电导线前应得到工作监护人的认可。

2）在作业时，要确保带电导线与横担及邻相导线的安全距离。

3）在作业时，严禁人体同时接触2个不同的电位。

4）在三相引线未全部拆除前，已拆除引线的设备应视为有电。

（7）其他安全注意事项。

1）开工前由工作负责人持带电作业工作票与当值调度取得联系，工作负责人应核对工作票中工作任务与现场工作线路名称及杆号是否一致。

2）在使用绝缘操作杆断线剪开断引线时，应注意被开断的引线碰及有电设备。

3）在同杆架设线路上工作与上层线路小于安全距离规定，且无法采取安全措施时，不得进行该项工作。

4）上、下传递工具、材料均应使用绝缘绳，严禁抛、扔。

5）本项目工作不少于4人。

（二）断分段跌落式熔断器引线（绝缘斗臂车、绝缘操作杆作业法）

1. 作业方式

绝缘操作杆作业法。

2. 适用范围

20kV线路直线杆柱上变压器台架。

3. 人员组合

本项目需要4人，具体人员分工见表2-2-9。

表2-2-9　　人员分工表

人员分工	人数	人员分工	人数
工作负责人（兼工作监护人）	1	地面电工（3号电工）	1
斗内电工（1、2号电工）	2		

注　绝缘斗臂车操作工由1号电工兼任。

4. 工具配备

一览表（包括个人防护用具）见表2-2-10。

表2-2-10　　工具配备一览表

序号	工器具名称		规格、型号	数量	备注
1	特种车辆	绝缘斗臂车	20kV	1辆	含车斗
2	个人绝缘防护用具	斗内安全带		2副	
3	绝缘工器具	绝缘绳	ϕ12mm	1根	长度大于1.5倍最高作业高度
4	其他主要工器具	绝缘操作杆断线剪	20kV	1把	
5		鹰嘴线夹绝缘操作杆	20kV	1根	0.8m
6		绝缘测试仪	2500V及以上	1套	

5. 作业步骤

（1）工具储运和检测。

1）领用绝缘工具、安全用具及辅助器具，应核对工器具的使用电压等级和试验周期。

2）领用绝缘工器具，应检查外观是否完好无损。

3）工器具运输前，各种工器具应存放在工具袋或工具箱内，金属工具和绝缘工器具应分开装运，以防止相互碰擦造成外表损坏，降低工器具的绝缘水平。

（2）现场操作前的准备。

1）工作负责人应按带电作业工作票内容与当值调度员联系。

2）工作负责人核对线路名称、杆号。

3）工作前工作负责人检查确认需要拆除的跌落式熔断器应处于断开位置。

4）绝缘斗臂车进入合适位置，并可靠接地，根据道路情况设置安全围栏、警告标志或路障。

5）工作负责人召集工作人员交代工作任务，对工作班成员进行危险点告知、交代安全措施和技术措施，确认每一个工作班成员都已知晓，检查工作班成员精神状态是否良好，人员是否合适。

6）根据分工情况整理材料，对安全用具、绝缘工具进行检查，绝缘工具应使用2500V及以上绝缘测试仪进行分段绝缘检测，绝缘电阻值应不小于700MΩ（在出库前如已测试过的可省去现场测试步骤）。

7）查看确认绝缘臂、绝缘斗良好，调试斗臂车（在出车前如已调试过的可省去此步骤）。

8）1号电工戴好手套，进入绝缘斗内，挂好保险钩。

（3）操作步骤。

1）1、2号电工用绝缘操作杆将熔丝管取下，将绝缘斗调整至跌落式熔断器横担反面侧下方适当位置。

2）1号电工用鹰嘴线夹绝缘操作杆将需拆除的外侧跌落式熔断器下引线导线搭头处钳紧，同时2号电工用绝缘操作杆断线剪将引线与导线的连接处剪断。

3）1号电工用鹰嘴线夹绝缘操作杆将引线平稳的移离带电导线。

4）2号电工用绝缘操作杆断线剪将引线在跌落式熔断器下桩头附近剪断并取下引线。

5）其余两相引线拆除按方法2）~方法4）进行。

6）三相跌落式熔断器下引线拆除，应先拆内侧下引线，然后外侧下引线，最后中相下引线，可按由简单到复杂、先易后难的原则进行。

7）1、2号电工将绝缘斗调整至跌落式熔断器下方适当位置，准备拆除跌落式熔断器上引线。

8）上引线拆除按方法2）~方法4）进行。

9）三相跌落式熔断器上引线拆除，应先拆内侧上引线，然后外侧上引线，最后中相上引线，可按由简单到复杂、先易后难的原则进行。

10）工作结束后，作业人员返回地面。

（4）工作终结。

1）工作负责人对完成的工作作一个全面的检查，确认符合验收规范要求后，记录在册

并召开收工会进行工作点评后，宣布工作结束。

2）工作完毕后，汇报当值调度工作已经结束，工作班撤离现场。

6. 安全措施及注意事项

（1）气象条件。

1）带电作业应在良好天气下进行。如遇雷电（听见雷声、看见闪电）、雪、雹、雨、雾等，不准进行带电作业。风力大于5级时，一般不宜进行带电作业。在特殊情况下，必须在恶劣天气进行带电抢修时，应组织有关人员充分讨论并编制必要的安全措施，经本单位分管生产领导（总工程师）批准后方可进行。

2）相对湿度大于80%的天气，若需进行带电作业，应采用具有防潮性能的绝缘工具。

（2）作业环境。

1）作业现场和绝缘斗臂车两侧，应根据道路情况设置安全围栏、警告标志或路障，防止外人进入工作区域；如在车辆繁忙地段还应与交通管理部门取得联系，以取得配合。

2）夜间作业进行带电拆除工作应有足够的照明。

（3）安全距离及有效绝缘长度。

1）作业用绝缘工具都应经过摇测，绝缘电阻应不小于700MΩ（电极间距2cm）。

2）工作时绝缘斗臂车的绝缘有效长度应保持1.5m。

3）在带电作业时，应保持对地不小于0.5m，对邻相导线不小于0.7m的安全距离；如不能确保该安全距离时，应采用绝缘挡板、管、毯及其他绝缘遮蔽措施。

4）绝缘操作杆作主绝缘使用，其有效绝缘距离不应小于0.8m。

（4）遮蔽措施。作业线路下层有低压线路合杆时，如妨碍作业，应对相关低压线路加导线遮蔽罩或绝缘毯遮蔽。

（5）重合闸。本项目一般不需要停用线路重合闸。

（6）关键点。

1）在接触带电导线前应得到工作监护人的认可。

2）在作业时，要确保带电导线与横担及邻相导线的安全距离。

3）在作业时，严禁人体同时接触2个不同的电位。

4）在三相引线未全部拆除前，已拆除引线的设备应视为有电。

（7）其他安全注意事项。

1）开工前由工作负责人持带电作业工作票与当值调度取得联系，工作负责人应核对工作票中工作任务与现场工作线路名称及杆号是否一致。

2）绝缘斗臂车应可靠接地，在作业前应进行操作检查。

3）当斗臂车绝缘斗距有电线路1~2m或工作转移时，应缓慢移动，动作要平稳，严禁使用快速挡；绝缘斗臂车在作业时，发动机不能熄火（电能驱动型除外），以保证液压系统处于工作状态。

4）在操作绝缘斗移动时，应防止与电杆、导线、周围障碍物、邻近绝缘斗臂车碰擦。

5）在同杆架设线路上工作与上层线路小于安全距离规定，且无法采取安全措施时，不得进行该项工作。

6）上、下传递工具、材料均应使用绝缘绳，严禁抛、扔。

7）本项目工作不少于4人。

8）使用只能下部操作的绝缘斗臂车应增加1名专门操作人员。

（三）断分段跌落式熔断器引线（绝缘斗臂车、绝缘手套作业法——导线搭头）

1. 作业方式

绝缘手套作业法。

2. 适用范围

20kV线路直线杆柱上变压器台架。

3. 人员组合

本项目需要3人，具体人员分工见表2-2-11。

表2-2-11　人员分工表

人员分工	人数	人员分工	人数
工作负责人（兼工作监护人）	1	地面电工（2号电工）	1
斗内电工（1号电工）	1		

注　绝缘斗臂车操作工由1号电工兼任。

4. 工具配备

一览表（包括个人防护用具）见表2-2-12。

表2-2-12　工具配备一览表

序号	工器具名称		规格、型号	数量	备注
1	特种车辆	绝缘斗臂车	20kV	1台	含车斗
2	个人绝缘防护用具	绝缘手套	20kV	1副	
3		防护手套		1副	
4		斗内安全带		1副	
5	绝缘遮蔽用具	20kV导线遮蔽罩	20kV	1根	
6	绝缘工器具	绝缘绳	12mm	1根	15m
7		绝缘操作杆	20kV	1根	0.8m
8	其他主要工器具	断线剪（钳）	短式	1把	
9		线夹安装工具	楔形	1把	
10		绝缘测试仪	2500V及以上	1套	

5. 作业步骤

（1）工具储运和检测。

1）领用绝缘工具、安全用具及辅助器具，应核对工器具的使用电压等级和试验周期。

2）领用绝缘工器具，应检查外观是否完好无损。

3）工器具运输前，各种工器具应存放在工具袋或工具箱内，金属工具和绝缘工器具应分开装运，以防止相互碰擦造成外表损坏，降低工器具的绝缘水平。

（2）现场操作前的准备。

1）工作负责人应按带电作业工作票内容与当值调度员联系。

2）工作负责人核对线路名称、杆号。

3）工作前工作负责人检查确认需要拆除的跌落式熔断器应处于断开位置。

4）绝缘斗臂车进入合适位置，并可靠接地，根据道路情况设置安全围栏、警告标志或路障。

5）工作负责人召集工作人员交代工作任务，对工作班成员进行危险点告知、交代安全措施和技术措施，确认每一个工作班成员都已知晓，检查工作班成员精神状态是否良好，人员是否合适。

6）根据分工情况整理材料，对安全用具、绝缘工具进行检查，绝缘工具应使用2500V及以上绝缘测试仪进行分段绝缘检测，绝缘电阻值应不小于700MΩ（在出库前如已测试过的可省去现场测试步骤）。

7）查看确认绝缘臂、绝缘斗良好，调试斗臂车（在出车前如已调试过的可省去此步骤）。

8）1号电工戴好绝缘手套和防护手套，进入绝缘斗内，挂好保险钩。

（3）操作步骤。

1）1号电工用绝缘操作杆将熔丝管取下，将绝缘斗调整至下引线内侧导线外适当位置，在工作监护人许可下装好专用楔形线夹枪，拆除楔形线夹，将已拆开的跌落式熔断器引线卷在跌落式熔断器下（如线路为绝缘导线时，应对导线进行防水处理）。

2）1号电工得到工作监护人许可后对内侧导线套好导线遮蔽罩，做好绝缘遮蔽措施。

3）1号电工将绝缘斗调整至下引线内侧导线外适当位置，在工作监护人许可下，装好专用楔形线夹枪，拆除楔形线夹，将已拆开的跌落式熔断器下引线卷在跌落式熔断器下（如线路为绝缘导线时，应对导线进行防水处理）。

4）其余两相跌落式熔断器引线拆除按方法1）进行。

5）拆除三相跌落式熔断器下引线工作的顺序，可按先拆内侧下引线，后拆外侧下引线，最后拆中相下引线。

6）如拆除分段跌落式熔断器引线不需恢复，可先剪断跌落式熔断器引线，再拆除楔形线夹，并在剪断跌落式熔断器引线时，做好防止其弹跳的措施。

7）拆除跌落式熔断器下引线工作结束后，拆除导线遮蔽罩。

8）1号电工将绝缘斗调整至上引线内侧导线外适当位置，在工作监护人许可下，装好专用楔形线夹枪，拆除楔形线夹，将已拆开的跌落式熔断器引线卷在跌落式熔断器下（如线路为绝缘导线时，应对导线进行防水处理）。

9）其余两相跌落式熔断器引线拆除按方法8）进行。

10）拆除三相跌落式熔断器上引线工作的顺序，可按先拆内侧上引线，后拆外侧上引线，最后拆中相上引线。

11）如拆除分段跌落式熔断器引线不需恢复，可先剪断跌落式熔断器引线，再拆除楔形线夹；并在剪断跌落式熔断器引线时，做好防止其弹跳的措施。

12）拆除跌落式熔断器上引线工作结束后，拆除导线遮蔽罩。

13）绝缘斗退出有电工作区域，作业人员返回地面。

（4）工作终结。

1）工作负责人对完成的工作作一个全面的检查，确认符合验收规范要求后，记录在册

并召开收工会进行工作点评后，宣布工作结束。

2）工作完毕后，汇报当值调度员工作已经结束，工作班撤离现场。

6. 安全措施及注意事项

（1）气象条件。

1）带电作业应在良好天气下进行。如遇雷电（听见雷声、看见闪电）、雪、雹、雨、雾等，不准进行带电作业。风力大于5级时，一般不宜进行带电作业。在特殊情况下，必须在恶劣天气进行带电抢修时，应组织有关人员充分讨论并编制必要的安全措施，经本单位分管生产领导（总工程师）批准后方可进行。

2）相对湿度大于80%的天气，若需进行带电作业，应采用具有防潮性能的绝缘工具。

（2）作业环境。

1）作业现场和绝缘斗臂车两侧，应根据道路情况设置安全围栏、警告标志或路障，防止外人进入工作区域；如在车辆繁忙地段还应与交通管理部门取得联系，以取得配合。

2）夜间作业进行本项目应有足够的照明。

（3）安全距离及有效绝缘长度。

1）作业用绝缘工具都应经过摇测，绝缘电阻应不小于700MΩ（电极间距2cm）。

2）工作时绝缘斗臂车的绝缘有效长度应保持1.5m。

3）在带电作业时，应保持对地不小于0.5m，对邻相导线不小于0.7m的安全距离；如不能确保该安全距离时，应采用绝缘挡板、管、毯及其他绝缘遮蔽措施。

4）绝缘手套仅作为辅助绝缘，不能作主绝缘使用。

（4）遮蔽措施。

1）本项目在拆除中相跌落式熔断器上、下引线时，与边相导线安全距离不够，应对边相导线加导线遮蔽罩或遮蔽罩、绝缘毯。

2）作业线路下层有低压线路合杆时，如妨碍作业，应对相关低压线路加导线遮蔽罩或绝缘毯遮蔽。

（5）重合闸。本项目需停用线路重合闸。

（6）关键点。

1）在接触带电导线前应得到工作监护人的认可。

2）在作业时，尤其在卷放引线时，要注意带电导线与横担及邻相导线的安全距离。

3）在拆除中相引线时，作业人员应位于中相与遮蔽相导线之间。

4）在作业时，严禁人体同时接触2个不同的电位。

5）在三相引线拆除过程中，所有设备均视为有电。

（7）其他安全注意事项。

1）开工前由工作负责人持带电作业工作票与当值调度取得联系，工作负责人应核对工作票中工作任务与现场工作线路名称及杆号是否一致。

2）绝缘斗臂车应可靠接地，在作业前应进行操作检查。

3）当斗臂车绝缘斗距有电线路1~2m或工作转移时，应缓慢移动，动作要平稳，严禁使用快速挡；绝缘斗臂车在作业时，发动机不能熄火（电能驱动型除外），以保证液压系统处于工作状态。

4）在操作绝缘斗移动时，应防止与电杆、导线、周围障碍物、邻近绝缘斗臂车碰擦。

5）在同杆架设线路上工作与上层线路小于安全距离规定，且无法采取安全措施时，不得进行该项工作。

6）上、下传递工具、材料均应使用绝缘绳，严禁抛、扔。

7）本项目工作不少于3人。

8）使用只能下部操作的绝缘斗臂车应增加1名专门操作人员。

四、接分段跌落式熔断器引线

1. 作业方式

绝缘手套作业法。

2. 适用范围

20kV线路直线杆、柱上变压器、台架。

3. 人员组合

本项目需要3人，具体人员分工见表2-2-13。

表2-2-13 人员分工表

人员分工	人数	人员分工	人数
工作负责人（兼工作监护人）	1	地面电工（2号电工）	1
斗内电工（1号电工）	1		

注 绝缘斗臂车操作工由1号电工兼任。

4. 工具配备

一览表（包括个人防护用具）见表2-2-14。

表2-2-14 工具配备一览表

序号	工器具名称		规格、型号	数量	备注
1	特种车辆	绝缘斗臂车	20kV	1辆	含车斗
2	个人绝缘防护用具	绝缘手套	20kV	1副	
3		防护手套		1副	
4		斗内安全带		1副	
5	绝缘遮蔽用具	导线遮蔽罩	20kV	1根	
6	绝缘工器具	绝缘绳	ϕ12mm	1根	15m
7		绝缘操作杆	20kV	1根	0.8m
8	其他主要工器具	双钩线夹		1套	
9		绝缘导线剥皮刀		1把	
10		导线清扫刷		1把	
11		断线剪（钳）	短式	1把	
12		线夹安装工具	楔形	1把	
13		绝缘测试仪	2500V及以上	1套	

5. 作业步骤

（1）工具储运和检测。

1）领用绝缘工具、安全用具及辅助器具，应核对工器具的使用电压等级和试验周期。

2）领用绝缘工器具，应检查外观是否完好无损。

3）工器具运输前，各种工器具应存放在工具袋或工具箱内，金属工具和绝缘工器具应分开装运，以防止相互碰擦造成外表损坏，降低工器具的绝缘水平。

（2）现场操作前的准备。

1）工作负责人应按带电作业工作票内容与当值调度员联系。

2）工作负责人核对线路名称、杆号。

3）工作前工作负责人检查确认需要搭接的跌落式熔断器应处于断开位置。

4）绝缘斗臂车进入合适位置，并可靠接地，根据道路情况设置安全围栏、警告标志或路障。

5）工作负责人召集工作人员交代工作任务，对工作班成员进行危险点告知、交代安全措施和技术措施，确认每一个工作班成员都已知晓，检查工作班成员精神状态是否良好，人员是否合适。

6）根据分工情况整理材料，对安全用具、绝缘工具进行检查，绝缘工具应使用2500V及以上绝缘测试仪进行分段绝缘检测，绝缘电阻值应不小于700MΩ（在出库前如已测试过的可省去现场测试步骤）。

7）查看确认绝缘臂、绝缘斗良好，调试斗臂车（在出车前如已调试过的可省去此步骤）。

8）1号电工戴好绝缘手套和防护手套，进入绝缘斗内，挂好保险钩。

（3）操作步骤。

1）1号电工将绝缘斗调整至跌落式熔断器上引线内侧导线下，得到工作监护人许可后，对跌落式熔断器上引线内侧导线套好导线遮蔽罩，做好绝缘遮蔽措施；如是绝缘导线，应在搭头处将导线绝缘层皮剥除。

2）1号电工将绝缘斗调整至跌落式熔断器上引线线路下方距跌落式熔断器平行处，并保持0.5m以上安全距离，检查确认三相跌落式熔断器安装符合验收规范要求，用操作杆测量三相引线长度，根据长度做好搭接的准备工作（绝缘导线引线需剥皮）。

3）将绝缘斗调整到跌落式熔断器上引线侧的导线外侧下，展开外侧跌落式熔断器上桩头引线，量好搭接引线的长度，剥除引线处绝缘层，并分别对导线、引线搭接处涂上电力脂，用刷子清除搭接处导线上的氧化层，直至符合接续要求。

4）装有双钩线夹的短绝缘操作杆先将引下线线头夹紧，然后手握绝缘操作杆将另一头钩在带电导线上，并拧紧（也可先将电力楔形线夹C型板挂在导线上，然后将引线钩住C型板下侧，用楔形线夹楔块嵌入C型板槽内楔紧），装好楔形线夹，用专用楔形线夹枪进行安装，并检查线夹安装符合要求后，拆除绝缘操作棒（如是绝缘导线应进行防水处理）。

5）其余两相跌落式熔断器上引线搭接按方法3）、方法4）进行。

6）三相跌落式熔断器上引线搭接，可按由复杂到简单、先难后易的原则进行，先远（外侧）后近（内侧），或根据现场情况先中间、后两侧。

7）跌落式熔断器上引线搭头工作结束后，拆除导线遮蔽罩。

8）三相跌落式熔断器下引线搭接按方法1）~方法7）搭接，按由先中间、后两侧的顺序进行，完毕后绝缘斗退出有电工作区域，返回地面。

（4）工作终结。

1）工作负责人对完成的工作作一个全面的检查，确认符合验收规范要求后，记录在册并召开收工会进行工作点评后，宣布工作结束。

2）工作完毕后，汇报当值调度工作已经结束，工作班撤离现场。

6. 安全措施及注意事项

（1）气象条件。

1）带电作业应在良好天气下进行。如遇雷电（听见雷声、看见闪电）、雪、雹、雨、雾等，不准进行带电作业。风力大于5级时，一般不宜进行带电作业。在特殊情况下，必须在恶劣天气进行带电抢修时，应组织有关人员充分讨论并编制必要的安全措施，经本单位分管生产领导（总工程师）批准后方可进行。

2）相对湿度大于80%的天气，若需进行带电作业，应采用具有防潮性能的绝缘工具。

（2）作业环境。

1）作业现场和绝缘斗臂车两侧，应根据道路情况设置安全围栏、警告标志或路障，防止外人进入工作区域；如在车辆繁忙地段还应与交通管理部门取得联系，以取得配合。

2）夜间作业进行本项目应有足够的照明。

（3）安全距离及有效绝缘长度。

1）作业用绝缘工具都应经过摇测，绝缘电阻应不小于700MΩ（电极间距2cm）。

2）工作时绝缘斗臂车的绝缘有效长度应保持1.5m。

3）在带电作业时，应保持对地不小于0.5m，对邻相导线不小于0.7m的安全距离；如不能确保该安全距离时，应采用绝缘挡板、管、毯及其他绝缘遮蔽措施。

4）绝缘手套仅作为辅助绝缘，不能作主绝缘使用。

（4）遮蔽措施。

1）本项目在搭接中相跌落式熔断器上、下引线时，与边相导线安全距离不够，应对边相导线加导线遮蔽罩或遮蔽罩、绝缘毯。

2）作业线路下层有低压线路合杆时，如妨碍作业，应对相关低压线路加导线遮蔽罩或绝缘毯遮蔽。

（5）重合闸。本项目需停用线路重合闸。

（6）关键点。

1）在接触带电导线前应得到工作监护人的认可。

2）在作业时，要确保带电导线与横担及邻相导线的安全距离。

3）在搭接中相引线时，作业人员应位于中相与遮蔽相导线之间，并注意中相下引线与电杆不小于0.5m的安全距离。

4）在作业时，严禁人体同时接触2个不同的电位。

5）在三相引线搭接过程中，所有设备均视为有电。

（7）其他安全注意事项。

1）开工前由工作负责人持带电作业工作票与当值调度取得联系，工作负责人应核对工作票中工作任务与现场工作线路名称及杆号是否一致。

2）绝缘斗臂车应可靠接地，在作业前应进行操作检查。

3）当斗臂车绝缘斗距有电线路1～2m或工作转移时，应缓慢移动，动作要平稳，严禁使用快速挡；绝缘斗臂车在作业时，发动机不能熄火（电能驱动型除外），以保证液压系统处于工作状态。

4）在操作绝缘斗移动时，应防止与电杆、导线、周围障碍物、邻近绝缘斗臂车碰擦。

5）在同杆架设线路上工作与上层线路小于安全距离规定，且无法采取安全措施时，不得进行该项工作。

6）上、下传递工具、材料均应使用绝缘绳，严禁抛、扔。

7）本项目工作不少于3人。

8）使用只能下部操作的绝缘斗臂车应增加1名专门操作人员。

五、接支接线路引线

（一）接支接线路引线（绝缘斗臂车、绝缘操作杆作业法）

1. 作业方式

绝缘操作杆作业法。

2. 适用范围

20kV线路分支杆。

3. 人员组合

本项目需要3人，具体人员分工见表2－2－15。

表2－2－15　人员分工表

人员分工	人数	人员分工	人数
工作负责人（兼工作监护人）	1	斗内电工（2号电工）	1
斗内电工（1号电工）	1		

注　绝缘斗臂车操作工由1号电工兼任。

4. 工具配备

一览表（包括个人防护用具）见表2－2－16。

表2－2－16　工具配备一览表

序号	工器具名称		规格、型号	数量	备注
1	特种车辆	绝缘斗臂车	20kV	1辆	含车斗
2	个人绝缘防护用具	斗内安全带	20kV	各2副	
3		安全帽			
4		绝缘服			
5		绝缘手套			
6		绝缘靴			

续表

序号	工器具名称		规格、型号	数量	备注
7	绝缘工器具	绝缘绳	ϕ12mm	1根	长度大于1.5倍最高作业高度
8		绝缘操作杆	20kV	1根	0.8m
9	其他主要工器具	双钩线夹		1套	
10		绝缘导线剥皮刀		1把	
11		导线清扫刷		1把	
12		断线剪（钳）	短式	1把	
13		线夹安装工具	楔形	1把	
14		绝缘测试仪	2500V及以上	1套	

5. 作业步骤

（1）工具储运和检测。

1）领用绝缘工具、安全用具及辅助器具，应核对工器具的使用电压等级和试验周期。

2）领用绝缘工器具，应检查外观是否完好无损。

3）工器具运输前，各种工器具应存放在工具袋或工具箱内，金属工具和绝缘工器具应分开装运，以防止相互碰擦造成外表损坏，降低工器具的绝缘水平。

（2）现场操作前的准备。

1）工作负责人应按带电作业工作票内容与当值调度员联系。

2）工作负责人核对线路名称、杆号。

3）工作前工作负责人检查确认支接线路是空载线路，并符合送电条件。

4）绝缘斗臂车进入合适位置，并可靠接地；根据道路情况设置安全围栏、警告标志或路障。

5）工作负责人召集工作人员交代工作任务，对工作班成员进行危险点告知、交代安全措施和技术措施，确认每一个工作班成员都已知晓，检查工作班成员精神状态是否良好，人员是否合适。

6）根据分工情况整理材料，对安全用具、绝缘工具进行检查，绝缘工具应使用2500V及以上绝缘测试仪进行分段绝缘检测，绝缘电阻值应不小于700MΩ（在出库前如已测试过的可省去现场测试步骤）。

7）查看确认绝缘臂、绝缘斗良好，调试斗臂车（在出车前如已调试过的可省去此步骤）。

8）1、2号电工戴好绝缘手套，进入绝缘斗内，挂好斗内安全带保险钩。

（3）操作步骤。

1）1号电工将绝缘斗调整至支接线路下方，并与有电线路保持0.5m以上安全距离，用绝缘操作杆测量三相引线长度，根据长度做好搭接的准备工作（绝缘导线引线需剥皮）。

2）1号电工将绝缘斗调整到带电导线下，展开中相支接引线，并分别对导线、引线搭接处涂上电力脂，用刷子清除搭接处导线上的氧化层，直至符合接续要求。2号电工配合1

号电工工作，在绝缘斗内2人工作时禁止2人同时接触不同电位体。

3）1号电工用戴好绝缘手套的手握住绝缘操作杆钩住搭接引线，固定在带电导线上（也可先将电力楔形线夹C型板挂在导线上，然后将支接引线钩住C型板下侧，用楔形线夹楔块嵌入C型板槽内楔紧），装好楔形线夹，用专用楔形线夹枪进行安装，并检查线夹安装符合要求，拆除绝缘操作杆。

4）其余两相引线搭接按方法2）、方法3）进行。

5）三相引线搭接，先搭接中相，其余两相搭接次序根据现场情况进行。

6）搭头工作结束后，绝缘斗退出有电工作区域，作业人员返回地面。

7）1号电工驾驶斗臂车撤离杆上工作位置，工作人员清理施工现场。

（4）工作终结。

1）工作负责人对完成的工作作一个全面的检查，确认符合验收规范要求后，记录在册并召开收工会进行工作点评后，宣布工作结束。

2）工作完毕后，汇报当值调度工作已经结束，工作班撤离现场。

6. 安全措施及注意事项

（1）气象条件。

1）带电作业应在良好天气下进行。如遇雷电（听见雷声、看见闪电）、雪、雹、雨、雾等，不准进行带电作业。风力大于5级，或湿度大于80%时，一般不宜进行带电作业。在特殊情况下，必须在恶劣天气进行带电抢修时，应组织有关人员充分讨论并编制必要的安全措施，经本单位分管生产领导（总工程师）批准后方可进行。

2）相对湿度大于80%的天气，若需进行带电作业，应采用具有防潮性能的绝缘工具。

（2）作业环境。

1）作业现场和绝缘斗臂车两侧，应根据道路情况设置安全围栏、警告标志或路障，防止外人进入工作区域；如在车辆繁忙地段还应与交通管理部门取得联系，以取得配合。

2）夜间作业进行带电作业应有足够的照明。

（3）安全距离及有效绝缘长度。

1）作业用绝缘工具都应经过摇测，绝缘电阻应不小于700MΩ（电极间距2cm）。

2）工作时绝缘斗臂车的绝缘有效长度应保持1.5m。

3）在带电作业时，应保持对地不小于0.5m，对邻相导线不小于0.7m的安全距离；如不能确保该安全距离时，应采用绝缘挡板、管、毯及其他绝缘遮蔽措施。

4）绝缘手套仅作为辅助绝缘，不能作主绝缘使用。

（4）遮蔽措施。

1）耐张绝缘子上加装绝缘子遮蔽罩或绝缘毯遮蔽。

2）作业线路下层有低压线路合杆时，如妨碍作业，应对相关低压线路加绝缘遮蔽罩或绝缘毯遮蔽。

（5）重合闸。本项目需停用线路重合闸。

（6）关键点。

1）在接触带电导线前应得到工作监护人的认可。

2）收紧导线后应用绝缘拉线绳拉紧并固定。

3）在作业时，严禁人体同时接触2个不同的电位。

（7）其他安全注意事项。

1）开工前由工作负责人持带电作业工作票与当值调度取得联系，工作负责人应核对工作票中工作任务与现场工作线路名称及杆号是否一致。

2）绝缘斗臂车应可靠接地，在作业前应进行操作检查。

3）当斗臂车绝缘斗距有电线路1～2m或工作转移时，应缓慢移动，动作要平稳，严禁使用快速挡；绝缘斗臂车在作业时，发动机不能熄火（电能驱动型除外），以保证液压系统处于工作状态。

4）在操作绝缘斗移动时，应防止与电杆、导线、周围障碍物、邻近绝缘斗臂车碰擦。

5）在同杆架设线路上工作与上层线路小于安全距离规定，且无法采取安全措施时，不得进行该项工作。

6）上、下传递工具、材料均应使用绝缘绳，严禁抛、扔。

7）根据导线损伤情况，由工作负责人决定是否采取防止作业过程中导线断线的安全措施。

8）本项目工作不少于4人。

（二）接支接线路引线（绝缘斗臂车、绝缘手套作业法）

1. 作业方式

绝缘手套作业法。

2. 适用范围

20kV直线杆、耐张分支杆搭接支接引线。

3. 人员组合

本项目需要3人，具体人员分工见表2－2－17。

表2－2－17　　人员分工表

人员分工	人数	人员分工	人数
工作负责人（兼工作监护人）	1	斗内电工（2号电工）	1
斗内电工（1号电工）	1		

注　绝缘斗臂车操作2由1号电工兼任。

4. 工具配备

一览表（包括个人防护用具）见表2－2－18。

表2－2－18　　工具配备一览表

序号	工器具名称		规格、型号	数量	备注
1	特种车辆	绝缘斗臂车	20kV	1辆	含车斗
2	个人绝缘防护用具	绝缘手套	20kV	2副	
3		防护手套		2副	
4		斗内安全带		各2副	
5		安全帽			
6		绝缘服			
7		绝缘靴			

续表

序号	工器具名称		规格、型号	数量	备注
8	绝缘遮蔽用具	绝缘遮蔽罩	20kV	3根	
9		绝缘毯	20kV	6块	
10	绝缘工器具	绝缘绳	ϕ12mm	1根	15m
11		绝缘操作杆	20kV	1根	0.8m
12	其他主要工器具	双钩线夹		1套	
13		绝缘导线剥皮刀		1把	
14		导线清扫刷		1把	
15		断线剪（钳）		1把	
16		线夹安装工具	楔形	1把	
17		绝缘测试仪	2500V及以上	1套	

5. 作业步骤

（1）工具储运和检测。

1）领用绝缘工具、安全用具及辅助器具，应核对工器具的使用电压等级和试验周期。

2）领用绝缘工器具，应检查外观是否完好无损。

3）工器具运输前，各种工器具应存放在工具袋或工具箱内，金属工具和绝缘工器具应分开装运，以防止相互碰擦造成外表损坏，降低工器具的绝缘水平。

（2）现场操作前的准备。

1）工作负责人应按带电作业工作票内容与当值调度员联系。

2）工作负责人核对线路名称、杆号。

3）工作前工作负责人检查确认支接线路是空载线路，并符合送电条件。

4）绝缘斗臂车进入合适位置，并可靠接地；根据道路情况设置安全围栏、警告标志或路障。

5）工作负责人召集工作人员交代工作任务，对工作班成员进行危险点告知、交代安全措施和技术措施，确认每一个工作班成员都已知晓，检查工作班成员精神状态是否良好，人员是否合适。

6）根据分工情况整理材料，对安全用具、绝缘工具进行检查，绝缘工具应使用2500V及以上绝缘测试仪进行分段绝缘检测，绝缘电阻值应不小于700MΩ（在出库前如已测试过的可省去现场测试步骤）。

7）查看确认绝缘臂、绝缘斗良好，调试斗臂车（在出车前如已调试过的可省去此步骤）。

8）1、2号电工戴好绝缘手套和防护手套，进入绝缘斗内，挂好斗内安全带保险钩。

（3）操作步骤。

1）1号电工将绝缘斗调整至支接线路下方，并与有电线路保持0.5m以上安全距离，用绝缘操作杆测量三相引线长度，根据长度做好搭接的准备工作（绝缘导线引线需剥皮工作）。

2）1号电工将绝缘斗调整至内侧带电导线下，得到工作监护人许可后，对内侧导线套好绝缘遮蔽罩，做好绝缘遮蔽措施；如是绝缘导线，应在搭接处将导线绝缘层皮剥除。2号电工配合1号电工工作，在绝缘斗内2人工作时禁止2人同时接触不同电位体。

3）将绝缘斗调整到带电导线（支接横担侧向处）下，展开中相支接引线（如有电线路是绝缘导线，应在搭接处将导线绝缘层皮剥除）；并分别对导线、引线搭接处涂上电力脂，用刷子清除搭接处导线上的氧化层，直至符合接续要求。

4）1号电工用戴好绝缘手套的手握中相支接引线，固定在带电导线上（也可先将电力楔形线夹C型板挂在导线上，然后将支接引线钩住C型板下侧，用楔形线夹楔块嵌入C型板槽内楔紧），装好楔形线夹，用专用楔形线夹枪进行安装，并检查确认线夹安装符合要求（如是绝缘导线应进行防水处理）。

5）其余两相引线搭接按方法3）、方法4）进行。

6）三相引线搭接，先搭接中相，其余两相搭接次序根据现场情况进行。

7）搭头工作结束后，拆除绝缘遮蔽措施，绝缘斗退出有电工作区域，作业人员返回地面。

（4）工作终结。

1）工作负责人对完成的工作作一个全面的检查，确认符合验收规范要求后，记录在册并召开收工会进行工作点评后，宣布工作结束。

2）工作完毕后，汇报当值调度工作已经结束，工作班撤离现场。

6. 安全措施及注意事项

（1）气象条件。

1）带电作业应在良好天气下进行。如遇雷电（听见雷声、看见闪电）、雪、雹、雨、雾等，不准进行带电作业。风力大于5级时，一般不宜进行带电作业。在特殊情况下，必须在恶劣天气进行带电抢修时，应组织有关人员充分讨论并编制必要的安全措施，经本单位分管生产领导（总工程师）批准后方可进行。

2）相对湿度大于80%的天气，应采用具有防潮性能的绝缘工具。

（2）作业环境。

1）作业现场和绝缘斗臂车两侧，应根据道路情况设置安全围栏、警告标志或路障，防止外人进入工作区域；如在车辆繁忙地段还应与交通管理部门取得联系，以取得配合。

2）夜间作业进行带电搭接应有足够的照明。

（3）安全距离及有效绝缘长度。

1）作业用绝缘工具都应经过摇测，绝缘电阻应不小于700MΩ（电极间距2cm）。

2）工作时绝缘斗臂车的绝缘有效长度应保持1.5m。

3）在带电作业时，应保持对地不小于0.5m，对邻相导线不小于0.7m的安全距离；如不能确保该安全距离时，应采用绝缘挡板、管、毯及其他绝缘遮蔽措施。

4）绝缘手套仅作为辅助绝缘，不能作主绝缘使用。

（4）遮蔽措施。

1）本项目在搭接中相引线时，与边相导线安全距离不够，应对边相导线加绝缘遮蔽罩或遮蔽罩、绝缘毯。

2）作业线路下层有低压线路合杆时，如妨碍作业，应对相关低压线路加绝缘遮蔽罩或绝缘毯遮蔽。

（5）重合闸。本项目一般不需停用线路重合闸。

（6）关键点。

1）工作前应检查确认支接线路是空载线路，并符合送电条件。

2）在接触带电导线前应得到工作监护人的认可。

3）在作业时，要确保带电导线与横担及邻相导线的安全距离。

4）在作业时，严禁人体同时接触2个不同的电位。

5）第一相搭头与带电导线连接后，其余引线（包括导线），应视为有电。

（7）其他安全注意事项。

1）开工前由工作负责人持带电作业工作票与当值调度取得联系，工作负责人应核对工作票中工作任务与现场工作线路名称及杆号是否一致。

2）绝缘斗臂车应可靠接地，在作业前应进行操作检查。

3）当斗臂车绝缘斗距有电线路1~2m或工作转移时，应缓慢移动，动作要平稳，严禁使用快速挡；绝缘斗臂车在作业时，发动机不能熄火（电能驱动型除外），以保证液压系统处于工作状态。

4）在操作绝缘斗移动时，应防止与电杆、导线、周围障碍物、邻近绝缘斗臂车碰擦。

5）在同杆架设线路上工作与上层线路小于安全距离规定，且无法采取安全措施时，不得进行该项工作。

6）上、下传递工具、材料均应使用绝缘绳，严禁抛、扔。

7）本项目工作不少于3人。

8）使用只能下部操作的绝缘斗臂车应增加1名专门操作人员。

第三节　修　理　设　备

一、修补导线

1. 作业方式

绝缘手套作业法。

2. 适用范围

20kV线路直线杆、耐张杆、终端杆带电修补导线。

3. 人员组合

本项目需要3人，具体人员分工见表2－3－1。

表2－3－1　　人员分工表

人员分工	人数	人员分工	人数
工作负责人（兼工作监护人）	1	地面电工（2号电工）	1
斗内电工（1号电工）	1		

注　绝缘斗臂车操作工由1号电工兼任。

4. 工具配备

一览表（包括个人防护用具）见表2－3－2。

表2－3－2　　　　　　　　　　工具配备一览表

序号	工器具名称		规格、型号	数量	备注
1	特种车辆	绝缘斗臂车	20kV	1辆	含车斗
2	个人绝缘防护用具	绝缘手套	20kV	1副	
3		防护手套		1副	
4		斗内安全带		1副	
5	绝缘遮蔽用具	导线遮蔽罩	20kV	若干	
6		绝缘毯	20kV	若干	
7	绝缘工器具	绝缘绳	ϕ12mm	1根	15m
8	其他主要工器具	断线剪（钳）	短式	1把	

5. 作业步骤

（1）工具储运和检测。

1）领用绝缘工具、安全用具及辅助器具，应核对工器具的使用电压等级和试验周期。

2）领用绝缘工器具，应检查外观是否完好无损。

3）工器具运输前，各种工器具应存放在工具袋或工具箱内，金属工具和绝缘工器具应分开装运，以防止相互碰擦造成外表损坏，降低工器具的绝缘水平。

（2）现场操作前的准备。

1）工作负责人应按带电作业工作票内容与当值调度员联系。

2）工作负责人核对线路名称、杆号。

3）绝缘斗臂车进入合适位置，并可靠接地；根据道路情况设置安全围栏、警告标志或路障。

4）工作负责人召集工作人员交代工作任务，对工作班成员进行危险点告知、交代安全措施和技术措施，确认每一个工作班成员都已知晓，检查工作班成员精神状态是否良好，人员是否合适。

5）根据分工情况整理材料，对安全用具、绝缘工具进行检查，绝缘工具应使用兆欧表或绝缘测试仪进行分段绝缘检测，绝缘电阻值应不小于700MΩ（在出库前如已测试过的可省去现场测试步骤）。

6）查看确认绝缘臂、绝缘斗良好，调试斗臂车（在出车前如已调试过的可省去此步骤）。

7）1号电工戴好绝缘手套和防护手套，进入绝缘斗内，挂好保险钩。

（3）操作步骤。

1）1号电工将绝缘斗调整至导线修补点附近适当位置，观察导线损伤情况并汇报工作负责人，由工作负责人决定修补方案。

2）1号电工对需遮蔽的邻近设备进行绝缘遮蔽。

3）1号电工根据导线规格选择相应的器材对导线进行修补。

4）导线修补工作结束后，拆除绝缘遮蔽措施，绝缘斗退出有电工作区域，作业人员返回地面。

（4）工作终结。

1）工作负责人对完成的工作作一个全面的检查，确认符合验收规范要求后，记录在册并召开收工会进行工作点评后，宣布工作结束。

2）工作完毕后，汇报当值调度工作已经结束，工作班撤离现场。

6. 安全措施及注意事项

（1）气象条件。

1）带电作业应在良好天气下进行。如遇雷电（听见雷声、看见闪电）、雪、雹、雨、雾等，不准进行带电作业。风力大于5级时，一般不宜进行带电作业。在特殊情况下，必须在恶劣天气进行带电抢修时，应组织有关人员充分讨论并编制必要的安全措施，经本单位分管生产领导（总工程师）批准后方可进行。

2）相对湿度大于80%的天气，若需进行带电作业，应采用具有防潮性能的绝缘工具。

（2）作业环境。

1）作业现场和绝缘斗臂车两侧，应根据道路情况设置安全围栏、警告标志或路障，防止外人进入工作区域；如在车辆繁忙地段还应与交通管理部门取得联系，以取得配合。

2）夜间作业进行本项目应有足够的照明。

（3）安全距离及有效绝缘长度。

1）作业用绝缘工具都应经过摇测，绝缘电阻应不小于700MΩ（电极间距2cm）。

2）工作时绝缘斗臂车的绝缘有效长度应保持1.5m。

3）在带电作业时，应保持对地不小于0.5m，对邻相导线不小于0.7m的安全距离；如不能确保该安全距离时，应采用绝缘挡板、管、毯及其他绝缘遮蔽措施。

4）绝缘手套仅作为辅助绝缘，不能作主绝缘使用。

（4）遮蔽措施。

1）耐张绝缘子上加装绝缘子遮蔽罩或绝缘毯遮蔽。

2）作业线路下层有低压线路合杆时，如妨碍作业，应对相关低压线路加绝缘遮蔽罩或绝缘毯遮蔽。

（5）重合闸。本项目需停用线路重合闸。

（6）关键点。

1）在接触带电导线前应得到工作监护人的认可。

2）收紧导线后应用绝缘拉线绳拉紧并固定。

3）在作业时，严禁人体同时接触2个不同的电位。

（7）其他安全注意事项。

1）开工前由工作负责人持带电作业工作票与当值调度取得联系，工作负责人应核对工作票中工作任务与现场工作线路名称及杆号是否一致。

2）绝缘斗臂车应可靠接地，在作业前应进行操作检查。

3）当斗臂车绝缘斗距有电线路1～2m或工作转移时，应缓慢移动，动作要平稳，严禁使用快速挡；绝缘斗臂车在作业时，发动机不能熄火（电能驱动型除外），以保证液压系统处于工作状态。

4）在操作绝缘斗移动时，应防止与电杆、导线、周围障碍物、邻近绝缘斗臂车碰擦。

5）在同杆架设线路上工作与上层线路小于安全距离规定，且无法采取安全措施时，不得进行该项工作。

6）上、下传递工具、材料均应使用绝缘绳，严禁抛、扔。

7）根据导线损伤情况，由工作负责人决定是否采取防止作业过程中导线断线的安全措施。

8）本项目工作不少于3人。

9）使用只能下部操作的绝缘斗臂车应增加1名专门操作人员。

二、检查跌落式熔断器和熔丝元件

1. 作业方式

绝缘操作杆作业法。

2. 适用范围

20kV线路直线杆柱上变压器台架。

3. 人员组合

本项目需要3人，具体人员分工见表2－3－3。

表2－3－3　　人员分工表

人员分工	人数	人员分工	人数
工作负责人（兼工作监护人）	1	地面电工（2号电工）	1
斗内电工（1号电工）	1		

注　绝缘斗臂车操作工由1号电工兼任。

4. 工具配备

一览表（包括个人防护用具）见表2－3－4。

表2－3－4　　工具配备一览表

序号	工器具名称		规格、型号	数量	备注
1	特种车辆	绝缘斗臂车	20kV	1辆	含车斗
2	个人绝缘防护用具	斗内安全带		1副	
3	绝缘工器具	绝缘操作杆	20kV	1根	0.8m
4		跌落式熔断器旁路连接器	20kV	1根	
5		绝缘绳	ϕ12mm	1根	长度大于1.5倍最高作业高度
6	其他主要工器具	绝缘测试仪	2500V及以上	1套	

5. 作业步骤

（1）工具储运和检测。

1）领用绝缘工具、安全用具及辅助器具，应核对工器具的使用电压等级和试验周期。

2）领用绝缘工器具，应检查外观是否完好无损。

3）工器具运输前，各种工器具应存放在工具袋或工具箱内，金属工具和绝缘工器具应分开装运，以防止相互碰擦造成外表损坏，降低工器具的绝缘水平。

（2）现场操作前的准备。

1）工作负责人应按带电作业工作票内容与当值调度员联系。

2）工作负责人核对线路名称、杆号。

3）工作前工作负责人检查确认支接线路是空载线路，并符合送电条件。

4）绝缘斗臂车进入合适位置，并可靠接地；根据道路情况设置安全围栏、警告标志或路障。

5）工作负责人召集工作人员交代工作任务，对工作班成员进行危险点告知、交代安全措施和技术措施，确认每一个工作班成员都已知晓，检查工作班成员精神状态是否良好，人员是否合适。

6）根据分工情况整理材料，对安全用具、绝缘工具进行检查，绝缘工具应使用2500V及以上绝缘测试仪进行分段绝缘检测，绝缘电阻值应不小于700MΩ（在出库前如已测试过的可省去现场测试步骤）。

7）查看确认绝缘臂、绝缘斗良好，调试斗臂车（在出车前如已调试过的可省去此步骤）。

8）1号电工戴好手套，进入绝缘斗内，挂好保险钩。

（3）操作步骤。

1）1号电工将绝缘斗调整至跌落式熔断器附近，并与有电线路保持0.5m以上的安全距离，检查确认三相跌落式熔断器外表完好无损。

2）1号电工检查确认上下桩头无松动现象、接触良好。

3）1号电工用跌落式熔断器旁路连接器将需检查的跌落式熔断器上下桩头连接并拧紧。

4）1号电工用绝缘操作杆拉开熔丝管，并取下检查熔丝管、跌落式熔断器完好。

5）1号电工检查跌落式熔断器上下接触点完好后挂上熔丝管。

6）1号电工用绝缘操作杆推上熔丝管，经确认无误后取下跌落式熔断器旁路连接器。

7）其余两相跌落式熔断器检查按方法3）~方法6）进行。

8）工作结束后，绝缘斗退出有电工作区域，作业人员返回地面。

（4）工作终结。

1）工作负责人对完成的工作作一个全面的检查，确认符合验收规范要求后，记录在册并召开收工会进行工作点评后，宣布工作结束。

2）工作完毕后，汇报当值调度工作已经结束，工作班撤离现场。

6. 安全措施及注意事项

（1）气象条件。

1）带电作业应在良好天气下进行。如遇雷电（听见雷声、看见闪电）、雪、雹、雨、雾等，不准进行带电作业。风力大于5级时，一般不宜进行带电作业。在特殊情况下，必须在恶劣天气进行带电抢修时，应组织有关人员充分讨论并编制必要的安全措施，经本单位分管生产领导（总工程师）批准后方可进行。

2）相对湿度大于80%的天气，若需进行带电作业，应采用具有防潮性能的绝缘工具。

（2）作业环境。

1）作业现场和绝缘斗臂车两侧，应根据道路情况设置安全围栏、警告标志或路障，防止外人进入工作区域；如在车辆繁忙地段还应与交通管理部门取得联系，以取得配合。

2）夜间作业进行带电搭接应有足够的照明。

（3）安全距离及有效绝缘长度。

1）作业用绝缘工具都应经过摇测，绝缘电阻应不小于700MΩ（电极间距2cm）。

2）工作时绝缘斗臂车的绝缘有效长度应保持1.5m。

3）在带电作业时，应保持对地不小于0.5m，对邻相导线不小于0.7m的安全距离；如不能确保该安全距离时，应采用绝缘挡板、管、毯及其他绝缘遮蔽措施。

4）绝缘操作杆作主绝缘使用，其有效绝缘距离不应小于0.8m。

（4）遮蔽措施。作业线路下层有低压线路合杆时，如妨碍作业，应对相关低压线路加导线遮蔽罩或绝缘毯遮蔽。

（5）重合闸。本项目需要停用线路重合闸。

（6）关键点。

1）在接触带电导线前应得到工作监护人的认可。

2）使用跌落式熔断器旁路连接器连接熔断具上下桩头时，必须要拧紧、连接可靠。

3）推上熔丝管后必须确认熔断具接触点连接可靠后，才能取下跌落式熔断器旁路连接器。

（7）其他安全注意事项。

1）开工前由工作负责人持带电作业工作票与当值调度取得联系，工作负责人应核对工作票中工作任务与现场工作线路名称及杆号是否一致。

2）绝缘斗臂车应可靠接地，在作业前应进行操作检查。

3）当斗臂车绝缘斗距有电线路1~2m或工作转移时，应缓慢移动，动作要平稳，严禁使用快速挡；绝缘斗臂车在作业时，发动机不能熄火（电能驱动型除外），以保证液压系统处于工作状态。

4）在操作绝缘斗移动时，应防止与电杆、导线、周围障碍物、邻近绝缘斗臂车碰擦。

5）在同杆架设线路上工作与上层线路小于安全距离规定，且无法采取安全措施时，不得进行该项工作。

6）上、下传递工具、材料均应使用绝缘绳，严禁抛、扔。

7）本项目工作不少于3人。

8）使用只能下部操作的绝缘斗臂车应增加1名专门操作人员。

第四节　大型作业项目

一、组立电杆

（一）组立直线电杆（绝缘斗臂车提升导线法）

1. 作业方式

绝缘手套作业法。

2. 适用范围

20kV线路直线杆。

3. 人员组合

本项目需要8人，具体人员分工见表2-4-1。

表2-4-1 人员分工表

人员分工	人数	人员分工	人数
工作负责人（兼吊车指挥）	1	地面电工（3、4号电工）	2
工作监护人	1	26m斗臂车操作人员	1
斗内电工（1、2号电工）	2	8t吊车操作人员	1

注 绝缘斗臂车操作2由1号电工兼任。

4. 工具配备

一览表（包括个人防护用具）见表2-4-2。

表2-4-2 工具配备一览表

序号	工器具名称		规格、型号	数量	备注
1	特种车辆	绝缘斗臂车	26m、20kV	1辆	含车斗
2		绝缘斗臂车	20kV	1辆	含车斗
3		吊车	8t	1辆	
4	个人绝缘防护用具	绝缘手套	20kV	2副	
5		防护手套		2副	
6		斗内安全带		2副	
7		绝缘披肩或绝缘服	20kV	2件	
8	绝缘遮蔽用具	绝缘遮蔽罩	20kV	6根	
9		绝缘遮蔽罩	1m	3根	
10		绝缘毯	20kV	3块	
11		边相绝缘子绝缘遮蔽罩	20kV	2只	
12		中相绝缘子绝缘遮蔽罩	45kV	1只	
13	绝缘工器具	绝缘定滑车组		3套	
14		绝缘操作杆	20kV	1根	0.8m
15		绝缘测量杆	20kV	1根	
16		绝缘绳	ϕ14mm	2根	15m
17		绝缘吊绳	ϕ12mm	2根	15m
18		两眼绝缘绳套	ϕ16mm	3根	0.8～1m
19	其他特殊工器具	马槽配套工具		1套	
20		短铲		2把	

5. 作业步骤

（1）工具储运和检测。

1）领用绝缘工具、安全用具及辅助器具，应核对工器具的使用电压等级和试验周期。

2）领用绝缘工器具，应检查外观是否完好无损。

3）工器具运输前，各种工器具应存放在工具袋或工具箱内，金属工具和绝缘工器具应分开装运，以防止相互碰擦造成外表损坏，降低工器具的绝缘水平。

（2）现场操作前的准备。

1）工作负责人应按带电作业工作票内容与当值调度员联系。

2）工作负责人核对线路名称、杆号。

3）工作前工作负责人检查电杆质量、坑洞、马槽（长度为1.5m，成45°坡度，宽度为50cm）符合要求。

4）绝缘斗臂车、吊车进入合适位置，并可靠接地；根据道路情况设置安全围栏、警告标志或路障。

5）工作负责人召集工作人员交代工作任务，对工作班成员进行危险点告知、交代安全措施和技术措施，确认每一个工作班成员都已知晓，检查工作班成员精神状态是否良好，人员是否合适。

6）根据分工情况整理材料，对安全用具、绝缘工具进行检查，绝缘工具应使用2500V及以上绝缘测试仪进行分段绝缘检测，绝缘电阻值应不小于700MΩ（在出库前如已测试过的可省去现场测试步骤）。

7）查看确认绝缘臂、绝缘斗良好，调试斗臂车（在出车前如已调试过的可省去此步骤）。

8）1、2号电工戴好绝缘手套和防护手套，穿好20kV绝缘披肩或绝缘服，进入绝缘斗内，挂好斗内安全带保险钩。

（3）操作步骤。

1）地面电工将3组绝缘定滑车组分别安装在26m斗臂车绝缘臂上（间距1m），然后由工作负责人指挥斗臂车将绝缘臂调整到导线的上方2m处。

2）1号电工将绝缘斗调整到内侧导线下，得到工作监护人许可后，对内侧导线套好绝缘遮蔽罩，3号电工下降相应的绝缘定滑车组上的绝缘拉绳，1号电工将内侧导线放置在绝缘拉绳端部吊钩内，关好保险门，由工作负责人指挥地面电工将导线缓缓提升至合适位置，并固定好绝缘拉绳。2号电工配合1号电工工作，在绝缘斗内2人工作时禁止2人同时接触不同电位体。

3）由工作负责人指挥地面工用绝缘测量杆测量从带电导线到杆洞平面的净空距离满足安全距离。

4）其余两相导线的提升按方法2）、方法3）依次进行。

5）三相导线的提升，可按由简单到复杂、先易后难的原则进行，先近（内侧）后远（外侧），完成后1号电工调整绝缘斗退出工作区域。

6）地面电工将马槽配套工具放置在坑洞内，工作负责人指挥吊车开始起吊电杆。

7）地面电工将吊钩系好吊电杆千斤（吊点在电杆重心往杆顶处1.5m处）（注：同杆架设线路吊钩穿越低压线时应做好千斤的接地工作），工作负责人指挥吊车缓缓起吊电杆，在距地面1m时暂停起吊，进行下列工作：① 检查吊车撑脚及其他受力部位的情况；② 电杆杆梢1m以上，用绝缘毯或电杆遮蔽罩做好绝缘防护措施；③ 3、4号电工在吊点以下20cm

处系好两侧风绳以控制电杆两侧方向。

8）工作负责人指挥吊车缓缓起吊，在起吊过程中应随时注意电杆根部是否顶住滑板向下滑动；特别是在电杆起立到60°左右时（吊臂最上方距有电线路应不少于1.5m），杆根一定要进到洞内，工作负责人应密切注意杆梢与有电线路的净空距离（最小不少于0.5m），如有疑问时，应即停止起吊，用绝缘尺测量距离，待确认无问题后，才能继续起吊电杆；在电杆起立过程中，工作监护人应站在杆洞边电杆上风侧，配合工作负责人注意控制电杆的两侧方向的平衡情况和杆根的入洞情况。

9）电杆起立，校正后回土夯实。

10）工作负责人指挥3号电工登杆，拆除立杆千斤和两侧拉绳，拆除绝缘毯，并和绝缘斗内1号电工配合安装横担、绝缘子和绝缘子绝缘遮蔽罩。

11）3号电工返回地面，吊车撤离工作区域。

12）1号电工将绝缘斗调整到中相导线下适当位置处（绝缘斗距电杆不少于0.5m），工作负责人指挥地面电工将26m斗臂车滑车组在1号电工的配合下将中相导线缓缓下降到中相绝缘子顶槽中，1号电工将中相导线用戴好绝缘手套的手把扎线固定好，拆除绝缘拉绳端部吊钩和中相绝缘子绝缘遮蔽罩。

13）其余两相导线的安装按方法12）依次进行。

14）三相导线的安装，可按由复杂到简单、先难后易的原则进行，先远（外侧）后近（内侧），或根据现场情况先中间、后两侧。

15）三相导线的安装工作结束后，按先中间，后两边的顺序拆除导线绝缘遮蔽罩，最后1号电工将绝缘斗退出有电工作区域，作业人员返回地面。

16）工作负责人对完成的工作作一个全面的检查，确认符合验收规范要求后，记录在册并召开收工会进行工作点评后，宣布工作结束。

17）工作完毕后，汇报当值调度工作已经结束，工作班撤离现场。

6. 安全措施及注意事项

（1）气象条件。

1）带电作业应在良好天气下进行。如遇雷电（听见雷声、看见闪电）、雪、雹、雨、雾等，不准进行带电作业。风力大于5级时，一般不宜进行带电作业。在特殊情况下，必须在恶劣天气进行带电抢修时，应组织有关人员充分讨论并编制必要的安全措施，经本单位分管生产领导（总工程师）批准后方可进行。

2）相对湿度大于80%的天气，应采用具有防潮性能的绝缘工具。

（2）作业环境。

1）作业现场和绝缘斗臂车、吊车两侧，应根据道路情况设置安全围栏、警告标志或路障，防止外人进入工作区域；如在车辆繁忙地段还应与交通管理部门取得联系，以取得配合。

2）夜间作业进行本项目应有足够的照明。

（3）安全距离及有效绝缘长度。

1）作业用绝缘工具都应经过摇测，绝缘电阻应不小于700MΩ（电极间距2cm）。

2）工作时绝缘斗臂车的绝缘有效长度应保持1.5m。

3）在带电作业时，应保持对地不小于0.5m，对邻相导线不小于0.7m的安全距离；如不能确保该安全距离时，应采用绝缘挡板、管、毯及其他绝缘遮蔽措施。

4）绝缘手套仅作为辅助绝缘，不能作主绝缘使用。

（4）遮蔽措施。

1）三相导线加绝缘遮蔽罩。

2）电杆吊起时应在电杆梢部加绝缘毯或绝缘遮蔽罩。

3）新立电杆上绝缘子上加装绝缘子绝缘遮蔽罩或绝缘毯遮蔽。

4）作业线路下层有低压线路合杆时，如妨碍作业，应对相关低压线路加绝缘遮蔽罩或绝缘毯遮蔽。

（5）重合闸。本项目需停用线路重合闸。

（6）关键点。

1）在接触带电导线前应得到工作监护人的认可。

2）电杆起立过程中，工作人员应密切注意电杆与有电线路的保持0.5m以上安全距离。

3）立杆时，吊车吊臂与有电线路保持1.5m以上安全距离；电杆起立超过60°后，杆根不应离地并同时注意电杆与有电线路保持不少于0.5m的安全距离，如有疑问应停止起吊。

4）2号电工在登杆作业时，应对有电线路保持不少于0.5m的安全距离。

5）提升导线前及提升过程中，应检查两侧电杆上的导线扎线是否牢靠，如有松动、脱线现象，必须重新绑扎加固后方可进行作业。

6）提升和下降导线时，要缓缓进行，以防止导线晃动，以免造成相间短路；地面的绝缘绳固定应可靠牢固，避免松动。

7）在作业时，严禁人体同时接触2个不同的电位。

（7）其他安全注意事项。

1）开工前由工作负责人持带电作业工作票与当值调度取得联系，工作负责人应核对工作票中工作任务与现场工作线路名称及杆号是否一致。

2）绝缘斗臂车、吊车应可靠接地，在作业前应进行操作检查。

3）当斗臂车绝缘斗距有电线路1～2m或工作转移时，应缓慢移动，动作要平稳，严禁使用快速挡；绝缘斗臂车在作业时，发动机不能熄火（电能驱动型除外），以保证液压系统处于工作状态。

4）在操作绝缘斗移动时，应防止与电杆、导线、周围障碍物、邻近绝缘斗臂车碰擦。

5）在同杆架设线路上工作时与上层线路小于安全距离规定，且无法采取安全措施时，不得进行该项工作。

6）上、下传递工具、材料均应使用绝缘绳，严禁抛、扔。

7）本项目工作不少于8人。

（二）组立直线电杆（绝缘斗臂车支撑导线法）

1. 作业方式

绝缘手套作业法。

2. 适用范围

20kV直线杆带电组立。

3. 人员组合

本项目需要7人，具体人员分工见表2－4－3。

表2－4－3 人员分工表

人员分工	人数	人员分工	人数
工作负责人（兼吊车指挥）	1	杆上电工（2号电工）	1
工作监护人	1	地面电工（3、4号电工）	2
斗内电工（1号电工）	1	8t吊车操作人员	1

4. 工具配备

一览表（包括个人防护用具）见表2－4－4。

表2－4－4 工具配备一览表

序号	工器具名称		规格、型号	数量	备注
1	特种车辆	绝缘斗臂车	20kV	1辆	配有绝缘横担支架，含车斗
2		吊车	8t	1辆	
3	个人绝缘防护用具	绝缘手套	20kV	2副	
4		防护手套		2副	
5		斗内安全带		1副	
6		绝缘披肩或绝缘服	20kV	2件	
7	绝缘遮蔽用具	绝缘遮蔽罩	20kV	6根	
8		绝缘遮蔽罩	1m	3根	
9		绝缘毯	20kV	3块	
10		边相绝缘子绝缘遮蔽罩	20kV	2只	
11		中相绝缘子绝缘遮蔽罩	45kV	1只	
12	绝缘工器具	绝缘操作杆	20kV	1根	0.8m
13		绝缘测量杆	20kV	1根	
14		绝缘绳	ϕ14mm	2根	15m
15		绝缘吊绳	ϕ12mm	2根	15m
16		两眼绝缘绳套	ϕ16mm	3根	0.8～1m
17	其他工器具	马槽配套工具		1套	
18		短铲		2把	

5. 作业步骤

（1）工具储运和检测。

1）领用绝缘工具、安全用具及辅助器具，应核对工器具的使用电压等级和试验周期。

2）领用绝缘工器具，应检查外观是否完好无损。

3）工器具运输前，各种工器具应存放在工具袋或工具箱内，金属工具和绝缘工器具应

分开装运，以防止相互碰擦造成外表损坏，降低工器具的绝缘水平。

（2）现场操作前的准备。

1）工作负责人应按带电作业工作票内容与当值调度员联系。

2）工作负责人核对线路名称、杆号。

3）工作前工作负责人检查确认电杆质量、坑洞、马槽（长度为1.5m，成45°坡度，宽度为50cm）符合要求。

4）绝缘斗臂车、吊车进入合适位置，并可靠接地；根据道路情况设置安全围栏、警告标志或路障。

5）工作负责人召集工作人员交代工作任务，对工作班成员进行危险点告知、交代安全措施和技术措施，确认每一个工作班成员都已知晓，检查工作班成员精神状态是否良好，人员是否合适。

6）根据分工情况整理材料，对安全用具、绝缘工具进行检查，绝缘工具应使用2500V及以上绝缘测试仪进行分段绝缘检测，绝缘电阻值应不小于700MΩ（在出库前如已测试过的可省去现场测试步骤）。

7）查看确认绝缘臂、绝缘斗良好，调试斗臂车（在出车前如已调试过的可省去此步骤）。

8）1号电工戴好绝缘手套和防护手套，穿好20kV绝缘披肩或绝缘服，进入绝缘斗内，挂好斗内安全带保险钩。

（3）操作步骤。

1）1号电工将绝缘斗调整到内侧导线下，得到工作监护人许可后，对内侧导线套好绝缘遮蔽罩。

2）其余两相按方法1）进行，由内到外，先两侧后中相。

3）将绝缘斗返回地面，在3、4号地面电工协助下在吊臂上组装撑杆及绝缘横担后返回导线下准备支撑导线。

4）1号电工调整吊臂使三相导线分别置于绝缘横担上的滑轮内，然后用操作杆加上保险。

5）1号电工操作将绝缘撑杆缓缓上升，支撑起三相导线，使导线抬升到一定高度后，由工作负责人指挥地面工用绝缘测高杆测量从带电导线到杆洞平面的净空距离满足安全距离（具体净空距离见GB/T 18857—2008），如不满足，需继续提升导线，同时应派人观察相临两侧电杆横担导线扎线有无松动现象。

6）3、4号地面电工将马槽配套工具放置在坑洞内，工作负责人指挥吊车开始起吊电杆。

7）3、4号地面电工将吊钩系好吊电杆千斤（吊点在电杆重心上方1.5m处），工作负责人指挥吊车缓缓起吊电杆，在距地面1m时暂停起吊，进行下列工作：①检查吊车撑脚及其他受力部位的情况正常；②电杆杆梢到1m以下，用绝缘毯或电杆遮蔽罩做好绝缘防护措施；③3、4号电工在吊点以下20cm处系好两侧风绳以控制电杆两侧方向。

8）工作负责人指挥吊车缓缓起吊，在起吊过程中应随时注意电杆根部是否顶住滑板向下滑动；特别是在电杆起立到60°左右时（吊臂最上方距有电线路应不少于1.5m），杆根一定要进到洞内，工作负责人应密切注意杆梢与有电线路的净空距离（最小不少于0.5m），如有疑问时，应即停止起吊，用绝缘尺测量距离，待确认无问题后，才能继续起吊电杆；在电杆起立过程中，工作监护人应站在杆洞边电杆上风侧，配合工作负责人注意控制电杆的两侧方向的平衡情况和杆根的入洞情况。

9）电杆起立，校正后回土夯实。

10）工作负责人指挥2号电工登杆，拆除立杆千斤和两侧拉绳，拆除绝缘毯，并和绝缘斗内1号电工配合安装横担、绝缘子和绝缘子绝缘遮蔽罩。

11）2号电工返回地面，吊车撤离工作区域。

12）1号电工在监护人的许可下，操作将绝缘撑杆缓缓下降，将中相导线下降落到中相绝缘子后停止，由1号电工将中相导线用扎线固定在绝缘子上，继续下降绝缘撑杆，并按相同方法分别固定导线；三相导线的固定，可按由按先中间，后二边的程序用扎线分别固定在绝缘子上。

13）1号电工将绝缘横担上的滑轮保险打开，操作绝缘吊臂或绝缘撑杆使绝缘横担缓缓脱离导线。

14）三相导线的安装工作结束后，按先中间，后两边的顺序拆除导线绝缘遮蔽罩、绝缘子绝缘遮蔽罩，最后1号电工将绝缘斗退出有电工作区域，作业人员返回地面。

（4）工作终结。

1）工作负责人对完成的工作作一个全面的检查，确认符合验收规范要求后，记录在册并召开收工会进行工作点评后，宣布工作结束。

2）工作完毕后，汇报当值调度工作已经结束，工作班撤离现场。

6. 安全措施及注意事项

（1）气象条件。

1）带电作业应在良好天气下进行。如遇雷电（听见雷声、看见闪电）、雪、雹、雨、雾等，不准进行带电作业。风力大于5级时，一般不宜进行带电作业。在特殊情况下，必须在恶劣天气进行带电抢修时，应组织有关人员充分讨论并编制必要的安全措施，经本单位分管生产领导（总工程师）批准后方可进行。

2）相对湿度大于80%的天气，若需进行带电作业，应采用具有防潮性能的绝缘工具。

（2）作业环境。

1）作业现场和绝缘斗臂车、吊车两侧，应根据道路情况设置安全围栏、警告标志或路障，防止外人进入工作区域；如在车辆繁忙地段还应与交通管理部门取得联系，以取得配合。

2）夜间作业进行本项目应有足够的照明。

（3）安全距离及有效绝缘长度。

1）作业用绝缘工具都应经过摇测，绝缘电阻应不小于700MΩ（电极间距2cm）。

2）工作时绝缘斗臂车的绝缘有效长度应保持1.5m。

3）在带电作业时，应保持对地不小于0.5m，对邻相导线不小于0.7m的安全距离；如不能确保该安全距离时，应采用绝缘挡板、管、毯及其他绝缘遮蔽措施。

4）绝缘手套仅作为辅助绝缘，不能作主绝缘使用。

（4）遮蔽措施。

1）三相导线加绝缘遮蔽罩。

2）电杆吊起时应在电杆梢部加绝缘毯或绝缘遮蔽罩。

3）新立电杆上绝缘子上加装绝缘子绝缘遮蔽罩。

4）作业线路下层有低压线路合杆时，如妨碍作业，应对相关低压线路加绝缘遮蔽罩或绝缘毯遮蔽。

（5）重合闸。本项目需停用线路重合闸。

（6）关键点。

1）在接触带电导线前应得到工作监护人的认可。

2）电杆起立过程中，工作人员应密切注意电杆与有电线路保持0.7m以上安全距离。

3）立杆时，吊车吊臂与有电线路保持1.5m以上安全距离；电杆起立超过60°后，杆根不应离地。

4）2号电工在登杆作业时，应对有电线路保持不少于0.5m的安全距离。

5）支撑导线过程中，应检查两侧电杆上的导线扎线是否牢靠，如有松动、脱线现象，必须重新绑扎加固后方可进行作业。

6）导线时升降时，要缓缓进行，以防止导线晃动，以造成相间短路；地面的绝缘绳固定应可靠牢固，避免松动。

7）在作业时，严禁人体同时接触2个不同的电位。

（7）其他安全注意事项。

1）开工前由工作负责人持带电作业工作票与当值调度取得联系，工作负责人应核对工作票中工作任务与现场工作线路名称及杆号是否一致。

2）绝缘斗臂车、吊车应可靠接地，在作业前应进行操作检查。

3）当斗臂车绝缘斗距有电线路1～2m或工作转移时，应缓慢移动，动作要平稳，严禁使用快速挡；绝缘斗臂车在作业时，发动机不能熄火（电能驱动型除外），以保证液压系统处于工作状态。

4）在操作绝缘斗移动时，应防止与电杆、导线、周围障碍物、邻近绝缘斗臂车碰擦。

5）在同杆架设线路上工作时与上层线路小于安全距离规定，且无法采取安全措施时，不得进行该项工作。

6）上、下传递工具、材料均应使用绝缘绳，严禁抛、扔。

7）本项目工作不少于7人。

8）使用只能下部操作的绝缘斗臂车应增加1名专门操作人员。

（三）组立直线电杆（吊车提升导线法）

1. 作业方式

绝缘手套作业法。

2. 适用范围

20kV线路直线杆。

3. 人员组合

本项目需要8人，具体人员分工见表2－4－5。

表2-4-5 人员分工表

人员分工	人数	人员分工	人数
工作负责人（兼吊车指挥）	1	杆上电工（2号电工）	1
工作监护人	1	地面电工（3、4号电工）	2
斗内电工（1号电工）	1	8t吊车操作人员	2

4. 工具配备

一览表（包括个人防护用具）见表2-4-6。

表2-4-6 工具配备一览表

序号	工器具名称		规格、型号	数量	备注
1	特种车辆	绝缘斗臂车	20kV	1辆	含车斗
2		吊车	8t	2辆	
3	个人绝缘防护用具	绝缘手套	20kV	2副	
4		防护手套		2副	
5		斗内安全带		1副	
6		绝缘披肩或绝缘服	20kV	2件	
7	绝缘遮蔽用具	绝缘遮蔽罩	20kV	6根	
8		绝缘遮蔽罩	1m	3根	
9		绝缘毯	20kV	3块	
10		边相绝缘子绝缘遮蔽罩	20kV	2只	
11		中相绝缘子绝缘遮蔽罩	20kV	1只	
12	绝缘工器具	绝缘定滑车组		3套	
13		绝缘横担	20kV	1套	
14		绝缘操作杆	20kV	1根	0.8m
15		绝缘测量杆	20kV	1根	
16		绝缘绳	ϕ14mm	2根	15m以上
17		绝缘吊绳	ϕ12mm	2根	15m
18		两眼绝缘绳套	ϕ16mm	3根	0.8～1m
19	其他特殊工器具	马槽配套工具		1套	
20		短铲		2把	

5. 作业步骤

（1）工具储运和检测。

1）领用绝缘工具、安全用具及辅助器具，应核对工器具的使用电压等级和试验周期。

2）领用绝缘工器具，应检查外观是否完好无损。

3）工器具运输前，各种工器具应存放在工具袋或工具箱内，金属工具和绝缘工器具应分开装运，以防止相互碰擦造成外表损坏，降低工器具的绝缘水平。

（2）现场操作前的准备。

1）工作负责人应按带电作业工作票内容与当值调度员联系。

2）工作负责人核对线路名称、杆号。

3）工作前工作负责人检查确认电杆质量、坑洞、马槽（长度为1.5m，成45°坡度，宽度为50cm）符合要求。

4）绝缘斗臂车、吊车进入合适位置，并可靠接地，根据道路情况设置安全围栏、警告标志或路障。

5）工作负责人召集工作人员交代工作任务，对工作班成员进行危险点告知、交代安全措施和技术措施，确认每一个工作班成员都已知晓，检查工作班成员精神状态是否良好，人员是否合适。

6）根据分工情况整理材料，对安全用具、绝缘工具进行检查，绝缘工具应使用2500V兆欧绝缘表或绝缘测试仪进行分段绝缘检测，绝缘电阻值应不小于700MΩ（在出库前如已测试过的可省去现场测试步骤）。

7）查看绝缘臂、绝缘斗良好，调试斗臂车（在出车前如已调试过的可省去此步骤）。

8）1号电工戴好绝缘手套和防护手套，穿好20kV绝缘披肩或绝缘服，进入绝缘斗内，挂好斗内安全带保险钩。

（3）操作步骤。

1）地面电工将3组绝缘定滑车组分别安装在绝缘横担上（间距1m），并用绝缘绳固定在吊车甲吊钩上，然后由工作负责人指挥吊车甲将绝缘臂调整到导线的上方2m处（吊车甲臂架距带电导线不少于1.5m）。

2）1号电工将绝缘斗调整到内侧导线下，得到工作监护人许可后，对内侧导线套好绝缘遮蔽罩，3号电工下降相应的绝缘定滑车组上的绝缘拉绳，1号电工将内侧导线放置在绝缘拉绳端部吊钩内，关好保险门，由工作负责人指挥地面电工将导线缓缓提升至合适位置，并固定好绝缘拉绳。

3）由工作负责人指挥地面工用绝缘测量杆测量从带电导线到杆洞平面的净空距离满足安全距离（具体净空距离见GB/T 18857—2008）。

4）其余两相导线的提升按方法2）依次进行。

5）三相导线的提升，可按由简单到复杂、先易后难的原则进行，先近（内侧）后远（外侧），完成后1号电工调整绝缘斗退出工作区域。

6）地面电工将马槽配套工具放置在坑洞内，工作负责人指挥吊车乙开始起吊电杆。

7）地面电工将吊钩系好吊电杆千斤（吊点在电杆重心上方1.5m处），工作负责人指挥吊车乙缓缓起吊电杆，在距地面1m时暂停起吊，进行下列工作：① 检查吊车乙撑脚及其他受力部位的情况正常；② 电杆杆梢1m以上，用绝缘毯或电杆遮蔽罩做好绝缘防护措施；③ 3、4号电工在吊点以下20cm处系好两侧风绳以控制电杆两侧方向。

8）工作负责人指挥吊车缓缓起吊，在起吊过程中应随时注意电杆根部是否顶住滑板向下滑动；特别是在电杆起立到60°左右时（吊臂最上方距有电线路应不少于1.5m），杆根一定要进到洞内，工作负责人应密切注意杆梢与有电线路的净空距离（最小不少于0.5m），如有疑问时，应即停止起吊，用绝缘尺测量距离，待确认无问题后，才能继续起吊电杆；在电杆起立过程中，工作监护人应站在杆洞边电杆上风侧，配合工作负责人注意控制电杆的两侧方向的平衡情况和杆根的入洞情况。

9）电杆起立，校正后回土夯实。

10）工作负责人指挥2号电工登杆，拆除立杆两眼绝缘绳套和两侧拉绳，拆除绝缘毯，并和绝缘斗内1号电工配合安装横担、绝缘子和绝缘子绝缘遮蔽罩。

11）2号电工返回地面，吊车撤离工作区域。

12）1号电工将绝缘斗调整到中相导线下适当位置处（绝缘斗距电杆不少于0.5m），工作负责人指挥地面电工将吊车甲滑车组在1号电工的配合下，将中相导线缓缓下降到中相绝缘子顶槽中，1号电工将中相导线用戴好绝缘手套的手把扎线固定好，拆除绝缘拉绳端部吊钩和绝缘子绝缘遮蔽罩。

13）其余两相导线的安装按方法12）依次进行。

14）三相导线的安装，可按由复杂到简单、先难后易的原则进行，先远（外侧）后近（内侧），或根据现场情况先中间、后两侧。

15）三相导线的安装工作结束后，按先中间，后两边的顺序拆除导线绝缘遮蔽罩，最后1号电工将绝缘斗退出有电工作区域，返回地面。

（4）工作终结。

1）工作负责人对完成的工作作一个全面的检查，确认符合验收规范要求后，记录在册并召开收工会进行工作点评后，宣布工作结束。

2）工作完毕后，汇报当值调度工作已经结束，工作班撤离现场。

6. 安全措施及注意事项

（1）气象条件。

1）带电作业应在良好天气下进行。如遇雷电（听见雷声、看见闪电）、雪、雹、雨、雾等，不准进行带电作业。风力大于5级时，一般不宜进行带电作业。在特殊情况下，必须在恶劣天气进行带电抢修时，应组织有关人员充分讨论并编制必要的安全措施，经本单位分管生产领导（总工程师）批准后方可进行。

2）相对湿度大于80%的天气，若需进行带电作业，应采用具有防潮性能的绝缘工具。

（2）作业环境。

1）作业现场和绝缘斗臂车、吊车两侧，应根据道路情况设置安全围栏、警告标志或路障，防止外人进入工作区域；如在车辆繁忙地段还应与交通管理部门取得联系，以取得配合。

2）夜间作业进行带电作业应有足够的照明。

（3）安全距离及有效绝缘长度。

1）作业用绝缘工具都应经过摇测，绝缘电阻应不小于700MΩ（电极间距2cm）。

2）工作时绝缘斗臂车的绝缘有效长度应保持1.5m。

3）吊车臂架距带电导线不少于1.5m。

4）在带电作业时，应保持对地不小于0.5m，对邻相导线不小于0.7m的安全距离；如不能确保该安全距离时，应采用绝缘挡板、管、毯及其他绝缘遮蔽措施。

5）绝缘手套仅作为辅助绝缘，不能作主绝缘使用。

（4）遮蔽措施。

1）三相导线加绝缘遮蔽罩。

2）电杆吊起时应在电杆梢部加绝缘毯或绝缘遮蔽罩。

3）新立电杆上绝缘子上加装绝缘子绝缘遮蔽罩。

4）作业线路下层有低压线路合杆时，如妨碍作业，应对相关低压线路加绝缘遮蔽罩或绝缘毯遮蔽。

（5）重合闸。本项目需停用线路重合闸。

（6）关键点。

1）在接触带电导线前应得到工作监护人的认可。

2）电杆起立过程中，工作人员应密切注意电杆与有电线路保持0.7m以上安全距离。

3）立杆时，吊车吊臂与有电线路保持1.5m以上安全距离；电杆起立超过60°后，杆根不应离地。

4）2号电工在登杆作业时，应对有电线路保持不少于0.5m的安全距离。

5）提升导线前及提升过程中，应检查两侧电杆上的导线扎线是否牢靠，如有松动、脱线现象，必须重新绑扎加固后方可进行作业。

6）提升和下降导线时，要缓缓进行，并用绝缘绳控制绝缘横担的平衡以防止导线晃动，以造成相间短路；地面的绝缘绳固定应可靠牢固，避免松动。

7）在作业时，严禁人体同时接触2个不同的电位。

（7）其他安全注意事项。

1）开工前由工作负责人持带电作业工作票与当值调度取得联系，工作负责人应核对工作票中工作任务与现场工作线路名称及杆号是否一致。

2）绝缘斗臂车、吊车应可靠接地，在作业前应进行操作检查。

3）当斗臂车绝缘斗距有电线路1~2m或工作转移时，应缓慢移动，动作要平稳，严禁使用快速挡；绝缘斗臂车在作业时，发动机不能熄火（电能驱动型除外），以保证液压系统处于工作状态。

4）在操作绝缘斗移动时，应防止与电杆、导线、周围障碍物、邻近绝缘斗臂车碰擦。

5）在同杆架设线路上工作与上层线路小于安全距离规定，且无法采取安全措施时，不得进行该项工作。

6）上、下传递工具、材料均应使用绝缘绳，严禁抛、扔。

7）本项目工作不少于8人。

（四）组立直线电杆（绝缘斗臂车提升导线穿挡法）

1. 作业方式

绝缘手套作业法。

2. 适用范围

20kV线路直线杆。

3. 人员组合

本项目需要8人，具体人员分工见表2-4-7。

表2-4-7　　人员分工表

人员分工	人数	人员分工	人数
工作负责人（兼吊车指挥）	1	地面电工（3、4号电工）	2
工作监护人	1	8t吊车操作人员	1
斗内电工（1号电工）	1	26m斗臂车操作人员	1
杆上电工（2号电工）	1		

注　绝缘斗臂车操作工由1号电工兼任。

4. 工具配备

一览表（包括个人防护用具）见表2-4-8。

表2-4-8　　工具配备一览表

序号	工器具名称		规格、型号	数量	备注
1	特种车辆	绝缘斗臂车	20kV	1辆	含车斗
2		绝缘斗臂车	26m	1辆	
3		吊车	8t	1辆	
4	个人绝缘防护用具	绝缘手套	20kV	3副	
5		防护手套		3副	
6		斗内安全带		1副	
7		绝缘靴		2双	
8		绝缘披肩或绝缘服	20kV	1件	
9	绝缘遮蔽用具	绝缘遮蔽罩	20kV	6根	
10		绝缘遮蔽罩	1m	3根	
11		绝缘毯	20kV	3块	
12		边相绝缘子绝缘遮蔽罩	20kV	2只	
13		杆顶绝缘遮蔽罩	45kV	1套	
14		中相绝缘子绝缘遮蔽罩	20kV	1只	
15	绝缘工器具	绝缘定滑车组		3套	
16		绝缘操作杆	20kV	1根	0.8m
17		绝缘测量杆	20kV	1根	
18		绝缘绳	ϕ14mm	3根	15m以上
19		绝缘吊绳	ϕ12mm	2根	15m
20		两眼绝缘绳套	ϕ16mm	1根	0.8~1m
21	其他特殊工器具	短铲		2把	

5. 作业步骤

（1）工具储运和检测。

1）领用绝缘工具、安全用具及辅助器具，应核对工器具的使用电压等级和试验周期。

2）领用绝缘工器具，应检查外观是否完好无损。

3）工器具运输前，各种工器具应存放在工具袋或工具箱内，金属工具和绝缘工器具应

分开装运，以防止相互碰擦造成外表损坏，降低工器具的绝缘水平。

（2）现场操作前的准备。

1）工作负责人应按带电作业工作票内容与当值调度员联系。

2）工作负责人核对线路名称、杆号。

3）工作前工作负责人检查电杆质量、坑洞符合要求。

4）绝缘斗臂车、吊车进入合适位置，并可靠接地；根据道路情况设置安全围栏、警告标志或路障。

5）工作负责人召集工作人员交代工作任务，对工作班成员进行危险点告知、交代安全措施和技术措施，确认每一个工作班成员都已知晓，检查工作班成员精神状态是否良好，人员是否合适。

6）根据分工情况整理材料，对安全用具、绝缘工具进行检查，绝缘工具应使用2500V及以上绝缘测试仪进行分段绝缘检测，绝缘电阻值应不小于700MΩ（在出库前如已测试过的可省去现场测试步骤）。

7）查看确认绝缘臂、绝缘斗良好，调试斗臂车（在出车前如已调试过的可省去此步骤）。

8）1号电工戴好绝缘手套和防护手套，进入绝缘斗内，挂好保险钩。

（3）操作步骤。

1）地面电工将3组绝缘定滑车组分别安装在26m斗臂车绝缘臂上（间距1m），然后由工作负责人指挥斗臂车将绝缘臂调整到导线的上方2m处。

2）1号电工将绝缘斗调整到内侧导线下，得到工作监护人许可后，对内侧导线套好绝缘遮蔽罩，3号电工下降相应的绝缘定滑车组上的绝缘拉绳，1号电工将内侧导线放置在绝缘拉绳端部吊钩内，关好保险门，由工作负责人指挥地面电工将导线缓缓提升至合适位置，并固定好绝缘拉绳。

3）由工作负责人指挥地面工用绝缘测高杆测量从带电导线到杆洞平面的净空距离满足安全距离（具体净空距离见GB/T 18857—2008）。

4）其余两相导线的提升按方法2）依次进行。

5）三相导线的提升，可按由简单到复杂、先易后难的原则进行，先近（内侧）后远（外侧），完成后1号电工调整绝缘斗退出工作区域。

6）工作负责人指挥吊车开始起吊电杆。

7）地面工将吊钩系好吊电杆千斤（吊点在电杆重心上方0.5～1m处），工作负责人指挥吊车缓缓起吊电杆，在距地面1m时暂停起吊，进行下列工作：① 检查吊车撑脚及其他受力部位的情况正常；② 在电杆端部罩上电杆遮蔽罩，做好绝缘防护措施；③ 3、4号电工在吊点以下20cm处系好两侧风绳以控制电杆两侧方向。

8）工作负责人指挥吊车缓缓起吊，特别是在电杆起立到杆顶接近、穿越导线时，3、4号电工穿好绝缘靴、戴好绝缘手套及防护手套，控制控制杆根以减少电杆晃动，工作负责人应密切注意杆顶遮蔽罩与有电线路的距离，严禁遮蔽罩警示线超出有电线路。如有疑问时，应即停止起吊，待确认无问题后，才能继续起吊电杆。在电杆起立过程中，工作监护人应站在杆洞边电杆上风侧，配合工作负责人注意控制电杆的两侧方向的平衡情况和杆根的入洞情况。

9）电杆起立，校正后回土夯实。

10）工作负责人指挥2号电工登杆，拆除立杆千斤和两侧拉绳，同时1号电工在地面电工协助下组装绝缘小吊臂，将绝缘斗臂车驶到杆顶附近并和2号电工配合将绝缘遮蔽罩吊下，并安装横担、绝缘子和绝缘子绝缘遮蔽罩。

11）1号电工返回地面，在地面电工协助下拆除绝缘小吊臂；2号电工返回地面，吊车撤离工作区域。

12）1号电工将绝缘斗调整到中相导线下适当位置处（绝缘斗距电杆不少于0.5m），工作负责人指挥地面电工将26m斗臂车滑车组在1号电工的配合下将中相导线缓缓下降到中相绝缘子顶槽中，1号电工将中相导线用戴好绝缘手套的手把扎线固定好，拆除绝缘拉绳端部吊钩和绝缘子绝缘遮蔽罩。

13）其余两相导线的安装按方法12）依次进行。

14）三相导线的安装，可按由复杂到简单、先难后易的原则进行，先远（外侧）后近（内侧），或根据现场情况先中间、后两侧。

15）三相导线的安装工作结束后，按先中间，后两边的顺序拆除导线绝缘遮蔽罩，最后1号电工将绝缘斗退出有电工作区域，返回地面。

（4）工作终结。

1）工作负责人对完成的工作作一个全面的检查，确认符合验收规范要求后，记录在册并召开收工会进行工作点评后，宣布工作结束。

2）工作完毕后，汇报当值调度工作已经结束，工作班撤离现场。

6. 安全措施及注意事项

（1）气象条件。

1）带电作业应在良好天气下进行。如遇雷电（听见雷声、看见闪电）、雪、雹、雨、雾等，不准进行带电作业。风力大于5级时，一般不宜进行带电作业。在特殊情况下，必须在恶劣天气进行带电抢修时，应组织有关人员充分讨论并编制必要的安全措施，经本单位分管生产领导（总工程师）批准后方可进行。

2）相对湿度大于80%的天气，若需进行带电作业，应采用具有防潮性能的绝缘工具。

（2）作业环境。

1）作业现场和绝缘斗臂车、吊车两侧，应根据道路情况设置安全围栏、警告标志或路障，防止外人进入工作区域；如在车辆繁忙地段还应与交通管理部门取得联系，以取得配合。

2）夜间作业进行本项目应有足够的照明。

（3）安全距离及有效绝缘长度。

1）作业用绝缘工具都应经过摇测，绝缘电阻应不小于700MΩ（电极间距2cm）。

2）工作时绝缘斗臂车的绝缘有效长度应保持1.5m。

3）在带电作业时，应保持对地不小于0.5m，对邻相导线不小于0.7m的安全距离；如不能确保该安全距离时，应采用绝缘挡板、管、毯及其他绝缘遮蔽措施。

4）绝缘手套仅作为辅助绝缘，不能作主绝缘使用。

（4）遮蔽措施。

1）三相导线加绝缘遮蔽罩。

2）电杆吊起时应在电杆梢部加电杆遮蔽罩或特殊绝缘毯。

3）新立电杆上绝缘子上加装绝缘子绝缘遮蔽罩。

4）作业线路下层有低压线路合杆时，如妨碍作业，应对相关低压线路加绝缘遮蔽罩或绝缘毯遮蔽。

（5）重合闸。本项目需停用线路重合闸。

（6）关键点。

1）在接触带电导线前应得到工作监护人的认可。

2）电杆起立过程中，工作人员应确保电杆与有电线路保持0.7m以上安全距离。

3）立杆时，吊车吊臂与有电线路保持1.5m以上安全距离；电杆起立超过60°后，杆根不应离地。

4）2号电工在登杆作业时，应对有电线路保持不小于0.5m的安全距离。

5）地面电工在挡电杆根部的时候，必须穿好绝缘靴、戴好绝缘手套及防护手套，严禁用手直接接触穿越线档过程中的电杆。

6）提升导线前及提升过程中，应检查两侧电杆上的导线扎线是否牢靠，如有松动、脱线现象，必须重新绑扎加固后方可进行作业。

7）提升和下降导线时，要缓缓进行，以防止导线晃动，以造成相间短路；地面的绝缘绳固定应可靠牢固，避免松动。

8）在作业时，严禁人体同时接触2个不同的电位。

（7）其他安全注意事项。

1）开工前由工作负责人持带电作业工作票与当值调度取得联系，工作负责人应核对工作票中工作任务与现场工作线路名称及杆号是否一致。

2）绝缘斗臂车、吊车应可靠接地，在作业前应进行操作检查。

3）当斗臂车绝缘斗距有电线路1～2m或工作转移时，应缓慢移动，动作要平稳，严禁使用快速挡；绝缘斗臂车在作业时，发动机不能熄火（电能驱动型除外），以保证液压系统处于工作状态。

4）在操作绝缘斗移动时，应防止与电杆、导线、周围障碍物、邻近绝缘斗臂车碰擦。

5）在同杆架设线路上工作与上层线路小于安全距离规定，且无法采取安全措施时，不得进行该项工作。

6）上、下传递工具、材料均应使用绝缘绳，严禁抛、扔。

7）本项目工作不少于8人。

二、撤除电杆

（一）撤除直线电杆（提升导线法）

1. 作业方式

绝缘手套作业法。

2. 适用范围

20kV线路直线杆。

3. 人员组合

本项目需要7人，具体人员分工见表2-4-9。

表2-4-9 人员分工表

人员分工	人数	人员分工	人数
工作负责人（兼吊车指挥）	1	地面电工（2、3号电工）	2
工作监护人	1	8t吊车操作人员	1
斗内电工（1号电工）	1	26m斗臂车操作人员	1

4. 工具配备

一览表（包括个人防护用具）见表2-4-10。

表2-4-10 工具配备一览表

序号	工器具名称		规格、型号	数量	备注
1	特种车辆	绝缘斗臂车	20kV	1辆	含车斗
2		绝缘斗臂车	26m	1辆	含车斗
3		吊车	8t	1辆	
4	个人绝缘防护用具	绝缘手套	20kV	1副	
5		防护手套		1副	
6		斗内安全带		1副	
7		绝缘披肩或绝缘服	20kV	1件	
8	绝缘遮蔽用具	绝缘遮蔽罩	20kV	6根	
9		绝缘遮蔽罩	1m	3根	
10		绝缘毯	20kV	3块	
11		边相绝缘子绝缘遮蔽罩	20kV	2只	
12		中相绝缘子绝缘遮蔽罩	45kV	1只	
13	绝缘工器具	绝缘定滑车组		3套	
14		绝缘操作杆	20kV	1根	0.8m
15		绝缘绳	ϕ14mm	2根	15m以上
16		绝缘吊绳	ϕ12mm	2根	15m
17		两眼绝缘绳套	ϕ16mm	3根	0.8～1m
18	其他特殊工器具	短铲		2把	

5. 作业步骤

（1）工具储运和检测。

1）领用绝缘工具、安全用具及辅助器具，应核对工器具的使用电压等级和试验周期。

2）领用绝缘工器具，应检查外观是否完好无损。

3）工器具运输前，各种工器具应存放在工具袋或工具箱内，金属工具和绝缘工器具应分开装运，以防止相互碰擦造成外表损坏，降低工器具的绝缘水平。

（2）现场操作前的准备。

1）工作负责人应按带电作业工作票内容与当值调度员联系。

2）工作负责人核对线路名称、杆号。

3）工作前工作负责人检查确认电杆质量符合要求。

4）绝缘斗臂车、吊车进入合适位置，并可靠接地；根据道路情况设置安全围栏、警告标志或路障。

5）工作负责人召集工作人员交代工作任务，对工作班成员进行危险点告知、交代安全措施和技术措施，确认每一个工作班成员都已知晓，检查工作班成员精神状态是否良好，人员是否合适。

6）根据分工情况整理材料，对安全用具、绝缘工具进行检查，绝缘工具应使用2500V及以上绝缘测试仪进行分段绝缘检测，绝缘电阻值应不小于700MΩ（在出库前如已测试过的可省去现场测试步骤）。

7）查看确认绝缘臂、绝缘斗良好，调试斗臂车（在出车前如已调试过的可省去此步骤）。

8）1号电工戴好绝缘手套和防护手套，穿好20kV绝缘披肩或绝缘服，进入绝缘斗内，挂好斗内安全带保险钩。

（3）操作步骤。

1）地面电工将3组绝缘定滑车组分别安装在26m斗臂车绝缘臂上（间距1m），然后由工作负责人指挥斗臂车将绝缘臂调整到导线的上方2m左右处。

2）1号电工将绝缘斗调整到内侧导线下，得到工作监护人许可后，对内侧导线套好绝缘遮蔽罩，3号电工下降相应的绝缘定滑车组上的绝缘拉绳，1号电工将内侧导线放置在绝缘拉绳端部吊钩内，关好保险门；1号电工加好绝缘子绝缘遮蔽罩，拆除相应导线扎线，由工作负责人指挥地面电工将导线缓缓提升至超出杆顶1m以上，并固定好绝缘拉绳。

3）其余两相导线的提升按方法2）依次进行。

4）三相导线的提升，可按由简单到复杂、先易后难的原则进行，先近（内侧）后远（外侧），先两边相后中相。

5）提升导线工作结束后1号电工拆除电杆所有设备，准备安装电杆千斤（吊点在电杆地上部分1/2处）（注：同杆架设线路吊钩穿越低压线时应做好千斤的接地工作；低压导线应加装绝缘遮蔽罩并用绝缘绳向两侧拉开，增加电杆下降的通道宽度；并在电杆低压导线下方位置增加两道横风绳）。

6）工作负责人指挥吊车开始准备起吊电杆。

7）工作负责人指挥吊车缓缓起吊电杆，在电杆千斤完全受力时暂停起吊，进行下列工作：① 检查确认吊车撑脚及其他受力部位的情况正常；② 2、3号电工在杆根处系好绝缘绳以控制杆根方向。

8）工作负责人指挥地面电工敲除电杆沿地面根部水泥并剪断水泥杆钢筋，工作负责人指挥吊车将电杆平稳的下放至地面（注：同杆架设线路应顺线路方向下降电杆），地面电工将杆洞回土夯实。

9）工作负责人指挥26m斗臂车滑车组将导线缓缓下降，1号电工先拆除中相后拆除两边相的绝缘拉绳端部吊钩及绝缘遮蔽罩，工作完成后，作业人员返回地面。

(4) 工作终结。

1) 工作负责人对完成的工作作一个全面的检查，确认符合验收规范要求后，记录在册并召开收工会进行工作点评后，宣布工作结束。

2) 工作完毕后，汇报当值调度工作已经结束，工作班撤离现场。

6. 安全措施及注意事项

(1) 气象条件。

1) 带电作业应在良好天气下进行。如遇雷电（听见雷声、看见闪电）、雪、雹、雨、雾等，不准进行带电作业。风力大于5级时，一般不宜进行带电作业。在特殊情况下，必须在恶劣天气进行带电抢修时，应组织有关人员充分讨论并编制必要的安全措施，经本单位分管生产领导（总工程师）批准后方可进行。

2) 相对湿度大于80%的天气，若需进行带电作业，应采用具有防潮性能的绝缘工具。

(2) 作业环境。

1) 作业现场和绝缘斗臂车、吊车两侧，应根据道路情况设置安全围栏、警告标志或路障，防止外人进入工作区域；如在车辆繁忙地段还应与交通管理部门取得联系，以取得配合。

2) 夜间作业进行本项目应有足够的照明。

(3) 安全距离及有效绝缘长度。

1) 作业用绝缘工具都应经过摇测，绝缘电阻应不小于700MΩ（电极间距2cm）。

2) 工作时绝缘斗臂车的绝缘有效长度应保持1.5m。

3) 在带电作业时，应保持对地不小于0.5m，对邻相导线不小于0.7m的安全距离；如不能确保该安全距离时，应采用绝缘挡板、管、毯及其他绝缘遮蔽措施。

4) 绝缘手套仅作为辅助绝缘，不能作主绝缘使用。

(4) 遮蔽措施。

1) 三相导线加绝缘遮蔽罩。

2) 作业线路下层有低压线路合杆时，如妨碍作业，应对相关低压线路加绝缘遮蔽罩或绝缘毯遮蔽。

(5) 重合闸。本项目一般不需停用线路重合闸。

(6) 关键点。

1) 在接触带电导线前应得到工作监护人的认可。

2) 电杆撤除过程中，工作人员应确保电杆与有电线路保持1m以上安全距离。

3) 撤杆时，吊车吊臂与有电线路保持1.5m以上安全距离。

4) 提升导线前及提升过程中，应检查两侧电杆上的导线扎线是否牢靠，如有松动、脱线现象，必须重新绑扎加固后方可进行作业。

5) 提升和下降导线时，要缓缓进行，以防止导线晃动，以免造成相间短路；地面的绝缘绳固定应可靠牢固，避免松动。

6) 在作业时，严禁人体同时接触2个不同的电位。

(7) 其他安全注意事项。

1) 开工前由工作负责人持带电作业工作票与当值调度取得联系，工作负责人应核对工作票中工作任务与现场工作线路名称及杆号是否一致。

2）绝缘斗臂车、吊车应可靠接地，在作业前应进行操作检查。

3）当斗臂车绝缘斗距有电线路1～2m或工作转移时，应缓慢移动，动作要平稳，严禁使用快速挡；绝缘斗臂车在作业时，发动机不能熄火（电能驱动型除外），以保证液压系统处于工作状态。

4）在操作绝缘斗移动时，应防止与电杆、导线、周围障碍物、邻近绝缘斗臂车碰擦。

5）在同杆架设线路上工作与上层线路小于安全距离规定，且无法采取安全措施时，不得进行该项工作。

6）上、下传递工具、材料均应使用绝缘绳，严禁抛、扔。

7）本项目工作不少于7人。

（二）撤除直线电杆（支撑导线法）

1. 作业方式

绝缘手套作业法。

2. 适用范围

20kV线路直线杆。

3. 人员组合

本项目需要7人，具体人员分工见表2－4－11。

表2－4－11　人员分工表

人员分工	人数	人员分工	人数
工作负责人（兼吊车指挥）	1	杆上电工（2号电工）	1
工作监护人	1	地面电工（3、4号电工）	2
斗内电工（1号电工）	1	8t吊车操作人员	1

4. 工具配备

一览表（包括个人防护用具）见表2－4－12。

表2－4－12　工具配备一览表

序号	工器具名称		规格、型号	数量	备注
1	特种车辆	绝缘斗臂车（配有绝缘横担支架）	20kV	1辆	含车斗
2		吊车	8t	1辆	
3	个人绝缘防护用具	绝缘手套	20kV	1副	
4		防护手套		1副	
5		斗内安全带		1副	
6		绝缘披肩或绝缘服	20kV	1件	
7	绝缘遮蔽用具	绝缘遮蔽罩	20kV	6根	
8		绝缘遮蔽罩	1m	3根	
9		绝缘毯	20kV	3块	
10		边相绝缘子绝缘遮蔽罩	20kV	2只	
11		中相绝缘子绝缘遮蔽罩	45kV	1只	

续表

序号	工器具名称		规格、型号	数量	备注
12	绝缘工器具	绝缘绳	ϕ14mm	2根	15m 以上
13		绝缘吊绳	ϕ12mm	2根	15m
14		两眼绝缘绳套	ϕ16mm	3根	0.8～1m
15	其他特殊工器具	短铲		2把	

5. 作业步骤

（1）工具储运和检测。

1）领用绝缘工具、安全用具及辅助器具，应核对工器具的使用电压等级和试验周期。

2）领用绝缘工器具，应检查外观是否完好无损。

3）工器具运输前，各种工器具应存放在工具袋或工具箱内，金属工具和绝缘工器具应分开装运，以防止相互碰擦造成外表损坏，降低工器具的绝缘水平。

（2）现场操作前的准备。

1）工作负责人应按带电作业工作票内容与当值调度员联系。

2）工作负责人核对线路名称、杆号。

3）工作前工作负责人检查确认电杆质量符合要求。

4）绝缘斗臂车、吊车进入合适位置，并可靠接地；根据道路情况设置安全围栏、警告标志或路障。

5）工作负责人召集工作人员交代工作任务，对工作班成员进行危险点告知、交代安全措施和技术措施，确认每一个工作班成员都已知晓，检查工作班成员精神状态是否良好，人员是否合适。

6）根据分工情况整理材料，对安全用具、绝缘工具进行检查，绝缘工具应使用2500V及以上绝缘测试仪进行分段绝缘检测，绝缘电阻值应不小于700MΩ（在出库前如已测试过的可省去现场测试步骤）。

7）查看确认绝缘臂、绝缘斗良好，调试斗臂车（在出车前如已调试过的可省去此步骤）。

8）1号电工戴好绝缘手套和防护手套，穿好20kV绝缘披肩或绝缘服，进入绝缘斗内，挂好斗内安全带保险钩。

（3）操作步骤。

1）1号电工将绝缘斗调整到内侧导线下，得到工作监护人许可后，对内侧导线加套绝缘遮蔽罩。

2）其余两相按方法1）、方法2）进行，由内到外，先两侧后中相。

3）将绝缘斗返回地面，在地面电工配合下在吊臂上组装撑杆及绝缘横担后返回导线下准备支撑导线。

4）1号电工调整吊臂使三相导线分别置于绝缘横担上的滑轮内，然后加上保险。

5）1号电工操作将绝缘撑杆缓缓上升，使绝缘撑杆受力；1号电工加好瓷瓶绝缘遮蔽罩，拆除导线扎线，缓缓支撑起三相导线至超出杆顶1m以上的位置。

6）工作负责人指挥2号电工登杆拆除电杆所有设备，并系好电杆两眼绝缘绳套（吊点在电杆地上部分1/2处）（注：同杆架设线路吊钩穿越低压线时应做好千斤的接地工作；低压导线应加装绝缘遮蔽罩并用绝缘绳向两侧拉开，增加电杆下降的通道宽度；并在电杆低压导线下方位置增加两道横风绳），工作结束后作业人员返回地面。

7）工作负责人指挥吊车缓缓起吊电杆，在电杆两眼绝缘绳套完全受力时暂停起吊，进行下列工作：① 检查吊车撑脚及其他受力部位的情况正常；② 3、4号电工在杆根处系好绝缘绳以控制杆根方向。

8）工作负责人指挥地面电工敲除电杆沿地面根部水泥并剪断水泥杆钢筋，工作负责人指挥吊车将电杆平稳的下放至地面（注：同杆架设线路应顺线路方向下降电杆），地面电工将杆洞回土夯实。

9）工作负责人指挥1号电工打开滑轮保险，操作绝缘斗臂车使导线完全脱离绝缘横担，然后拆除绝缘遮蔽罩。

10）1号电工将绝缘斗退出有电工作区域，作业人员返回地面。

（4）工作终结。

1）工作负责人对完成的工作作一个全面的检查，确认符合验收规范要求后，记录在册并召开收工会进行工作点评后，宣布工作结束。

2）工作完毕后，汇报当值调度工作已经结束，工作班撤离现场。

6. 安全措施及注意事项

（1）气象条件。

1）带电作业应在良好天气下进行。如遇雷电（听见雷声、看见闪电）、雪、雹、雨、雾等，不准进行带电作业。风力大于5级时，一般不宜进行带电作业。在特殊情况下，必须在恶劣天气进行带电抢修时，应组织有关人员充分讨论并编制必要的安全措施，经本单位分管生产领导（总工程师）批准后方可进行。

2）相对湿度大于80%的天气，若需进行带电作业，应采用具有防潮性能的绝缘工具。

（2）作业环境。

1）作业现场和绝缘斗臂车、吊车两侧，应根据道路情况设置安全围栏、警告标志或路障，防止外人进入工作区域；如在车辆繁忙地段还应与交通管理部门取得联系，以取得配合。

2）夜间作业进行本项目应有足够的照明。

（3）安全距离及有效绝缘长度。

1）作业用绝缘工具都应经过摇测，绝缘电阻应不小于700MΩ（电极间距2cm）。

2）工作时绝缘斗臂车的绝缘有效长度应保持1.5m。

3）在带电作业时，应保持对地不小于0.5m，对邻相导线不小于0.7m的安全距离；如不能确保该安全距离时，应采用绝缘挡板、管、毯及其他绝缘遮蔽措施。

4）绝缘手套仅作为辅助绝缘，不能作主绝缘使用。

（4）遮蔽措施。

1）三相导线加绝缘遮蔽罩。

2）作业线路下层有低压线路合杆时，如妨碍作业，应对相关低压线路加绝缘遮蔽罩或绝缘毯遮蔽。

（5）重合闸。本项目一般不需停用线路重合闸。

（6）关键点。

1）在接触带电导线前应得到工作监护人的认可。

2）电杆撤除过程中，工作人员应确保电杆与有电线路保持1m以上安全距离。

3）撤杆时，吊车吊臂与有电线路保持1.5m以上安全距离。

4）支撑导线前及支撑过程中，应检查两侧电杆上的导线扎线是否牢靠，如有松动、脱线现象，必须重新绑扎加固后方可进行作业。

5）支撑和下降导线时，要缓缓进行，以防止导线晃动，以免造成相间短路；地面的绝缘绳固定应可靠牢固，避免松动。

6）在作业时，严禁人体同时接触2个不同的电位。

（7）其他安全注意事项。

1）开工前由工作负责人持带电作业工作票与当值调度取得联系，工作负责人应核对工作票中工作任务与现场工作线路名称及杆号是否一致。

2）绝缘斗臂车、吊车应可靠接地，在作业前应进行操作检查。

3）当斗臂车绝缘斗距有电线路1～2m或工作转移时，应缓慢移动，动作要平稳，严禁使用快速挡；绝缘斗臂车在作业时，发动机不能熄火（电能驱动型除外），以保证液压系统处于工作状态。

4）在操作绝缘斗移动时，应防止与电杆、导线、周围障碍物、邻近绝缘斗臂车碰擦。

5）在同杆架设线路上工作与上层线路小于安全距离规定，且无法采取安全措施时，不得进行该项工作。

6）上、下传递工具、材料均应使用绝缘绳，严禁抛、扔。

7）本项目工作不少于7人。

第五节 安 装 设 备

带负荷安装柱上负荷开关

1. 作业方式

绝缘手套作业法。

2. 适用范围

20kV线路直线杆、耐张杆、终端杆、分支杆。

3. 人员组合

本项目需要6人，具体人员分工见表2－5－1。

表2－5－1 人员分工表

人员分工	人数	人员分工	人数
工作负责人（兼工作监护人）	1	地面电工（5号电工）	1
斗内电工（1、2、3、4号电工）	4		

注 绝缘斗臂车操作工分别由斗内电工兼任。

4. 工具配备

一览表（包括个人防护用具）见表2-5-2。

表2-5-2　　工具配备一览表

序号	工器具名称		规格、型号	数量	备注
1	特种车辆	绝缘斗臂车	20kV	2辆	含车斗
2	个人绝缘防护用具	绝缘手套	20kV	4副	
3		防护手套		4副	
4		绝缘袖套	20kV	4副	
5		斗内安全带		4副	
6	绝缘遮蔽用具	导线遮蔽罩	20kV	12根	
7		绝缘毯	20kV	若干	
8	绝缘工器具	断线剪（钳）	短式	1把	绝缘
9		橡胶绝缘子遮蔽罩	20kV	若干	
10		线夹安装工具	楔形	1把	
11		拉（合）闸操作杆	20kV	1根	
12		剥线钳		1把	
13		绝缘绳	ϕ12mm	1根	15m
14		绝缘操作杆	20kV	1根	0.8m
15		开关专用吊绳	ϕ12mm	1条	15m
16		高压核相器	20kV	1副	
17	其他主要工器具	绝缘测试仪	2500V及以上	1套	
18		钳形电流表		1只	
19		绝缘引流线	20kV（300A）	3根	

5. 作业步骤

（1）工具储运和检测。

1）领用绝缘工具、安全用具及辅助器具，应核对工器具的使用电压等级和试验周期。

2）领用绝缘工器具，应检查外观是否完好无损。

3）工器具运输前，各种工器具应存放在工具袋或工具箱内，金属工具和绝缘工器具应分开装运，以防止相互碰擦造成外表损坏，降低工器具的绝缘水平。

（2）现场操作前的准备。

1）工作负责人应按带电作业工作票内容与当值调度员联系。

2）工作负责人核对线路名称、杆号。

3）作业人员检查电杆、拉线及周围环境。

4）绝缘斗臂车进入工作现场，定位于最佳工作位置并装好接地线。在作业现场设置安全围栏和警示标志。

5）工作负责人召集工作人员交代工作任务，对工作班成员进行危险点告知、交代安全措施和技术措施，确认每一个工作班成员都已知晓，检查工作班成员精神状态是否良好，人

员是否合适。

6）根据分工情况整理材料，对安全用具、绝缘工具进行检查，绝缘工具应使用2500V及以上绝缘测试仪进行分段绝缘检测，绝缘电阻值应不小于700MΩ（在出库前如已测试过的可省去现场测试步骤）。

7）查看确认绝缘臂、绝缘斗良好，调试斗臂车（在出车前如已调试过的可省去此步骤）。

8）斗内电工穿戴全套安全防护用具，挂好保险钩，携带遮蔽用具和作业工具进入工作斗，并应分类放在工作斗中和工具袋中。

（3）操作步骤。

1）地面人员检查开关在断开位置，并对负荷开关进行必要的绝缘遮蔽。

2）斗内电工起升工作斗，定位到便于作业的位置，按照由近至远、从大到小、从下到上的原则，对作业范围内的所有带电体和接地体进行绝缘遮蔽。使用绝缘毯时应用绝缘夹夹紧，防止脱落。

3）以最小范围移开导线遮蔽罩，采用绝缘引流线短接横担两侧的导线，组装绝缘引流线的导线处应清除氧化层，且线夹接触应牢固可靠。

4）绝缘引流线的一端连接完毕后，另一端的线夹应进行绝缘遮蔽。绝缘引流线应与其他相带电体和接地体保持安全距离。绝缘引流线应避开负荷开关安装位置。

5）绝缘引流线两端连接完毕且遮蔽完好后，应采用电流检测仪检测引流线电流，确认连接良好。

6）采用同样方法短接其他两相引流线。

7）斗内电工互相配合断开三相导线的引流线并可靠固定，迅速恢复绝缘遮蔽。

8）斗内电工操作小吊使用绝缘吊绳将负荷开关提升至开关横担处，进行负荷开关与横担的连接组装并确认开关在“分”的位置，安装完成后进行绝缘遮蔽。

9）2辆斗臂车的斗内电工分别在负荷开关两侧进行负荷开关引线与导线的搭接。搭接完毕后，迅速恢复绝缘遮蔽。

10）检查引流线连接无误后，合上负荷开关并确认开关在“合”的位置，采用电流检测仪检测引流线电流，确认连接良好。

11）依次拆除绝缘引流线，及时恢复绝缘遮蔽。拆除时，应注意引流线与其他相带电体和接地体保持安全距离。

12）检查设备正常后，依次拆除绝缘遮蔽，拆除时注意身体与带电体保持安全距离。

13）斗内电工全面检查作业质量及构架上状况无误后，操作绝缘斗臂车返回地面。

（4）工作终结。

1）工作负责人全面检查工作完成情况无误后，组织清理现场及工具。确认符合验收规范要求后，记录在册并召开收工会进行工作点评，宣布工作结束。

2）工作负责人向当值调度员汇报工作已经结束，停用重合闸的履行恢复程序。工作班撤离现场。

6. 安全措施及注意事项

（1）气象条件。

1）带电作业应在良好天气下进行。如遇雷电（听见雷声、看见闪电）、雪、雹、雨、雾等，不准进行带电作业。风力大于5级时，一般不宜进行带电作业。在特殊情况下，必须在恶劣天气进行带电抢修时，应组织有关人员充分讨论并编制必要的安全措施，经本单位分管生产领导（总工程师）批准后方可进行。

2）相对湿度大于80%的天气，若需进行带电作业，应采用具有防潮性能的绝缘工具。

（2）作业环境。

1）作业现场和绝缘斗臂车两侧，应根据道路情况设置安全围栏、警告标志或路障，防止外人进入工作区域；如在车辆繁忙地段还应与交通管理部门取得联系，以取得配合。

2）夜间作业进行本项目应有足够的照明。

（3）安全距离及有效绝缘长度。

1）作业用绝缘工具都应经过摇测，绝缘电阻应不小于700MΩ（电极间距2cm）。

2）工作时绝缘斗臂车的绝缘有效长度应保持1.5m。

3）在带电作业时，应保持对地不小于0.5m，对邻相导线不小于0.7m的安全距离；如不能确保该安全距离时，应采用绝缘挡板、管、毯及其他绝缘遮蔽措施。

4）绝缘手套仅作为辅助绝缘，不能作主绝缘使用。

（4）遮蔽措施。

1）耐张绝缘子上加装绝缘子遮蔽罩或绝缘毯遮蔽。

2）作业线路下层有低压线路合杆时，如妨碍作业，应对相关低压线路加绝缘遮蔽罩或绝缘毯遮蔽。

（5）重合闸。本项目需停用线路重合闸。

（6）关键点。

1）在接触带电导线前应得到工作监护人的认可。

2）收紧导线后应用绝缘拉线绳拉紧并固定。

3）在作业时，严禁人体同时接触2个不同的电位。

（7）其他安全注意事项。

1）开工前由工作负责人持带电作业工作票与当值调度取得联系，工作负责人应核对工作票中工作任务与现场工作线路名称及杆号是否一致。

2）绝缘斗臂车应可靠接地，在作业前应进行操作检查。

3）当斗臂车绝缘斗距有电线路1~2m或工作转移时，应缓慢移动，动作要平稳，严禁使用快速挡；绝缘斗臂车在作业时，发动机不能熄火（电能驱动型除外），以保证液压系统处于工作状态。

4）在操作绝缘斗移动时，应防止与电杆、导线、周围障碍物、邻近绝缘斗臂车碰擦。

5）在同杆架设线路上工作与上层线路小于安全距离规定，且无法采取安全措施时，不得进行该项工作。

6）上、下传递工具、材料均应使用绝缘绳，严禁抛、扔。

7）本项目工作不少于6人。

第三章

35kV配电线路带电作业操作方法

第一节 更换设备

一、更换直线绝缘子串

（一）更换直线绝缘子串（绝缘滑车组作业法）

1. 作业方式

绝缘操作杆作业法（采用2－2绝缘滑车组）。

2. 适用范围

35kV线路单回上字形或水平排列直线杆塔。

3. 人员组合

本项目工作人员计5名，其中工作负责人（监护人）1名；杆上1号电工；杆上2号电工；地面电工2名。

4. 工具配备

一览表见表3－1－1。

表3－1－1　　工具配备一览表

序号	工器具名称		规格、型号	数量	备注
1	绝缘工具	2－2绝缘滑车组	20kN	1副	配防潮型绝缘绳索
2		防潮绝缘传递绳	φ10mm	1条	按杆塔高度选
3		高强度防潮绝缘绳	φ20mm	1条	导线后备保护钩
4		绝缘操作杆	35kV	1根	
5	金属工具	绝缘子拔销钳		1把	
6		瓷绝缘子检测仪		1台	备用
7		滑车组横担固定器	20kN	1个	
8	个人防护用具	安全帽		5顶	
9		绝缘安全带		2条	
10	辅助安全用具	工具袋		2只	装绝缘工具用
11		绝缘电阻检测仪	5000V	1台	电极宽2cm、极间宽2cm
12		防潮苫布	3m×3m	1块	
13		脚扣	φ300mm	2副	混凝土杆时用

注 1. 瓷质绝缘子检测装置包括：分布电压检测仪、绝缘电阻检测仪和火花间隙装置等。若采用火花间隙装置测零时，每次检测前应用专用塞尺按DL 415—2009《带电作业用火花间隙检测装置》要求测量放电间隙尺寸。
2. 地电位人身不能保持对带电体0.6m安全距离时，对不满足的带电体应进行绝缘遮蔽。

5. 作业步骤

（1）作业前工作负责人组织学习本作业项目的作业指导书，根据本次工作内容决定是否需组织技术骨干去现场勘察，若需勘察应按本次作业现场勘察内容编写修订现场作业指导书，经审核、批准程序后组织学习。

（2）工作前工作负责人向调度申请。内容为：本人为工作负责人×××，××××年××月××日需在35kV××线路上带电更换绝缘子工作，本作业不需停用线路重合闸装置，若遇线路跳闸，不经联系，不得强送电。得到调度许可后，核对线路双重名称和杆号。

（3）全体工作成员列队，工作负责人现场宣读工作票、交代工作任务、交代安全措施和技术措施；查看（问）作业人员精神状况、劳动保护着装情况和工器具是否完好齐全；确认危险点和预防措施，明确作业分工以及安全注意事项。

（4）地面电工将绝缘工具放置在防潮苫布上，用绝缘电阻检测仪检测绝缘工具的绝缘电阻；检查绝缘工具和个人防护用具是否齐全和完好；组装绝缘滑车组，检测新绝缘子的绝缘电阻、污秽清扫和外观检查；查看核对工器具的电气、机械试验合格，标签齐全且处在试验周期内。

（5）杆上1号电工携带绝缘传递绳登塔至横担处，系挂好安全带，将绝缘滑车和绝缘传递绳在作业横担适当位置安装好。杆上2号电工随后登塔。

（6）若是盘形瓷质绝缘子串，地面电工把分布电压（绝缘电阻）检测仪及绝缘操作杆组装好后用绝缘传递绳传递给杆上2号电工，2号电工检测所要更换绝缘子串的零值绝缘子，当同串（3片/串）中发现有1片零值绝缘子时，应立即停止检测，带电更换后重新检测其他2片绝缘子的绝缘是否完好。

（7）杆上1号电工与地面电工相互配合，将绝缘滑车组、横担固定器、导线保护绝缘绳传递至工作位置并安装好。

（8）杆上2号电工用操作杆取出导线侧碗头锁紧销后，在工作负责人的指挥下，地面电工配合用绝缘2-2滑车提升导线，杆上2号电工用操作杆脱离绝缘子串与碗头的连接。

（9）地面电工缓松滑车组将带电导线下落约300mm，杆上1号电工在横担侧第2片绝缘子处系好绝缘传递绳，并取出横担侧绝缘子锁紧销。

（10）地面电工相互配合操作绝缘传递绳，将旧绝缘子串摘开传递至地面，同时新绝缘子串跟随至工作位置，传递中注意控制好空中上、下2串绝缘子串的位置，防止发生相互碰撞。

（11）杆上1号电工安装好新绝缘子横担侧锁紧销，地面电工提升导线配合杆上2号电工用操作杆安装好导线侧球头与碗头并恢复锁紧销。

（12）杆上电工检查绝缘子串锁紧销连接情况，确保连接可靠。

（13）报经工作负责人同意后，杆上电工拆除绝缘滑车组及导线后备保护绳，依次传递至地面。

（14）杆上电工检查塔上无遗留工具后，汇报工作负责人，得到同意后背绝缘传递绳平稳下塔。

（15）地面电工整理所有工器具，工作负责人（监护人）清点工器具清理现场。

（16）工作负责人向调度汇报。内容为：本人为工作负责人×××，35kV ××线路带电更换直线悬垂绝缘子串工作已结束，塔上人员已撤离，塔上、线上无遗留物，导线、绝缘子和金具等已恢复原状。

6. 安全措施及注意事项

（1）若在海拔1000m以上线路上带电作业时，应根据作业区的实际海拔高度，计算修正各类空气间隙与固体绝缘的安全距离和长度、绝缘子片数等，经本单位主管生产领导（总工程师）批准后执行。

（2）本次作业前工作负责人应组织全体作业人员学习35kV线路带电更换直线悬垂绝缘子工作的作业指导书。若需组织去现场勘察的，应将勘察和现场商榷的作业方法等修订编制成本杆塔的现场作业指导书，经本单位技术负责人或主管生产负责人批准后，向全体作业人员交底并执行。

（3）作业应在良好天气下进行。如遇雷电（听见雷声、看见闪电）、雪、雹、雨、雾等不得进行带电作业。风力大于5级时，不宜进行带电作业。

（4）若需在相对空气湿度大于80%的天气下进行带电作业时，宜采用具有防潮性能的绝缘绳索。

（5）本次作业不需停用线路重合闸装置，但工作前应向调度告知：若线路跳闸，不经联系不得强送电。

（6）绝缘工具应放置在防潮苫布上，作业人员戴清洁干燥手套，抽测绝缘工具的绝缘电阻值不得小于700MΩ（电极宽2cm、极间距2cm），不得持标准电极沿硬质绝缘工具表面滑测，以免金属电极划伤绝缘防护层。

（7）新复合绝缘子必须进行外观检查，若是盘形绝缘子应用干净毛巾进行表面清洁处理，瓷质绝缘子摇测的绝缘电阻值不小于500MΩ。

（8）作业人员登杆塔前，应对脚扣、安全带、登高板等进行检查和冲击试验，全体作业人员必须戴安全帽。

（9）上下杆塔、杆塔上移动或转位时，作业人员必须双手攀抓牢固构件（电杆上、下需系好腰绳），且双手不得持带任何工器具。杆塔上作业不得失去安全带的保护。

（10）地电位电工与带电体的安全距离不得小于0.6m，不满足时，应对带电体采取可靠的绝缘隔离措施；绝缘绳的有效绝缘长度不小于0.6m；绝缘操作杆有效绝缘长度不得小于0.9m。

（11）当采用火花间隙装置检测瓷绝缘子时，作业前应按DL 415—2009要求用专用塞尺对火花电极间隙检测复核是否满足本电压等级规定的要求。

（12）若是盘形瓷质绝缘子，作业前应采用电压分布（绝缘电阻）检测仪带电检测绝缘子串，扣除人体短接和零值（自爆）绝缘子片数后，良好绝缘子片数不少于2片（结构高度146mm）。

（13）本次作业必须加装防止导线脱落的后备保护绳。

（14）绝缘子承力工具受力后，需检查各部件的受力情况，冲击试验确认安全可靠后，方可脱开绝缘子串的球头与碗头连接。

（15）杆上电工在系、摘开绝缘子绑扎绳或横担侧摘、挂绝缘子串时，带电导线应降低300mm。

（16）导线侧绝缘子串未摘开前，严禁杆上电工徒手无安全措施摘开横担侧绝缘子串连接，以防止电击伤人。

（17）绝缘工具使用前应用干净毛巾进行表面清洁处理，应戴清洁、干燥纱手套操作绝缘工具，以防绝缘工具受潮和污染。收工或转移作业点，应将绝缘工具装在工具袋内。

（18）地面电工严禁在作业点垂直下方活动，塔上电工应防止高空落物，使用的工具、材料应用绳索传递，不得乱扔。

（19）带电更换悬垂串作业期间，工作监护人应对作业人员进行不间断监护，且不得从事其他工作。

（二）更换直线绝缘子串（绝缘紧线杆作业法）

1. 作业方式

绝缘操作杆作业法。

2. 适用范围

35kV悬垂单、双联（任意串）绝缘子的更换工作。

3. 人员组合

本项目工作人员共计5名。其中工作负责人1名（监护人）、杆上1号电工、杆上2号电工、地面电工2名。

4. 工具配备

一览表见表3－1－2。

表3－1－2　　工具配备一览表

序号	工器具名称		规格、型号	数量	备　注
1	绝缘工具	防潮型绝缘传递绳	ϕ10mm	1根	视作业杆塔高度定
2		防潮型高强度绝缘绳	ϕ20mm	1根	导线后备保护绳
3		绝缘滑车	0.5t	1个	
4		绝缘紧线杆	35kV	1根	
5		绝缘操作杆	35kV	1副	
6	金属工具	横担卡具	20kN	1套	
7		紧线丝杠	20kN	1根	
8		铝合金保护钩		1个	导线保护钩
9		瓷绝缘子检测仪		1个	备用
10	个人防护用具	绝缘安全带		2根	
11		安全帽		5顶	
12	辅助安全用具	防潮苫布	3m×3m	1块	
13		绝缘电阻表	5000V	1块	电极宽2cm、极间宽2cm
14		工具袋		2只	
15		脚扣	ϕ300mm	2副	混凝土杆时用

注　1. 瓷质绝缘子检测装置包括：分布电压检测仪、绝缘电阻检测仪和火花间隙装置等。若采用火花间隙装置测零时，每次检测前应用专用塞尺按DL 415—2009要求测量放电间隙尺寸。

2. 地电位人身不能保持对带电体0.6m安全距离时，对不满足的带电体应进行绝缘遮蔽。

5. 作业步骤

（1）作业前工作负责人组织学习本作业项目的作业指导书，根据本次工作内容决定是否需组织技术骨干去现场勘察，若需勘察应按本次作业现场勘察内容编写修订现场作业指导书，经审核、批准程序后组织学习。

（2）工作前工作负责人向调度申请。内容为：本人为工作负责人×××，××××年××月××日需在35kV××线路上带电更换绝缘子工作，本作业不需停用线路重合闸装置，若遇线路跳闸，不经联系，不得强送电。得到调度许可后，核对线路双重名称和杆号。

（3）全体工作成员列队，工作负责人现场宣读工作票、交代工作任务、交代安全措施和技术措施；查看（问）作业人员精神状况、劳动保护着装情况和工器具是否完好齐全；确认危险点和预防措施，明确作业分工以及安全注意事项。

（4）地面电工将绝缘工具放置在防潮苫布上，用绝缘电阻检测仪检测绝缘工具的绝缘电阻；检查绝缘工具和个人防护用具是否齐全和完好；组装检查紧线工具是否灵活良好；检测新绝缘子的绝缘电阻、污秽清扫和外观检查；查看核对工器具的电气、机械试验合格，标签齐全且处在试验周期内。

（5）杆上1号电工携带绝缘传递绳登杆塔至横担处，系挂好安全带，将绝缘滑车和绝缘传递绳在作业横担适当位置安装好，2号电工登杆。

（6）若是盘形瓷质绝缘子串，地面电工将瓷绝缘子电压分布仪及绝缘操作杆组装好后用绝缘传递绳传递给杆上2号电工，2号电工检测所要更换绝缘子串的零质绝缘子，当同串（3片/串）中发现有1片零值绝缘子时，应立即停止检测，带电更换后重新检测其他2片绝缘子的绝缘是否完好。

（7）杆上电工与地面电工相互配合，将紧线丝杠、绝缘紧线杆、横担卡具、导线保护绳等传递至工作位置，1号电工挂好紧线杆和导线后备保护绳。

（8）杆上电工收紧紧线丝杠，使悬垂绝缘子串松弛。2号电工手持绝缘操作杆钩住导线冲击检查导线提升工具受力完好后报经工作负责人同意后，用绝缘操作杆拆除碗头处的锁紧销，将绝缘子串与碗头脱离。

（9）杆上电工操作导线提升工具将导线降低300mm左右，将绝缘传递绳拴在盘形绝缘子串横担下方的第2和第3片之间（复合绝缘子相同位置），地面电工控制这一端的尾绳，另一地面电工在地面将传递绳的另一端拴住新的绝缘子串相同的位置。

（10）杆上1号电工拔除横担侧球头连接处的绝缘子锁紧销，地面电工收紧传递绳将更换绝缘子串提升，杆上电工摘开横担侧球头。

（11）地面2电工相互配合操作两侧绝缘传递绳，将旧的绝缘子串放下，同时新绝缘子串跟随至工作位置，传递中注意控制好空中上、下2串绝缘子串的位置，防止发生相互碰撞。

（12）杆上电工和地面电工相互配合，恢复新绝缘子串横担侧球头挂环的连接，并安好锁紧销。

（13）杆上1号电工和2号电工相互配合，收紧调整紧线丝杠，提升导线并恢复绝缘子串导线侧的碗头挂板连接，并安好锁紧销。

（14）杆上1号电工松开丝杠，使绝缘子串恢复完全受力状态，2号电工用绝缘操作杆钩住导线冲击检查新绝缘子串的安装受力情况。

（15）报经工作负责人同意后，塔上电工拆除紧线丝杠和绝缘紧线杆等传至地面。

（16）杆上2号电工下杆回落地面。

（17）杆上1号电工检查确认塔上无遗留工具后，汇报工作负责人，得到同意后系背绝缘传递绳平稳下塔。

（18）地面电工整理所用工器具，工作负责人（监护人）清点工器具。

（19）工作负责人向调度汇报，内容为：本人为工作负责人×××，35kV ××线路带电更换直线悬垂绝缘子串工作已结束，塔上人员已撤离，塔上、线上无遗留物，导线、绝缘子和金具等已恢复原状。

6. 安全措施及注意事项

（1）若在海拔1000m以上线路上带电作业时，应根据作业区的实际海拔高度，计算修正各类空气间隙与固体绝缘的安全距离和长度、绝缘子片数等，经本单位主管生产领导（总工程师）批准后执行。

（2）本次作业前工作负责人应组织全体作业人员学习35kV线路带电更换直线悬垂绝缘子工作的作业指导书。若需组织去现场勘察的，应将勘察和现场商榷的作业方法等修订编制成该杆塔的现场作业指导书，经本单位技术负责人或主管生产负责人批准后，向全体作业人员交底并执行。

（3）作业应在良好天气下进行。如遇雷电（听见雷声、看见闪电）、雪雹、雨雾时不得进行带电作业。风力大于5级时，不宜进行作业。

（4）若需在相对空气大于80%的天气下进行带电作业时，应采用具有防潮性能绝缘绳索。

（5）本次作业不需停用线路重合闸装置，但工作前应向调度明确若线路跳闸，不经联系不得强送电的要求。

（6）绝缘工具应放置在防潮苫布上，作业人员戴清洁干燥手套，抽测绝缘工具的绝缘电阻值不得小于700MΩ（电极宽2cm、极间距2cm），不得持标准电极沿硬质绝缘工具表面滑测，以免金属电极划伤绝缘防护层。

（7）新复合绝缘子必须进行外观检查，若是盘形绝缘子应用干净毛巾进行表面清洁处理，瓷质绝缘子摇测的绝缘电阻值不小于500MΩ。

（8）作业人员登杆塔前，应对脚扣、安全带、登高板等进行检查和冲击试验，全体作业人员必须戴安全帽。

（9）上下杆塔、杆塔上移动或转位时，作业人员必须双手攀抓牢固构件（电杆上、下需系好腰绳），且双手不得持带任何工器具。杆塔上作业不得失去安全带的保护。

（10）地电位电工与带电体的安全距离不得小于0.6m，不满足时，应对带电体采取可靠的绝缘隔离措施；绝缘承力工具的有效绝缘长度不小于0.6m；绝缘操作杆有效绝缘长度不得小于0.9m。

（11）当采用火花间隙装置检测瓷绝缘子时，作业前应按DL 415—2009要求用专用塞尺对火花电极间隙检测复核是否满足本电压等级规定的要求。

（12）若是盘形瓷质绝缘子，作业前应采用电压分布（绝缘电阻）检测仪带电检测绝缘子串，扣除人体短接和零值（自爆）绝缘子片数后，良好绝缘子片数不少于2片（结构高度146mm）。

（13）本次作业必须加装防止导线脱落的后备保护绳。

（14）绝缘子承力工具受力后，需检查各部件的受力情况，冲击试验确认安全可靠后，方可脱开绝缘子串的球头与碗头连接。

（15）杆上电工在系、摘开绝缘子绑扎绳或横担侧摘、挂绝缘子串时，带电导线应降低300mm。

（16）导线侧绝缘子串未摘开前，严禁杆上电工徒手无安全措施摘开横担侧绝缘子串连接，以防止电击伤人。

（17）绝缘工器具使用前应用干净毛巾进行表面清洁处理，使用绝缘工具应戴清洁、干燥纱手套，防止受潮和污染，收工或转移作业点，应将绝缘绳、软梯装在工具袋内。

（18）地面电工严禁在作业点垂直下方活动，塔上电工应防止高空落物，使用的工具、材料应用绳索传递，不得乱扔。

（19）带电更换绝缘子串作业期间，工作监护人应对作业人员进行不间断监护，不得从事其他工作。

（三）更换上字形排列直线绝缘子串（绝缘斗臂车、绝缘手套作业法）

1. 作业方式

绝缘斗臂车、绝缘滑车组、绝缘手套作业法。

2. 适用范围

35kV线路直线上字形排列。

3. 人员组合

本作业项目工作人员计5名，其中工作负责人（监护人）1名；斗内1号电工1名；斗内2号电工1名；地面电工2名。

4. 工具配备

一览表见表3-1-3。

表3-1-3 工具配备一览表

序号	工器具名称		规格、型号	数量	备　注
1	绝缘工具	绝缘斗臂车	35kV	1辆	与杆塔高度相适应
2		防潮绝缘传递绳	ϕ10mm	1根	按作业高度选
3		防潮绝缘绳		1根	高强度导线后备保护用
4		绝缘3-3滑车组	20kN	1副	配防潮型绝缘绳索
5		绝缘操作杆	35kV	1根	上字形杆中相绝缘遮蔽用
6	金属工具	铝合金导线钩		1个	
7		横担固定器		1个	
8		瓷绝缘子检测仪		1台	备用
9	个人防护用具	绝缘安全帽	35kV	5顶	
10		斗内安全带		2条	
11		绝缘手套	35kV	2副	
12		防刺穿手套		2副	
13		绝缘披肩	35kV	2套	或绝缘上衣

续表

序号	工器具名称		规格、型号	数量	备　注
14	绝缘隔离用具	绝缘毯	35kV	6块	
15		导线遮蔽罩	35kV	4根	邻近相可用硬质遮蔽罩
16		绝缘毯夹具		若干	
17	辅助安全用具	工具袋		2只	装绝缘工具用
18		防潮苫布	3m×3m	1块	
19		绝缘工具检测仪	5000V	1套	电极宽2cm，极间宽2cm

注　1. 瓷质绝缘子检测装置包括：分布电压检测仪、绝缘电阻检测仪和火花间隙装置等。若采用火花间隙装置测零时，每次检测前应用专用塞尺按 DL 415—2009 要求测量放电间隙尺寸。

2. 只能地面操作的绝缘斗臂车应增加1名专责操作人员。

3. 地电位人身不能保持对带电体0.6m安全距离时，对不满足的带电体应进行绝缘遮蔽。

5. 作业步骤

(1) 作业前工作负责人组织学习本作业项目的作业指导书，根据本次工作内容决定是否需组织技术骨干去现场勘察，若需勘察应按本次作业现场勘察内容编写修订现场作业指导书，经审核、批准程序后组织学习。

(2) 工作前工作负责人向调度申请。内容为：本人为工作负责人×××，××××年××月××日需在35kV ××线路上带电更换绝缘子工作，本作业不需停用线路重合闸装置，若遇线路跳闸，不经联系，不得强送电。得到调度许可后，核对线路双重名称和杆号。

(3) 全体工作成员列队，工作负责人现场宣读工作票、交代工作任务、交代安全措施和技术措施；查看（问）作业人员精神状况、劳动保护着装情况和工器具是否完好齐全；确认危险点和预防措施，明确作业分工以及安全注意事项。

(4) 地面电工将绝缘工具放置在防潮苫布上，用绝缘电阻检测仪检测绝缘工具的绝缘电阻；用绝缘手套检测器充气检查测试有否破损、孔洞等；检查绝缘工具有否损坏、变形、龟裂、破损和个人防护用具是否齐全、完好（在出库前绝缘电阻值如已测试过的可省去现场测试步骤）；组装绝缘滑车组，检测新绝缘子的绝缘电阻、污秽清扫和外观检查；查看核对工器具、绝缘斗臂车的电气、机械试验合格，标签齐全且处在试验周期内；检查绝缘斗臂车的斗、臂有否良好（在出车前如已调试过的可省去此步骤），擦拭绝缘臂、斗的表面和调试斗臂车。

(5) 斗内1、2号电工戴绝缘手套（防刺穿手套）、绝缘安全帽、穿绝缘上衣或绝缘披肩等全套个人防护用具，相互检查穿戴情况。

(6) 根据不同杆塔形式和相别，绝缘斗臂车电工检查斗臂车支撑脚稳固、操作系统升降、回转、制动、接地连接等情况，将斗臂车定位于最适于作业的位置；并向工作负责人汇报。

(7) 斗内1、2号电工进入绝缘斗，将作业用工具、材料和绝缘隔离用具等放入绝缘斗内，工具和隔离用具应分类放置在工具袋中，安全带系挂在斗内挂钩上。

(8) 若是瓷绝缘子，斗内1号电工手持绝缘操作杆进行零值检测，当同串（3片/串）中发现有一片零值绝缘子时，应立即停止检测，带电更换后重新检测其他2片绝缘子的绝缘是否完好。

（9）斗内2号电工操作提升绝缘斗至合适工作位置，按照先近后远、先下后上的绝缘隔离顺序。1号电工手持绝缘操作杆挑住绝缘遮蔽罩对邻近相导线进行绝缘隔离（若是上字形排列只对操作相和相邻相的带电导线进行绝缘遮蔽），若更换中、上相绝缘子串，应沿绝缘斗上升路径侧手持绝缘遮蔽罩隔离相应的导线，按防振锤、悬垂线夹、绝缘子串顺序分别用绝缘毯进行包扎隔离，并用绝缘毯夹具夹紧。

（10）绝缘隔离措施完成后，斗内电工操作提升绝缘斗至横担附近，将导线保护钩固定在横担上，另一侧钩挂在导线上且自锁住导线。高强度保护绝缘绳的长度控制在0.7m左右。

（11）斗内电工将绝缘3－3滑车组固定在横担上，绝缘斗下降至导线处钩挂好，地面电工配合提升转移导线荷载。使悬垂绝缘子串松弛。

（12）斗内1号电工扶导线对绝缘子串冲击试验后，解开悬垂线夹的绝缘隔离，经工作负责人同意后，取出碗头锁紧销，摘开球碗连接，使绝缘子串脱离导线，将裸露线夹重新绝缘隔离。

（13）地面电工操作滑车组将导线缓缓下落300mm左右。斗内1号电工提升绝缘斗，解开绝缘子串绝缘隔离，绑扎好并摘开绝缘子串横担连接，将旧的绝缘子串放下，同时新绝缘子串跟随至工作位置，传递中注意控制好空中上、下2串绝缘子串的位置，防止发生相互碰撞。

（14）报经工作负责人同意，地面电工操作滑车组将导线缓缓提升，1号电工将悬垂线夹与绝缘子串连接，并将线夹重新绝缘隔离。

（15）斗内1号电工操作提升绝缘斗，上、下拆除绝缘滑车组，再拆除导线保护钩，传递至地面。

（16）更换作业完成后，经工作负责人同意，斗内电工就先远后近、先上后下的原则，按逆顺序分别拆除各类绝缘隔离措施。

（17）斗内电工检查杆塔上无遗漏物，设备恢复原状后，经工作负责人同意后，斗内2号电工操作绝缘斗返回地面，清理工具和现场，工作负责人清点工器具。

（18）工作负责人向调度汇报，内容为：本人为工作负责人×××，35kV ××线路上带电更换直线整串绝缘子工作已结束，人员已撤离，杆塔、导线上无遗留物，线路设备已恢复原状。

6. 安全措施及注意事项

（1）若在海拔1000m以上线路上带电作业时，应根据作业区的实际海拔高度，计算修正各类空气间隙与固体绝缘的安全距离和长度、绝缘子片数等，经本单位主管生产领导（总工程师）批准后执行。

（2）本次作业前工作负责人应组织全体作业人员学习35kV线路绝缘斗臂车带电更换直线悬垂绝缘子工作的作业指导书，若需组织去现场勘察的，应将勘察和现场商榷的作业方法等修订编制成本杆塔的现场作业指导书，经本单位技术负责人或主管生产负责人批准后，向全体作业人员交底并执行。

（3）作业应在良好天气下进行。如遇雷电（听见雷声、看见闪电）、雪、雹、雨、雾等不得进行带电作业。风力大于5级时，不宜进行带电作业。

（4）若需在相对空气湿度大于80%的天气下进行带电作业时，宜采用具有防潮性能的绝缘绳索。

（5）本次作业不需停用线路重合闸装置，但工作前应向调度告知：若线路跳闸，不经联系不得强送电。

（6）绝缘工具应放置在防潮苫布上，作业人员戴清洁干燥手套，抽测绝缘承力工具的绝缘电阻值不得小于700MΩ（电极宽2cm、极间距2cm），不得持标准电极沿硬质绝缘工具表面滑测（软质遮蔽工具、防护绝缘工具只检查外观和试验标签），以免金属电极划伤绝缘防护层和划破软质绝缘工具。

（7）新复合绝缘子必须进行外观检查，若是盘形绝缘子应用干净毛巾进行表面清洁处理，瓷质绝缘子摇测的绝缘电阻值不小于500MΩ。

（8）斗内电工与带电体、接地体的安全距离小于0.6m时，对接地体、带电体均应采取可靠的绝缘隔离措施，对邻相导线遮蔽可采用绝缘操作杆挑挂硬质遮蔽罩方式；绝缘绳的有效绝缘长度不小于0.6m；绝缘操作杆有效绝缘长度不得小于0.9m。

（9）当采用火花间隙装置检测瓷绝缘子时，作业前应按DL 415—2009要求用专用塞尺对火花电极间隙检测复核是否满足本电压等级规定的要求。

（10）若是盘形瓷质绝缘子，作业前应采用电压分布（绝缘电阻）检测仪带电检测绝缘子串，扣除人体短接和零值（自爆）绝缘子片数后，良好绝缘子片数不少于2片（结构高度146mm）。

（11）高架绝缘斗臂车的操作人员应熟悉带电作业的有关规定，并经专门培训，考试合格，持证上岗。

（12）高架绝缘斗臂车的工作位置应选择适当，支撑应稳固可靠，并有防倾覆措施。使用前应在预定位置空斗试操作1次，确定液压传动、回转、升降、伸缩系统工作正常、操作灵活，制动装置可靠。

（13）当斗臂车绝缘斗距带电体1～2m或工作转移时，应注意周围环境，操作缓慢平稳移动，严禁使用快速挡；绝缘斗臂车在作业过程中，发动机不得熄火（电能驱动型除外），以保证液压系统处于工作状态。

（14）绝缘臂的有效绝缘长度应大于1.5m。绝缘臂下节的金属部分，在扬起回转过程中，对带电体的安全距离应保持1.1m。工作中车体应良好接地。

（15）绝缘斗内电工在提升前，应对绝缘斗和安全带进行检查和冲击，全体作业人员必须戴安全帽。

（16）绝缘斗只能处在导线一侧作业，不得处在两相导线之间（包括已被绝缘遮蔽的两相导线）。

（17）绝缘子承力工具受力后，需检查各部件的受力情况，冲击试验确认安全可靠后，方可脱开绝缘子串的球头与碗头连接。

（18）本次作业必须加装防止导线脱落的后备保护绳。

（19）禁止斗内电工同时拆除带电导线和地电位的绝缘隔离措施。

（20）绝缘工具使用前应用干净毛巾进行表面清洁处理，使用绝缘工具应戴清洁、干燥的手套，以防绝缘工具受潮和污染。收工或转移作业点，应将绝缘工具装在工具袋内。

（21）可能有行人通过的工作区域应设围栏。地面电工严禁在作业点垂直下方逗留，杆塔上电工应防止高空落物，使用的工具、材料应用绳索传递，不得乱扔。

(22) 带电更换绝缘子串作业期间，工作负责人（监护人）应对作业人员进行不间断监护，且不得从事其他工作。

(四) 更换直线绝缘子串（绝缘斗臂车、绝缘手套作业法）

1. 作业方式

绝缘斗臂车、绝缘带紧线器、绝缘手套作业法。

2. 适用范围

35kV线路直线同塔并架垂直排列线路。

3. 人员组合

本项目工作人员计4名，其中工作负责人（监护人）1名；斗内1号电工1名；斗内2号电工1名；地面电工1名。

4. 工具配备

一览表见表3-1-4。

表3-1-4 工具配备一览表

序号	工器具名称		规格、型号	数量	备注
1	绝缘工具	绝缘斗臂车	35kV	1辆	与杆塔高度相适应
2		防潮绝缘传递绳	ϕ10mm	1根	按作业高度选
3		防潮绝缘绳		1根	高强度导线后备保护绳
4		绝缘操作杆	35kV	1根	上字型杆中相绝缘遮蔽用
5		绝缘带紧线器	2t	1套	
6	金属工具	铝合金导线钩		1个	
7		横担固定器		1个	挂绝缘带紧线器用
8		瓷绝缘子检测仪		1台	备用
9	个人防护用具	绝缘安全帽	35kV	4顶	
10		斗内安全带		2条	
11		绝缘手套	35kV	2副	
12		防刺穿手套		2副	
13		绝缘披肩	35kV	2套	或绝缘上衣
14	绝缘隔离用具	绝缘毯	35kV	6块	
15		导线遮蔽罩	35kV	4根	邻近相可用硬质遮蔽罩
16		绝缘毯夹具		若干	
17	辅助安全用具	工具袋		2只	装绝缘工具用
18		绝缘工具检测仪	5000V	1台	电极宽2cm、极间宽2cm
19		防潮苫布	3m×3m	1块	

注 1. 瓷质绝缘子检测装置包括：分布电压检测仪、绝缘电阻检测仪和火花间隙装置等。若采用火花间隙装置测零时，每次检测前应用专用塞尺按DL 415—2009要求测量放电间隙尺寸。

2. 只能地面操作的绝缘斗臂车应增加1名专责操作人员。

3. 地电位人身不能保持对带电体0.6m安全距离时，对不满足的带电体应进行绝缘遮蔽。

5. 作业步骤

(1) 作业前工作负责人组织学习本作业项目的作业指导书，根据本次工作内容决定是否需组织技术骨干去现场勘察，若需勘察应按本次作业现场勘察内容编写修订现场作业指导书，经审核、批准程序后组织学习。

(2) 工作前工作负责人向调度申请。内容为：本人为工作负责人×××，××××年××月××日需在35kV××线路上带电更换绝缘子工作，本作业不需停用线路重合闸装置，若遇线路跳闸，不经联系，不得强送电。得到调度许可后，核对线路双重名称和杆号。

(3) 全体工作成员列队，工作负责人现场宣读工作票、交代工作任务、交代安全措施和技术措施；查看（问）作业人员精神状况、劳动保护着装情况和工器具是否完好齐全；确认危险点和预防措施，明确作业分工以及安全注意事项。

(4) 地面电工将绝缘工具放置在防潮苫布上，用绝缘电阻检测仪检测绝缘工具的绝缘电阻；用绝缘手套检测器充气检查测试有否破损、孔洞等；检查绝缘工具有否损坏、变形、龟裂、破损和个人防护用具是否齐全、完好（在出库前绝缘电阻值如已测试过的可省去现场测试步骤）；检查绝缘带紧线器是否完好灵活，检测新绝缘子的绝缘电阻、污秽清扫和外观检查；查看核对工器具、绝缘斗臂车的电气、机械试验合格，标签齐全且处在试验周期内；检查绝缘斗臂车的斗、臂有否良好（在出车前如已调试过的可省去此步骤），擦拭绝缘臂、斗的表面和调试斗臂车。

(5) 斗内1、2号电工戴绝缘手套（防刺穿手套）、绝缘安全帽、穿绝缘上衣或绝缘披肩等全套个人防护用具，相互检查穿戴情况。

(6) 根据不同杆塔形式和相别，绝缘斗臂车电工检查斗臂车支撑脚稳固、操作系统升降、回转、制动、接地连接等情况，将斗臂车定位于最适于作业的位置；并向工作负责人汇报。

(7) 斗内1、2号电工进入绝缘斗，将作业用工具、材料和绝缘隔离用具等放入绝缘斗内，工具和隔离用具应分类放置在工具袋中，安全带系挂在斗内挂钩上。

(8) 若是瓷绝缘子，斗内1号电工手持绝缘操作杆进行零值检测，当同串（3片/串）中发现有一片零值绝缘子时，应立即停止检测，带电更换后重新检测其他2片绝缘子的绝缘是否完好。

(9) 斗内2号电工操作提升绝缘斗至合适工作位置，按照先近后远、先下后上的绝缘隔离顺序。1号电工手持绝缘操作杆挑住绝缘遮蔽罩对邻近相导线进行绝缘隔离（若是上字形排列只对操作相和相邻相的带电导线进行绝缘遮蔽），若更换中、上相绝缘子串，应沿绝缘斗上升路径侧手持绝缘遮蔽罩隔离相应的导线，按防振锤、悬垂线夹、绝缘子串顺序分别用绝缘毯进行包扎隔离，并用绝缘毯夹具夹紧。

(10) 绝缘隔离措施完成后，斗内电工操作提升绝缘斗至横担附近，将导线保护钩固定在横担上，另一侧钩挂在导线上且自锁住导线。高强度保护绝缘绳的长度控制在0.7m左右。

(11) 斗内电工将绝缘带紧线器在横担上固定好，绝缘斗下降至导线处钩挂好，绝缘带紧线器在导线上钩挂要牢靠并自锁住导线。

(12) 在工作负责人的指挥下，斗内电杆收紧紧线器将导线垂直荷重转移至绝缘带紧线器上，使绝缘子串松弛。

（13）斗内1号电工检查工具各受力部件，冲击试验确认无问题后，经工作负责人同意，解开悬垂线夹的绝缘隔离，上、下配合取出碗头锁紧销，摘开球碗连接，使绝缘子串脱离导线，将裸露部分导线重新绝缘隔离。

（14）经工作负责人同意后，斗内电工将绝缘带紧线器松至导线下落300mm左右。

（15）斗内1号电工解开绝缘子串的绝缘隔离，绑扎好并摘开绝缘子串横担连接，将旧的绝缘子串放下，同时新绝缘子串跟随至工作位置，传递中注意控制好空中上、下2串绝缘子串的位置，防止发生相互碰撞。

（16）斗内电工缓收绝缘带紧线器，将绝缘子串与悬垂线夹连接恢复，并将悬垂线夹重新绝缘隔离。

（17）斗内1号电工操作提升绝缘斗，上、下拆除绝缘带紧线器、导线后备保护绳并传递至地面。

（18）更换作业完成后，经工作负责人同意，斗内电工就先远后近、先上后下的原则，按逆顺序分别拆除各类绝缘隔离措施。

（19）斗内电工检查杆塔上无遗漏物，设备恢复原状后，报经工作负责人同意后，斗内2号电工操作绝缘斗返回地面，清理工具和现场，工作负责人清点工器具。

（20）工作负责人向调度汇报，内容为：本人为工作负责人×××，35kV ××线路上带电更换直线整串绝缘子工作已结束，人员已撤离，杆塔、导线上无遗留物，线路设备已恢复原状。

6. 安全措施及注意事项

（1）若在海拔1000m以上线路上带电作业时，应根据作业区的实际海拔高度，计算修正各类空气间隙与固体绝缘的安全距离和长度、绝缘子片数等，经本单位主管生产领导（总工程师）批准后执行。

（2）本次作业前工作负责人应组织全体作业人员学习35kV线路绝缘斗臂车带电更换直线悬垂绝缘子工作的作业指导书，若需组织去现场勘察的，应将勘察和现场商榷的作业方法等修订编制成本杆塔的现场作业指导书，经本单位技术负责人或主管生产负责人批准后，向全体作业人员交底并执行。

（3）作业应在良好天气下进行。如遇雷电（听见雷声、看见闪电）、雪、雹、雨、雾等不得进行带电作业。风力大于5级时，不宜进行带电作业。

（4）若需在相对空气湿度大于80%的天气下进行带电作业时，宜采用具有防潮性能的绝缘绳索。

（5）本次作业不需停用线路重合闸装置，但工作前应向调度告知：若线路跳闸，不经联系不得强送电。

（6）绝缘工具应放置在防潮苫布上，作业人员戴清洁干燥手套，抽测绝缘承力工具的绝缘电阻值不得小于700MΩ（电极宽2cm、极间距2cm），不得持标准电极沿硬质绝缘工具表面滑测（软质遮蔽工具、防护绝缘工具只检查外观和试验标签），以免金属电极划伤绝缘防护层和划破软质绝缘工具。

（7）新复合绝缘子必须进行外观检查，若是盘形绝缘子应用干净毛巾进行表面清洁处理，瓷质绝缘子摇测的绝缘电阻值不小于500MΩ。

（8）斗内电工与带电体、接地体的安全距离小于0.6m时，对接地体、带电体均应采取可靠的绝缘隔离措施，对邻相导线遮蔽可采用绝缘操作杆挑挂硬质遮蔽罩方式；绝缘绳的有效绝缘长度不小于0.6m；绝缘操作杆有效绝缘长度不得小于0.9m。

（9）当采用火花间隙装置检测瓷绝缘子时，作业前应按DL 415—2009要求用专用塞尺对火花电极间隙检测复核是否满足本电压等级规定的要求。

（10）若是盘形瓷质绝缘子，作业前应采用电压分布（绝缘电阻）检测仪带电检测绝缘子串，扣除人体短接和零值（自爆）绝缘子片数后，良好绝缘子片数不少于2片（结构高度146mm）。

（11）高架绝缘斗臂车的操作人员应熟悉带电作业的有关规定，并经专门培训，考试合格，持证上岗。

（12）高架绝缘斗臂车的工作位置应选择适当，支撑应稳固可靠，并有防倾覆措施。使用前应在预定位置空斗试操作1次，确定液压传动、回转、升降、伸缩系统工作正常、操作灵活，制动装置可靠。

（13）当斗臂车绝缘斗距带电体1～2m或工作转移时，应注意周围环境，缓慢平稳操作移动，严禁使用快速挡；绝缘斗臂车在作业过程中，发动机不得熄火（电能驱动型除外），以保证液压系统处于工作状态。

（14）绝缘臂的有效绝缘长度应大于1.5m。绝缘臂下节的金属部分，在扬起回转过程中，对带电体的安全距离应保持1.1m。工作中车体应良好接地。

（15）绝缘斗内电工在提升前，应对绝缘斗和安全带进行检查和冲击，全体作业人员必须戴安全帽。

（16）绝缘斗只能处在导线一侧作业，不得处在两相导线之间（包括已被绝缘遮蔽的两相导线）。

（17）绝缘子承力工具受力后，需检查各部件的受力情况，冲击试验确认安全可靠后，方可脱开绝缘子串的球头与碗头连接。

（18）本次作业必须加装防止导线脱落的后备保护绳。

（19）禁止斗内电工同时拆除带电导线和地电位的绝缘隔离措施。

（20）绝缘工具使用前应用干净毛巾进行表面清洁处理，使用绝缘工具应戴清洁、干燥的手套，以防绝缘工具受潮和污染。收工或转移作业点，应将绝缘工具装在工具袋内。

（21）可能有行人通过的工作区域应设围栏。地面电工严禁在作业点垂直下方逗留，杆塔上电工应防止高空落物，使用的工具、材料应用绳索传递，不得乱扔。

（22）带电更换绝缘子串作业期间，工作负责人（监护人）应对作业人员进行不间断监护，且不得从事其他工作。

二、更换耐张绝缘子串

（一）更换水平排列耐张绝缘子串

1. 作业方式

绝缘操作杆作业法。

2. 适用范围

35kV 线路耐张绝缘子串。

3. 人员组合

本作业项目工作人员计5名，其中工作负责人（监护人）1名；杆上1号电工；杆上2号电工；地面电工2名。

4. 工具配备

一览表见表3－1－5。

表3－1－5 工具配备一览表

序号		工器具名称	规格、型号	数量	备注
1	绝缘工具	防潮型绝缘传递绳	ϕ10mm	1根	视作业高度定
2		绝缘滑车	0.5t	1只	
3		绝缘紧线杆	20kN	1副	
4		绝缘操作杆	35kV	1根	
5		绝缘托瓶架		1副	
6	金属工具	耐张绝缘子更换卡具	20kN	1副	前卡、后卡
7		拔销器		1个	
8		脱碗头器		1个	
9		紧线丝杠	20kN	1副	
10		瓷绝缘子检测仪		1个	备用
11	个人防护用具	绝缘安全带		2根	
12		安全帽		5顶	
13	辅助安全用具	防潮苫布	3m×3m	1块	
14		绝缘电阻表	5000V	1块	电极宽2cm、极间宽2cm
15		工具袋		2只	
16		脚扣	ϕ300mm	2副	混凝土杆时用

注 1. 瓷质绝缘子检测装置包括：分布电压检测仪、绝缘电阻检测仪和火花间隙装置等。若采用火花间隙装置测零时，每次检测前应用专用塞尺按 DL 415—2009 要求测量放电间隙尺寸。

2. 地电位人身不能保持对带电体0.6m安全距离时，对不满足的带电体应进行绝缘遮蔽。

5. 作业步骤

（1）作业前工作负责人组织学习本作业项目的作业指导书，根据本次工作内容决定是否需组织技术骨干去现场勘察，若需勘察应按本次作业现场勘察内容编写修订现场作业指导书，经审核、批准程序后组织学习。

（2）工作负责人向电网调度申请开工，内容为：本人为工作负责人×××，××××年××月××日需在35kV ××线路上更换劣化绝缘子作业，本次作业不需停用线路重合闸装置，若遇线路跳闸，不经联系，不得强送电。得到调度许可，核对线路双重名称和杆号。

（3）全体工作成员列队，工作负责人现场宣读工作票，交代工作任务、安全措施和技术措施；查看（问）工作人员精神状况、劳动保护着装情况和工器具是否完好齐全。交代危险点和预防措施，明确作业分工以及安全措施及注意事项。

（4）地面电工将绝缘工具放置在防潮苫布上，用绝缘电阻检测仪检测绝缘工具的绝缘电阻；检查绝缘工具和个人防护用具是否齐全和完好；组装检查耐张紧线工具是否灵活可靠；检测新绝缘子的绝缘电阻、污秽清扫和外观检查；查看核对工器具的电气、机械试验合格，标签齐全且处在试验周期内。

（5）杆上电工携带绝缘传递绳登塔至横担处，系挂好安全带，将绝缘滑车和绝缘传递绳在作业横担适当位置安装好。

（6）若是盘形瓷质绝缘子串，地面电工将瓷绝缘子电压分布仪及绝缘操作杆组装好后用绝缘传递绳传递给杆上电工，杆上电工检测所要更换绝缘子串的零质绝缘子，当同串（4片/串）中发现有2片零值绝缘子时，应立即停止检测，带电更换后重新检测其他2片绝缘子的绝缘是否完好。

（7）地面电工将紧线丝杠、绝缘紧线杆、耐张卡具和绝缘托瓶架等传递至工作位置。

（8）杆上1号电工在2号电工的配合下将紧线拉杆、托瓶架、前端卡具卡在耐张线夹上，再将后端卡具卡在横担侧直角挂板上，并将前、后端卡具的保险销子封好。

（9）杆上1号电工略收紧丝杠，检查卡具前后端受力情况以及丝杠行程等，确认无问题后报告工作负责人。1号电工随后继续收紧丝杠，2丝杠受力要均匀，将绝缘子串荷载转移到拉杆上面，使绝缘子串松弛，落在绝缘托瓶架上。

（10）杆上1号电工检查前后端卡具，绝缘托瓶架、紧线拉杆、丝杠等受力部件，手持绝缘操作杆钩住耐张线夹冲击确认无问题后报告工作负责人，经许可后2号电工持操作杆取出导线侧绝缘子的锁紧销，1号电工持操作杆将线夹碗头与绝缘子脱开。2号电工随后摘开横担侧绝缘子的挂点，用绝缘传递绳绑扎好劣化绝缘子串，地面电工传递上新绝缘子串，传递中注意控制好空中上、下2串绝缘子串的位置，防止发生相互碰撞，安装好新绝缘子串。

（11）按拆除绝缘子串相反程序恢复与横担和线夹的连接，缓松卡具丝杠使绝缘子串受力，冲击检查各部连接完好后，报告工作负责人，经许可后，拆除更换工具，传递至地面。

（12）杆上电工检查杆塔上无遗漏物后，经工作负责人同意，携带绝缘传递绳下杆塔。

（13）地面电工清理工具和现场，工作负责人清点工器具。

（14）工作负责人向调度汇报，内容为：本人为工作负责人×××，35kV ××线路上带电更换绝缘子工作已结束，人员已撤离，杆塔、导线上无遗留物，线路设备已恢复原状。

6. 安全措施及注意事项

（1）若在海拔1000m以上的线路带电作业时，应根据作业区不同海拔高度，修正各类空气间隙、绝缘工具的安全距离和长度、绝缘子片数等，经本企业总工程师（主管生产领导）批准后执行。

（2）本次作业前工作负责人应组织全体作业人员学习35kV线路带电更换耐张绝缘子工作的作业指导书，若需组织去现场勘察的，应将勘察和现场商榷的作业方法等修订编制成本杆塔的现场作业指导书，经本单位技术负责人或主管生产负责人批准后，向全体作业人员交底并执行。

（3）作业应在良好天气下进行。如遇雷电（听见雷声、看见闪电）、雪雹、雨雾时不得进行带电作业。风力大于5级时，不宜进行作业。

（4）若需在相对空气大于80%的天气下进行带电作业时，应采用具有防潮性能绝缘绳索。

（5）本次作业不需停用线路重合闸装置，但工作前应向调度明确若线路跳闸，不经联系不得强送电的要求。

（6）绝缘工具应放置在防潮苫布上，作业人员戴清洁干燥手套，抽测绝缘工具的绝缘电阻值不得小于700MΩ（电极宽2cm、极间距2cm），不得持标准电极沿硬质绝缘工具表面滑测，以免金属电极划伤绝缘防护层。

（7）新复合绝缘子必须进行外观检查，若是盘形绝缘子应用干净毛巾进行表面清洁处理，瓷质绝缘子摇测的绝缘电阻值不小于500MΩ。

（8）作业人员登杆塔前，应对脚扣、安全带、登高板等进行检查和冲击试验，全体作业人员必须戴安全帽。

（9）上下杆塔、杆塔上移动或转位时，作业人员必须双手攀抓牢固构件（电杆上、下需系好腰绳），且双手不得持带任何工器具。杆塔上作业不得失去安全带的保护。

（10）地电位电工与带电体的安全距离不得小于0.6m，不满足时，应对带电体采取可靠的绝缘隔离措施；绝缘承力工具的有效绝缘长度不小于0.6m；绝缘操作杆有效绝缘长度不得小于0.9m。

（11）当采用火花间隙装置检测瓷绝缘子时，作业前应按DL 415—2009要求用专用塞尺对火花电极间隙检测复核是否满足本电压等级规定的要求。

（12）若是盘形瓷质绝缘子，作业前应采用电压分布（绝缘电阻）检测仪带电检测绝缘子串，扣除人体短接和零值（自爆）绝缘子片数后，良好绝缘子片数不少于2片（结构高度146mm）。

（13）耐张绝缘子串紧线承力工具受力后，需检查各部件的受力情况，冲击试验确认安全可靠后，方可脱开绝缘子串的球头与碗头连接。

（14）导线侧绝缘子串未摘开前，严禁杆上电工徒手无安全措施摘开横担侧绝缘子串连接，以防止电击伤人。

（15）绝缘工具使用前应用干净毛巾进行表面清洁处理，使用绝缘工具应戴清洁、干燥纱手套，以防绝缘工具受潮和污染。收工或转移作业点，应将绝缘工具装在工具袋内。

（16）地面电工严禁在作业点垂直下方逗留，杆上电工应防止高空落物，使用的工具、材料应用绳索传递，不得乱扔。

（17）带电更换绝缘子串作业期间，工作监护人应对作业人员进行不间断监护，不得从事其他工作。

（二）更换耐张绝缘子串（绝缘斗臂车、绝缘手套作业法）

1. 作业方式

绝缘斗臂车、绝缘紧线杆、绝缘手套作业法。

2. 适用范围

35kV耐张水平排列及同塔并架垂直排列线路。

3. 人员组合

本项目工作人员计5名，其中工作负责人（监护人）1名；斗内1号电工1名；斗内2号电工1名；地面电工2名。

4. 工具配备

一览表见表3-1-6。

表3-1-6 工具配备一览表

序号		工器具名称	规格、型号	数量	备注
1	绝缘工具	绝缘斗臂车	35kV	1台	与杆塔高度相适应
2		绝缘紧线拉杆	35kV	1根	
3		绝缘托瓶架	35kV	1副	
4		绝缘操作杆		1根	瓷绝缘子检测用
5		绝缘滑车	0.5t	1只	配绝缘绳套
6		防潮绝缘传递绳	ϕ10mm	1根	按杆塔高度选
7	金属工具	绝缘扳手		1把	
8		瓷绝缘子检测装置		1套	备用
9		绝缘子卡具		1副	前、后卡
10		卡具丝杠		1组	
11	个人防护用具	绝缘安全帽		6顶	
12		斗内安全带		2条	
13		绝缘手套	35kV	2副	
14		防刺穿手套		2副	
15		绝缘披肩	35kV	2套	或绝缘上衣
16	绝缘隔离用具	绝缘毯	35kV	6块	
17		导线遮蔽罩	35kV	4根	邻近相可用硬质遮蔽罩
18		绝缘毯夹具		若干	
19	辅助安全用具	工具袋		2只	装绝缘工具用
20		绝缘工具检测仪	5000V	1台	电极宽2cm、极间宽2cm
21		防潮苫布	3m×3m	1块	

注 1. 瓷质绝缘子检测装置包括：分布电压检测仪、绝缘电阻检测仪和火花间隙装置等。若采用火花间隙装置测零时，每次检测前应用专用塞尺按DL 415—2009要求测量放电间隙尺寸。

2. 只能地面操作的绝缘斗臂车应增加1名专责操作人员。

3. 地电位人身不能保持对带电体0.6m安全距离时，对不满足的带电体应进行绝缘遮蔽。

5. 作业步骤

(1) 作业前工作负责人组织学习本作业项目的作业指导书，根据本次工作内容决定是否需组织技术骨干去现场勘察，若需勘察应按本次作业现场勘察内容编写修订现场作业指导书，经审核、批准程序后组织学习。

(2) 工作前工作负责人向调度申请。内容为：本人为工作负责人×××，××××年××月××日需在35kV××线路上带电更换绝缘子工作，本作业不需停用线路重合闸装置，若遇线路跳闸，不经联系，不得强送电。得到调度许可后，核对线路双重名称和杆号。

(3) 全体工作成员列队，工作负责人现场宣读工作票、交代工作任务、交代安全措施和技术措施；查看（问）作业人员精神状况、劳动保护着装情况和工器具是否完好齐全；

确认危险点和预防措施，明确作业分工以及安全注意事项。

（4）地面电工将绝缘工具放置在防潮苫布上，用绝缘电阻检测仪检测绝缘工具的绝缘电阻；用绝缘手套检测器充气检查测试有否破损、孔洞等；检查绝缘工具有否损坏、变形、龟裂、破损和个人防护用具是否齐全、完好（在出库前绝缘电阻值如已测试过的可省去现场测试步骤）；试装绝缘紧线杆和托瓶架，检测新绝缘子的绝缘电阻、污秽清扫和外观检查；查看核对工器具、绝缘斗臂车的电气、机械试验合格，标签齐全且处在试验周期内；检查绝缘斗臂车的斗、臂有否良好（在出车前如已调试过的可省去此步骤），擦拭绝缘臂、斗的表面和调试斗臂车。

（5）斗内1、2号电工戴绝缘手套（防刺穿手套）、绝缘安全帽、穿绝缘上衣或绝缘披肩等全套个人防护用具，相互检查穿戴情况。

（6）根据不同杆塔形式和相别，绝缘斗臂车电工检查斗臂车支撑脚稳固、操作系统升降、回转、制动、接地连接等情况，将斗臂车定位于最适于作业的位置；并向工作负责人汇报。

（7）斗内1、2号电工进入绝缘斗，将作业用工具、材料和绝缘隔离用具等放入绝缘斗内，工具和隔离用具应分类放置在工具袋中，安全带系挂在斗内挂钩上。

（8）若是瓷绝缘子，斗内1号电工手持绝缘操作杆进行零值检测，当同串（3片/串）中发现有一片零值绝缘子时，应立即停止检测，带电更换后重新检测其他2片绝缘子的绝缘是否完好。

（9）斗内2号电工操作提升绝缘斗至合适工作位置，按照先近后远、先下后上的绝缘隔离顺序。1号电工手持绝缘操作杆挑住绝缘遮蔽罩对邻近相导线进行绝缘隔离（若是上字形排列只对操作相和相邻相的带电导线进行绝缘遮蔽），若更换中、上相绝缘子串，应沿绝缘斗上升路径侧手持绝缘遮蔽罩隔离相应的导线，对耐张绝缘子串和横担头分别用绝缘毯包扎绝缘隔离（若更换转角外角导线，对跳线绝缘子串也应绝缘隔离），并用绝缘毯夹具夹紧。

（10）绝缘隔离措施完成后，斗内电工操作提升绝缘斗至横担附近，将导线保护钩固定在横担上，另一侧钩挂在导线紧线器上。高强度保护绝缘绳的长度控制合理。

（11）斗内1号电工在2号电工的配合下先将紧线拉杆托瓶架前端卡具卡在耐张线夹上，再将后端卡具卡在横担侧直角挂板上，并将前、后端卡具的保险销子封好。

（12）斗内1号电工在导线侧略收紧丝杠，检查卡具前后端受力情况以及丝杠行程等，确认无问题后报告工作负责人。1号电工随后继续收紧丝杠，2丝杠受力要均匀，将绝缘子串荷载转移到拉杆上面，使绝缘子串松弛，落在绝缘托瓶架上。

（13）斗内1号电工检查前后端卡具，绝缘托瓶架、紧线拉杆、丝杠等受力部件，手扶导线冲击确认无问题后报告工作负责人，经许可后将绝缘子串前端的绝缘隔离解开，取出锁紧销，使绝缘子串与线夹碗头脱离。随后摘开绝缘子串横担侧挂点，拆除绝缘子串上的绝缘毯，绑扎好并摘开绝缘子串横担连接，将旧的绝缘子串放下，同时新绝缘子串跟随至工作位置，传递中注意控制好空中上、下2串绝缘子串的位置，防止发生相互碰撞。新绝缘子串安装好后恢复对其的绝缘隔离措施。

（14）按拆除绝缘子串相反程序恢复与横担和线夹的连接，缓松卡具丝杠使绝缘子串受力，冲击检查各部连接完好后，报告工作负责人，经许可后拆除更换工具。

（15）更换作业完成后，经工作负责人同意，斗内电工就远后近、先上后下的原则，按逆顺序分别拆除跳线、导线、绝缘子串的绝缘隔离。

（16）斗内电工检查杆塔上无遗漏物，设备恢复原状后，报经工作负责人同意后，2号电工操作绝缘斗电工返回地面，清理工具和现场，工作负责人清点工器具。

（17）工作负责人向调度汇报，内容为：本人为工作负责人×××，35kV××线路上带电更换绝缘子工作已结束，人员已撤离，杆塔、导线上无遗留物，线路设备已恢复原状。

6. 安全措施及注意事项

（1）若在海拔1000m以上的线路带电作业时，应根据作业区不同海拔高度，修正各类空气间隙、绝缘工具的安全距离和长度、绝缘子片数等，经本企业总工程师（主管生产领导）批准后执行。

（2）本次作业前工作负责人应组织全体作业人员学习35kV线路绝缘斗臂车带电更换耐张绝缘子工作的作业指导书，若需组织去现场勘察的，应将勘察和现场商榷的作业方法等修订编制成本杆塔的现场作业指导书，经本单位技术负责人或主管生产负责人批准后，向全体作业人员交底并执行。

（3）作业应在良好天气下进行。如遇雷电（听见雷声、看见闪电）、雪雹、雨雾时不得进行带电作业。风力大于5级时，不宜进行作业。

（4）若需在相对空气大于80%的天气下进行带电作业时，应采用具有防潮性能绝缘绳索。

（5）本次作业不需停用线路重合闸装置，但工作前应向调度明确若线路跳闸，不经联系不得强送电的要求。

（6）绝缘工具应放置在防潮苫布上，作业人员戴清洁干燥手套，抽测绝缘承力工具的绝缘电阻值不得小于700MΩ（电极宽2cm、极间距2cm），不得持标准电极沿硬质绝缘工具表面滑测（软质遮蔽工具、防护绝缘工具只检查外观和试验标签），以免金属电极划伤绝缘防护层和划破软质绝缘工具。

（7）新复合绝缘子必须进行外观检查，若是盘形绝缘子应用干净毛巾进行表面清洁处理，瓷质绝缘子摇测的绝缘电阻值不小于500MΩ。

（8）斗内电工与带电体、接地体的安全距离小于0.6m时，对接地体、带电体均应采取可靠的绝缘隔离措施，对邻相导线遮蔽可采用绝缘操作杆挑挂硬质遮蔽罩方式；绝缘绳的有效绝缘长度不小于0.6m；绝缘操作杆有效绝缘长度不得小于0.9m。

（9）当采用火花间隙装置检测瓷绝缘子时，作业前应按DL 415—2009要求用专用塞尺对火花电极间隙检测复核是否满足本电压等级规定的要求。

（10）若是盘形瓷质绝缘子，作业前应采用电压分布（绝缘电阻）检测仪带电检测绝缘子串，扣除人体短接和零值（自爆）绝缘子片数后，良好绝缘子片数不少于2片（结构高度146mm）。

（11）高架绝缘斗臂车的操作人员应熟悉带电作业的有关规定，并经专门培训，考试合格，持证上岗。

（12）高架绝缘斗臂车的工作位置应选择适当，支撑应稳固可靠，并有防倾覆措施。使用前应在预定位置空斗试操作1次，确定液压传动、回转、升降、伸缩系统工作正常、操作灵活，制动装置可靠。

（13）当斗臂车绝缘斗距带电体1～2m或工作转移时，应注意周围环境，缓慢平稳操作移动，严禁使用快速挡；绝缘斗臂车在作业过程中，发动机不得熄火（电能驱动型除外），以保证液压系统处于工作状态。

（14）绝缘臂的有效绝缘长度应大于1.5m。绝缘臂下节的金属部分，在扬起回转过程中，对带电体的安全距离应保持1.1m。工作中车体应良好接地。

（15）绝缘斗内电工在提升前，应对绝缘斗和安全带进行检查和冲击，全体作业人员必须戴安全帽。

（16）绝缘斗只能处在导线一侧作业，不得处在两相导线之间（包括已被绝缘遮蔽的两相导线）。

（17）绝缘子承力工具受力后，需检查各部件的受力情况，冲击试验确认安全可靠后，方可脱开绝缘子串的球头与碗头连接。

（18）本次作业必须加装防止导线脱落的后备保护绳。

（19）斗内电工接触遮蔽的带电体时，应得到工作负责人同意后方可接触或退出。

（20）禁止斗内电工同时拆除带电导线和地电位的绝缘隔离措施。

（21）绝缘工具使用前应用干净毛巾进行表面清洁处理，使用绝缘工具应戴清洁、干燥的手套，以防绝缘工具受潮和污染。收工或转移作业点，应将绝缘工具装在工具袋内。

（22）可能有行人通过的工作区域应设围栏。地面电工严禁在作业点垂直下方逗留，杆塔上电工应防止高空落物，使用的工具、材料应用绳索传递，不得乱扔。

（23）带电更换绝缘子串作业期间，工作负责人（监护人）应对作业人员进行不间断监护，且不得从事其他工作。

三、更换防振锤

1. 作业方式

绝缘斗臂车、绝缘手套作业法。

2. 适用范围

35kV线路。

3. 人员组合

本项目工作人员计4名，其中工作负责人（监护人）1名；斗内1号电工1名；斗内2号电工1名；地面电工1名。

4. 工具配备

一览表见表3－1－7。

表3－1－7　　工具配备一览表

序号	工器具名称		规格、型号	数量	备　注
1	绝缘工具	绝缘斗臂车	35kV	1辆	或绝缘独脚蜈蚣梯
2		防潮绝缘传递绳	ϕ10mm	1条	按作业高度选
3		绝缘操作杆	35kV	1根	遮蔽邻相导线用

续表

序号	工器具名称		规格、型号	数量	备 注
4	金属工具	绝缘扳手		1把	
5		固定器		1块	独脚蜈蚣梯地面固定
6	个人防护用具	绝缘安全帽	35kV	4顶	
7		斗内安全带		2条	
8		绝缘手套	35kV	2副	
9		防刺穿手套		2副	
10		绝缘披肩	35kV	2套	或绝缘上衣
11	绝缘隔离用具	绝缘子遮蔽罩	35kV	2个	
12		导线遮蔽罩	35kV	4根	邻近相可用硬质遮蔽罩
13		绝缘毯夹具		若干	
14	辅助安全用具	工具袋		2只	装绝缘工具用
15		绝缘工具检测仪	5000V	1台	电极宽2cm、极间宽2cm
16		防潮苫布	3m×3m	1块	

注 1. 若采用绝缘独脚蜈蚣梯作业，应按其作业方法配工器具。

2. 只能地面操作的绝缘斗臂车应增加1名专责操作人员。

5. 作业步骤

（1）作业前工作负责人组织学习本作业项目的作业指导书，根据本次工作内容决定是否需组织技术骨干去现场勘察，若需勘察应按本次作业现场勘察内容编写修订现场作业指导书，经审核、批准程序后组织学习。

（2）工作前工作负责人向调度申请。内容为：本人为工作负责人×××，××××年××月××日需在35kV ××线路上带电更换防振锤工作，本作业不需停用线路重合闸装置，若遇线路跳闸，不经联系，不得强送电。得到调度许可后，核对线路双重名称和杆号。

（3）全体工作成员列队，工作负责人现场宣读工作票、交代工作任务、交代安全措施和技术措施；查看（问）作业人员精神状况、劳动保护着装情况和工器具是否完好齐全；确认危险点和预防措施，明确作业分工以及安全注意事项。

（4）地面电工将绝缘工具放置在防潮苫布上，用绝缘电阻检测仪检测绝缘工具的绝缘电阻；用绝缘手套检测器充气检查测试有否破损、孔洞等；检查绝缘工具有否损坏、变形、龟裂、破损和个人防护用具是否齐全、完好（在出库前绝缘电阻值如已测试过的可省去现场测试步骤）；查看核对工器具、绝缘斗臂车的电气、机械试验合格，标签齐全且处在试验周期内；检查绝缘斗臂车的斗、臂有否良好（在出车前如已调试过的可省去此步骤），擦拭绝缘臂、斗的表面和调试斗臂车。

（5）斗内1、2号电工戴绝缘手套（防刺穿手套）、绝缘安全帽、穿绝缘上衣或绝缘披肩等全套个人防护用具，相互检查穿戴情况。

（6）根据不同杆塔形式和相别，绝缘斗臂车电工检查斗臂车支撑脚稳固、操作系统升降、回转、制动、接地连接等情况，将斗臂车定位于最适于作业的位置；并向工作负责人汇报。

（7）斗内1、2号电工进入绝缘斗，将作业用工具、材料和绝缘隔离用具等放入绝缘斗内，工具和隔离用具应分类放置在工具袋中，安全带系挂在斗内挂钩上。

（8）斗内2号电工操作提升绝缘斗至合适工作位置，按照先近后远、先下后上的绝缘隔离顺序。1号电工用绝缘遮蔽罩对导线进行绝缘隔离，遮蔽罩的开口朝向地面，靠绝缘子串的导线可用短绝缘遮蔽罩，对邻近相导线可采用绝缘操作杆挑硬质遮蔽罩遮蔽，若作业人员与绝缘子串小于0.6m 时，可用绝缘子串遮蔽罩直接套上。

（9）斗内1号电工用绝缘扳手更换防震锤。

（10）更换作业完成后，经工作负责人同意，斗内电工就先远后近、先上后下的原则，按逆顺序分别拆除各类绝缘隔离。

（11）斗内电工检查杆塔上无遗漏物，设备恢复原状后，报经工作负责人同意后，2号电工操作绝缘斗返回地面，清理工具和现场，工作负责人清点工器具。

（12）工作负责人向调度汇报，内容为：本人为工作负责人×××，35kV ××线路上带电更换防振锤工作已结束，人员已撤离，杆塔、导线上无遗留物，线路设备已恢复原状。

6. 安全措施及注意事项

（1）若在海拔1000m以上线路上带电作业时，应根据作业区的实际海拔高度，计算修正各类空气间隙与固体绝缘的安全距离和长度、绝缘子片数等，经本单位主管生产领导（总工程师）批准后执行。

（2）本次作业前工作负责人应组织全体作业人员学习35kV线路缘斗臂车带电更换导线防振锤工作的作业指导书，若需组织去现场勘察的，应将勘察和现场商榷的作业方法等修订编制成本杆塔的现场作业指导书，经本单位技术负责人或主管生产负责人批准后，向全体作业人员交底并执行。

（3）作业应在良好天气下进行。如遇雷电（听见雷声、看见闪电）、雪、雹、雨、雾等不得进行带电作业。风力大于5级时，不宜进行带电作业。

（4）若需在相对空气湿度大于80%的天气下进行带电作业时，宜采用具有防潮性能的绝缘绳索。

（5）本次作业不需停用线路重合闸装置，但工作前应向调度告知：若线路跳闸，不经联系不得强送电。

（6）绝缘工具应放置在防潮苫布上，作业人员戴清洁干燥手套，抽测绝缘承力工具的绝缘电阻值不得小于700MΩ（电极宽2cm、极间距2cm），不得持标准电极沿硬质绝缘工具表面滑测（软质遮蔽工具、防护绝缘工具只检查外观和试验标签），以免金属电极划伤绝缘防护层和划破软质绝缘工具。

（7）斗内电工与带电体、接地体的安全距离小于0.6m时，对接地体、带电体均应采取可靠的绝缘隔离措施，对邻相导线的线间距离不得小于0.8m；对邻相导线遮蔽可采用绝缘操作杆挑挂硬质遮蔽罩方式；绝缘绳的有效绝缘长度不小于0.6m；绝缘操作杆有效绝缘长度不得小于0.9m。

（8）高架绝缘斗臂车的操作人员应熟悉带电作业的有关规定，并经专门培训，考试合格，持证上岗。

（9）高架绝缘斗臂车的工作位置应选择适当，支撑应稳固可靠，并有防倾覆措施。使用前应在预定位置空斗试操作1次，确定液压传动、回转、升降、伸缩系统工作正常、操作灵活，制动装置可靠。

（10）当斗臂车绝缘斗距带电体1～2m或工作转移时，应注意周围环境，缓慢平稳操作移动，严禁使用快速挡；绝缘斗臂车在作业过程中，发动机不得熄火（电能驱动型除外），以保证液压系统处于工作状态。

（11）绝缘臂的有效绝缘长度应大于1.5m。绝缘臂下节的金属部分，在扬起回转过程中，对带电体的安全距离应保持1.1m。工作中车体应良好接地。

（12）绝缘斗内电工在提升前，应对绝缘斗和安全带进行检查和冲击，全体作业人员必须戴安全帽。

（13）绝缘斗只能处在导线一侧作业，不得处在两相导线之间（包括已被绝缘遮蔽的两相导线）。

（14）禁止斗内电工同时拆除带电导线和地电位的绝缘隔离措施。

（15）绝缘工具使用前应用干净毛巾进行表面清洁处理，使用绝缘工具应戴清洁、干燥的手套，以防绝缘工具受潮和污染。收工或转移作业点，应将绝缘工具装在工具袋内。

（16）可能有行人通过的工作区域应设围栏。地面电工严禁在作业点垂直下方逗留，杆塔上电工应防止高空落物，使用的工具、材料应用绳索传递，不得乱扔。

（17）带电更换防振锤作业期间，工作负责人（监护人）应对作业人员进行不间断监护，且不得从事其他工作。

四、更换杆塔拉线

1. 作业方式

邻近带电体作业。

2. 适用范围

35kV架空线路杆塔导线拉线或地线拉线的更换工作。

3. 人员组合

本项目工作人员共计6人。其中工作负责人（监护人）1人，杆上电工1人，地面电工4人。

4. 工具配备

一览表见表3－1－8。

表3－1－8　　工具配备一览表

序号	工具名称		规格、型号	数量	备注
1	绝缘工具	绝缘滑车	0.5t	1只	
2		防潮型绝缘传递绳	ϕ14mm	1根	视作业高度定
3	金属工具	双钩紧线器	2t	2个	
4		钢丝绳	ϕ11mm	2根	视作业高度定
5		卸扣	ϕ16mm	2只	
6		钢质卡线器		2个	固定钢绞线用
7	个人防护用具	安全带		2根	备用1根
8		安全帽		6顶	

续表

序号		工具名称	规格、型号	数量	备 注
9	辅助安全用具	防潮布	3m×3m	1块	
10		脚扣		1副	混凝土杆用
11		绝缘电阻表	5000V	1块	电极宽2cm、极间距2cm
12		工具袋		1只	装绝缘工具用

注 若临时拉线不允许安装在拉线棒上时，应增配地锚桩等工器具。

5. 作业步骤

（1）作业前工作负责人组织学习本作业项目的作业指导书，根据本次工作内容决定是否需组织技术骨干去现场勘察，若需勘察应按本次作业现场勘察内容编写修订现场作业指导书，经审核、批准程序后组织学习。

（2）工作前工作负责人向调度申请。内容为：本人为工作负责人×××，××××年××月××日需在35kV ××线路上带电更换杆塔拉线工作，本作业不需停用线路重合闸装置，若遇线路跳闸，不经联系，不得强送电。得到调度许可后，核对线路双重名称和杆号。

（3）全体工作成员列队，工作负责人现场宣读工作票、交代工作任务、交代安全措施和技术措施；查看（问）作业人员精神状况、劳动保护着装情况和工器具是否完好齐全；确认危险点和预防措施，明确作业分工以及安全注意事项。

（4）地面电工将绝缘工具放置在防潮苫布上，用绝缘电阻检测仪检测绝缘工具的绝缘电阻；检查钢丝绳、紧线双钩等绝缘、施工工具和个人安全工具是否齐全完好无损伤；查看核对工器具的电气、机械试验合格，标签齐全且处在试验周期内。

（5）杆上电工携带绝缘传递绳登塔至拉线挂点处，系扣好安全带，将绝缘滑车及绝缘传递绳悬挂在适当的位置。

（6）杆上电工沿杆塔提升临时钢丝绳拉线并安装好上端，地面另一电工控制好传递的临时拉线。

（7）地面电工将临时拉线收紧在应换拉线的拉线棒（或临时地锚）上。

（8）临时拉线受力后，地面电工先拆除需更换拉线UT型线夹，使旧杆塔拉线顺线路靠近杆身，杆上电工拆除拉线上端楔形线夹，用绝缘传递绳将拉线沿杆身松落至地面。

（9）与上述程序相反，恢复新拉线的连接。

（10）杆上电工拆除临时拉线及工具，检查确认塔上无遗留工具后，经工作负责人同意后系背绝缘传递绳平稳下塔。

（11）地面电工整理所用工器具，工作负责人（监护人）清点工器具。

（12）工作负责人向调度汇报。内容为：本人为工作负责人×××，35kV ××线路带电更换杆塔拉线工作已结束，人员已撤离，塔上、线上无遗留物，杆塔拉线等已恢复原样。

6. 安全措施和注意事项

（1）若在海拔1000m以上的线路带电作业时，应根据作业区不同海拔高度，修正各类空气间隙、绝缘工具的安全距离和长度、绝缘子片数等，经本企业总工程师（主管生产领导）批准后执行。

（2）本次作业前工作负责人应组织全体作业人员学习35kV线路带电更换杆塔拉线工作

的作业指导书，若需组织去现场勘察的，应将勘察和现场商榷的作业方法等修订编制成本杆塔的现场作业指导书，经本单位技术负责人或主管生产负责人批准后，向全体作业人员交底并执行。

（3）作业应在良好天气下进行。如遇雷电（听见雷声、看见闪电）、雪、雹、雨、雾等不得进行带电作业。风力大于5级时，不宜进行带电作业。

（4）若需在相对空气湿度大于80%的天气下进行带电作业时，宜采用具有防潮性能的绝缘绳索。

（5）本次作业不需停用线路重合闸装置，但工作前应向调度明确若线路跳闸，不经联系不得强送电的要求。

（6）绝缘工具应放置在防潮苫布上，作业人员戴清洁干燥手套，抽测绝缘工具的绝缘电阻值不得小于700MΩ（电极宽2cm、极间距2cm）。

（7）作业人员登杆塔前，应对脚扣、安全带、登高板等进行检查和冲击试验，全体作业人员必须戴安全帽。

（8）上下杆塔、杆塔上移动或转位时，作业人员必须双手攀抓牢固构件（电杆上、下需系好腰绳），且双手不得持带任何工器具。杆塔上作业不得失去安全带的保护。

（9）更换拉线作业过程中，杆塔上电工与带电体的安全距离不小于0.6m。

（10）临时拉线确认固定牢靠后方可拆除旧杆塔拉线，严禁采用大剪刀突然剪断拉线的方法。

（11）新、旧拉线吊上及松下必须有专人严格用尾绳控制其摆动，随钢丝绳等物至电杆处垂直传递上，要与带电体保持足够安全距离。

（12）绝缘工器具使用前应用干净毛巾进行表面清洁处理，使用绝缘工具应戴清洁、干燥纱手套，防止受潮和污染，收工或转移作业点时应将绝缘工具装在工具袋内。

（13）拉线螺栓扭矩值必须符合相应规格螺栓的标准扭矩值。

（14）严禁使用有破坏钢绞线锌层的卡线器（若狗头式卡线器等）。

（15）地面电工严禁在作业点垂直下方逗留，杆上电工应防止高空落物，使用的工具、材料应用绳索传递，不得乱扔。

（16）带电更换杆塔拉线作业期间，工作监护人应对作业人员进行不间断监护，不得从事其他工作。

第二节　断、接引线（带电断、接空载线路）

1. 作业方式

绝缘斗臂车、绝缘手套作业法。

2. 适用范围

35kV水平排列或同塔并架垂直排列线路。

3. 人员组合

本项目工作人员共计6名。其中工作负责人1名（监护人）、斗内1号电工、斗内2号电工、地面电工3名。

4. 工具配备

一览表见表3-2-1。

表3-2-1 工具配备一览表

序号	工器具名称		规格型号	数量	备　注
1	绝缘工具	绝缘斗臂车	35kV	1台	根据作业高度选
2		防潮绝缘传递绳	ϕ10mm	1根	按作业高度选
3		防潮绝缘绳	ϕ10mm	2根	捆绑控制引流线用
4		绝缘操作杆	35kV	1根	遮蔽邻相导线用
5	金属工具	消弧滑车		1只	铜滑车
6		多股软铜编制的消弧绳	ϕ25mm	1根	或消弧装置
7		钢刷		1把	
8	个人防护用具	绝缘安全帽		6顶	
9		绝缘安全带		2条	
10		绝缘披肩	35kV	2套	或绝缘上衣
11		绝缘手套	35kV	2副	
12		防刺穿手套		2副	
13		护目镜		2副	
14	绝缘遮蔽用具	硬质绝缘遮蔽罩	35kV	3个	遮蔽绝缘子串
15		导线遮蔽罩	35kV	4根	邻近相可用硬质遮蔽罩
16		绝缘毯	35kV	若干	
17		绝缘毯夹具		若干	
18	辅助安全用具	工具袋		2只	装绝缘工具用
19		绝缘工具检测仪	5000V	1台	电极宽2cm、极间距2cm
20		防潮苫布	3m×3m	1块	

注 1. 只能地面操作的绝缘斗臂车应增加1名专责操作人员。
2. 地电位人身不能保持对带电体0.6m安全距离时，对不满足的带电体应进行绝缘遮蔽。

5. 作业步骤

（1）作业前工作负责人组织学习本作业项目的作业指导书，根据本次工作内容决定是否需组织技术骨干去现场勘察，若需勘察应按本次作业现场勘察内容编写修订现场作业指导书，经审核、批准程序后组织学习。

（2）工作前工作负责人向调度申请。内容为：本人为工作负责人×××，××××年××月××日需在35kV ××线路上带电断、接空载线路，本作业不需停用线路重合闸装置，若遇线路跳闸，不经联系，不得强送电。得到调度许可后，核对线路双重名称和杆号。

（3）全体工作成员列队，工作负责人现场宣读工作票、交代工作任务、交代安全措施和技术措施；查看（问）作业人员精神状况、劳动保护着装情况和工器具是否完好齐全；确认危险点和预防措施，明确作业分工以及安全注意事项。

（4）地面电工将绝缘工具放置在防潮苫布上，用绝缘电阻检测仪检测绝缘工具的绝缘电阻；用绝缘手套检测器充气检查测试有否破损、孔洞等；检查绝缘工具有否损坏、变形、龟裂、破损和个人防护用具是否齐全、完好（在出库前绝缘电阻值如已测试过的可省去现场测试步骤）；检查消弧绳等是否满足消弧电流要求、灵活和完好；查看核对工器具、绝缘斗臂车的电气、机械试验合格，标签齐全且处在试验周期内；检查绝缘斗臂车的斗、臂有否良好（在出车前如已调试过的可省去此步骤），擦拭绝缘斗、臂和调试斗臂车。

（5）斗内1、2号电工戴绝缘手套（防刺穿手套）、绝缘安全帽、穿绝缘上衣或绝缘披肩等全套个人防护用具，相互检查穿戴情况。

（6）根据不同杆塔形式和相别，绝缘斗臂车电工检查斗臂车支撑脚稳固、操作系统升降、回转、制动、接地连接等情况，将斗臂车定位于最适于作业的位置；并向工作负责人汇报。

（7）斗内1、2号电工进入绝缘斗，将作业用工具、材料和绝缘隔离用具等放入绝缘斗内，工具和隔离用具应分类放置在工具袋中，安全带系挂在斗内挂钩上。

（8）斗内2号电工操作提升绝缘斗至合适工作位置，按照先近后远、先下后上的绝缘隔离顺序。用绝缘遮蔽罩对导线、绝缘子串进行绝缘隔离，1号电工手持绝缘操作杆挑住绝缘遮蔽罩对邻近相导线、耐张串进行绝缘隔离（若是上字形排列只对操作相和相邻相的带电导线进行绝缘遮蔽），垂直排列应沿绝缘斗上升路径侧手持绝缘遮蔽罩隔离相应的导线，对不能保证安全距离的带电体和接地体，应分别进行绝缘隔离并检查绝缘遮蔽措施情况。

（9）经工作负责人同意，1号电工在2号电工的配合打开引线并沟线夹的绝缘隔离，将消弧滑车固定在电源侧导线上，消弧绳通过消弧滑车，另一端消弧绳连接固定在负荷侧引流线上，地面电工控制好绝缘拉绳。

（10）地面电工拉紧消弧绳使其与电源侧导线上消弧滑车可靠接触，1号电工检查后报告工作负责人，同意后拆开引线并沟线夹，将电源侧跳线引流线圈卷固定在耐张线夹处。

（11）斗内2号电工操作绝缘斗离开引流线4m外，2名地面电工戴护目镜，工作负责人指挥地面电工，一名地面电工拉引线控制绳，另一名地面电工随即放出消弧绳，使负荷侧引流线随消弧绳迅速脱离消弧滑车，将一侧线路退出运行。

（12）斗内2号电工操作绝缘斗回到工作位置处理包扎好负荷侧跳线引流线。

（13）经工作负责人同意后拆除绝缘隔离，转换工作位置，按以上程序断开其他两相引线。

（14）若是接通空载线路，则按以上相反程序进行。

（15）断、接引作业完成后，经工作负责人同意，斗内电工就远后近、先上后下的原则，按逆顺序分别拆除跳线、导线、绝缘子串的绝缘隔离。

（16）斗内电工检查杆塔上无遗漏物后，报经工作负责人同意后，2号电工操作绝缘斗返回地面，清理工具和现场，工作负责人清点工器具。

（17）工作负责人向调度汇报，内容为：本人为工作负责人×××，35kV ××线路上带电断、接空载线路工作已结束，人员已撤离，杆塔、导线上无遗留物，线路设备具备送电条件。

6. 安全措施及注意事项

（1）若在海拔1000m以上的线路带电作业时，应根据作业区不同海拔高度，修正各类空气间隙、绝缘工具的安全距离和长度、绝缘子片数等，经本企业总工程师（主管生产领导）批准后执行。

（2）本次作业前工作负责人应组织全体作业人员学习35kV带电断、接空载线路的作业指导书，若需组织去现场勘察的，应将勘察和现场商榷的作业方法如计算需断开或搭接线路的电容电流，决定采用消弧绳或消弧开关方式等修订编制成本杆塔的现场作业指导书，经本单位技术负责人或主管生产负责人批准后，向全体作业人员交底并执行。

（3）作业应在良好天气下进行。如遇雷电（听见雷声、看见闪电）、雪雹、雨雾时不得进行带电作业。风力大于5级时，不宜进行作业。

（4）若需在相对空气大于80%的天气下进行带电作业时，应采用具有防潮性能绝缘绳索。

（5）本次作业不需停用线路重合闸装置，但工作前应向调度明确若线路跳闸，不经联系不得强送电的要求。

（6）绝缘工具应放置在防潮苫布上，作业人员戴清洁干燥手套，抽测绝缘承力工具的绝缘电阻值不得小于700MΩ（电极宽2cm、极间距2cm），不得持标准电极沿硬质绝缘工具表面滑测（软质遮蔽工具、防护绝缘工具只检查外观和试验标签），以免金属电极划伤绝缘防护层和划破软质绝缘工具。

（7）斗内电工与带电体、接地体的安全距离小于0.6m时，对接地体、带电体均应采取可靠的绝缘隔离措施，对邻相导线、耐张串遮蔽可采用绝缘操作杆挑挂硬质遮蔽罩方式；斗内电工与邻相导线线间距离不得小于0.8m；绝缘绳的有效绝缘长度不小于0.6m；绝缘操作杆有效绝缘长度不得小于0.9m。

（8）高架绝缘斗臂车的操作人员应熟悉带电作业的有关规定，并经专门培训，考试合格，持证上岗。

（9）高架绝缘斗臂车的工作位置应选择适当，支撑应稳固可靠，并有防倾覆措施。使用前应在预定位置空斗试操作1次，确定液压传动、回转、升降、伸缩系统工作正常、操作灵活，制动装置可靠。

（10）当斗臂车绝缘斗距带电体1～2m或工作转移时，应注意周围环境，缓慢平稳操作移动，严禁使用快速挡；绝缘斗臂车在作业过程中，发动机不得熄火（电能驱动型除外），以保证液压系统处于工作状态。

（11）绝缘臂的有效绝缘长度应大于1.5m。绝缘臂下节的金属部分，在扬起回转过程中，对带电体的安全距离应保持1.1m。工作中车体应良好接地。

（12）绝缘斗内电工在提升前，应对绝缘斗和安全带进行检查和冲击，全体作业人员必须戴安全帽。

（13）绝缘斗只能处在导线一侧作业，不得处在两相导线之间（包括已被绝缘遮蔽的两相导线）。

（14）斗内电工接触遮蔽的带电体时，应得到工作负责人同意后方可接触或退出。

（15）禁止斗内电工同时拆除带电导线和地电位的绝缘隔离措施；严禁同时接触未接通的或已断开的导线2个断头，以防人体串入电路。

（16）带电断、接空载线路时，应报经调度许可后方可进行。禁止带负荷断、接引线。

（17）带电断、接空载线路时，作业人员应戴护目镜，采取消弧措施。消弧工具的断流能力应与被断接的空载线路电压等级及电容电流相适应。使用消弧绳可短接线路的长度不应大于30km，且作业人员与断开点应保持4m以上的距离。

（18）在查明线路无接地、绝缘良好、线路上无人工作且相位确定无误后，方可进行带电断、接引线的。

（19）带电接引线时未接同相的导线及带电断引线时已断开相的导线将因感应而带电。为防止电击，应采取措施后才能触及。带电断、接设备引线时，应采取防止引流线摆动的措施。

（20）消弧滑车与导线应固定牢固，地面电工拉消弧绳应连续迅速，以免拉弧太长。

（21）绝缘工具使用前应用干净毛巾进行表面清洁处理，使用绝缘工具应戴清洁、干燥的手套，以防绝缘工具受潮和污染。收工或转移作业点，应将绝缘工具装在工具袋内。

（22）可能有行人通过的工作区域应设围栏。地面电工严禁在作业点垂直下方逗留，杆塔上电工应防止高空落物，使用的工具、材料应用绳索传递，不得乱扔。

（23）带电断、接引线作业期间，工作负责人（监护人）应对作业人员进行不间断监护，且不得从事其他工作。

第三节　修　理　设　备

一、修补导线

1. 作业方式

绝缘斗臂车、绝缘手套作业法。

2. 适用范围

35kV 线路。

3. 人员组合

本作业项目工作人员计5名，其中工作负责人（监护人）1名；斗内1号电工1名；斗内2号电工1名；地面电工1名。

4. 工具配备

一览表见表3－3－1。

表3－3－1　　工具配备一览表

序号	工器具名称		规格、型号	数量	备　注
1	绝缘工具	绝缘斗臂车	35kV	1台	按导线高度选择
2		防潮绝缘传递绳	ϕ10mm	1条	按导线高度选
3		绝缘操作杆	35kV	1根	对邻相导线遮蔽用
4	金属工具	绝缘钳		1把	
5		钳压机		1台	
6		钢刷		1把	

续表

序号	工器具名称		规格、型号	数量	备注
7	个人防护用具	绝缘安全帽		5顶	
8		绝缘安全带		2条	
9		绝缘披肩	35kV	2套	或绝缘上衣
10		绝缘手套	35kV	2副	
11		防刺穿手套		2副	
12	绝缘遮蔽用具	绝缘毯	35kV	若干	或绝缘子串硬质遮蔽罩
13		导线遮蔽罩	35kV	4根	邻近相可用硬质遮蔽罩
14		绝缘毯夹具		若干	
15	辅助安全用具	工具袋		2只	装绝缘工具用
16		绝缘工具检测仪	5000V	1台	电极宽2cm、极间距2cm
17		防潮苫布	3m×3m	1块	

注 若水平排列导线可采用绝缘独脚蜈蚣梯修补导线，按该方法配置绝缘工具。

5. 作业步骤

（1）作业前工作负责人组织学习本作业项目的作业指导书，根据本次工作内容决定是否需组织技术骨干去现场勘察，若需勘察应按本次作业现场勘察内容编写修订现场作业指导书，经审核、批准程序后组织学习。

（2）工作前工作负责人向调度申请。内容为：本人为工作负责人×××，××××年××月××日需在35kV ××线路上带电修补导线，本作业不需停用线路重合闸装置，若遇线路跳闸，不经联系，不得强送电。得到调度许可后，核对线路双重名称和杆号。

（3）全体工作成员列队，工作负责人现场宣读工作票、交代工作任务、交代安全措施和技术措施；查看（问）作业人员精神状况、劳动保护着装情况和工器具是否完好齐全；确认危险点和预防措施，明确作业分工以及安全注意事项。

（4）地面电工将绝缘工具放置在防潮苫布上，用绝缘电阻检测仪检测绝缘工具的绝缘电阻；检查绝缘工具有否损坏、变形、龟裂、破损和个人防护用具是否齐全、完好（在出库前绝缘电阻值如已测试过的可省去现场测试步骤）；查看核对绝缘工器具、绝缘斗臂车的电气、机械试验合格，标签齐全且处在试验周期内；检查绝缘斗臂车的斗、臂有否良好（在出车前如已调试过的可省去此步骤），擦拭绝缘斗、臂和调试斗臂车。

（5）斗内1、2号电工戴绝缘手套（防刺穿手套）、绝缘安全帽、穿绝缘上衣或绝缘披肩等全套个人防护用具，相互检查穿戴情况。

（6）根据不同杆塔形式和相别，绝缘斗臂车电工检查斗臂车支撑脚稳固、操作系统升降、回转、制动、接地连接等情况，将斗臂车定位于最适于作业的位置；并向工作负责人汇报。

（7）斗内1、2号电工进入绝缘斗，将作业用工具、材料和绝缘隔离用具等放入绝缘斗内，工具和隔离用具应分类放置在工具袋中，安全带系挂在斗内挂钩上。

（8）斗内2号电工操作提升绝缘斗至合适工作位置，按照先近后远、先下后上的绝缘隔离顺序。用绝缘遮蔽罩对导线进行绝缘隔离，1号电工手持绝缘操作杆挑住绝缘遮蔽罩对邻近相导线进行绝缘隔离（若是上字形排列只对操作相和相邻相的带电导线进行绝缘遮蔽），垂直排列应沿绝缘斗上升路径侧手持绝缘遮蔽罩隔离相应的导线，对不能保证安全距离的带电体和接地体，应分别进行绝缘隔离，用绝缘夹夹紧以防脱落。随后对横担进行绝缘遮蔽，用绝缘夹夹紧并检查绝缘遮蔽措施情况。

（9）若是修补中相导线，则斗臂车进入侧的边相导线应先进行绝缘隔离。若修补位置邻近杆塔、构架或拉线时，还必须对作业范围内的接地构件进行绝缘隔离。

（10）经工作负责人同意，1 号电工移开欲修补位置的导线遮蔽罩，尽量小范围的露出带电导线，检查损坏情况。

（11）用钢刷处理受损导线附近的表面氧化层，根据导线损伤截面，决定采用扎线、预绞丝或钳压补修管等方法修补导线，若导线铝截面超过 25% 时（钢芯完好），应采用全张力螺旋接续条补修，注意绝缘手套外应套有防刺穿的防护手套。

（12）导线修补完成并检查完好后，斗内电工检查导线上无遗漏物后，报经工作负责人同意，1 号电工由远至近拆除导线遮蔽罩和其他绝缘隔离装置。

（13）斗内电工检查设备恢复原状后，报经工作负责人同意后，2 号电工操作绝缘斗返回地面，清理工具和现场，工作负责人清点工器具。

（14）工作负责人向调度汇报，内容为：本人为工作负责人 ×××，35kV ××线路上带电修补导线工作已结束，人员已撤离，杆塔、导线上无遗留物，线路设备已恢复原状。

6. 安全措施及注意事项

（1）若在海拔 1000m 以上的线路带电作业时，应根据作业区不同海拔高度，修正各类空气间隙、绝缘工具的安全距离和长度、绝缘子片数等，经本企业总工程师（主管生产领导）批准后执行。

（2）本次作业前工作负责人应组织全体作业人员学习 35kV 线路带电修补导线工作的作业指导书，若需组织去现场勘察的，应将勘察和现场商榷的作业方法等修订编制成本杆塔的现场作业指导书，经本单位技术负责人或主管生产负责人批准后，向全体作业人员交底并执行。

（3）作业应在良好天气下进行。如遇雷电（听见雷声、看见闪电）、雪雹、雨雾时不得进行带电作业。风力大于 5 级时，不宜进行作业。

（4）若需在相对空气大于 80% 的天气下进行带电作业时，应采用具有防潮性能绝缘绳索。

（5）本次作业不需停用线路重合闸装置，但工作前应向调度明确若线路跳闸，不经联系不得强送电的要求。

（6）绝缘工具应放置在防潮苫布上，作业人员戴清洁干燥手套，抽测绝缘承力工具的绝缘电阻值不得小于 700MΩ（电极宽 2cm、极间距 2cm），不得持标准电极沿硬质绝缘工具表面滑测（软质遮蔽工具、防护绝缘工具只检查外观和试验标签），以免金属电极划伤绝缘防护层和划破软质绝缘工具。

（7）斗内电工与带电体、接地体的安全距离小于 0.6m 时，对接地体、带电体均应采取可靠的绝缘隔离措施，对邻相导线遮蔽可采用绝缘操作杆挑挂硬质遮蔽罩方式；斗内电工对邻相导线的线间距离不得小于 0.8m；绝缘绳有效绝缘长度不小于 0.6m；绝缘操作杆有效绝缘长度不得小于0.9m。

(8) 高架绝缘斗臂车的操作人员应熟悉带电作业的有关规定，并经专门培训，考试合格，持证上岗。

(9) 高架绝缘斗臂车的工作位置应选择适当，支撑应稳固可靠，并有防倾覆措施。使用前应在预定位置空斗试操作1次，确定液压传动、回转、升降、伸缩系统工作正常、操作灵活，制动装置可靠。

(10) 当斗臂车绝缘斗距带电体1~2m或工作转移时，应注意周围环境，缓慢平稳操作移动，严禁使用快速挡；绝缘斗臂车在作业过程中，发动机不得熄火（电能驱动型除外），以保证液压系统处于工作状态。

(11) 绝缘臂的有效绝缘长度应大于1.5m。绝缘臂下节的金属部分，在扬起回转过程中，对带电体的安全距离应保持1.1m。工作中车体应良好接地。

(12) 绝缘斗内电工在提升前，应对绝缘斗和安全带进行检查和冲击，全体作业人员必须戴安全帽。

(13) 绝缘斗只能处在导线一侧作业，不得处在两相导线之间（包括已被绝缘遮蔽的两相导线）。

(14) 斗内电工接触遮蔽的带电体时，应得到工作负责人同意后方可接触或退出。

(15) 绝缘工具使用前应用干净毛巾进行表面清洁处理，使用绝缘工具应戴清洁、干燥的手套，以防绝缘工具受潮和污染。收工或转移作业点，应将绝缘工具装在工具袋内。

(16) 按导线受损的程度，严格按DL/T 1069—2007《架空输电线路导地线补修导则》的规定处理。

(17) 使用扎线、预绞丝或钳压补修管等材料修补导线时要注意与邻相带电体或接地体的安全距离，不能保证时应采取可靠的绝缘隔离措施。

(18) 可能有行人通过的工作区域应设围栏。地面电工严禁在作业点垂直下方逗留，杆塔上电工应防止高空落物，使用的工具、材料应用绳索传递，不得乱扔。

(19) 带电修补导线作业期间，工作负责人（监护人）应对作业人员进行不间断监护，且不得从事其他工作。

二、带电处理设备上锁紧销、螺帽紧固

1. 作业方式

绝缘斗臂车、绝缘手套作业法。

2. 适用范围

35kV水平排列或上字形排列两下边相线路。

3. 人员组合

本项目工作人员计4名，其中工作负责人（监护人）1名；斗内1号电工1名；斗内2号电工1名；地面电工1名。

4. 工具配备

一览表见表3-3-2。

表3-3-2 工具配备一览表

序号	工器具名称		规格、型号	数量	备注
1	绝缘工具	绝缘斗臂车	35kV	1台	按检修设备高度选择
2		防潮绝缘传递绳	ϕ10mm	1条	按作业高度选
3	金属工具	绝缘钳		1把	
4		绝缘扳手		1把	
5		扭矩扳手		1台	
6	个人防护用具	绝缘安全帽	35kV	4顶	
7		斗内安全带		2条	
8		绝缘手套	35kV	2副	
9		防刺穿手套		2副	
10		绝缘披肩	35kV	2套	或绝缘上衣
11	绝缘隔离用具	绝缘毯	35kV	6块	
12		导线遮蔽罩	35kV	4根	邻近相可用硬质遮蔽罩
13		绝缘毯夹具		若干	
14	辅助安全用具	工具袋		2只	装绝缘工具用
15		绝缘工具检测仪	5000V	1台	电极宽2cm、极间宽2cm
16		防潮苫布	3m×3m	1块	

注 1. 只能地面操作的绝缘斗臂车应增加1名专责操作人员。

2. 斗内电工可持绝缘操作杆挑硬质遮蔽罩对邻近相进行绝缘遮蔽。

5. 作业步骤

（1）作业前工作负责人组织学习本作业项目的作业指导书，根据本次工作内容决定是否需组织技术骨干去现场勘察，若需勘察应按本次作业现场勘察内容编写修订现场作业指导书，经审核、批准程序后组织学习。

（2）工作前工作负责人向调度申请。内容为：本人为工作负责人×××，××××年××月××日需在35kV ××线路上带电处理设备缺陷工作，本作业不需停用线路重合闸装置，若遇线路跳闸，不经联系，不得强送电。得到调度许可后，核对线路双重名称和杆号。

（3）全体工作成员列队，工作负责人现场宣读工作票、交代工作任务、交代安全措施和技术措施；查看（问）作业人员精神状况、劳动保护着装情况和工器具是否完好齐全；确认危险点和预防措施，明确作业分工以及安全注意事项。

（4）地面电工将绝缘工具放置在防潮苫布上，用绝缘电阻检测仪检测绝缘工具的绝缘电阻；用绝缘手套检测器充气检查测试有否破损、孔洞等；检查绝缘工具有否损坏、变形、龟裂、破损和个人防护用具是否齐全、完好（在出库前绝缘电阻值如已测试过的可省去现场测试步骤）；查看核对绝缘工器具、绝缘斗臂车的电气、机械试验合格，标签齐全且处在试验周期内；检查绝缘斗臂车的斗、臂有否良好（在出车前如已调试过的可省去此步骤），擦拭绝缘斗、臂和调试斗臂车。

（5）斗内1、2号电工戴绝缘手套（防刺穿手套）、绝缘安全帽、穿绝缘上衣或绝缘披肩等全套个人防护用具，相互检查穿戴情况。

（6）根据不同杆塔形式和相别，绝缘斗臂车电工检查斗臂车支撑脚稳固、操作系统升降、回转、制动、接地连接等情况，将斗臂车定位于最适于作业的位置；并向工作负责人汇报。

（7）斗内1、2号电工进入绝缘斗，将作业用工具、材料和绝缘隔离用具等放入绝缘斗内，工具和隔离用具应分类放置在工具袋中，安全带系挂在斗内挂钩上。

（8）斗内2号电工操作提升绝缘斗至合适工作位置，按照先近后远、先下后上的绝缘隔离顺序。1号电工手持绝缘操作杆挑住绝缘遮蔽罩对邻近相导线进行绝缘隔离（若是上字形排列只对操作相和相邻相的带电导线进行绝缘遮蔽），若更换中、上相绝缘子串，应沿绝缘斗上升路径侧手持绝缘遮蔽罩隔离相应的导线，按防振锤、悬垂线夹、绝缘子串顺序分别用绝缘毯进行包扎隔离，并用绝缘毯夹具夹紧。

（9）斗内1号电工打开待处理缺陷金具的绝缘隔离，根据缺陷状况补上销针（或拧紧螺栓），更换处理作业完成后，经工作负责人同意，斗内电工就远后近、先上后下的原则，按逆顺序分别拆除绝缘子、金具、导线的绝缘隔离。

（10）斗内电工检查导线上无遗漏物，设备恢复原状后，报经工作负责人同意后，2号电工操作绝缘斗返回地面，清理工具和现场，工作负责人清点工器具。

（11）工作负责人向调度汇报，内容为：本人为工作负责人×××，35kV ××线路上带电处理零星缺陷工作已结束，人员已撤离，杆塔、导线上无遗留物，线路设备已恢复原状。

6. 安全措施及注意事项

（1）若在海拔1000m以上线路上带电作业时，应根据作业区的实际海拔高度，计算修正各类空气间隙与固体绝缘的安全距离和长度、绝缘子片数等，经本单位主管生产领导（总工程师）批准后执行。

（2）本次作业前工作负责人应组织全体作业人员学习35kV线路绝缘斗臂车带电处理设备零星缺陷工作的作业指导书，若需组织去现场勘察的，应将勘察和现场商榷的作业方法等修订编制成本杆塔的现场作业指导书，经本单位技术负责人或主管生产负责人批准后，向全体作业人员交底并执行。

（3）作业应在良好天气下进行。如遇雷电（听见雷声、看见闪电）、雪、雹、雨、雾等不得进行带电作业。风力大于5级时，不宜进行带电作业。

（4）若需在相对空气湿度大于80%的天气下进行带电作业时，宜采用具有防潮性能的绝缘绳索。

（5）本次作业不需停用线路重合闸装置，但工作前应向调度告知：若线路跳闸，不经联系不得强送电。

（6）绝缘工具应放置在防潮苫布上，作业人员戴清洁干燥手套，抽测绝缘承力工具的绝缘电阻值不得小于700MΩ（电极宽2cm、极间距2cm），不得持标准电极沿硬质绝缘工具表面滑测（软质遮蔽工具、防护绝缘工具只检查外观和试验标签），以免金属电极划伤绝缘防护层和划破软质绝缘工具。

（7）斗内电工与带电体、接地体的安全距离小于0.6m时，对接地体、带电体均应采取可靠的绝缘隔离措施，对邻相导线遮蔽可采用绝缘操作杆挑挂硬质遮蔽罩方式；斗内电工对邻相导线的线间距离不得小于0.8m；绝缘绳的有效绝缘长度不小于0.6m；绝缘操作杆有效绝缘长度不得小于0.9m。

（8）高架绝缘斗臂车的操作人员应熟悉带电作业的有关规定，并经专门培训，考试合格，持证上岗。

（9）高架绝缘斗臂车的工作位置应选择适当，支撑应稳固可靠，并有防倾覆措施。使用前应在预定位置空斗试操作一次，确定液压传动、回转、升降、伸缩系统工作正常、操作灵活，制动装置可靠。

（10）绝缘斗内电工在提升前，应对绝缘斗和安全带进行检查和冲击，全体作业人员必须戴安全帽。

（11）当斗臂车绝缘斗距带电体1～2m或工作转移时，应注意周围环境，缓慢平稳操作移动，严禁使用快速挡；绝缘斗臂车在作业过程中，发动机不得熄火（电能驱动型除外），以保证液压系统处于工作状态。

（12）绝缘臂的有效绝缘长度应大于1.5m。绝缘臂下节的金属部分，在扬起回转过程中，对带电体的安全距离应保持1.1m。工作中车体应良好接地。

（13）绝缘斗只能处在导线一侧作业，不得处在两相导线之间（包括已被绝缘遮蔽的两相导线）。

（14）禁止斗内电工同时拆除带电导线和地电位的绝缘隔离措施。

（15）绝缘工具使用前应用干净毛巾进行表面清洁处理，使用绝缘工具应戴清洁、干燥的手套，以防绝缘工具受潮和污染。收工或转移作业点，应将绝缘工具装在工具袋内。

（16）可能有行人通过的工作区域应设围栏。地面电工严禁在作业点垂直下方逗留，杆塔上电工应防止高空落物，使用的工具、材料应用绳索传递，不得乱扔。

（17）斗内电工带电处理零星缺陷作业期间，工作负责人（监护人）应对作业人员进行不间断监护，且不得从事其他工作。

第四节　加　装　设　备

一、带电加装重锤（绝缘软梯作业法）

1. 作业方式

绝缘软梯、绝缘操作杆作业法。

2. 适用范围

35kV水平排列或同塔并架垂直排列线路的2个下边相导线。

3. 人员组合

本项目工作人员计5名，其中工作负责人（监护人）1名；杆上电工1名；等电位电工1名；地面电工2名。

4. 工具配备

一览表见表3-4-1。

表3-4-1 工具配备一览表

序号	工器具名称		规格、型号	数量	备注
1	绝缘工具	防潮型绝缘传递绳	ϕ10mm	1根	视作业高度定
2		高强度绝缘人身防坠绳	ϕ14mm	1根	视导线高度定
3		绝缘滑车	0.5t	1只	
4		绝缘操作杆	35kV	1根	
5		防潮型绝缘软梯		1副	高强度绝缘绳索制作
6		绝缘3-3滑车组	20kN	1副	配防潮型绝缘绳索
7		高强度防潮型绝缘绳	ϕ14mm		导线后备保护绳
8		硬质绝缘遮蔽工具	35kV	若干	
9	金属工具	扭矩扳手		1把	金具螺栓紧固用
10		3-3滑车组横担固定器		1个	
11		操作杆头		1个	
12	个人防护用具	绝缘安全带		2根	
13		均压服（也可穿屏蔽服）		1套	或均压鞋垫裤线转移棒
14		安全帽		5顶	
15	辅助安全用具	防潮苫布	3m×3m	1块	
16		万用表		1块	检测均压服连接导通良好
17		绝缘电阻表	5000V	1块	极宽2cm、极间宽2cm
18		工具袋		2只	
19		脚扣	ϕ300mm	1副	混凝土杆时用

注 1. 若采用绝缘旋转硬梯方式，应按该方法配置绝缘工具。

2. 地电位人身不能保持对带电体0.6m安全距离时，对不满足的带电体应进行绝缘遮蔽。

3. 采用等电位作业应先对邻近相导线采取绝缘遮蔽措施，采用高一电压等级杆塔的除外。

5. 作业步骤

（1）作业前工作负责人组织学习本作业项目的作业指导书，根据本次工作内容决定是否需组织技术骨干去现场勘察，若需勘察应按本次作业现场勘察内容编写修订现场作业指导书，经审核、批准程序后组织学习。

（2）工作前工作负责人向调度申请。内容为：本人为工作负责人×××，××××年××月××日需在35kV ××线路上带电加装重锤工作，本作业不需停用线路重合闸装置，若遇线路跳闸，不经联系，不得强送电。得到调度许可后，核对线路双重名称和杆号。

（3）全体工作成员列队，工作负责人现场宣读工作票、交代工作任务、交代安全措施和技术措施；查看（问）作业人员精神状况、劳动保护着装情况和工器具是否完好齐全；确认危险点和预防措施，明确作业分工以及安全注意事项。

（4）地面电工将绝缘工具放置在防潮苫布上，用绝缘电阻检测仪检测绝缘工具的绝缘电阻；检查软梯等绝缘工具和个人防护用具是否齐全完好；查看核对工器具的电气、机械试验合格，标签齐全且处在试验周期内；检查均压（屏蔽）服是否完好，均压服或均压鞋垫转移棒各部件连接是否牢固。

(5) 杆上电工携带绝缘传递绳登塔至横担处，系挂好安全带，将绝缘滑车和绝缘传递绳在作业横担适当位置安装好。

(6) 地面电工传递上绝缘操作杆、导线硬质绝缘遮蔽罩给杆上电工，杆上电工手持绝缘操作杆挑着绝缘遮蔽罩对工作相的邻近相导线进行遮蔽，两遮蔽罩的重叠部分不小于15cm。

(7) 地电位电工传递上绝缘软梯，塔上电工将绝缘软梯挂在横担头（绝缘子串挂点附近），地面电工冲击试验软梯悬挂受力情况，同时挂好绝缘高强度防坠保护绳。

(8) 等电位人员穿着全套均压服（手套和袜子），均压服内不得贴身穿着化纤类内衣。地面电工负责检查上衣、袜裤和手套的连接是否完好，用万用表测试袜、裤、衣、手套等导通情况；或穿着均压鞋垫，与转移棒的连接线应在腰上连接牢固，防止转移棒连接线过长。

(9) 等电位电工系好防坠保护绳，地面电工控制软梯尾部和防坠保护绳，等电位电工攀登软梯至导线下方0.2m处左右，向工作负责人申请进入强电位，得到工作负责人同意后，快速抓住进入带电体，先在导线上扣好安全带腰绳后再解开防坠保护绳。

(10) 地面电工传递上绝缘3-3滑车组给杆上电工，杆上电工在横担上挂好滑车组，与等电位工配合系挂好导线后备保护绳。

(11) 地面电工提升绝缘3-3滑车组转移导线荷载。使悬垂绝缘子串松弛。

(12) 杆上电工检查绝缘滑车组受力可靠后，经工作负责人同意拆除更换上有重锤挂板的悬垂线夹，地面电工传递重锤片及支架，等电位电工将重锤悬挂在线夹上。

(13) 按以上步骤完成其他两相的安装工作。

(14) 等电位工用扭矩板手按悬垂线夹、重锤等螺栓规格标准扭矩值拧紧，检查完好后经工作负责人同意，沿绝缘软梯返回地面。

(15) 杆上电工拆除绝缘滑车组后，持绝缘操作杆拆除导线绝缘遮蔽一并传递至地面，检查确认塔上无遗留工具后，汇报工作负责人，得到同意后系背绝缘传递绳平稳下塔。

(16) 地面电工清理工具和现场，工作负责人清点工器具。

(17) 工作负责人向调度汇报，内容为：本人为工作负责人×××，35kV ××线路上带电加装重锤工作已结束，人员已撤离，杆塔、导线上无遗留物，线路设备已恢复原状。

6. 安全措施及注意事项

(1) 若在海拔1000m以上的线路带电作业时，应根据作业区不同海拔高度，修正各类空气间隙、绝缘工具的安全距离和长度、绝缘子片数等，经本企业总工程师（主管生产领导）批准后执行。

(2) 本次作业前工作负责人应组织全体作业人员学习35kV线路带电加装重锤工作内容（如计算本档垂直荷载、需增挂重锤的重量及悬挂方式等）工作的作业指导书，若需组织去现场勘察的，应将勘察和现场商榷的作业方法等修订编制成本杆塔的现场作业指导书，经本单位技术负责人或主管生产负责人批准后，向全体作业人员交底并执行。

(3) 作业应在良好天气下进行。如遇雷电（听见雷声、看见闪电）、雪、雹、雨、雾等不得进行带电作业。风力大于5级时，不宜进行带电作业。

(4) 若需在相对空气湿度大于80%的天气下进行带电作业时，宜采用具有防潮性能的绝缘绳索。

(5) 本次作业不需停用线路重合闸装置，但工作前应向调度明确若线路跳闸，不经联系不得强送电的要求。

(6) 绝缘工具应放置在防潮苫布上，作业人员戴清洁干燥手套，抽测绝缘工具的绝缘电阻值不得小于700MΩ（电极宽2cm、极间距2cm），不得持标准电极沿硬质绝缘工具表面滑测，以免金属电极划伤绝缘防护层。

(7) 地电位电工与带电体的安全距离不得小于0.6m，不满足时，应对带电体采取可靠的绝缘隔离措施；等电位工对邻相导线的线间距离不得小于0.8m；绝缘承力工具的有效绝缘长度不小于0.6m；绝缘操作杆有效绝缘长度不得小于0.9m。

(8) 作业人员登杆塔前，应对脚扣、安全带、登高板等进行检查和冲击试验，全体作业人员必须戴安全帽。

(9) 上下杆塔、杆塔上移动或转位时，作业人员必须双手攀抓牢固构件（电杆上、下需系好腰绳），且双手不得持带任何工器具。杆塔上作业不得失去安全带的保护。

(10) 等电位工穿着均压服后，各部件应连接导通良好，均压服内不得贴身穿着化纤类内衣；若穿着均压鞋垫和裤线转移棒时，连接线长短应合理，防止过长而与拉线等接地体接近危及安全，穿均压鞋垫等电位时，必须采用转移棒进、出电位。

(11) 绝缘软梯悬挂好后，地面电工应配合试冲击软梯悬挂和防坠保护绳的牢固情况。等电位电工登绝缘软梯不得失去防坠保护绳的保护，地面电工防坠保护绳控制方式应合理、可靠。

(12) 等电位电工从绝缘软梯登上导线后，必须先系挂好安全带腰绳才能解开防坠后备保护绳，脱离电位前必须系好防坠后备保护绳后，再解开安全带腰绳向负责人申请下软梯。

(13) 悬挂软梯的导线不得小于LGJ－120mm^2，当需在孤立档或有断股的导线上悬挂软梯作业时，应经验算合格并经主管单位总工或生产领导批准后方可执行。

(14) 本次作业采用等电位作业法，进入电位前必须先对邻近相导线进行绝缘遮蔽。

(15) 等电位作业人员进出电位时，应向工作负责人申请，得到同意后方可进入或退出。

(16) 等电位电工人体裸露部分与带电体的有效距离不得小于0.2m。

(17) 绝缘工器具使用前应用干净毛巾进行表面清洁处理，使用绝缘工具应戴清洁、干燥纱手套，防止受潮和污染，收工或转移作业点时应将绝缘工具装在工具袋内。

(18) 地面电工严禁在作业点垂直下方逗留，杆上电工应防止高空落物，使用的工具、材料应用绳索传递，不得乱扔。

(19) 带电加装重锤作业期间，工作监护人应对作业人员进行不间断监护，不得从事其他工作。

二、带电加装重锤（绝缘斗臂车作业法）

1. 作业方式

绝缘斗臂车、绝缘手套作业法。

2. 适用范围

35kV线路上、下或水平排列悬垂串。

3. 人员组合

本作业项目工作人员计5名，其中工作负责人（监护人）1名；斗内1号电工1名；斗内2号电工1名；地面电工1名。

4. 工具配备

一览表见表3-4-2。

表3-4-2　　工具配备一览表

序号	工器具名称		规格、型号	数量	备　注
1	绝缘工具	绝缘斗臂车	35kV	1台	按导线高度选择
2		防潮绝缘传递绳	ϕ10mm	1根	按作业高度选
3		绝缘滑车	0.5t	1只	配绝缘绳套
4		防潮型绝缘绳	ϕ18mm	1根	高强度导线保护绳
5	金属工具	绝缘带紧线器	20kN	1副	提升导线用
6		绝缘扳手		1把	
7		横担固定器	20kN	1个	固定导线提升器用
8		铝合金导线钩	20kN	1个	导线后备保护绳用
9		扭矩扳手		1把	按螺栓规格扭矩值
10	个人防护用具	绝缘安全帽		5顶	
11		绝缘安全带		2条	
12		绝缘披肩	35kV	2套	或绝缘上衣
13		绝缘手套	35kV	2副	
14		防刺穿手套		2副	
15	绝缘遮蔽用具	绝缘毯	35kV	6块	
16		导线遮蔽罩	35kV	4根	邻近相可用硬质遮蔽罩
17		绝缘毯夹具		若干	
18		硬质绝缘遮蔽罩		1个	遮蔽悬垂绝缘子串
19	辅助安全用具	工具袋		2只	装绝缘工具用
20		绝缘工具检测仪	5000V	1台	电极宽2cm、极间距2cm
21		防潮苫布	3m×3m	1块	

注　1. 只能地面操作的绝缘斗臂车应增加1名专责操作人员。

2. 斗内电工不能保持对相间距离0.8m安全距离时，对不满足的带电体应进行绝缘遮蔽。

3. 斗臂车的绝缘斗不得夹处在两相导线之间作业，可一侧靠在导线上作业。

5. 作业步骤

（1）作业前工作负责人组织学习本作业项目的作业指导书，根据本次工作内容决定是否需组织技术骨干去现场勘察，若需勘察应按本次作业现场勘察内容编写修订现场作业指导书，经审核、批准程序后组织学习。

（2）工作前工作负责人向调度申请。内容为：本人为工作负责人×××，××××年

××月××日需在35kV ××线路上带电加装重锤工作，本作业不需停用线路重合闸装置，若遇线路跳闸，不经联系，不得强送电。得到调度许可后，核对线路双重名称和杆号。

(3) 全体工作成员列队，工作负责人现场宣读工作票、交代工作任务、交代安全措施和技术措施；查看（问）作业人员精神状况、劳动保护着装情况和工器具是否完好齐全；确认危险点和预防措施，明确作业分工以及安全注意事项。

(4) 地面电工将绝缘工具放置在防潮苫布上，用绝缘电阻检测仪检测绝缘工具的绝缘电阻；用绝缘手套检测器充气检查测试有否破损、孔洞等；检查绝缘工具有否损坏、变形、龟裂、破损和个人防护用具是否齐全、完好（在出库前绝缘电阻值如已测试过的可省去现场测试步骤）；组装绝缘承力工具和外观检查；查看核对绝缘工器具、绝缘斗臂车的电气、机械试验合格，标签齐全且处在试验周期内；检查绝缘斗臂车的斗、臂有否良好（在出车前如已调试过的可省去此步骤），擦拭绝缘臂、斗表面和调试斗臂车。

(5) 斗内1、2号电工戴绝缘手套（防刺穿手套）、绝缘安全帽、穿绝缘上衣或绝缘披肩等全套个人防护用具，相互检查穿戴情况。

(6) 根据不同杆塔形式和相别，绝缘斗臂车电工检查斗臂车支撑脚稳固、操作系统升降、回转、制动、接地连接等情况，将斗臂车定位于最适于作业的位置；并向工作负责人汇报。

(7) 斗内1、2号电工进入绝缘斗，将作业用工具、材料和绝缘隔离用具等放入绝缘斗内，工具和隔离用具应分类放置在工具袋中，安全带系挂在斗内挂钩上。

(8) 斗内2号电工操作提升绝缘斗至合适工作位置，按照先近后远、先下后上的绝缘隔离顺序。1号电工手持绝缘操作杆挑住绝缘遮蔽罩对邻近相导线进行绝缘隔离，对操作相带电导线进行绝缘遮蔽，对操作相绝缘子串进行绝缘遮蔽罩隔离。

(9) 根据作业位置，分别对作业范围内的带电体进行绝缘隔离。若是安装中相导线，则斗臂车进入侧的边相导线也应进行绝缘隔离。若位置邻近杆塔、构架或拉线，还必须对用绝缘毯作业范围内的绝缘子串、接地构件等进行绝缘隔离，并用绝缘夹夹紧以防脱落

(10) 斗内1号电工检查遮蔽完好后，2号电工操作绝缘斗至横担处，1号电工安装导线后备保护绳、横担固定器、绝缘带导线紧线器，提升转移导线荷载，使悬垂绝缘子串松弛。

(11) 斗内1号电工经检查受力可靠后，将绝缘斗降低至悬垂线夹处，经工作负责人同意，拆开悬垂线夹处绝缘遮蔽，更换上有重锤挂板的悬垂线夹，地面电工传递重锤片及支架，1号电工配合将重锤悬挂在线夹上。

(12) 重锤加装工作完成后，经工作负责人同意，斗内电工就先远后近顺序，按逆顺序拆除导线遮蔽罩和其他绝缘隔离。

(13) 按以上步骤完成其他两相的安装工作。

(14) 斗内电工检查杆塔上无遗漏物，设备恢复原状后，报经工作负责人同意后，2号电工操作绝缘斗返回地面，清理工具和现场，工作负责人清点工器具。

(15) 工作负责人向调度汇报，内容为：本人为工作负责人×××，35kV ××线路上带电加装重锤工作已结束，人员已撤离，杆塔、导线上无遗留物，线路设备已恢复原状。

6. 安全措施及注意事项

(1) 若在海拔1000m以上线路上带电作业时，应根据作业区的实际海拔高度，计算修正各类空气间隙与固体绝缘的安全距离和长度、绝缘子片数等，经本单位主管生产领导

（总工程师）批准后执行。

（2）本次作业前工作负责人应组织全体作业人员学习35kV线路绝缘斗臂车加装重锤工作的作业指导书，若需组织去现场勘察的，应将勘察和现场商榷的作业方法等修订编制成本杆塔的现场作业指导书，经本单位技术负责人或主管生产负责人批准后，向全体作业人员交底并执行。

（3）作业应在良好天气下进行。如遇雷电（听见雷声、看见闪电）、雪、雹、雨、雾等不得进行带电作业。风力大于5级时，不宜进行带电作业。

（4）若需在相对空气湿度大于80%的天气下进行带电作业时，宜采用具有防潮性能的绝缘绳索。

（5）本次作业不需停用线路重合闸装置，但工作前应向调度告知：若线路跳闸，不经联系不得强送电。

（6）绝缘工具应放置在防潮苫布上，作业人员戴清洁干燥手套，抽测绝缘承力工具的绝缘电阻值不得小于700MΩ（电极宽2cm、极间距2cm），不得持标准电极沿硬质绝缘工具表面滑测（软质遮蔽工具、防护绝缘工具只检查外观和试验标签），以免金属电极划伤绝缘防护层和划破软质绝缘工具。

（7）斗内电工与带电体、接地体的安全距离小于0.6m时，对接地体、带电体均应采取可靠的绝缘隔离措施；斗内电工对邻相导线的线间距离不得小于0.8m；绝缘绳的有效绝缘长度不小于0.6m。

（8）高架绝缘斗臂车的操作人员应熟悉带电作业的有关规定，并经专门培训，考试合格，持证上岗。

（9）高架绝缘斗臂车的工作位置应选择适当，支撑应稳固可靠，并有防倾覆措施。使用前应在预定位置空斗试操作1次，确定液压传动、回转、升降、伸缩系统工作正常、操作灵活，制动装置可靠。

（10）绝缘斗内电工在提升前，应对绝缘斗和安全带进行检查和冲击，全体作业人员必须戴安全帽。

（11）当斗臂车绝缘斗距带电体1~2m或工作转移时，应注意周围环境，缓慢平稳操作移动，严禁使用快速挡；绝缘斗臂车在作业过程中，发动机不得熄火（电能驱动型除外），以保证液压系统处于工作状态。

（12）绝缘臂的有效绝缘长度应大于1.5m。绝缘臂下节的金属部分，在扬起回转过程中，对带电体的安全距离应保持1.1m。工作中车体应良好接地。

（13）绝缘斗只能处在导线一侧作业，不得处在两相导线之间（包括已被绝缘遮蔽的两相导线）。

（14）绝缘子承力工具受力后，需检查各部件的受力情况，冲击试验确认安全可靠后，方可脱开绝缘子串的球头与悬垂线夹连接。

（15）禁止斗内电工同时拆除带电导线和地电位的绝缘隔离措施。

（16）绝缘工具使用前应用干净毛巾进行表面清洁处理，使用绝缘工具应戴清洁、干燥的手套，以防绝缘工具受潮和污染。收工或转移作业点，应将绝缘工具装在工具袋内。

（17）可能有行人通过的工作区域应设围栏。地面电工严禁在作业点垂直下方逗留，杆塔上电工应防止高空落物，使用的工具、材料应用绳索传递，不得乱扔。

(18) 斗内电工在带电加装重锤作业期间，工作负责人（监护人）应对作业人员进行不间断监护，且不得从事其他工作。

第五节 其 他 项 目

一、带电检测瓷劣化绝缘子

1. 作业方式

绝缘操作杆作业法。

2. 适用范围

35kV 瓷绝缘子线路。

3. 人员组合

本项目工作人员计 3 名，其中工作负责人（监护人）1 名；杆上 1 号电工 1 名；地面电工 1 名。

4. 工具配备

一览表见表 3－5－1。

表 3－5－1 工具配备一览表

序号	工器具名称		规格、型号	数量	备 注
1	绝缘工具	绝缘操作杆	35kV	1 根	
2		防潮绝缘传递绳	ϕ10mm	1 根	配绳套、绝缘滑车
3	金属工具	绝缘子检测装置		1 台	瓷绝缘子用
4	个人防护用具	绝缘安全带		1 条	
5		安全帽		3 顶	
6	辅助安全用具	防潮苫布	3m×3m	1 块	
7		工具袋		1 只	装绝缘工具用
8		绝缘工具检测仪	5000V	1 台	电极宽 2cm、极间距 2cm
9		脚扣		2 副	混凝土杆用

注 瓷质绝缘子检测装置包括：分布电压检测仪、绝缘电阻检测仪和火花间隙装置等。采用火花间隙装置测零时，每次检测前应用专用塞尺按 DL 415—2009 要求测量放电间隙尺寸。

5. 作业步骤

(1) 作业前工作负责人组织学习本作业项目的作业指导书，根据本次工作内容决定是否需组织技术骨干去现场勘察，若需勘察应按本次作业现场勘察内容编写修订现场作业指导书，经审核、批准程序后组织学习。

(2) 工作前工作负责人向调度申请。内容为：本人为工作负责人×××，××××年××月××日需在35kV ××线路上带电检测瓷绝缘子低零值工作，本作业不需停用线路重合闸装置，若遇线路跳闸，不经联系，不得强送电。得到调度许可后，核对线路双重名称和杆号。

（3）全体工作成员列队，工作负责人现场宣读工作票、交代工作任务、交代安全措施和技术措施；查看（问）作业人员精神状况、劳动保护着装情况和工器具是否完好齐全；确认危险点和预防措施，明确作业分工以及安全注意事项。

（4）地面电工将绝缘工具放置在防潮苫布上，用绝缘电阻检测仪检测绝缘工具的绝缘电阻，检测绝缘工具为抽测，不得持标准电极沿硬质绝缘工具表面滑测，以免金属电极划伤绝缘防护层（在出库前绝缘电阻值如已测试过的可省去现场测试步骤）。检查安全用具、工器具外观是否合格，无损伤、变形、失灵现象，查看核对绝缘工具的电气、机械试验合格，标签齐全且处在试验周期内。检查试验绝缘子检测仪是否完好，若采用火花间隙装置时，应用专用塞尺按 DL 415—2009 的要求测量放电间隙尺寸。

（5）斗内 1 号电工登杆塔前试验冲击登高工具、安全带，完好后，经工作负责人同意登杆塔，登至工作位置时，在绝缘子串对应的杆塔身上选好位置，系好安全带，挂好防潮绝缘传递绳。

（6）地面电工将绝缘子检测装置与绝缘操作杆组装好后，用防潮绝缘传递绳传递至杆塔上，1 号电工从导线侧开始，逐片向横担侧检测绝缘子串，地面电工认真记录每片绝缘子的电压分布值（或电阻值）检测结果。检测中，同一串绝缘子中发现有 1 片（3 片/串）零值时，禁止继续对该串绝缘子进行检测。按相同的方法进行其他两相绝缘子检测。

（7）三相绝缘子检测完毕，1 号电工与地面电工配合，将绝缘子检测装置与绝缘操作杆传递至地面。1 号电工检查确认杆塔上无遗留物后，报经工作负责人同意后下杆塔。

（8）地面电工整理所用工器具和清理现场，工作负责人清点工器具。

（9）工作负责人向调度汇报，内容为：本人为工作负责人×××，35kV ××线路上带电检测瓷低、零值绝缘子工作已结束，人员已撤离，杆塔、导线上无遗留物，线路设备仍为原状。

6. 安全措施及注意事项

（1）若在海拔 1000m 以上线路上带电作业时，应根据作业区的实际海拔高度，计算修正各类空气间隙与固体绝缘的安全距离和长度、绝缘子片数等，经本单位主管生产领导（总工程师）批准后执行。

（2）本次作业前工作负责人应组织全体作业人员学习 35kV 线路带电检测瓷低、零值绝缘子工作的作业指导书，若需组织去现场勘察的，应将勘察和现场商榷的作业方法等修订编制成本杆塔的现场作业指导书，经本单位技术负责人或主管生产负责人批准后，向全体作业人员交底并执行。

（3）作业应在良好天气下进行。如遇雷电（听见雷声、看见闪电）、雪、雹、雨、雾等不得进行带电作业。风力大于 5 级时，不宜进行带电作业。

（4）若需在相对空气湿度大于 80% 的天气下进行带电作业时，宜采用具有防潮性能的绝缘绳索。

（5）本次作业不需停用线路重合闸装置，但工作前应向调度告知：若线路跳闸，不经联系不得强送电。

（6）绝缘工具应放置在防潮苫布上，作业人员戴清洁干燥手套，抽测绝缘承力工具的绝缘电阻值不得小于 700MΩ（电极宽 2cm、极间距 2cm），不得持标准电极沿硬质绝缘工具表面滑测，以免金属电极划伤绝缘防护层和划破软质绝缘工具。

(7) 作业人员登杆塔前，应对脚扣、安全带、登高板等进行检查和冲击试验，全体作业人员必须戴安全帽。

(8) 上下杆塔、杆塔上移动或转位时，作业人员必须双手攀抓牢固构件（电杆上、下需系好腰绳），且双手不得持带任何工器具。杆塔上作业时不得失去安全带的保护。

(9) 杆上电工与带电体的安全距离不得小于0.6m；绝缘操作杆有效绝缘长度不得小于0.9m。

(10) 当采用火花间隙装置检测瓷绝缘子时，作业前应按DL 415—2009要求用专用塞尺对火花电极间隙检测复核是否满足本电压等级规定的要求。

(11) 若是盘形瓷质绝缘子，作业前应采用电压分布（绝缘电阻）检测仪带电检测绝缘子串，当3片/串绝缘子有1片零值绝缘子时，应立即停止检测。

(12) 带电检测从导线侧往横担侧检测，每检测1片，地面电工记录其分布电压值或绝缘电阻值，以便回到单位与标准分布电压值核对。

(13) 绝缘工具使用前应用干净毛巾进行表面清洁处理，使用绝缘工具应戴清洁、干燥的手套，以防绝缘工具受潮和污染。收工或转移作业点，应将绝缘工具装在工具袋内。

(14) 地面电工严禁在作业点垂直下方逗留，杆上电工应防止高空落物，使用的工具、材料应用绳索传递，不得乱扔。

(15) 带电检测低、零值瓷绝缘子作业期间，工作监护人应对作业人员进行不间断监护，不得从事其他工作。

二、带电杆塔上补装塔材、螺栓工作

1. 作业方式

邻近带电体作业。

2. 适用范围

35kV线路杆塔上。

3. 人员组合

本作业项目工作人员计5名，其中工作负责人（监护人）1名；杆上1号电工1名；杆上2号电工1名；地面电工2名。

4. 工具配备

一览表见表3－5－2。

表3－5－2 工具配备一览表

序号	工器具名称		规格、型号	数量	备注
1	绝缘工具	防潮绝缘传递绳	ϕ10mm	1根	按杆塔高度选
2		防潮绝缘绳套		1只	
3		绝缘滑车	0.5t	1套	
4	金属工具	专用扳手		2把	
5		扭矩扳手		1把	紧固铁塔螺栓用
6		双钩紧线器	5t	2把	调整永久变形塔材用

续表

序号	工器具名称		规格、型号	数量	备　注
7	个人防护用具	安全帽		5 顶	
8		绝缘安全带		2 条	
9	辅助安全用具	工具袋		2 只	装绝缘工具用
10		绝缘工具检测仪	5000V	1 台	电极宽 2cm、极间距 2cm
11		防潮苫布	3m×3m	1 块	

5. 作业步骤

（1）作业前工作负责人组织学习本作业项目的作业指导书，根据本次工作内容决定是否需组织技术骨干去现场勘察，若需勘察应按本次作业现场勘察内容编写修订现场作业指导书，经审核、批准程序后组织学习。

（2）工作前工作负责人向调度申请。内容为：本人为工作负责人×××，××××年××月××日需在 35kV ××线路带电杆塔上补装塔材工作，本作业不需停用线路重合闸装置，若遇线路跳闸，不经联系，不得强送电。得到调度许可后，核对线路双重名称和杆号。

（3）全体工作成员列队，工作负责人现场宣读工作票、交代工作任务、交代安全措施和技术措施；查看（问）作业人员精神状况、劳动保护着装情况和工器具是否完好齐全；确认危险点和预防措施，明确作业分工以及安全注意事项。

（4）地面电工将绝缘工具放置在防潮苫布上，用绝缘电阻检测仪检测绝缘工具的绝缘电阻；检查更换工具和个人工具是否齐全完好；查看核对工器具的电气、机械试验合格，标签齐全且处在试验周期内。

（5）杆上电工正确佩戴个人安全用具后，在塔下试验冲击登高工具、安全带，完好后，经工作负责人同意，携带绝缘传递绳登塔至需补塔材、螺栓的地方系好安全带，用绝缘绳套挂好带单滑轮的绝缘绳。

（6）地面电工用绝缘绳吊上一块有绝缘绳控制的角钢，杆上 1、2 号电工配合把持住角钢，保持与带电体的安全距离，缓慢地将角钢安装在需安装部位。

（7）杆上 1 号电工将一头螺栓套上，2 号电工用尖头扳手安装另一头螺栓（若有变形斜材安装不上时，地面电工传递上钢丝套和双钩进行调整），采用扭矩扳手按相应规格螺栓的扭矩值紧固。

（8）杆塔上电工安装好角钢、螺栓并拧紧后，拆除杆上单滑轮，完成补装工作。

（9）杆上 1 号电工检查确认杆塔上无遗留工具后，报经工作负责人同意后下杆塔。

（10）地面电工整理所用工器具和清理现场，工作负责人清点工器具。

（11）工作负责人向调度汇报，内容为：本人为工作负责人×××，35kV ××线路带电杆塔上补装塔材工作已结束，人员已撤离，杆塔上无遗留物，线路设备已恢复原状。

6. 安全措施及注意事项

（1）若在海拔 1000m 以上的线路带电作业时，应根据作业区不同海拔高度，修正各类空气间隙、绝缘工具的安全距离和长度、绝缘子片数等，经本企业总工程师（主管生产领导）批准后执行。

（2）本次作业前工作负责人应组织全体作业人员学习35kV线路带电杆塔上补装塔材、螺栓工作的作业指导书，若需组织去现场勘察的，应将勘察和现场商榷的作业方法等修订编制成本杆塔的现场作业指导书，经本单位技术负责人或主管生产负责人批准后，向全体作业人员交底并执行。

（3）作业应在良好天气下进行。如遇雷电（听见雷声、看见闪电）、雪、雹、雨、雾等不得进行带电作业。风力大于5级时，不宜进行带电作业。

（4）若需在相对空气湿度大于80%的天气下进行带电作业时，宜采用具有防潮性能的绝缘绳索。

（5）本次作业不需停用线路重合闸装置，但工作前应向调度明确若线路跳闸，不经联系不得强送电的要求。

（6）绝缘工具应放置在防潮苫布上，作业人员戴清洁干燥手套，抽测绝缘工具的绝缘电阻值不得小于700MΩ（电极宽2cm、极间距2cm），不得持标准电极沿硬质绝缘工具表面滑测，以免金属电极划伤绝缘防护层。

（7）作业人员登杆塔前，应对脚扣、安全带、登高板等进行检查和冲击试验，全体作业人员必须戴安全帽。

（8）上下杆塔、杆塔上移动或转位时，作业人员必须双手攀抓牢固构件，且双手不得持带任何工器具。杆塔上作业时不得失去安全带的保护。

（9）地电位电工与带电体的安全距离不得小于0.6m。

（10）安全带防坠落绳不得低挂高用，双钩调整或安装紧固螺栓时，必须使用安全带腰绳。

（11）绝缘工器具使用前应用干净毛巾进行表面清洁处理，使用绝缘工具应戴清洁、干燥纱手套，防止受潮和污染，收工或转移作业点时应将绝缘工具装在工具袋内。

（12）杆塔上作业时安全带必须高挂低用，螺栓扭矩值必须符合相应规格螺栓的标准扭矩值。

（13）地面电工严禁在作业点垂直下方逗留，杆上电工应防止高空落物，使用的工具、材料应用绳索传递，不得乱扔。

（14）带电补装塔材、螺栓作业期间，工作监护人应对作业人员进行不间断监护，不得从事其他工作。